全国硕士研究生招生考试计算机科学与技术学科联考

计算机学科专业基础综合科目(408)
综合教程及历年真题详解

最新版

开点工作室 编著

清华大学出版社
北京

内 容 简 介

本书作为全国硕士研究生招生考试中计算机科学与技术专业的计算机专业基础综合科目(408)的复习教材,主要包括考试大纲的内容解析以及历年真题详解。全书分上篇和下篇两个部分,上篇给出了数据结构、计算机组成原理、操作系统和计算机网络 4 门课程的考研大纲中涉及的主要内容概述;下篇主要对数据结构、计算机组成原理、操作系统和计算机网络等 4 门课程历年真题中具有代表性的题目进行详细解析。

本书重点突出,通俗易懂,实例丰富。本书可以作为高等学校在校学生的计算机专业考研教材,也可以作为计算机专业本科生、研究生或计算机技术人员的参考书。

本书封面贴有清华大学出版社防伪标签,无标签者不得销售。
版权所有,侵权必究。举报:010-62782989,beiqinquan@tup.tsinghua.edu.cn。

图书在版编目(CIP)数据

全国硕士研究生招生考试计算机科学与技术学科联考 计算机学科专业基础综合科目(408)综合教程及历年真题详解:最新版/开点工作室编著. —北京:清华大学出版社,2015(2021.11重印)
ISBN 978-7-302-40720-1

Ⅰ.①全… Ⅱ.①开… Ⅲ.①电子计算机－研究生－入学考试－自学参考资料 Ⅳ.①TP3

中国版本图书馆 CIP 数据核字(2015)第 152422 号

责任编辑:张瑞庆 李 晔
封面设计:傅瑞学
责任校对:梁 毅
责任印制:丛怀宇

出版发行:清华大学出版社
    网 址:http://www.tup.com.cn, http://www.wqbook.com
    地 址:北京清华大学学研大厦 A 座 邮 编:100084
    社 总 机:010-62770175 邮 购:010-83470235
    投稿与读者服务:010-62776969,c-service@tup.tsinghua.edu.cn
    质量反馈:010-62772015,zhiliang@tup.tsinghua.edu.cn
    课件下载:http://www.tup.com.cn,010-83470236
印 装 者:三河市龙大印装有限公司
经 销:全国新华书店
开 本:185mm×260mm 印 张:20.5 字 数:509 千字
版 次:2015 年 7 月第 1 版   印 次:2021 年 11 月第 9 次印刷
定 价:45.90 元

产品编号:065520-02

前言

全国硕士研究生招生考试(简称研考)计算机科学与技术专业计算机专业基础综合科目(科目代码为408,简称408)从2009年开始实施全国统一命题考试,到2015年已经实施统考七个年头了。计算机研考专业课统考在刚开始实施之时,曾在广大计算机专业招生单位和学生中引起了广泛的关注和强烈的反响,赞成和反对的声音同时存在。很多计算机专业的学生抱怨计算机统考内容广,难度大,分数线还要和其他非统考的专业课统一划线;很多学校和老师反映由于统考的难度大,挡住了相当一批计算机专业的学生上线,只能调剂其他非计算机专业上线的考生。另一方面,赞成的观点认为计算机统考能够最大程度地保证招生录取的公平性,非名校的学生有了更多进入名校计算机专业读研的机会,而且统考试题的质量普遍较高,基础好、能力强的学生能真正通过成绩展示出水平。不同观点的讨论和碰撞引起了主管部门的注意,于是在2013年,教育部对研考计算机专业课政策进行了调整,在保留计算机专业课统考科目(408)的基础上,允许各招生单位自主选择参加统考,还是自主命题。这样的政策对于不同的招生单位,可以说是各取所需。到目前为止,仍然选择统考(408)作为计算机专业研究生招生初试科目的招生单位包括清华大学、北京大学、复旦大学、上海交通大学、中国科学技术大学、浙江大学、华中科技大学、中国科学院系统、中国航天集团等100多家。

计算机专业基础综合科目(408)的考试内容由四部分组成:数据结构、计算机组成原理、操作系统和计算机网络。在庞大复杂的计算机科学与技术专业体系中,这四门课程可以说是最基础、最核心的部分。数据结构是研究数据在计算机中的表达、存储和处理的方法和过程的系统理论,也是设计和实现编译程序、操作系统、数据库系统及其他系统软件和大型应用程序的重要基础,培养的是学生抽象能力、算法能力和编程能力。计算机组成原理研究计算机的硬件组成和基本工作原理,其课程目标是要让学生了解数据的表示与运算、指令集体系结构、指令的执行过程及中央处理器组织、存储器层次结构以及输入输出组织等,并使学生将计算机硬件组成、指令系统和上层的操作系统以及高级语言程序建立关联,最终构建完整的计算机系统概念。操作系统是现代计算机系统的核心软件,是其他一切软件运行的基础,是应用软件开发的基础平台。操作系统在用户和硬件之间架起了一个桥梁,通过这个桥梁,用户可以方便地使用计算机,硬件可以更高效地发挥其作用。学习和了解操作系统的工作机理和工作方式,进而设计和实现操作系统,是计算机专业学生必备的知识和技能。计算机网络是目前以及未来计算机最主要的应用领域,几乎所有的新技术、新应用都离不开计算机网络技术的支持。

这四门课程是各高校计算机专业的核心课程,它们既自成体系,互相之间又有很强的联系。计算机专业的学生不管是读研、读博,继续从事计算机科学与技术的研究工作,还是进入就业市场,获得各大 IT 企业的工作机会,都需要认真学好这四门课程,真正掌握其中的基本概念、基本理论和基本技能。计算机专业基础综合科目(408)把这四门课程作为考试内容,其目的是全面考查学生计算机专业的基础知识和综合素养,评价和评测学生是否具有进一步从事计算机相关领域的开发、设计、工程以及理论研究的能力。

不可否认,408 科目的难度是很大的,以至于不少计算机专业考研学生形容 408 为"变态难"。分析其原因,我们认为主要有三点:第一,内容多、范围广。因为 408 科目规定了考试范围是四门课程,考研学生要复习的内容很多,而这些课程本身的知识容量就很大,是计算机专业中学生难学、老师难教的课程,合并在一起作为考试内容就更增加了难度。第二,试题灵活、多变,重在考查应用能力。从几年来的统考试题来看,408 科目的试题形式新颖灵活,基本上都不是那种靠记忆背诵就能一眼看出答案的试题,需要学生对于相关知识理解透彻,主要考查学生的计算机知识应用能力,体现了计算思维和系统思维的思想。这种突出能力考查的命题方式对一部分学生来说增加了考试难度。第三,客观地讲,目前的高校计算机专业教育教学水平参差不齐,有些学校缺少高水平的师资力量,另外部分学校使用的教材陈旧,缺乏配套的实验课程,学生的基本知识和基本技能掌握不扎实。

开点工作室是由一群重点高校计算机专业中青年骨干教师组成的教育教学研究兴趣小组,这些老师活跃在计算机教学工作的第一线,虽然来自不同的学校,但有着共同的特点:热爱计算机教学,喜欢钻研专业知识,具有丰富的教学、科研以及著作编写经验,并且希望能真正培养出知识和能力扎实过硬,能够在科研和就业领域都有所作为的计算机专业学生。我们自己招的研究生中就是考过 408 的,有自己教的本科生去考 408 的,还有的老师参加过 408 的阅卷工作。通过近几年来的相关工作和研究,我们越来越感觉到 408 科目是对计算机专业本科学生进行能力检测和选拔的很好标尺,同时也能较系统地引导学生准确掌握计算机专业最基础最核心的知识。如果学生真正能把 408 科目试题中所蕴涵的知识和能力掌握好,对于学生在专业上的进一步发展是非常有益的。而现实情况是,相当数量的学生在复习和准备 408 科目的时候,花费了大量的精力,看了大量的教材,做了海量的练习,却没有抓住要领,对于必须掌握的知识的认识仍然是模糊的,更没有建立起计算机系统整体概念,缺乏将不同知识点进行关联来解决问题的思路。因此,我们花费了大量的时间和精力,对 408 科目的历年真题进行了深入的分析研究,将其中典型试题的知识点、能力点、解题思维过程进行了细致的解析,力图把这些"变态难"的试题像剥洋葱一样层层展开,让学生能够清晰地了解试题所传递的信息,掌握同类试题的解题方法,在学习中提高能力;同时,根据 408 科目考试大纲,将各门课程的考核知识点展开并进行系统论述,有针对性地将这些知识讲清楚,而省略了 408 科目不要求的内容,相当于是四门课程的一个精简版集合教材。这两部分内容相结合,构成了这样一本融四门专业课知识讲解和历年考试真题分析于一体的指导用书。本书具有以下几个特色和亮点:

第一,考试大纲仅仅是列出了考试的知识点,并没有阐述对这些知识点应该掌握到什么程度,而本书能够帮助考生深刻理解大纲,把握大纲,做到有的放矢,重点突出。考生经常发现,各种教材都看过了,但还是不会做题,不知道从何下手。其中的主要原因是并没有真正具备综合运用教材中知识点的能力,这正是本书要解决的问题。本书提升的是考生分析问题和解决问题的能力,而不仅仅是会做题。

第二,本书与目前通用的课程教材有所区别。教材侧重于讲授知识点,而疏于介绍解题思路,更不会花笔墨在多个知识点的综合应用上。教材的内容平面化、全面化、系统化,而本书对其进行提炼精选,角度独特。

第三,本书与市面上其他参考资料也有所区别。本书以大纲为准则,以真题为素材,以考生为对象,以提升为目标,针对试题的考点、容易出错的地方、非答案选项的错误原因均给出详细的讲解,可起到举一反三的作用,达到事半功倍的效果,也让考生了解题目的形式和难度。另外,典型题所涉及的知识点都是大纲中要求重点掌握的,也是经常出现在考题中的知识点,可以帮助考生避免题海战术。

我们希望通过这本凝结了集体智慧和心血的教材,不仅仅能够帮助参加408科目的考生更轻松、更有效地复习;而且,更多不参加408科目考试的学生也可以使用该教材进行计算机专业知识的自学、复习、练习以及就业笔试、面试的准备,以提升自己的专业水平和技能。"**拨开学习中的荆棘迷雾,指点探索中的灵感思路**"是本书的主旨,也是我们"开点工作室"名字的由来。未来我们会继续致力于策划编写更多高质量的计算机专业领域各类教材和工具书,为广大热爱计算机、渴望学习计算机的学生提供更多的帮助。

本书分上、下两篇。上篇是考研计算机专业基础综合考试大纲解析(注:本书针对的是2015年考试大纲,待2016年考试大纲公布后进行相应调整),包括数据结构、计算机组成原理、操作系统和计算机网络四个部分;下篇是2009年至2015年历年典型真题详解,包括了数据结构、计算机组成原理、操作系统和计算机网络四部分的单项选择题107道和综合应用题22道。在本书的编写过程中,我们深深感受到计算机专业真的是博大精深,越深入研究就会越感觉到自己知识不够。由于水平有限,加之时间仓促,书中肯定会有这样或那样的错误,敬请读者提出宝贵意见,以便帮助我们修改完善。

开点工作室

2015年5月于北京

目 录

上 篇
计算机专业基础综合大纲解析

第1章　数据结构 …… 3

- 1.1　线性表 …… 4
  - 1.1.1　线性表的定义和基本操作 …… 4
  - 1.1.2　线性表的实现 …… 5
- 1.2　栈、队列和数组 …… 10
  - 1.2.1　栈和队列的基本概念 …… 10
  - 1.2.2　栈和队列的顺序存储结构 …… 11
  - 1.2.3　栈和队列的链式存储结构 …… 13
  - 1.2.4　栈和队列的应用 …… 13
  - 1.2.5　特殊矩阵的压缩存储 …… 15
- 1.3　树与二叉树 …… 17
  - 1.3.1　树的基本概念 …… 17
  - 1.3.2　二叉树 …… 18
  - 1.3.3　树、森林 …… 22
  - 1.3.4　树与二叉树的应用 …… 25
- 1.4　图 …… 30
  - 1.4.1　图的基本概念 …… 30
  - 1.4.2　图的存储及基本操作 …… 31
  - 1.4.3　图的遍历 …… 33
  - 1.4.4　图的基本应用 …… 34
- 1.5　查找 …… 39
  - 1.5.1　查找的基本概念 …… 39
  - 1.5.2　顺序查找法 …… 40
  - 1.5.3　折半查找法 …… 40
  - 1.5.4　分块查找法 …… 41
  - 1.5.5　B树及其基本操作、B^+树的基本概念 …… 42
  - 1.5.6　散列(Hash)表 …… 45
  - 1.5.7　字符串模式匹配 …… 48
  - 1.5.8　查找算法的分析及应用 …… 49

1.6 排序 ··· 49
    1.6.1 排序的基本概念 ··· 49
    1.6.2 插入排序 ·· 49
    1.6.3 起泡排序 ·· 50
    1.6.4 简单选择排序 ·· 51
    1.6.5 希尔排序 ·· 51
    1.6.6 快速排序 ·· 52
    1.6.7 堆排序 ··· 52
    1.6.8 二路归并排序 ·· 53
    1.6.9 基数排序 ·· 53
    1.6.10 外部排序 ·· 53
    1.6.11 各种排序算法的比较 ··· 54

第 2 章 计算机组成原理 ·· 55

2.1 计算机系统概述 ·· 55
    2.1.1 计算机发展历程 ··· 55
    2.1.2 计算机系统层次结构 ·· 55
    2.1.3 计算机性能指标 ··· 57
2.2 数据的表示和运算 ··· 58
    2.2.1 数制和编码 ··· 58
    2.2.2 定点数的表示和运算 ·· 59
    2.2.3 浮点数的表示和运算 ·· 62
    2.2.4 算术逻辑单元 ALU ·· 63
2.3 存储器层次结构 ·· 64
    2.3.1 存储器的分类 ·· 64
    2.3.2 存储器的层次化结构 ·· 64
    2.3.3 半导体随机存取存储器 ··· 65
    2.3.4 主存储器和 CPU 的连接 ··· 66
    2.3.5 双口 RAM 和多模块存储器 ··· 66
    2.3.6 高速缓冲存储器 ··· 67
    2.3.7 虚拟存储器 ··· 70
2.4 指令系统 ·· 71
    2.4.1 指令格式 ·· 71
    2.4.2 指令的寻址方式 ··· 72
    2.4.3 CISC 和 RISC 的基本概念 ·· 73
2.5 中央处理器(CPU) ·· 74

  2.5.1 CPU 的功能和基本结构 …………………………………………………… 74
  2.5.2 指令执行过程 …………………………………………………………… 75
  2.5.3 数据通路的功能和基本结构 …………………………………………… 76
  2.5.4 控制器的功能和工作原理 ……………………………………………… 78
  2.5.5 指令流水线 ……………………………………………………………… 79
2.6 总线 ……………………………………………………………………………… 80
  2.6.1 总线概述 ………………………………………………………………… 80
  2.6.2 总线仲裁 ………………………………………………………………… 82
  2.6.3 总线操作和定时 ………………………………………………………… 82
2.7 输入输出(I/O)系统 …………………………………………………………… 83
  2.7.1 I/O 系统基本概念 ……………………………………………………… 84
  2.7.2 外部设备 ………………………………………………………………… 84
  2.7.3 I/O 接口(I/O 控制器) ………………………………………………… 86
  2.7.4 I/O 方式 ………………………………………………………………… 87

第 3 章 操作系统 …………………………………………………………………… 89

3.1 操作系统概述 …………………………………………………………………… 89
  3.1.1 操作系统的概念、特征和操作系统的服务 …………………………… 89
  3.1.2 操作系统的发展与分类 ………………………………………………… 91
  3.1.3 操作系统的运行环境 …………………………………………………… 93
  3.1.4 操作系统体系结构 ……………………………………………………… 96
3.2 进程管理 ………………………………………………………………………… 97
  3.2.1 进程与线程 ……………………………………………………………… 97
  3.2.2 CPU 调度 ……………………………………………………………… 102
  3.2.3 同步与互斥 ……………………………………………………………… 105
  3.2.4 死锁 ……………………………………………………………………… 111
3.3 内存管理 ………………………………………………………………………… 112
  3.3.1 内存管理基础 …………………………………………………………… 112
  3.3.2 虚拟内存管理 …………………………………………………………… 119
3.4 文件管理 ………………………………………………………………………… 124
  3.4.1 文件系统基础 …………………………………………………………… 124
  3.4.2 文件系统实现 …………………………………………………………… 126
  3.4.3 磁盘组织与管理 ………………………………………………………… 128
3.5 输入输出(I/O)管理 …………………………………………………………… 130
  3.5.1 I/O 管理概述 …………………………………………………………… 130
  3.5.2 I/O 核心子系统 ………………………………………………………… 132

第4章 计算机网络 136

4.1 计算机网络体系结构 136
4.1.1 计算机网络综述 136
4.1.2 计算机网络体系结构与参考模型 136
4.2 物理层 138
4.2.1 通信基础 138
4.2.2 传输介质 140
4.2.3 物理层设备 141
4.3 数据链路层 142
4.3.1 数据链路层的功能 142
4.3.2 组帧 142
4.3.3 差错控制 142
4.3.4 流量控制与可靠传输机制 143
4.3.5 介质访问控制 144
4.3.6 局域网 148
4.3.7 广域网 150
4.3.8 数据链路层设备 151
4.4 网络层 152
4.4.1 网络层功能 152
4.4.2 路由算法 153
4.4.3 IPv4 154
4.4.4 IPv6 159
4.4.5 路由协议 160
4.4.6 IP 组播 162
4.4.7 移动 IP 162
4.4.8 网络层设备 163
4.5 传输层 164
4.5.1 传输层提供的服务 164
4.5.2 UDP 协议 165
4.5.3 TCP 协议 165
4.6 应用层 169
4.6.1 网络应用模型 169
4.6.2 DNS 系统 169
4.6.3 FTP 172
4.6.4 电子邮件 172
4.6.5 WWW 174

下 篇
历年典型真题详解

第 5 章 数据结构 ··· 179

第 6 章 计算机组成原理 ··· 217

第 7 章 操作系统 ··· 258

第 8 章 计算机网络 ·· 281

参考文献 ·· 314

上篇

计算机专业基础综合大纲解析

第 1 章　数据结构

【术语解释】

　　数据是客观事物的符号表示,是对现实世界的事物采用计算机能够识别、存储和处理的形式进行描述的符号的集合。

　　数据元素是数据的基本单位。一个数据元素由若干个数据项组成。数据项又分为简单数据项及复合数据项两种。简单数据项不能再分割,复合数据项由若干个数据项组成。

　　类型是一组值的集合。

　　抽象数据类型(ADT)用一种类型和定义在该类型上的一组操作来定义。

　　数据结构是抽象数据类型的实现,可以使用二元组表示:

$$数据结构=(D,R)$$

其中,D 是数据对象,即数据元素的有限集;R 是该数据对象中所有数据元素之间关系的有限集。

　　数据元素及数据元素之间的逻辑关系称为数据的逻辑结构;数据元素及数据元素之间的关系在计算机中的存储表示,称为数据的存储结构或物理结构。

　　数据的逻辑结构分为 4 类:集合、线性结构、树结构和图结构。

　　线性结构中,每个元素最多只有一个前驱和一个后继。线性表是典型的线性结构。

　　树结构和图结构都属于非线性结构,其中每个元素都可能有多个前驱和多个后继。

　　如果结构中每个元素最多只有一个前驱,而可能有多个后继,且有一个元素没有前驱,则为树结构。

　　如果结构中每个元素都可能有多个前驱及多个后继,则为图结构。

　　数据的基本存储结构有 4 种:顺序存储、链式存储、索引存储及散列存储。

　　顺序存储方式通常采用数组实现,也称为静态存储。

　　链式存储方式通常采用指针实现,也称为动态存储。

　　问题是一个需要完成的任务,即一组输入就有一组相应的输出。

　　算法是指解决问题的一种方法或者一个过程。一个问题可以用多种算法来解决,一种给定的算法解决一个特定的问题。算法应具备有输入、有输出、确定性、有穷性及可执行性。

　　一个计算机程序是使用某种程序设计语言对一种算法的具体实现。

　　算法的复杂度度量分为时间复杂度和空间复杂度度量。当问题的规模从 1 增加到 n 时,若解决这个问题的算法在执行时所耗费的时间由 1 增加到 $T(n)$,则称算法的时间复杂度为 $T(n)$;同时,若解决这个问题的算法在执行时所需附加的存储空间由 1

增加到 $S(n)$，则称此算法的空间复杂度为 $S(n)$。

渐近算法分析是衡量算法效率的一种手段，它估算出当问题规模变大时，一种算法及实现它的程序的效率和开销。

如果存在常数 $c>0$ 与 n_0，当 $n>n_0$ 时有 $T(n)\leqslant cf(n)$，则称（复杂度）函数 $T(n)$ 是 $O(f(n))$ 的，即 $T(n)=O(f(n))$。

如果存在常数 $c>0$ 与 n_0，当 $n>n_0$ 时有 $T(n)\geqslant cf(n)$，则称（复杂度）函数 $T(n)$ 是 $\Omega(f(n))$ 的，即 $T(n)=\Omega(f(n))$。

大 O 表示法和 Ω 表示法使我们能够描述某一算法的上限（如果能找到某一类输入下开销最大的函数）和下限（如果能找到某一类输入下开销最小的函数）。如果一种算法既是 $O(f(n))$，又是 $\Omega(f(n))$，则称它是 $\Theta(f(n))$ 的。

对于某些算法，即使问题规模相同，如果输入的数据不同，其时间代价也不同，又分为最佳情况、平均情况及最差情况。

1.1 线性表

线性表是最简单的一种线性结构，有很广泛的应用，同时也是其他非线性结构的基础。线性表中各元素的类型是一致的。

由任意元素组成的表称为广义表，广义表是对线性表的扩展。线性表是大纲中数据结构部分的重要内容，对广义表不做要求。

要深入理解线性表的概念，了解线性表基本操作中各参数的含义，正确给出操作的结果。能正确实现基于线性表应用的程序。

1.1.1 线性表的定义和基本操作

1. 线性表的定义

线性表是最常用且最基本的一种数据结构，是由称为元素的数据项组成的一种有限且有序的序列。表中元素可以是任意类型。由 $n(n\geqslant 0)$ 个元素组成的线性表记为

$$(a_0, a_1, \cdots, a_{n-1})$$

其中，a_0 称为表头，a_{n-1} 称为表尾。元素的个数 n 称为表长。$n=0$ 时称为空表，记为()。

线性表各元素的位置关系是确定的。线性表中常使用整数表示各元素的位置，表头 a_0 的位置为 0，a_1 的位置为 1，一般地，a_i 的位置为 i。

元素 $a_{i-1}(1\leqslant i\leqslant n-1)$ 称为 a_i 的直接前驱（简称为前驱），a_i 称为 a_{i-1} 的直接后继（简称为后继）。除 a_0 外，每个元素有且仅有一个前驱；除 a_{n-1} 外，每个元素有且仅有一个后继。

线性表中各元素可以是可比类型的，也可以是不可比类型的。如果是可比类型的，其"大小"可以任意，既可以有序也可以无序。"大小"有序的线性表称为有序表。

2. 线性表的基本操作

线性表的基本操作包括：

(1) 创建一个空表 Create()：返回一个空的线性表 L。
(2) 在表的指定位置插入一个元素 Insert(L,i,e)：在表 L 的位置 i 插入元素 e。
(3) 删除表中指定位置的元素 Delete(L,i)：删除表 L 中位置 i 的元素。
(4) 访问表中指定位置的元素 GetElem(L,i)：返回表 L 中位置 i 的元素。

例如，已知表 $L=(20,14,12,15,-3,7)$，操作 Insert($L,3,11$)要在表 L 的位置 3 插入元素 11，操作后得到的结果为：$(20,14,12,11,15,-3,7)$。插入、删除及访问操作中都有一个表示位置的参数，这个值必须在合理的范围内。对于表长为 n 的线性表，插入的合理位置为 $0 \leqslant i \leqslant n$，删除及访问的合理位置为 $0 \leqslant i \leqslant n-1$。

除此之外，还有以下一些操作：
(1) 判定表空 IsEmpth(L)：如果表为空返回真，否则返回假。
(2) 判定表满 IsFull(L)：如果表已满返回真，否则返回假。
(3) 求表长 Length(L)：返回表中元素的个数。
(4) 求表中指定元素的直接前驱 Prev(L,e)：返回表 L 中元素 e 的直接前驱。
(5) 求表中指定元素的直接后继 Next(L,e)：返回表 L 中元素 e 的直接后继。

1.1.2 线性表的实现

线性表可以采用不同的存储结构保存，主要存储结构有两种：数组及链表。

采用数组保存的线性表称为顺序表，这种存储结构称为顺序存储结构或静态存储结构。采用指针方式保存的线性表称为链表，相应的存储结构称为链式存储结构或动态存储结构。结合两种存储结构的特点，将线性表以动态存储的策略保存在数组中，得到静态链表。

1. 顺序存储

顺序存储方式下，线性表采用一维数组保存，采用数组保存的线性表称为顺序表。线性表中各元素依次保存在数组各存储单元中，表中逻辑上相邻的两个元素，其实际的存储位置也相邻。

若线性表每个元素占用 l 个存储单元，线性表中元素 a_i 的存储地址表示为 $\text{LOC}(a_i)$，则有下列关系：

$$\text{LOC}(a_i)=\text{LOC}(a_0)+i*l$$

只要确定了顺序表存储的起始位置（数组首址），根据上式可以立即得到线性表中任一元素的存储位置。由于数组能够按照下标直接访问元素，所以顺序表可实现随机存取。

根据已知条件计算顺序表中某个元素的实际存储地址，是考试中常见的题型。

设顺序表元素类型表示为 ElemType，使用 C 语言定义的顺序表如下：

```
typedef struct{
    ElemType * listArray;    //指向 ElemType 类型数组的指针
    int length;              //数组长度
    int listSize;            //数组最大容量
}SeqList;
```

数组一经分配，其大小不可改变，数组空间大小由 listSize 表示，顺序表中当前元素个数保存在 length 中。

实现顺序表插入 Insert(L,i,e) 的代码描述为：

```
Status Insert(SeqList &L, int i, ElemType e)
{   int k=0;
    if(i<0||i>L.length) return ERROR;
    for(k=L.length; k>i; k--)
        L.listArray[k]=L.listArray[k-1];
    L.listArray[k]=e;
    L.length++;
    return OK;
}
```

实现顺序表删除 Delete(L,i,e) 的代码描述为：

```
Status Delete(SeqList &L, int i, ElemType * e)
{   int k=0;
    if(i<0||i>=L.length) return ERROR;
    *e=L.listArray[i];
    for(k=i;k<L.length-1; k++)
        L.listArray[k]=L.listArray[k+1];
    L.length--;
    return OK;
}
```

顺序表保存在数组中，数组的特点要求数据必须保存在一段连续的地址空间内。在顺序表中插入、删除元素时不可避免地要进行或多或少的元素移动。在顺序表中插入一个新元素、删除指定位置元素时，最优时间复杂度均为 $O(1)$，最差时间复杂度和平均时间复杂度均为 $O(n)$。所列的其他基本操作的时间复杂度均为 $O(1)$。由此可知，插入、删除操作的开销较大。

2. 链式存储

线性表中的各元素也可以不必保存在一段连续的地址空间中，而是放在任意的存储单元内。为了能方便地找到这些存储单元，采用指针结构将这些存储单元串在一起，形成链表。这种存储方式称为链式存储，采用链式存储结构的线性表称为链表。这样的表示法也称为动态表示法。

链表由一系列的结点构成，每个结点包含数据域和指针域，其中数据域中保存线性表的一个数据元素的信息，指针域中保存指向该数据元素后继结点的指针信息，表尾结点的指针域中保存 NULL，表示表的结束。指针也称为链，链表的名称由此得来。

每个结点中除数据域外只包含一个指针域，这样的链表称为单链表。单链表中各元素的位置仍然用整数表示，通常使用一个指针（称为表头指针）指向表头元素结点，使用另外一个指针（称为当前工作指针）来指示操作位置，如图 1-1 所示为一个单链表，指针 head 指向表头元素，指针 p 指向操作位置。表尾结点的指针域保存 NULL，使用 ∧ 表示。

为了操作上的方便，常常在单链表的表头添加一个空结点，称为表头结点，得到带表头的单链表，如图 1-2 所示。

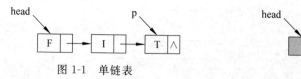

图 1-1 单链表

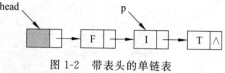

图 1-2 带表头的单链表

在带表头的单链表中，当前工作指针的含义略有变化。在如图 1-2 所示的单链表中，在指针 p 所指位置插入新元素 A 后的结果如图 1-3 所示。

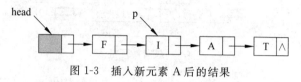

图 1-3 插入新元素 A 后的结果

使用 C 语言定义的单链表结点如下：

```
typedef struct LNode {
    ElemType data;           //数据域
    struct LNode * link;     //指针域
} * LinkList;
```

实现单链表插入 Insert（L,p,item）的代码如下：

```
Status Insert (LNode * L, LNode * p, ElemType item)
{
    LNode * temp;
    temp=(LNode * )malloc(sizeof(LNode));
    if(temp==NULL) return ERROR;
    else temp->data=item;
    temp->link=p->link;
    p->link=temp;
    return OK;
}
```

实现单链表删除 Delete（L,p,item）的代码如下：

```
Status Delete1 (LNode * L, LNode * p, ElemType * item)
{
    if(L==NULL||p==NULL) return ERROR;
    * item=p->link->data;
    p->link=p->link->link;
    return OK;
}
```

如果让单链表表尾结点的 link 域指向表头结点，则可得到循环链表。还可以在表的每个结点中增加一个指向直接前驱的指针，得到双向链表，如图 1-4 所示是带有头指针 head 及尾指针 tail 的双向链表。如图 1-5 所示是仅有头指针 head 的双向循环链表。

在单链表中，当前工作指针确定后，插入、删除操作的时间复杂度均为 $O(1)$，但访问表

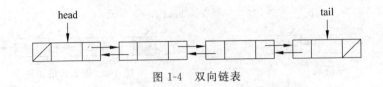

图 1-4 双向链表

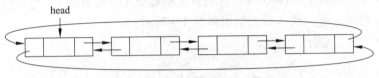

图 1-5 双向循环链表

中元素的效率较低,时间复杂度为 $O(n)$。寻找表中元素的后继操作很好实现,但寻找元素的前驱时,需要从表头向后遍历,时间复杂度为 $O(n)$。

双向链表中,寻找前驱、后继操作的时间复杂度都为 $O(1)$。

3. 线性表的应用

1) 多项式操作

多项式是数学上经常用到的概念。设有 n 次一元多项式如下:

$$P_n(x) = p_0 + p_1 x + p_2 x^2 + \cdots + p_n x^n$$

最先想到的是采用顺序表来保存多项式,分配含 $n+1$ 个元素的数组,数组元素的类型依多项式系数的类型而定。在这种存储方式下,很容易实现多项式的加法和减法操作。

但当多项式中为零的系数很多时,顺序表存储方式的弱点显现。考虑一个仅有三个非零系数的 2015 次的一元多项式:

$$S(x) = 2 - 7x^{15} + 8.4x^{2015}$$

可以采用链表的方式保存。链表中仅需保存多项式中有非零系数的项。因为非零系数没有规律,所以还必须保存该项对应的指数。非零系数与指数构成一个二元组,多项式中所有的非零系数用一系列的二元组来表示。用(系数,指数)的序列可以唯一地确定一个多项式。如 $S(x)$ 可以表示为:

$$S = ((2,0),(-7,15),(8.4,2015))$$

多项式 $S(x)$ 使用单链表存储时,链表的表示如图 1-6 所示。

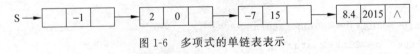

图 1-6 多项式的单链表表示

单链表的表头指针设为 S,表头结点的指数域用 -1 表示。
多项式中表结点的结构定义如下:

```
typedef struct PNode{          //定义一个保存多项式的表的结点
    float coefficient;          //系数
    int exponent;               //指数
    PNode * next;               //下一结点的指针
};
```

有了这样的定义后,多项式的操作可以归结为单链表的操作。

2) freelist(空闲块)管理

当链表中频繁增删结点时,很大程度上会影响到运行效率。一是申请、释放空间都会进行系统调用,二是可能会产生大量的碎块,不方便以后的再分配。

可以在程序中额外建立一个 freelist 链表,与程序中正常使用的链表 L 类型一致。当 L 中删除一个结点 Node 时,将 Node 链到 freelist 中;而当 L 需要一个新结点时,若 freelist 不空,则将 freelist 中的结点转移到 L 中,仅当 freelist 中已没有结点时,才真正向系统申请一个新空间。freelist 的插入与删除都在表头进行,时间复杂度都是 $O(1)$ 的。freelist 只是临时管理程序中用到的空间,空间中的数据没有意义,各块的次序不重要,所以这个表不需要表头结点。它的实现方式与链栈是类似的。

3) 静态链表

可以在数组中保存一个链表,这样的链表称为静态链表,如表 1-1 所示。

如表 1-1 所示的链表是由 S 指示的循环链表。

4. 线性表两种实现方式的比较

线性表的两种实现各有特色。

顺序表的缺点是大小不能改变。如果不能预知表中元素的最多个数,则分配数组空间时就很盲目。数组空间一经分配,不论表中元素的实际个数有多少,空间全部占用。另外,当有元素的插入及删除时,除在顺序表尾进行操作以外,其他位置的操作都会带来元素的移动,系统开销较大。但它的优点是能够实现随机访问,数组空间全部用来存放数据,没有指针开销。

表 1-1 含 6 个元素的静态链表

	data	link
0	618	4
1	205	0
S→ 2	103	3
3	501	1
4	781	5
5	910	2
6		
7		

链表的特点与顺序表不同。它的空间可以随时按需申请,空间大小随元素个数的多少而改变,元素多则占空间大,元素少则占空间少。但每个元素都配有指针开销,所以并不是申请的全部空间均用于保存数据。若当前工作指针已指向操作位置时,元素插入及删除的时间复杂度均为 $O(1)$,且不需要数据元素的移动。有些应用中,移动数据元素的开销较大,链表就是个很好的选择。但链表只能实现顺序访问,时间复杂度为 $O(n)$。

表 1-2 列出了在顺序表及单链表实现方式下,几种比较典型操作的对比。

表 1-2　线性表两种实现方式下若干典型操作的比较

操作/应用	单链表	顺序表	说　　明
在尾端添加或删除元素	$O(n)$	$O(1)$	对单链表,必须遍历整个表。 对顺序表,只需赋值
在头部插入或删除元素	$O(1)$	$O(n)$	对顺序表,必须将每个元素向后移动一个位置,以将第一个位置腾空。单链表只需调整指针
对关键字进行线性查找	$O(n)$	$O(n)$	最坏情形下,必须查找整个单链表或顺序表

续表

操作/应用	单链表	顺序表	说明
在有序表的当前位置插入元素 （a）找到插入位置 （b）插入元素	$O(n)$ $O(1)$	$O(\log_2 n)$ $O(n)$	在单链表中插入，只需要指针调整。对于顺序表，二分查找找到插入位置；然后可能会移动 n 个元素来腾空单元
从表中删除某个值的所有出现	$O(n)$	$O(n)$	对于单链表，重复进行：找到值并调整指针，一直到表尾。对于顺序表，若找到一次值就调整一次元素，则需要 $O(n^2)$；若找到值后，调整元素的同时也进行判断，则是 $O(n)$ 的

1.2 栈、队列和数组

栈、队列都是线性表，并且是操作受限的线性表。所谓操作受限，是指插入、删除操作的位置不再是线性表中任何合理的地方，而是只局限于线性表的两端。其中，栈只允许在表的一端操作，表的另一端及中间位置是不可见的；队列允许在表的两端分别进行操作，中间位置也是不可见的。

数组既是一种数据类型，也是一种存储结构。数组本身也属于线性表的范畴。

1.2.1 栈和队列的基本概念

1. 栈的基本概念

栈是一种受限的线性表，只允许在线性表的一端进行插入和删除操作。进行操作的一端称为栈顶，另一端称为栈底。插入操作称为入栈(push)，删除操作称为出栈(pop)。入栈和出栈都是 $O(1)$ 操作。栈的处理方式为后进先出(Last In, First Out, LIFO)。

栈中没有元素时，称为空栈。当栈不空时，允许出栈操作；当栈不满时，允许入栈操作。最后入栈的元素是栈顶元素，其所处位置是栈顶，一般地，使用一个变量标记栈顶位置，通常记为 top。

栈的特点是后进先出，也可以说是先进后出。不能简单地理解为先入栈的元素一定后出栈，后入栈的元素一定先出栈。例如，给定入栈序列 1,2,3,4,5，既可以得到 5,4,3,2,1 的出栈序列，也可以得到 1,2,3,4,5 的出栈序列，甚至是 3,2,1,4,5 这样的出栈序列。元素 1 比元素 5 先入栈，1 既可以先于 5 出栈，也可以在 5 之后出栈。

那么如何正确理解后进先出特点呢？这是同时在栈中的元素之间具有的特性。对于栈中的两个元素 a_i 与 a_j，如果 a_i 先于 a_j 入栈，则 a_j 一定先于 a_i 出栈。因为入栈与出栈操作是随机的，只要栈不空即可出栈，栈不满即可入栈。若元素 a_i 刚入栈后就出栈，在 a_i 之后入栈的元素 a_j 都在 a_i 出栈后出栈，a_i 与 a_j 不同时在栈中，它们之间就不具备后进先出的特点了。

2. 队列的基本概念

队列也是一种受限的线性表，它允许在线性表的一端进行插入，而在另一端进行删除。插入操作称为入队，允许入队的一端称为队尾。删除操作称为出队，允许出队的一端称为队头。

队列中没有元素时，称为空队列。当队列不空时，允许出队操作，正等待出队的元素是队头元素，使用 front 标记队头位置；当队列不满时，允许入队操作，刚入队的元素是队尾元素，使用 rear 标记队尾元素后的一个空位置。

队列中出队次序与入队次序永远保持一致，先入队的元素一定先出队。队列的处理方式是先进先出（First In，First Out，FIFO）。

3. 双端队列

双端队列结合了栈与队列的特性，在线性表的两端均可以插入及删除。双端队列可以看成是对底栈，即两个栈的栈底连在一起，两端分别是两个栈的栈顶，且两个栈底互通。双端队列中从一端入队的元素既允许在本端出队，也允许在另一端出队。

1.2.2 栈和队列的顺序存储结构

1. 栈的顺序存储结构

使用数组保存的栈称为顺序栈。

设栈保存在一维数组 $A[0],A[1],\cdots,A[n-1]$ 中，n 为数组的大小，表示栈的最大容量。一般地，$A[0]$ 为栈底。整数 top 为栈中第一个空位置，即当前栈顶元素后的空位置，top 也表示栈中元素的个数。初始时，栈为空，top=0。入栈时新元素保存在 $A[\text{top}]$ 中，top++；出栈时，top--，弹出 $A[\text{top}]$ 中保存的元素。当逻辑表达式 top==n 为真时，栈已满；当逻辑表达式 top==0 为真时，栈为空，如图 1-7 所示。

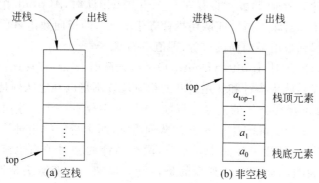

图 1-7　栈及操作示意图一

栈顶 top 也可以定义在栈顶元素的位置。这种定义方式下，初始时，top=-1。入栈时 top++，新元素保存在 $A[\text{top}]$ 中；出栈时，弹出 $A[\text{top}]$ 中保存的元素，top--。当逻辑表达式 top==$n-1$ 为真时，栈已满；当逻辑表达式 top==-1 为真时，栈为空。栈中元素的个数＝top＋1，如图 1-8 所示。

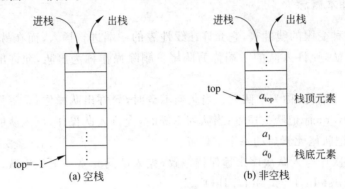

图 1-8　栈及操作示意图二

以上两种定义方式没有本质差别。

在顺序栈中，入栈及出栈均不需要移动元素，操作的时间复杂度都是 $O(1)$ 的。

2. 队列的顺序存储结构

采用数组作为队列的存储结构时，为避免入队、出队时带来的元素移动，需要采用循环存储的方式。若队列保存在一维数组 $A[0],A[1],\cdots,A[n-1]$ 中，数组首尾相接，将 $A[0]$ 看作是 $A[n-1]$ 的后继，即在逻辑上将一维数组看作是一个环。这样的队列称为循环队列，"循环"意味着队列采用一个"环"状结构保存。当访问到达数组尾时，再重新从数组头开始访问元素，数组空间可以重复利用。实际生活中，跑道的利用就是一种"循环"方式，指针式钟表也是这种方式。

循环队列中，元素虽然还是保存在连续的单元中，但不再是从数组头开始。为能正确标记出实际的存储单元，需要使用两个整数来标记队列起始（队头）及终止（队尾）位置。若队列保存在一维数组 $A[0],A[1],\cdots,A[n-1]$ 中，整数 front 表示队头元素在数组中的下标，一般地称为队头指针；整数 rear 表示队尾元素在数组中的下标，一般地称为队尾指针。元素入队时，队尾指针 rear 加 1，元素保存在 $A[rear]$ 中；出队时，$A[front]$ 中保存的元素出队，队头指针 front 加 1。当队头指针或队尾指针等于 $n-1$，即指向数组最后一个位置时，再入队或出队时，需要回到数组最前面的位置，即值应为 0。

在循环队列中，出队时，front＝(front＋1)％n，入队时，rear＝(rear＋1)％n。因为采用了循环存储方式，仅靠队头指针和队尾指针的相对位置不足以判定队列是否为空或满，计算队列中元素个数时也存在类似的问题。例如，当队列中仅有一个元素时，front＝＝rear 为真。出队操作后，front＝(front＋1)％n，此时队列为空，两个指针的相对关系满足：front＝＝(rear＋1)％n。当队列中已保存 n 个元素时，两个指针的相对关系也满足关系 front＝＝(rear＋1)％n。这表明队列空及队列满的条件是一样的。改变队头指针或队尾指针的定义，例如，让队尾指针指向队尾元素后的一个位置，也不能解决这个问题。

可以有几种办法解决这个问题，最常用的办法是：约定在大小为 n 的数组中，最多只能同时保存 n－1 个元素。这种机制下，队空的判断条件是 front＝＝(rear＋1)％n，这个条件也是初始时两个指针的初值必须满足的条件。队满的判断条件是 front＝＝(rear＋2)％n，队列中元素个数＝(rear－front＋1＋n)％n。

与顺序栈中栈顶指针 top 的定义类似，循环队列中，队头 front 和队尾 rear 既可以定义在对应元素所在的位置，也可以定义在其旁边的空位置。在不同的定义方式下，操作的实现步骤及队空、队满及队列中元素个数的判定与计算条件略有差异。

循环队列中，任何一个位置都可能作为队头位置，因此进入队列的第一个元素也没有必要非放在 $A[0]$ 处，实际上，它的存储位置依队头 front 和队尾 rear 的初值而定。例如，初始时，设 front＝0，rear＝−1，第一个元素保存在 $A[0]$ 中；若设 front＝5，rear＝4，则第一个元素保存在 $A[5]$ 中。

采用循环存储方式下，入队操作和出队操作均不导致元素的移动，故操作的时间复杂度都是 $O(1)$ 的。

1.2.3 栈和队列的链式存储结构

顺序表有两个不足之处：第一，元素插入和删除时，都可能导致数组中元素的移动。因为栈与队列只允许在线性表的端点处进行插入和删除，所以避免了数据的移动；第二，顺序表的大小受数组空间的限制。这个问题在顺序栈及循环队列中仍存在。一旦数组分配了空间，栈及队列的最大容量就确定下来。同时保存在栈及队列中的元素个数不能超出数组大小的限制。

当不能预知同时保存在栈或队列中的元素个数时，通常使用链式存储结构。

1. 栈的链式存储结构

使用链表保存的栈称为链式栈。栈顶指针 top 也是表头指针，入栈和出栈均操作在表头位置，所以时间复杂度都是 $O(1)$ 的。

链式栈实际上是链表的一个简化版本。

2. 队列的链式存储结构

使用链表保存的队列称为链式队列。队列的操作位置在其两端，队头指针 front 指向队头元素，队尾指针 rear 指向队尾元素，入队和出队时，通过两个指针可快速找到操作位置，故入队操作和出队操作的时间复杂度也是 $O(1)$ 的。

链式队列实际上是带头尾指针的链表的一个简化版本。

1.2.4 栈和队列的应用

栈的应用非常广泛，例如，使用键盘输入时调用回退键、在程序中调用其他方法、中缀表达式转变为后缀表达式、后缀表达式的计算、表达式中括号的匹配检查、迷宫程序的实现、树的遍历、图的深度优先搜索等。

1. 表达式中括号的匹配检查

编译程序计算程序中表达式的结果时，要先检查表达式的正确性，其中的一项是检查括号匹配的正确性。一对括号的左半部分称为开括号，右半部分称为闭括号，若开括号与闭括号的个数相等且嵌套正确,表示括号匹配正确;否则匹配错误。检查过程中使用栈来保存开括号,从左至右依次扫描表达式中的符号 ch,并进行判断:

- 若 ch 是开括号,ch 入栈;
- 若 ch 是闭括号,则与栈顶符号比较,若属于同一类(例如栈顶是'{'且 ch＝'}')则出栈(本对括号匹配成功),继续读入下一符号;否则报告出错;
- 当 ch 是表达式结束符时,若栈为空,表达式括号匹配正确;否则匹配错误;
- 若 ch 是其他符号,忽略。

对栈的访问过程中,需要判定栈是否为空或已满。当需要与栈顶符号进行比较而栈为空时,表明在开括号出现之前先遇到了闭括号,表达式中括号匹配不正确;当表达式结束而栈不为空时,表示开括号数多于闭括号数,表达式中括号匹配不正确;若栈顶符号与当前读入的符号不是同一类时,表示括号的嵌套关系不正确等。

假定要检查的表达式是(3+4*(5%3))。处理过程中栈的变化状态显示在图1-9中。

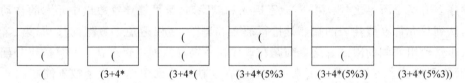

图 1-9　表达式检查中栈的状态

2. 计算后缀表达式

日常书写习惯中,算术表达式常写为中缀(infix)形式,即二元运算符放在它的两个操作数的中间,例如,4+5,这样的表达式称为中缀表达式。计算中缀表达式时,要依赖优先级规则来判定操作执行的次序,程序处理复杂。将二元运算符放到两个操作数后面的形式称为后缀(postfix)形式,相应地,表达式称为后缀表达式。例如,4+5 对应的后缀表达式为 4 5＋。后缀表达式中不需要使用括号。

一般来讲,后缀表达式的计算逻辑比中缀表达式的计算逻辑要容易些,因为不必考虑优先级规则及括号的情况。表达式中运算符的出现次序足以判定其计算次序,因此,程序设计语言编译器及实时环境在其内部计算时常使用后缀表达式,计算过程中使用栈来保存中间结果及最终结果。

计算后缀表达式的算法如下:自左至右扫描表达式,依次识别每个符号 ch(运算符或操作数)。如果 ch 是操作数,将 ch 压入栈中;如果 ch 是运算符,则依次弹出栈顶的两个元素,弹出的第一个元素作为第二操作数,弹出的第二个元素作为第一操作数,执行 ch 表示的操作,并把计算结果再压入栈中。当到达表达式的结尾时,栈中唯一的元素就是表达式的结果。任何时候,如果想从栈中弹出两个元素而栈中不足两个元素时,表明后缀表达式是不正确的,具体来说,是运算数的个数不足。同样地,如果到达表达式的结尾,但栈中还有一个以上的元素时,表达式也是不正确的,具体来说,运算符的个数不足。

3. 二叉树的层序遍历

二叉树的层序遍历过程中使用队列保存当前正遍历的层及其下一层的相关结点。具体过程请参见 1.3.2 小节。

4. 对顶栈

可以使用一个一维数组来同时存储两个栈,数组两端分别是两个栈的栈底,每个栈从各自的栈底向中间延伸,如图 1-10 所示。这样的两个栈称为对顶栈,数组元素的个数取两个栈中同时保存元素的最大值。在对顶栈中进行插入、删除操作时,两个栈顶的变化方向是相反的,并且判断栈满的方式也与普通的顺序栈不同,当公用空间没有时,两个栈均满。

图 1-10 存储在一个数组中的两个对顶栈

5. 双端队列

扩展队列的定义,减少其操作限制,允许在队列的两端都可进行入队及出队操作,这样的队列称为双端队列。实际上,双端队列可以看成是一对对底栈。

若一端允许进行入队及出队操作,另一端仅允许出队操作,这样的队列称为输入受限的双端队列;类似地,若一端允许进行入队及出队操作,另一端仅允许入队操作,这样的队列称为输出受限的双端队列。

例 1-1 若以 1,2,3,4 作为双端队列的输入序列,则既不能由输入受限的双端队列得到,也不能由输出受限的双端队列得到的输出序列是_____。

A. 1,2,3,4　　　B. 4,1,3,2　　　C. 4,2,3,1　　　D. 4,2,1,3

解:以 1,2,3,4 作为双端队列的输入序列,分析各选项中所给的输出序列,以 Y 表示该输出序列能得到,以 N 表示该输出序列不能得到,结果列在表 1-3 中。

表 1-3 各选项对应的分析结果

	选项 A	选项 B	选项 C	选项 D
输入受限	Y	Y	N	N
输出受限	Y	N	N	Y

答案为 C。

1.2.5 特殊矩阵的压缩存储

n 阶矩阵采用二维数组存储。C 及 C++ 语言中,采用行主序的方式保存数组元素。二维数组也以线性方式保存在一段连续空间中,即先依次保存矩阵的第一行元素,再依次保存矩阵的第二行元素,以此类推,直到保存矩阵的第 n 行元素。

1. 对称矩阵的压缩存储

对于 n 阶对称矩阵,其元素以对角线为界对称相等,因此 n^2 个元素仅需要 $n(n+1)/2$

个存储单元。

设以一维数组 $B[n(n+1)/2]$ 作为 n 阶对称矩阵 A 的存储结构,只保存 A 的下三角部分并按行存放。元素 $A[i][j]$($0 \leqslant i,j \leqslant n-1$)保存在 $B[k]$($0 \leqslant k \leqslant n(n+1)/2-1$)中,则 k 与 i,j 存在下列对应关系:

$$k = \begin{cases} \dfrac{i(i+1)}{2} + j, & i \geqslant j \\ \dfrac{j(j+1)}{2} + i, & i < j \end{cases}$$

2. 三角矩阵的压缩存储

对于三角矩阵 $A[i][j]$($0 \leqslant i,j \leqslant n-1$),仅需保存其非零元素,存储方式类似于对称矩阵。设元素 $A[i][j]$($0 \leqslant i,j \leqslant n-1$)保存在 $B[k]$($0 \leqslant k \leqslant n(n+1)/2-1$)中。以上三角矩阵为例,地址下标转换公式为:

$$k = i*n - \dfrac{i(i-1)}{2} + j - i, \quad i \leqslant j$$

3. 三对角矩阵的压缩存储

在三对角矩阵 $A[i][j]$($0 \leqslant i,j \leqslant n-1$)中,三条对角线外的元素均为零(零元素不显示),如下所示:

$$A = \begin{bmatrix} a_{00} & a_{01} & & & & \\ a_{10} & a_{11} & a_{12} & & & \\ & a_{21} & a_{22} & a_{23} & & \\ & & & \vdots & & \\ & & & & a_{n-1,n-2} & a_{n-1,n-1} \end{bmatrix}$$

存储时仅需保存三条对角线中的元素。设元素 $A[i][j]$($|i-j| \leqslant 1$)保存在 $B[k]$($0 \leqslant k < 3n-2$)中,地址下标转换公式为:

$$k = 2*i + j$$

4. 稀疏矩阵的压缩存储

稀疏矩阵的存储可采用三元组法及十字链表法。

三元组法:稀疏矩阵中每个非零元素使用一个三元组 (i,j,v) 表示,其中 i,j 分别是非零值 v 所在的行号和列号。将所有三元组用一个三元组表来表示,按行主序保存在一维数组中。

设有稀疏矩阵 S

$$S = \begin{bmatrix} 0 & 8 & 9 & 0 & 0 & 0 & 0 \\ 1 & 0 & 0 & 0 & 0 & 0 & 0 \\ -3 & 0 & 0 & 0 & 12 & 0 & 0 \\ 0 & 0 & 16 & 0 & 0 & 0 & 0 \\ 0 & 24 & 0 & 0 & 6 & 0 & 0 \\ 15 & 0 & 0 & 0 & 0 & -7 & 0 \end{bmatrix}$$

该矩阵只有 10 个非零元素，它的三元组表如图 1-11 所示，其中的每一列代表一个三元组，并且按非零元素所在行号不减、行号相同列号不减的次序由左到右排列。

i	0	0	1	2	2	3	4	4	5	5
j	1	2	0	0	5	2	1	4	0	5
v	8	9	1	−3	12	16	24	6	15	−7

图 1-11 稀疏矩阵的三元组表

十字链表法：稀疏矩阵同一行中的非零元素组成一个单循环链表，各行对应的链表的表头也组成一个单循环链表；类似地，同一列中的非零元素组成一个单循环链表，各列对应的链表的表头也组成一个单循环链表。

元素组成的链表中的结点类型为 | rnext | row | col | value | cnext |，其中，value 中保存非零元素的值，其所在的行号、列号分别保存在 row 和 col 中，cnext 指向与 value 同一行的下一个非零元素所在的结点，rnext 指向与 value 同一列的下一个非零元素所在的结点。

表头组成的链表中的结点类型为 | rnext | cnext | next |，其中，cnext 指向本行对应的单循环链表中的第一个元素结点，rnext 指向本列对应的单循环链表中的第一个元素结点，next 指向下一个表头结点。

各行及各列对应的单循环链表的表头也可以保存在一维数组 A 中。A 中每个元素包含两个指针域：一个指向各行对应的单循环链表的表头，另一个指向各列对应的单循环链表的表头。

链表中既有横向的指针，也有纵向的指针，故称为十字链表。

1.3 树与二叉树

树是非线性结构，具体来说，树是层次结构。日常社会中，层次关系非常普遍，例如，家族谱系、组织机构关系等都呈现一种层次结构。

1.3.1 树的基本概念

树 T 是 $n(n>0)$ 个结点组成的有限集，其中有一个特定的结点 R 称为 T 的根，其余结点划分为不相交的子集 $T_1, T_2, \cdots, T_m$，每个子集都是树，称为 T 的子树。每棵子树的根 $R_1, R_2, \cdots, R_m$ 称为 R 的子结点或孩子，R 称为 $R_1, R_2, \cdots, R_m$ 的父结点或双亲，$R_1, R_2, \cdots, R_m$ 互称为兄弟结点。树中每个结点 v 的子结点个数 m 称为 v 的度，度为 0 的结点称为叶结点，度大于 0 的结点称为分支结点。

树的定义是一个递归的定义，这是树的固有特性决定的，树结构本身就是一个递归的结构。树的很多应用中都采用递归过程来实现。

若 v_i 是 v_j 的父结点，则 (v_i, v_j) 称为分支或边。含 n 个结点的树中，分支数为 $n-1$。

对于树中的结点序列 $v_0, v_1, \cdots, v_p$，若 $v_i (0 \leqslant i \leqslant p-1)$ 是 v_{i+1} 的父结点，则序列 $v_0,$

$v_1,\cdots,v_p$ 称为树中的路径,路径长度为 p。实际上,路径长度是路径中所含的分支数。结点 v 的深度是从根 R 到 v 的路径长度。结点的层等于它的深度。树的高度是具有最大深度结点的深度加 1。

结点 k 的子树中的所有结点称为 k 的后代。如果结点 k 是结点 j 的后代,则结点 j 称为结点 k 的祖先。

树 T 中,根 R 的子结点有序,称 T 为有序树,否则称为无序树。树中结点的最大度数 k 称为树的度,度为 k 的树称为 k 叉树。

森林是 $m(m\geqslant 0)$ 棵互不相交的树的集合。各棵树的根互为兄弟。

1.3.2 二叉树

二叉树是一种重要的树形结构,应用面广,也是考试中经常出现的考点。

1. 二叉树的定义及其主要特性

一棵二叉树 T 是 $n(n\geqslant 0)$ 个结点组成的有限集,这个集合或为空,或由一个根结点 R 及两棵不相交的二叉树 T_1、T_2 组成,T_1、T_2 分别称为 T 的左子树和右子树,T_1、T_2 的根 R_1、R_2 分别称为 R 的左子结点和右子结点。

二叉树中每个结点的度不大于 2。二叉树中左子树与右子树的次序不能颠倒,但都可以存在或者为空,不同的存在状态可以组合成二叉树的 5 种基本形态,即两棵子树均为空或均不为空,或者一棵为空而另一棵不为空,还有空树。这 5 种形态如图 1-12 所示。

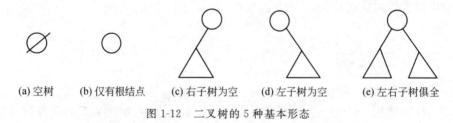

(a) 空树　　(b) 仅有根结点　　(c) 右子树为空　　(d) 左子树为空　　(e) 左右子树俱全

图 1-12　二叉树的 5 种基本形态

满二叉树及完全二叉树是两种特殊树形的二叉树。各教材对满二叉树的定义不一致。

定义一:所有分支结点的度均为 2,且叶结点处于同一层的二叉树为满二叉树。

定义二:仅含度为 0 及度为 2 的结点的二叉树为满二叉树。

由定义可看出,若一棵二叉树 T 满足定义一,则必满足定义二。反之不然。在图 1-13 中,(a)是既满足定义一也满足定义二的满二叉树。(b)仅满足定义二,若按定义一的条件看,它不是满二叉树。

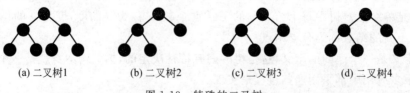

(a) 二叉树1　　(b) 二叉树2　　(c) 二叉树3　　(d) 二叉树4

图 1-13　特殊的二叉树

若一棵高度为 $h(h \geqslant 1)$ 的二叉树 T,0 层到 $h-1$ 层是满足定义一的满二叉树,h 层中的结点均靠左排列,称 T 为完全二叉树。在图 1-13 中,(b)和(c)均为完全二叉树,(d)既不是满二叉树,也不是完全二叉树。满足定义一的满二叉树一定是完全二叉树,所以图 1-13(a)也是完全二叉树。

二叉树的第 i 层上最多有 2^i 个结点($i \geqslant 0$)。高度为 $h(h \geqslant 1)$ 的二叉树中结点数最多为 2^h-1 个。具有 n 个结点的完全二叉树的高度为 $\lceil \log_2(n+1) \rceil$。

在任意一棵二叉树中,设叶结点数为 n_0,度为 1 的结点数为 n_1,度为 2 的结点数为 n_2,则 $n_0 = n_2 + 1$。即叶结点数仅与二叉树中度为 2 的结点个数有关,与度为 1 的结点个数无关。此定理称为满二叉树定理。

可以将满二叉树定理推广到任意 k 叉树中。设 k 叉树中叶结点数为 n_0,度为 1 的结点数为 $n_1, \cdots$,度为 k 的结点数为 n_k,则

$$n_0 = \sum_{i=2}^{k}(i-1)n_i + 1$$

2. 二叉树的顺序存储结构和链式存储结构

1)二叉树的顺序存储结构

对一棵含 n 个结点的完全二叉树 T,使用整数 0 到 $n-1$,按照从上到下、同层中自左至右的次序,为 T 中每个结点依次编号。采用数组 $A[0], A[1], \cdots, A[n-1]$ 保存树 T,编号为 $i(0 \leqslant i \leqslant n-1)$ 的结点保存在 $A[i]$ 中。

对任意一棵高度为 h 的二叉树 T,采用顺序存储结构时,数组大小为 2^h-1。T 的根保存在 $A[0]$ 中;设树中结点 v 保存在 $A[i]$ 中,若 v 有左子结点 v_l,则 v_l 保存在 $A[2*i+1]$ 中;若 v 有右子结点 v_r,则 v_r 保存在 $A[2*i+2]$ 中;若 v 不是树根,则 v 的父结点保存在 $A[(i-1)/2]$ 中。

2)二叉树的链式存储结构

二叉树的链式存储结构有二叉链表及三叉链表。

采用二叉链表保存二叉树 T 时,每个结点的结构为 | lchild | data | rchild |,其中 data 保存当前结点的值,lchild 和 rchild 分别为指向当前结点左子结点和右子结点的指针。

二叉链表中结点类的定义如下:

```
typedef struct BinNode {            //二叉树结点类
    ElemType data;                  //该结点的值
    struct BinNode * lchild;        //指向左孩子结点的指针
    struct BinNode * rchild;        //指向右孩子结点的指针
}
```

采用二叉链表保存二叉树 T 时,叶结点的两个指针域皆为 NULL。对于含 n 个结点的二叉树 T,二叉链表中共有 $n-1$ 个非空指针域,有 $n+1$ 个空指针域。图 1-14(a)所示的二叉树的二叉链表如图 1-14(b)所示。

也可以采用静态链表的形式保存二叉树。静态链表保存在一维数组中,数组单元包含三个域:lchild、data 和 rchild。其中 data 保存二叉树中结点的信息,lchild 和 rchild 分别保

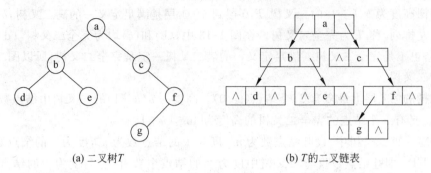

(a) 二叉树 T   (b) T 的二叉链表

图 1-14 树 T 及 T 的二叉链表

存左子结点及右子结点在数组中的下标。如图 1-14(a)所示的二叉树 T 的二叉静态链表如图 1-15 所示。

在二叉链表中,查找某个结点的子结点非常方便,但不易查找父结点。为此,为每个结点增加一个指向父结点的指针域,结构定义为 | lchild | data | parent | rchild |,由此得到三叉链表。根结点的 parent 域为 NULL。

三叉链表也可以采用静态链表结构,三叉静态链表的结构示意如图 1-16 所示。

下标	lchild	data	rchild
0	1	a	2
1	3	b	4
2	−1	c	5
3	−1	d	−1
4	−1	e	−1
5	6	f	−1
6	−1	g	−1
⋮	⋮	⋮	⋮

下标	lchild	parent	data	rchild
0				
1				
2				

图 1-15 T 的二叉静态链表   图 1-16 三叉静态链表

静态链表保存在一维数组中,数组单元包含四个域:lchild、parent、data 和 rchild。其中 data 保存二叉树中结点的信息,lchild 和 rchild 分别保存其左子结点及右子结点在数组中的下标,parent 保存结点的父结点在数组中的下标。

3. 二叉树的遍历

二叉树的遍历共有 4 种:先序遍历、中序遍历、后序遍历及层序遍历。

1) 先序遍历

先序遍历又称为先根遍历或前序遍历,过程如下:

如果二叉树 T 为空则返回,否则

（1）访问根结点;

（2）先序遍历 T 的左子树;

（3）先序遍历 T 的右子树。

2)中序遍历

中序遍历又称为中根遍历,过程如下:

如果二叉树 T 为空则返回,否则

(1)中序遍历 T 的左子树;

(2)访问根结点;

(3)中序遍历 T 的右子树。

3)后序遍历

后序遍历又称为后根遍历,过程如下:

如果二叉树 T 为空则返回,否则

(1)后序遍历 T 的左子树;

(2)后序遍历 T 的右子树;

(3)访问根结点。

给定二叉树的中序遍历序列,再加先序或后序遍历序列,可唯一确定二叉树。可以验证,仅给出一种遍历序列时,不能唯一确定二叉树。仅给出二叉树的先序遍历序列及后序遍历序列,也不能唯一确定二叉树。

二叉树的先序遍历、中序遍历及后序遍历既可使用递归方式实现,也可合适非递归方式实现。

4)层序遍历

层序遍历的过程如下:

二叉树 T 的根结点入队列;

当队列不空时

{

  出队列,并输出元素 e;

  若 e 有左子结点 l,则 l 入队列;

  若 e 有右子结点 r,则 r 入队列;

}

在层序遍历中,二叉树中的任意两个结点 v_i 和 v_j,若 v_i 先于 v_j 被遍历到,则 v_i 的子结点先于 v_j 的子结点被遍历到。

4. 线索二叉树的基本概念和构造

二叉树的遍历结果得到结点的一个线性序列,在这个序列中,除第一个和最后一个结点外,每个结点都有一个且仅有一个前驱、有一个且仅有一个后继。遍历的过程就是不断寻找结点后继的过程。

可以利用二叉链表中存在的空指针域指向结点的前驱和后继,得到线索树。对于树中的一个具体结点来说,不同的遍历序列中,它的前驱可能是不同的,后继也可能是不同的。因此,线索树又分为先序线索树、中序线索树及后序线索树。

以中序线索树为例,线索树中结点的定义为 | lchild | lTag | data | rTag | rchild |,其中:

$$lTag = \begin{cases} 0, & lchild \text{ 域指向结点的左孩子结点} \\ 1, & lchild \text{ 域指向结点的中序遍历前驱} \end{cases}$$

$$rTag = \begin{cases} 0, & rchild \text{ 域指向结点的右孩子结点} \\ 1, & rchild \text{ 域指向结点的中序遍历后继} \end{cases}$$

在中序线索树中寻找结点 v 的后继结点时,有以下几种情况:

(1) 若 v.rTag==1 且 v.rchild!=NULL,则 v.rchild 指向的结点即为 v 的后继结点;

(2) 若 v.rTag==1 且 v.rchild==NULL,则 v 为中序序列的最后一个结点,无后继结点;

(3) 若 v.rTag==0 且 v.rchild!=NULL,则 v 的右子树中序遍历序列的第一个结点为 v 的后继;

(4) 若 v.rTag==0 且 v.rchild==NULL,无此种情况出现。

那么,在情况(3)中,右子树中序遍历序列的第一个结点是哪个呢?从右子树的根开始,沿 lchild 指针向下,找到 lchild==NULL 的结点即是。在建立线索树之前,这个空指针还没有指向它的前驱。若已经建立了线索树,则找到 v.ltag==1 的结点即是。

1.3.3 树、森林

1. 树的存储结构

1) 父结点表示法

父结点表示法有静态实现及动态实现两种。

静态实现父结点表示法时,使用一维数组保存相关信息。数组的每个单元包括两个域,分别是数据域 data 及父结点域 parent,data 域保存结点的信息,parent 域保存该结点的父结点在数组中的下标。树根结点的父结点域中保存 -1,这是树中唯一没有父结点的结点。多棵树可以同时保存在一个数组中。检查数组中 parent 域为 -1 的结点,可知数组中保存的树的个数。

图 1-17(a)所示的树 T_1 的静态父结点表示如图 1-17(b)所示。

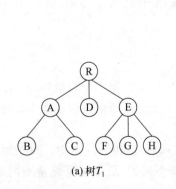

(a) 树 T_1

结点	父结点
0	R	-1
1	A	0
2	B	1
3	C	1
4	D	0
5	E	0
6	F	5
7	G	5
8	H	5

(b) 树 T_1 的静态父结点表示

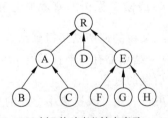

(c) 树 T_1 的动态父结点表示

图 1-17 树的父结点表示法

动态实现父结点表示法时,树中结点的定义为 | data | parent |,其中 data 保存树中结点信息,parent 保存指向父结点的指针。根结点的 parent 域为 NULL,这是树中唯一的一个空

指针。如图 1-17(a)所示的树 T_1 的动态父结点表示如图 1-17(c)所示。

2）孩子结点表示法

树中每个结点的子结点个数差别可能很大，为了适应每个结点可以有不同数目的子结点的情况，可以使用链表来保存子结点的信息。每个结点 v_i 的所有子结点组成一个单链表 L_i，这些链表的表头指针保存在一个数组中。如图 1-18(a)所示的树 T_2 的孩子结点表示如图 1-18(b)所示。

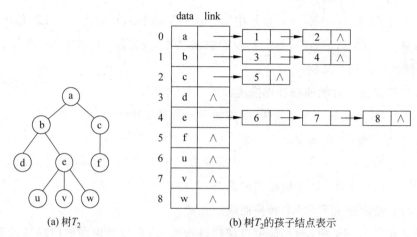

图 1-18 树的孩子结点表示法

3）左孩子右兄弟表示法

使用与二叉链表类似的一种结构，每个结点的结构为 fchild | data | nsibling，其中，data 域保存结点的信息，fchild 域保存指向该结点第一个孩子结点的指针，nsibling 域保存指向该结点下一个兄弟结点的指针。

由于每个结点都含有两个指针域，它很像是用来表示二叉树的二叉链表结构，所以这种表示法又称为二叉链表表示法。虽然结构相同，但是各个指针域的含义是不同的。图 1-18(a)所示的树 T_2 的左孩子右兄弟表示法如图 1-19 所示。

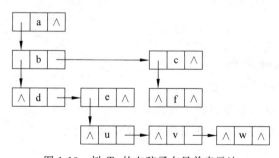

图 1-19 树 T_2 的左孩子右兄弟表示法

2．森林与二叉树的转换

树的左孩子右兄弟表示法中，每个结点有两个指针，分别指向当前结点的左子结点及右兄弟结点。可以将这样的结构看作是二叉链表，一个二叉链表既可以解释为一棵树，又可以解释为一棵二叉树。由此在树与二叉树之间建立了关系,二叉链表成为它们互相转换的桥梁。

将森林转换成二叉树的递归过程描述如下:

如果 $F=\{T_1,T_2,\cdots,T_n\}$ 是森林,则按如下规则将其转换为一棵二叉树 $B=\{root,LB,RB\}$:

(1) 若 F 为空,则 B 为空树;

(2) 若 F 非空,则 B 的根 root 为 F 中第一棵树 T_1 的根;B 的左子树 LB 是从 T_1 根结点的子树森林 $F_1=\{T_{11},T_{12},\cdots,T_{1n1}\}$ 转换而成的二叉树;其右子树 RB 是从森林 $F'=\{T_2,T_3,\cdots,T_n\}$ 转换而成的二叉树。

将二叉树转换成森林的递归过程描述如下:

如果 $B=\{root,LB,RB\}$ 是二叉树,则按如下规则将其转换成森林 $F=\{T_1,T_2,\cdots,T_n\}$:

(1) 若 B 为空树,则 F 为空;

(2) 若 B 非空,则 F 中第一棵树 T_1 的根即为二叉树 B 的根 root,T_1 中根结点的子树森林 F_1 是由 B 的左子树 LB 转换而成的森林;F 中除 T_1 之外的其余树组成的森林 $F'=\{T_2,T_3,\cdots,T_n\}$ 是由的右子树 RB 转换而成的森林。

若二叉树根只有左子树,则它是由单棵树转换而来;否则是由多棵树组成的森林转换而来。

3. 树和森林的遍历

树的遍历方式有两种:先序遍历和后序遍历。

树的先序遍历过程:先访问根结点,再依次由左至右对每棵子树进行先序遍历。

树的后序遍历过程:先依次由左至右对每棵子树进行后序遍历,再访问根结点。

将树 T 转换为二叉树 B,则树 T 的后序遍历序列与 B 的中序遍历序列相同。

森林的遍历方式有两种:先序遍历和后序遍历。

1) 先序遍历

先序遍历过程如下:

如果森林为空则返回,否则

(1) 访问森林中第一棵树的根结点;

(2) 先序遍历第一棵树根结点的子树森林;

(3) 先序遍历除去第一棵树之外剩余的树组成的森林。

2) 后序遍历

后序遍历过程如下:

如果森林为空则返回,否则

(1) 后序遍历第一棵树根结点的子树森林;

(2) 访问森林中第一棵树的根结点;

(3) 后序遍历除去第一棵树之外剩余的树组成的森林。

1.3.4 树与二叉树的应用

1. 二叉排序树

二叉排序树(BST)或者是一棵空树,或者是具有下列性质的二叉树:
(1) 若它的左子树不为空,则左子树中所有结点的值均小于树根结点的值;
(2) 若它的右子树不为空,则右子树中所有结点的值均大于等于树根结点的值;
(3) 其左、右子树也分别是二叉排序树。

二叉排序树也称为二叉查找树,采用二叉链表结构存储。

由于二叉排序树的有序性,在树中进行查找的效率较高。查找的对象称为查找目标,若找到称为查找成功;否则称为查找失败。

二叉排序树各结点中保存的值称为关键字,有些应用中,要求关键字具有唯一性。

二叉排序树的每棵子树仍是二叉排序树。每个结点的左子结点的值均小于结点本身的值,其右子结点的值均大于等于结点本身的值。这个条件是其必要条件而非充分条件。换句话说,若一棵二叉树中每个结点左子结点的值小于结点的值,其右子结点的值大于等于结点的值,则树不一定是二叉排序树。

二叉排序树 T 中的最小值位于其"左下角",即从根开始沿指针 lchild 一直"向下",直到指针 lchild 为空的结点。同样,T 中的最大值位于其"右下角",即从根开始沿指针 rchild 一直"向下",直到指针 rchild 为空的结点。

对二叉排序树进行中序遍历,可得到一个升序序列。这是二叉排序树的特性之一。

对于一般二叉树来说,仅知道树的先序序列或后序序列,不能唯一确定这棵二叉树。但具体到二叉排序树,知道其先序序列或是后序序列,均能唯一确定该树,因为其中序序列是隐含给出的。

二叉排序树的操作主要有在树中查找关键字 key、在树中添加关键字 key、删除树中关键字 key 所在的结点。

1) 在二叉排序树中查找关键字 key

设在二叉排序树 T 中查找关键字 key,如果 T 为空,查找失败并返回;否则比较树 T 中根结点的值与 key:

(1) 若 key=根结点的值,查找成功,返回。
(2) 若 key < 根结点的值,继续在根结点的左子树 LB 中继续查找 key。

否则在根结点的右子树 RB 中继续查找 key。

查找失败时意味着查找目标不在当前二叉排序树中。

查找过程就是将查找目标与从根到某个叶结点的路径上的结点依次进行比较的过程。这条路径上参与比较的关键字组成关键字比较序列。查找成功,意味着关键字比较序列中的某个结点值与查找目标相等;查找失败,意味着在关键字比较序列中的所有值均不与查找目标相等,直到遇到了空指针。

二叉排序树查找过程中,关键字的比较次数不超过树高。在含 n 个关键字的二叉排序树中进行查找的平均时间复杂度为 $O(\log_2 n)$。

2）在二叉排序树中添加关键字 key

在二叉排序树中添加新关键字的过程类似于树的查找过程。

若二叉排序树中已包含待添加的关键字,则插入完毕;否则从根开始查找过程,查找失败时返回的空指针处即是放置新结点的位置:将该空指针改为指向包含关键字 key 的新结点。新添加的结点一定是叶结点。在含 n 个关键字的二叉排序树中插入一个新结点的平均时间复杂度为 $O(\log_2 n)$。

给定一组关键字构建一棵二叉排序树,初始时树为空,关键字一个个地插入到树中。第一个关键字一定为根。第二个关键字若比根大则插入到根的右子树中;否则插入到根的左子树中。继续这个过程,直到所有关键字全部插入完毕。

3）删除树中关键字 key 所在的结点

二叉树中按结点的度可将结点分为三类:度为 0 的结点、度为 1 的结点及度为 2 的结点。

(1) 删除度为 0 的结点。

度为 0 的结点即是叶结点,在二叉排序树中删除叶结点 v 时,将 v 的父结点指向 v 的指针改为 NULL,其他结点不变,删除结束,得到的仍是一棵正确的二叉排序树。

(2) 删除度为 1 的结点。

设待删除结点是 v,v 有一个空指针域,不失一般性,设 v.lchild 为空。v 的父结点 p 中有一个指针指向 v,不失一般性,设为 lchild。则删除结点 v 时,令 p 的 lchild 指向 v 的不空指针即可:p.lchild = v.rchild。

删除 v 之前,v 及其右子树位于 p 的左子树中,即 v 及其右子树中的所有值均小于 p 的值。删除 v 后,v 的右子树仍位于 p 的左子树中,树的有序性得以保证。

(3) 删除度为 2 的结点。

删除度为 2 结点 v 的过程,不再像前两种情况那样简单。v 的父结点只有一个指针指向 v,而 v 的两个指针均不空,父结点中的一个指针无法同时指向两棵子树。

通常的做法是:采用 v 的中序遍历直接前驱或直接后继来替代 v,然后再在树中删除这个替代结点。那么 v 的直接前驱或直接后继是哪个结点呢?二叉排序树中,结点 v 的中序直接前驱位于 v 的左子树的"右下角",其直接后继位于 v 的右子树的"左下角"。不论是"右下角"还是"左下角",其度数均不大于 1,删除这个替代结点又归结为前述两种情况之一。可以验证,新得到的二叉排序树仍能保持有序性。

在含 n 个关键字的二叉排序树中删除一个结点的平均时间复杂度为 $O(\log_2 n)$。

在二叉排序树中进行若干典型操作的对比列在表 1-4 中。

表 1-4 二叉排序树中各操作的比较

操　　作	平衡的 BST	不平衡的 BST
插入 1 个元素到 BST 中	$O(\log_2 n)$	$O(n)$
插入 n 个元素到初始为空的 BST 中	$O(n\log_2 n)$	$O(n^2)$
查找关键字	$O(\log_2 n)$	$O(n)$
遍历树	$O(n)$	$O(n)$

2. 平衡二叉树

同样的关键字集合可以构建出不同的二叉排序树树形,实际上,关键字的插入次序决定了最终得到的树形。如果给定的初始关键字有序,则得到的二叉排序树退化为线性结构,其树高与结点数相当,查找、插入及删除的时间复杂度均为 $O(n)$。树越退化,查找及添加操作的时间复杂度越接近 $O(n)$,削弱了树的价值。

1962 年,Adelson-Velskii 和 E. M. Landis 提出了一种二叉树结构,这种二叉树对于各级子树的深度是比较平衡的,称为平衡二叉树,又称 AVL 树(由两位发现者名字的首字母而得名)。它满足二叉排序树的特性,是对二叉排序树的改进,树形上也是比较平衡的,可以达到较高的查找效率。

平衡二叉树或是一棵空树,或是具有下列性质的二叉排序树:

(1) 根的左子树和右子树的高度之差的绝对值不超过 1;

(2) 根的左、右子树都是平衡二叉树。

平衡二叉树的定义是一个递归定义。根据这一定义,平衡二叉树中每个结点的左、右子树的高度之差只能为 0、1 和 -1 这三种情况。将结点左、右子树的高度差定义为该结点的平衡因子,即对树中的每个结点,结点的平衡因子=结点左子树高-右子树高。当出现绝对值大于 1 的平衡因子时,称树失平衡。

在二叉排序树的构建过程中,每插入一个关键字后,检查树的平衡情况,若树失平衡,则通过旋转操作使树恢复平衡。

旋转分为单旋转及双旋转两大类,共 4 种情况。

1) 左旋转

因为根的右孩子的右子树上的长路径而失平衡的树,可以通过左旋转恢复,步骤如下:

- 令根的右孩子变为新的根。
- 令原根结点变为新根结点的左孩子。
- 令原根的右孩子的左孩子变为原根结点的新右孩子。

左旋转的示意图如图 1-20 所示。

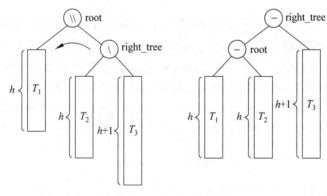

图 1-20 AVL 树的左旋转

2) 右旋转

因为根的左孩子的左子树上的长路径而失平衡的树,可以通过右旋转恢复,步骤如下:

- 令根的左孩子变为新的根。
- 令原根结点变为新根结点的右孩子。
- 令原根的左孩子的右孩子变为原根结点的新左孩子。

右旋转类似于左旋转,可以看作是左旋转的镜像。

3) 右-左旋转

因为根的右孩子的左子树中的长路径而引起的失平衡,必须先绕异常子树执行一次右旋转,然后再绕根执行一次左旋转。这个操作称为右-左旋转,如图1-21所示。

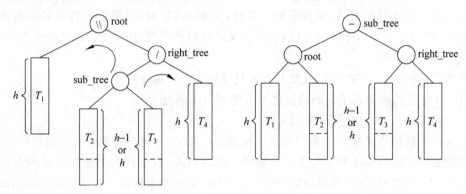

图1-21 AVL树的右-左旋转

4) 左-右旋转

因为根的左孩子的右子树中的长路径而引起的失平衡,必须先绕异常子树执行一次左旋转,然后再绕根执行一次右旋转。这个操作称为左-右旋转。与右-左旋转类似。

3. 哈夫曼(Huffman)树和哈夫曼编码

对任一字符集,各字符在计算机内部都对应一个编码,编码分等长编码和不等长编码两大类。例如 ASCII 码就是等长编码,每个字符均用 8 位二进制数表示。目前通用的 Unicode 编码也是等长编码,每个字符使用 16 位二进制数表示,所以能够表示的字符数也多。

等长编码在处理时算法简单,效率高,但最后得到的目标编码总长度可能较长。因为各字符出现的频率可能有较大的差异,所以可采用不等长编码,从而得到较短的目标编码。哈夫曼编码是不等长编码中的一种。为得到哈夫曼编码,要先构造哈夫曼树。

将(从根到叶结点的)路径长度定义为叶结点所在的层数,即这条路径中所含的边数。带权路径长度为叶结点的路径长度与该叶结点所带权值的乘积。将树中所有叶结点的带权路径长度相加,得到树的带权路径长度,记为 WPL,有:

$$\text{WPL} = \sum_{k=1}^{n} w_k l_k$$

其中 n 为叶结点数目,w_k 为第 k 个叶结点的权值,l_k 为第 k 个叶结点的路径长度。

设有 n 个权值$\{w_1, w_2, \cdots, w_n\}$,构造具有 n 个结点的二叉树,每个叶结点带有一个权值 w_i。在所有这样的二叉树中,带权路径长度 WPL 最小的一棵二叉树称为哈夫曼树。

构造哈夫曼树的算法是由哈夫曼首先提出的,所以又称为哈夫曼算法。算法步骤如下:

(1) 根据给定的 n 个权值 $\{w_1, w_2, \cdots, w_n\}(n \geqslant 2)$，构造含 n 棵二叉树的集合 $F = \{T_1, T_2, \cdots, T_n\}$，其中每棵二叉树 $T_i(1 \leqslant i \leqslant n)$ 只有一个根结点，它带有权值 $w_i(i=1,2,\cdots,n)$；

(2) 在 F 中选出两棵根结点权值最小的二叉树分别作为左右子树，构造一棵新的二叉树，并且置新的二叉树根结点的权值为其左右子树根结点的权值之和。然后从 F 中删除选出的这两棵树，加入这棵新构成的树；

(3) 重复步骤(2)，直到 F 中只有一棵树时为止，这棵树就是哈夫曼树。

在哈夫曼树中，对于一切分支结点，其左分支标以 0，右分支标以 1。这样标记以后，将从根到叶的路径上标记的 0 和 1 依次收集起来，就得到叶结点对应字符的具体编码，即为哈夫曼编码。

设含 8 个字符的字符集及对应的出现频率列在表 1-5 中。

表 1-5 字符集及对应的出现频率

字符	Z	K	F	C	U	D	L	E
频率	2	7	24	32	37	42	42	120

据此建立的哈夫曼树及各字符对应的哈夫曼编码如图 1-22 所示。

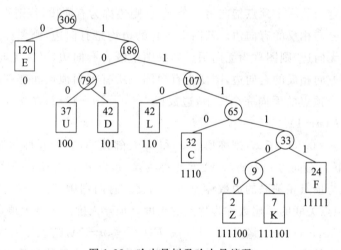

图 1-22 哈夫曼树及哈夫曼编码

在哈夫曼树上进行译码很简单。译码的策略是：从前向后逐位扫描编码的每一位，根据编码的值，找到从哈夫曼树的根结点到叶结点的路径。从根开始，如果编码的当前位是 0，则沿左分支到下一层，否则沿右分支到下一层。继续看编码的下一位，并决定下一步的走向。当到达树中的叶结点时，叶结点中所保存的数据值就是对应于刚刚扫描过的这几位编码的字符。继续这个过程，仍从树根结点开始，扫描剩余编码，根据各位情况，沿着某条路径到达叶结点，并输出相应的字符，完成第二个字符的译码。当全部的二进制编码扫描完毕，译码过程也结束了。

哈夫曼树是一棵特殊的树，其中没有度为 1 的结点。扫描二进制编码时，不论遇到的是 0 还是 1，都可以保证从当前结点进入到下一层中，除非到达了叶结点。而到达叶结点，表明完成了一个字符的译码。

哈夫曼编码能够正确进行译码,是因为它具有前缀特性。那么什么是前缀特性呢?这是编码的重要性质。一套编码体系中,任何一个字符的编码都不是该体系中另外任何字符编码的前缀,这样的编码具有前缀特性。

1.4 图

与树一样,图也是非线性结构。图论有很广泛的应用背景,有很多经典的算法。

1.4.1 图的基本概念

图可表示为 $G=(V,E)$,其中 V 是顶点(vertice)集合,顶点通常由名字或标号来表示;E 是边(edge)的集合,E 中的每条边都是 V 中某一对顶点间的连接,表示为 $e=(v_i,v_j)$。顶点数记为 $|V|$,边数记为 $|E|$。边数较少的图称为稀疏图,边数较多的图称为密集图。含有最多条边的图称为完全图。

若图的边限定为从一个顶点指向另一个顶点,则边称为有向边,否则称为无向边。无向边可看成是一对方向相反的有向边。若图中所含的边均是有向边,则图称为有向图。若图中所含的边均是无向边,则图称为无向图。如果图中既含有向边,又含无向边,则将每条无向边转换为一对方向相反的有向边,图变为有向图。所有不同顶点间都有边相连的图称为完全图。在含 n 个顶点的无向完全图中,边数 $|E|=n*(n-1)/2$;在含 n 个顶点的有向完全图中,$|E|=n*(n-1)$。

如果无向边 $e=(v_i,v_j)\in E$,则称顶点 v_i 和 v_j 是邻接的,它们互称为邻接点,边 e 与顶点 v_i 和 v_j 相关联。有向边 $e=(v_i,v_j)\in E$ 也称为弧,顶点 v_i 称为始点或弧尾,v_j 为终点或弧头。无向图中与顶点相关联的边数称为顶点的度。有向图中,与顶点关联的弧头数称为顶点的入度,与顶点关联的弧尾数称为顶点的出度。顶点入度加出度为顶点的度。

若顶点序列 $v_0,v_1,\cdots,v_n$,满足 $(v_i,v_{i+1})\in E(0\leqslant i\leqslant n-1)$,则该序列构成一条路径,所含边数 n 称为路径长度。如果路径上的各顶点都不同,则该路径称为简单路径。如果一条路径中含有重复顶点,且路径长度大于等于3,则路径称为回路。如果构成回路的顶点序列中,除第一个及最后一个顶点相同外,其他顶点均不同,则回路为简单回路。若路径中所有的边都是有向边,且边的方向与路径方向一致,则路径称为有向路径。不含回路的图称为无环图。不含回路的有向图称为有向无环图。若边上有权值,则图称为带权图。一般地,权值非负。

V 的子集 V',E 的子集 E',且 E' 中任一条边所关联的顶点均在 V' 中,则 $G'=(V',E')$ 为图 G 的子图。

如果无向图中任意两个顶点间都有路径,则无向图称为连通的。无向图中极大连通子图称为连通分量。含 n 个顶点的图连通的最少边数是 $n-1$。

1.4.2 图的存储及基本操作

1. 邻接矩阵法

对图 $G=(V,E)$,$|V|=n$,图的邻接矩阵是一个二维数组 $A[n][n]$,定义如下：

$$A[i][j] = \begin{cases} 0, & (v_i,v_j) \notin E \\ 1, & (v_i,v_j) \in E \end{cases}$$

对于无向图,邻接矩阵为对称矩阵。有向图的邻接矩阵不能保证对称性。

无向图的邻接矩阵中,i 行或 i 列中非零元素的个数等于顶点 i 的度。有向图的邻接矩阵中,i 行中非零元素的个数等于顶点 i 的出度,i 列中非零元素的个数等于顶点 i 的入度。

带权图的邻接矩阵定义如下：

$$A[i][j] = \begin{cases} \infty, & (v_i,v_j) \notin E \\ w, & (v_i,v_j) \in E, w \text{ 为边}(v_i,v_j)\text{的权值} \end{cases}$$

图 1-23 所示的带权图 G 的邻接矩阵如图 1-24 所示。

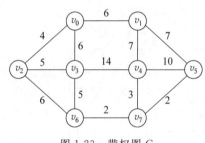

图 1-23 带权图 G 图 1-24 图 G 的邻接矩阵

2. 邻接表法

邻接表法中既用到数组也用到链表。

对每个 $v_i \in V$,使用一个单链表保存 v_i 的所有邻接点,每个邻接点保存在表的一个结点中。表结点结构定义为 | 顶点序号 | 指针 | 。所有表的表头指针保存在一维数组中,数组中同时保存与邻接点表对应的顶点信息。

带权图邻接表表结点的结构定义为 | 顶点序号 | 权值 | 指针 | 。如图 1-23 所示的带权图 G 的邻接表如图 1-25 所示。

对于无向图,若 $(v_i,v_j) \in E$,则包括 v_j 的结点出现在 v_i 对应的邻接点表中,同样地,包括 v_i 的结点出现在 v_j 对应的邻接点表中。每条边在邻接表中保存两次。所有邻接点表中的结点数之和为图顶点个数的两倍。顶点 v_i 对应的邻接点表中的结点个数即为 v_i 的度。

对于有向图,顶点 v_i 对应的邻接点表中的结点个数是 v_i 的出度,求其入度值时需要遍历所有邻接点表。

为方便求有向图各顶点的入度,引入逆邻接表。对图 $G=(V,E)$,将 G 中所有有向边反向,得到一个新的有向图 G',G' 的邻接表即是 G 的逆邻接表。

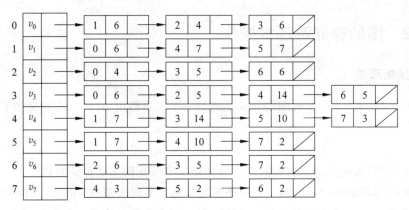

图 1-25　图 G 的邻接表

3. 邻接多重表、十字链表

无向图中的每条边在其邻接表中都被保存两次,而在邻接多重表中只保存一次,这对要求处理每条边的应用非常有利。

在邻接多重表中,每个结点保存一条边的信息,结点结构定义如下:

| mark | vertex1 | link1 | vertex2 | link2 |

其中,vertex1 和 vertex2 分别是边所依附的两个顶点,link1 指向下一条依附于顶点 vertex1 的边,link2 指向下一条依附于顶点 vertex2 的边,对该边的处理结果可由 mark 来标记。

像邻接表一样,邻接多重表使用一维数组保存图中所有顶点的信息。每个数组单元包括两个域:vertex 和 first,其中 vertex 保存每个顶点的信息,first 指向第一条依附于 vertex 的边。如图 1-26(a)所示的带权图 G 的邻接多重表如图 1-26(b)所示。

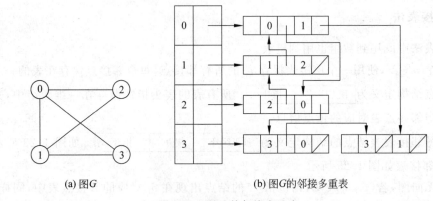

(a) 图 G　　　　　　　　(b) 图 G 的邻接多重表

图 1-26　图及其邻接多重表

类似地,有向图可采用十字链表表示。十字链表中每个结点保存一条有向边的信息,结点结构定义为 | mark | vertex1 | link1 | vertex2 | link2 | ,其中,vertex1 和 vertex2 分别是边的始点和终点,link1 指向下一条以 vertex1 为始点的边,link2 指向下一条以 vertex2 为终点的边。

同样地,使用一维数组保存顶点信息,数组单元的结构为 | vertex | firin | firout | ,其中,

firout 指向以 vertex 为始点的第一条边，firin 指向以 vertex 为终点的第一条边。

十字链表结合了邻接表和逆邻接表的特点，既方便求顶点的出度，也方便求顶点的入度。

1.4.3 图的遍历

图由顶点及边组成，它的遍历也有两大类：一是遍历图中的所有顶点，二是遍历图中的所有边。这里主要讨论第一类遍历情况，即不重复地列出图中所有的顶点。有两种主要的遍历策略：深度优先搜索(DFS)和广度优先搜索(BFS)。

1. 深度优先搜索

深度优先搜索过程中，每输出一个顶点后，递归地访问并输出它的所有未被输出的邻接点。

从图 $G=(V,E)$ 的任一顶点 v_i 开始，输出顶点 v_i。将 v_i 作为当前顶点，寻找当前顶点的邻接点 v_j，并进行如下判断：
- 若目前尚未输出 v_j，则输出 v_j。v_j 成为新的当前顶点，继续这个过程。
- 若 v_j 已输出，则检查 v_i 的另一个邻接点。
- 若 v_i 的所有邻接点均已输出，则退回到 v_i 之前的顶点。

深度优先搜索过程是一个递归的过程，程序实现时使用栈记录遍历路径，当遍历一个顶点时，顶点入栈；当某顶点的所有邻接点均已访问过，则退栈，栈顶顶点又作为当前顶点，继续遍历过程。当栈空时，检查是否已遍历了图中的所有顶点。若是，图为连通图，否则，图是不连通的，此时得到图的一个连通分量。选择另一个尚未遍历的连通分量中的任一顶点作为当前顶点，重新开始遍历过程。深度优先搜索算法可以得到图的各个连通分量。

直观地来看，深度优先搜索过程从某顶点 v 开始，沿着一条路径一直遍历下去，直到不能走到一个尚未访问的顶点时，再沿原路径返回到可找到未访问顶点的"岔路口"。

由于图中可能存在回路，遍历过程中需要判断某顶点是否已输出，所以需要一个标记数组记录图中各顶点的访问情况。初始时，数组元素初值为 0，表示尚未输出。当输出某顶点时，对应数组元素标记为 1，表示已输出。

当图中顶点数大于 1 时，图的深度优先搜索序列有多个。选择不同的顶点出发，或是选择某顶点的邻接点时，都会存在多种可能性。

树的遍历、迷宫问题的求解等均采用深度优先搜索策略。

2. 广度优先搜索

广度优先搜索过程是一个迭代的过程，类似于二叉树层序遍历过程。

从图 $G=(V,E)$ 的任一顶点 v_i 开始，将顶点 v_i 入队列。当队列不空时，循环执行：出队列，并输出该顶点，标记该顶点已输出，将该顶点所有尚未输出的邻接点入队列。

直观地来看，广度优先搜索过程从某顶点 v 开始，按照与 v 由近及远的次序来遍历。先是遍历与 v 一步之遥的各顶点，然后是遍历与 v 两步之遥的各顶点，以此类推。

与深度优先搜索过程类似，当图中顶点个数大于 1 时，广度优先搜索序列也有多个。遍历过程中,也需要一个一维数组为顶点做标记。广度优先搜索算法也可以得到图的连通分量。

与深度优先搜索过程中使用栈不同,广度优先搜索过程中使用队列来暂存那些等待输出的顶点。

1.4.4 图的基本应用

1. 最小(代价)生成树

1) 最小生成树的定义与特点

图的深度优先搜索过程中经过的所有边称为深度优先生成树,广度优先过程中经过的所有边称为广度优先生成树。实际上,连通图的生成树是包含图中所有顶点及最少边数的连通子图。若图 $G=(V,E)$ 中顶点数 $|V|=n$,则 G 的生成树的边数为 $n-1$。这是使得 G 连通的最少边数。

若连通图 $G=(V,E)$ 的边数 $|E|>|V|-1$,表明图中存在回路,生成树不唯一。$|E|=|V|-1$ 时,图本身即是生成树。若图不连通,每个连通分量的生成树组成一个生成森林。

对带权连通图 $G=(V,E)$,可计算生成树所含边的权值之和,称为生成树的代价。

若带权连通图 $G=(V,E)$ 存在多棵生成树,则不同生成树的代价可能不同,其中代价最小的生成树称为最小(代价)生成树,简称为最小生成树。最小生成树中所含边的权值之和,小于等于图中任何一棵生成树所含边的权值之和。最小生成树可能不唯一。

最小生成树具有以下特点:

设图 $G=(V,E)$ 的最小生成树是 $T=(V,E')$,以 $E-E'$ 中的任意一条边 e 替换 E' 中的任意一条边 e',得到的图 $T'=(V,(E'-\{e\})\cup\{e'\})$,则或者 T' 中所含边的权值之和不小于 T 的代价,或者 T' 不是生成树。

直观地说,使用最小生成树以外的任意一条边替换最小生成树中的任意边,或者得到的不再是一棵生成树(例如有回路、不能包含图中所有顶点等),或者得到的生成树的代价大于等于 T 的代价。

2) 普里姆算法

普里姆(Prim)算法是求最小生成树的经典算法之一,算法相当简洁。普里姆算法的具体过程如下:

(1) 初始化。

设 T 是图 G 的最小生成树,U 是最小生成树的顶点集合,设由顶点 v_1 开始,$T=\varnothing$,$U=\{v_1\}$;

(2) 在所有 $u\in U, v\in V-U$ 的边 $(u,v)\in E$ 中选一条权值最小的边 (u_i,v_j),将 v_j 加入 U 中,$U=U\cup\{v_j\}$,将边 (u_i,v_j) 加入 T 中,$T=T\cup\{(u_i,v_j)\}$;

(3) 重复(2),直到 $U=V$ 时结束。

Prim 算法的时间复杂度为 $O(n^2)$,适合求边稀疏图的最小生成树。

3) 克鲁斯卡尔算法

克鲁斯卡尔(Kruskal)算法是求最小生成树的另一个经典算法。

初始时，最小生成树为只含 n 个顶点的非连通图 $T=(V,\{\})$，图中每个顶点自成一个连通分量。在 E 中选择权值最小的边，若该边依附的两个顶点落在 T 中不同的连通分量上，则将此边加入到 T 中，否则舍去该边而选择下一条权值最小的边。以此类推，直到 T 中所有顶点都在同一连通分量上为止。

克鲁斯卡尔算法至多对 e 条边各扫描一次，以堆来保存图中所有的边，则每次选择权值最小的边时仅需 $O(\log_2 e)$ 的时间。生成树 T 的每个连通分量可看成是一个等价类，将新边加入 T 的过程类似于两个等价类合并为一个等价类的过程，其时间复杂度为 $O(\log_2 e)$，故克鲁斯卡尔算法的时间复杂度为 $O(e\log_2 e)$。

2. 最短路径

对于图 G，广度优先搜索策略基于"由近及远"的遍历策略，可以得到从某一点到另一点的"最近路径"。

对于带权图 $G=(V,E)$，路径长度定义为路径所含边的权值之和，而不再是路径所含的边数。两个顶点 v_i、v_j 之间路径长度最小的路径称为两顶点间的最短路径。

最短路径问题有两个：一是单源最短路径，二是所有顶点间的最短路径。

1) 单源最短路径

求带权图的单源最短路径的算法称为迪杰斯特拉(Dijkstra)算法，它按照路径长度不减的次序产生最短路径。

Dijkstra 算法的基本思想是：把图中的所有顶点分成两个集合，令 S 表示已求出最短路径的顶点集合，其余尚未确定最短路径的顶点组成另一个集合 $V-S$。初始时，S 中仅含有源点。按最短路径长度不减的次序逐个把第二个集合 $V-S$ 中的顶点加入到 S 中，不断扩大已求出最短路径的顶点集合，直到从源点出发可以到达的所有顶点都在 S 中为止。

为图中每个顶点定义一个距离值 dist，分两种情况：S 集合中顶点对应的距离值 dist 就是从源点到此顶点的最短路径长度；第二个集合 $V-S$ 中顶点对应的距离值是从源点到此顶点，且路径中仅包括 S 中的顶点为中间顶点的最短路径的长度。当有 $V-S$ 中的顶点加入 S 集合时，对原 S 中顶点的距离值 dist 没有影响，而有可能使第二个集合 $V-S$ 中顶点的 dist 值变小。对于 $V-S$ 中的所有顶点，如果 dist 值确实变小了，则以变化后的值替代原来的值，如果 dist 值没有变小，则保持原值不变。

循环进行上述过程，每次从 $V-S$ 集合中选中一个顶点加入到 S 中，必要时修正 $V-S$ 集合中的距离值，直到所有顶点都加入到 S 中为止。选择加入 S 中的顶点的规则是：找目前 $V-S$ 中 dist 值最小的顶点为选中的目标。根据定义，S 中顶点的距离值即是已求出的最短路径的长度。当 S 包含了除初始顶点以外所有可达顶点时，Dijkstra 算法结束。

在求最短路径的过程中，总保持从源点到 S 中各顶点的距离值都不大于从源点到 $V-S$ 中的任何顶点的距离值。也就是说，从源点到 $V-S$ 中任何一个顶点的距离值，都大于等于从源点到 S 中任何一个顶点的最短路径长度。每次循环时，选取 $V-S$ 中距离值最小的一个顶点加入 S 就可以保证这一点。

设图 $G=(V,E)$，源点为 v_0，引入一个辅助数组 dist，它的每个分量 dist[i] 表示对应于顶点 i 的距离值。dist 的初值为：

$$\text{dist}[i] = \begin{cases} \text{弧上的权值}, & \text{若从源点 } v_0 \text{ 到 } v_i \text{ 有弧} \\ \infty, & \text{否则} \end{cases}$$

S 初始时只包含源点 v_0，$\text{dist}[0]=0$。其余所有顶点都在 $V-S$ 中，v_0 到 $V-S$ 中各顶点的边的权值为各顶点的距离值。接下来循环做下列操作，每次从 $V-S$ 的顶点中选取距离值最小的一个顶点 v_i 加入到 S 中，并对 $V-S$ 中剩余各顶点的距离值重新计算：若源点 v_0 到顶点 v_k 的现有路径长度 $\text{dist}[k]$ 大于加进中间点 v_i 后的路径（$v_0 \to v_i \to v_k$）长度，即 $\text{dist}[k] > \text{dist}[i] + (v_i \to v_k)$ 的权值，则 $\text{dist}[k] = \text{dist}[k] + (v_i \to v_k)$ 的权值。反复进行上述运算，直到再也没有可加入到 S 中的顶点为止。

Dijkstra 算法的步骤如下：

（1）初始化。
① 设用带权的邻接矩阵 cost 表示带权有向图 $G=(V,E)$；
② $\text{cost}[i][j]$ 为弧 (v_i, v_j) 上的权值；
③ S 为已找到从源点 v_0 出发的最短路径的终点集合，初始时只含有源点 v_0；
④ 从 v_0 出发到图中其余各顶点 v_i 的距离值为：

$$\text{dist}[i] = \text{cost}[v_0][v_i] \quad \forall v_i \in V$$

（2）选择 v_j，使得 $\text{dist}[j] = \min\{\text{dist}[i] | v_i \in V-S\}$，$v_j$ 即为当前求得的一条从 v_0 出发的最短路径的终点。令 $S = S \cup \{v_j\}$。

（3）修改从 v_0 出发到集合 $V-S$ 上任一顶点 v_k 可达的最短路径长度。
如果

$$\text{dist}[j] + \text{cost}[j][k] < \text{dist}[k]$$

则

$$\text{dist}[k] = \text{dist}[j] + \text{cost}[j][k]$$

（4）重复执行（2）、（3），直到再也没有可加入到 S 中的顶点时为止。

2）所有顶点间的最短路径

求所有顶点间的最短路径的算法称为 Floyd 算法。

考虑图中从顶点 v_i 到顶点 v_j 的一条最短路径，中间经过或不经过一些顶点。如果最短路径不经过中间顶点，则这条最短路径就是从 v_i 到 v_j 的边。反之，假设中间经过顶点 k，则 v_i 到 v_j 的最短路径分为从 v_i 到 v_k 及从 v_k 到 v_j 的两段，并且这两段分别都是相应顶点间的最短路径（否则可以用更短的路径来分别替代它们，从而组成从 v_i 到 v_j 之间更短的路径）。显然，从 v_i 到 v_j 的最短路径不包含回路，否则可以去掉回路，找到一条更短的路径。

设图 G 中顶点序列为 $\{v_1, v_2, \cdots, v_n\}$，带权邻接矩阵为 A，$A[i][j]$ 中保存从 v_i 到 v_j 边的权值，仍设权值为非负值。现在限制最短路径所经中间顶点的序号。初始时，规定最短路径中间不允许经过任何顶点，则从 v_i 到 v_j 的路径就是从 v_i 到 v_j 的边，路径长度即为 $A[i][j]$。现在允许最短路径中间经过编号不大于 v_1 的顶点，如果从 v_i 到 v_j 有最短路径的话，则最短路径只有以下两种可能：

（1）从 v_i 到 v_j 的原有最短路径（即从 v_i 到 v_j 的边），$A[i][j]$ 为路径长度；
（2）从 v_i 到 v_1 的路径加上从 v_1 到 v_j 的路径，$A[i][v_1] + A[v_1][j]$ 为路径长度。

判断上述两值，取较小者作为新的 $A[i][j]$ 值，此时 A 中保存的是允许经过 v_1 后顶点之间最短路径的长度。为了区别，标记为 $A^{(1)}$，带权邻接矩阵可以表示为 $A^{(0)}$。

这样,增加了 v_1 中间顶点后,有可能缩短了从任意顶点 v_i 到任意顶点 v_j 之间的最短路径长度。继续这个过程,再允许增加编号不大于 v_2 的顶点作为中间顶点,然后再来判定从 v_i 到 v_j 之间的最短路径。

一般地,若已得到 $A^{(k-1)}[i][j]$,即从顶点 v_i 到顶点 v_j 的中间顶点序号不大于 v_{k-1} 的最短路径的长度,现在增加中间顶点 v_k,这样,中间点可以是 v_1 到 v_k 中的任何顶点。分析从 v_i 到 v_j 的最短路径,有两种可能:

(1) 不经过 v_k 点的路径,即保存在 $A^{(k-1)}[i][j]$ 中的原有路径;

(2) 经过 v_k 点的路径。路径分为两段,从 v_i 到 v_k 的最短路径加上从 v_k 到 v_j 的最短路径。由于这条路径允许经过的中间顶点序号不大于 v_k,所以从 v_i 到 v_k 的最短路径和从 v_k 到 v_j 的最短路径所经过的中间顶点序号不会大于 v_{k-1},这两条最短路径长度分别为 $A^{(k-1)}[i][k]$ 和 $A^{(k-1)}[k][j]$,两者之和为从顶点 v_i 到顶点 v_j 的中间顶点序号不大于 v_k 的最短路径的长度。

比较上述两种情况,取较小者作为从顶点 v_i 到顶点 v_j 的中间顶点序号不大于 v_k 的最短路径的长度,记作 $A^{(k)}[i][j]$,即由 $A^{(k-1)}$ 可以得到 $A^{(k)}$。

设已得到 $A^{(n)}$,按照定义,$A^{(n)}[i][j]$ 中保存的是从 v_i 到 v_j 中间允许经过的顶点序号不大于 v_n 的最短路径长度,由于图中所含顶点集合为 $\{v_1, v_2, \cdots, v_n\}$,不存在大于 v_n 的顶点,也就是说,$A^{(n)}[i][j]$ 中保存的是从 v_i 到 v_j 中间允许经过任意顶点的最短路径长度,这就是我们要求的每对顶点之间的最短路径。

由此得到 Floyd 算法:

定义 $A^{(k-1)}[i][j]$ 表示从顶点 v_i 到顶点 v_j 的中间顶点序号不大于 v_{k-1} 的最短路径的长度,$A^{(0)}[i][j]$ 即是 $\text{cost}[i][j]$。从 $A^{(0)}[i][j]$ 出发,逐次计算从顶点 v_i 到顶点 v_j 的中间顶点序号不大于 $k(1 \leqslant k \leqslant n)$ 的最短路径的长度,即在 $A^{(k-1)}$ 的基础上计算 $A^{(k)}$,迭代地产生一个矩阵序列:$A^{(0)}, A^{(1)}, \cdots, A^{(k)}, \cdots, A^{(n)}, A^{(n)}[i][j]$ 表示的就是从顶点 v_i 到顶点 v_j 的最短路径的长度。

设目前已求出 $A^{(k-1)}[i][j]$,求 $A^{(k)}[i][j]$ 时分两种情况:

(1) 如果从顶点 v_i 到 v_j 的最短路径不经过顶点 v_k,则由 $A^{(k)}[i][j]$ 的定义可知,从 v_i 到 v_j 的中间顶点序号不大于 k 的最短路径长度就是 $A^{(k-1)}[i][j]$,即 $A^{(k)}[i][j] = A^{(k-1)}[i][j]$。

(2) 如果从顶点 v_i 到 v_j 的最短路径经过顶点 v_k,则由 v_i 到 v_k 和由 v_k 到 v_j 两条路径组成从 v_i 到 v_j 的路径。由于 $A^{(k-1)}[i][k]$ 和 $A^{(k-1)}[k][j]$ 分别代表从 v_i 到 v_k 和从 v_k 到 v_j 的中间顶点序号不大于 v_{k-1} 的最短路径的长度,则 $A^{(k)}[i][j] = A^{(k-1)}[i][k] + A^{(k-1)}[k][j]$。

由此得到 $A^{(k)}[i][j]$ 的迭代计算公式:

$$\begin{cases} A^{(0)}[i][j] = \text{cost}[i][j] \\ A^{(k)}[i][j] = \min\{A^{(k-1)}[i][j], A^{(k-1)}[i][k] + A^{(k-1)}[k][j]\} \quad 1 \leqslant k \leqslant n \end{cases}$$

最后得到的 $A^{(n)}[i][j]$ 就是从顶点 v_i 到 v_j 的最短路径的长度。

3. 拓扑排序

不存在回路的有向图称为有向无环图,简称为 DAG 图。

在有向图中,以顶点表示活动,有向边表示活动之间的优先关系,这样的有向图称为顶点表示活动的网络,简称为 AOV 网。在 AOV 网中,若从顶点 v_i 到 v_j 有一条有向路径,则

称 v_i 是 v_j 的前驱，v_j 是 v_i 的后继；若 $(v_i, v_j) \in E$，则称 v_i 是 v_j 的直接前驱，v_j 是 v_i 的直接后继。如果 v_i 是 v_j 的前驱或直接前驱，则 v_i 活动必须在 v_j 活动开始之前结束，即 v_j 活动必须在 v_i 活动结束之后才能开始。

在 AOV 网中不允许出现回路，因为如果有回路，就表示某个活动是以自己为先决条件的，即存在一个活动 v_i，v_i 既是其本身的前驱，又是其后继，这显然是矛盾的。因此 AOV 网是有向无环图。

拓扑排序可以安排 AOV 网中的各个活动，它把 AOV 网中各顶点按照它们之间的先后关系排成一个线性序列，这个序列称为拓扑有序序列。在 AOV 网中，如果从顶点 v_i 到顶点 v_j 存在有向路径，则在拓扑有序序列中，v_i 必定排在 v_j 的前面；如果从顶点 v_i 到顶点 v_j 没有有向路径，则在拓扑有序序列中，v_i 与 v_j 的先后次序可以任意。

使用广度优先搜索算法求 AOV 网的拓扑有序序列的步骤为：
（1）初始化——记录 AOV 网中所有顶点的入度值；
（2）选一个入度为 0（没有前驱）的顶点，输出它；
（3）从图中删除该顶点和以它为尾的所有的弧。

重复步骤（2）、（3），直至输出全部顶点；或者还没有输出全部顶点，但以找不到入度为 0 的顶点为止。第一种情况表示拓扑排序已完成，第二种情况表明原有向图中含有回路。

AOV 网的拓扑有序序列可能不唯一。

4. 关键路径

在带权的有向图中，用顶点表示事件，用弧表示活动，权表示活动持续的时间，这样组成的网称为以边表示活动的网，简称为 AOE 网。在 AOE 网中，通常只有一个入度为 0 的点和一个出度为 0 的点，这是因为一个工程只有一个开始点和一个完成点。入度为 0 的点称为起始点或源点，出度为 0 的点称为结束点或汇点。一个工程中的某些子活动是可以并行进行的；从源点到汇点最长路径的长度，即该路径上所有活动持续时间之和，就是完成整个工程所需的最少时间。把从源点到汇点具有最大长度的路径称为关键路径。关键路径上的所有活动称为关键活动。

在 AOE 网中，从源点 v_1 到任意顶点 v_i 的最长路径长度叫做事件 v_i 的最早发生时间。这个时间决定了所有以 v_i 为尾的弧所表示的活动的最早开始时间。另外，在不推迟整个工程完成的前提下，活动 a_i 最迟必须开始进行的时间称作活动 a_i 的最迟开始时间。

用 $e(i)$ 表示活动 a_i 的最早开始时间，$l(i)$ 表示其最迟开始时间。两者之差 $l(i)-e(i)$ 意味着完成活动 a_i 的时间余量。a_i 的实际开始时间可以在 $e(i)$ 到 $l(i)$ 之间任意调整，而丝毫不会影响整个工程的完成时间。把 $l(i)=e(i)$ 的活动称作关键活动，即关键活动的最早开始时间和最迟开始时间相等，它们没有时间余量。显然，关键路径上的所有活动都是关键活动，关键活动的推迟将直接导致整个工程的推迟，而提前完成非关键活动并不能加快整个工程的进度。

由以上分析可知，辨别关键活动就是要找 $e(i)=l(i)$ 的活动。为了求得 AOE 网中活动的 $e(i)$ 和 $l(i)$，先求得事件的最早发生时间 $ve(j)$ 和最迟发生时间 $vl(j)$。

设活动 a_i 由弧 (j,k) 表示，其持续时间记为 $dut(j,k)$，事件的最早开始时间为 $ve(j)$，最迟开始时间为 $vl(j)$，则有如下关系：

$$e(i) = \text{ve}(j)$$
$$l(i) = \text{vl}(k) - \text{dut}(j,k)$$

求 ve(j) 和 vl(j) 将采用递推的方法，分两步进行：

(1) 从 ve(1)＝0 开始向前递推
$$\text{ve}(j) = \max\{\text{ve}(i) + \text{dut}(i,j)\}, \quad (i,j) \in T, 2 \leqslant j \leqslant n$$
其中 T 是所有以顶点 j 为头的弧的集合。

(2) 从 vl(n)＝ve(n) 起向后递推
$$\text{vl}(i) = \min\{\text{vl}(j) - \text{dut}(i,j)\}, \quad (i,j) \in S, 1 \leqslant i \leqslant n-1$$
其中 S 是所有以顶点 i 为尾的弧的集合。

计算 ve 时，从事件 1 开始向前递推；计算 vl 时，从最后一个事件开始，向后递推。这两个递推公式的计算必须分别在拓扑有序和逆拓扑有序的前提下进行。也就是说，在事件 v_j 的所有前驱的最早开始时间都确定下来之后，才能求得事件 v_j 的最早开始时间 ve(j)；同样地，在事件 v_i 的所有后继的最迟开始时间求得之后才能确定 v_i 的最迟开始时间。求拓扑逆序的过程与求拓扑排序的过程类似：检查所有出度为 0 的顶点，输出之并删除所有以这些点为头的弧，重复这个过程，直到结束。如果已经得到了拓扑有序序列，那么将这个序列倒排一下即可得到拓扑逆序序列。

由此得到求关键路径的算法：

(1) 输入 e 条弧(j,k)，建立 AOE 网的存储结构；

(2) 从源点 v_1 出发，令 ve[1]＝0，按拓扑有序求其余各顶点的最早发生时间 ve[i]($2 \leqslant i \leqslant n$)。如果得到的拓扑有序序列中顶点个数小于 AOE 网中顶点数 n，则说明网中存在环，不能求关键路径，算法终止；否则执行步骤(3)；

(3) 从汇点 v_n 出发，令 vl[n]＝ve[n]，按拓扑逆序求其余各顶点的最迟发生时间 vl[i]($n-1 \geqslant i \geqslant 1$)；

(4) 根据各顶点的 ve 和 vl 值，求每条弧 s 的最早开始时间 $e(s)$ 和最迟开始时间 $l(s)$。若某条弧满足条件 $e(s)=l(s)$，则为关键活动。

1.5 查找

查找是重要的一种操作，又称为检索。查找的对象既可以是线性表，也可以是树形结构，甚至是文件结构。

查找的主要方式有顺序查找、折半查找、基于树形结构的查找及散列法。

1.5.1 查找的基本概念

由同一类型的数据元素(或记录)构成的集合称为查找表。关键字是数据元素中某个数据项的值，用它可以标识一个数据元素。能够唯一标识一个数据元素的关键字称为主关键字，用来标识若干个数据元素的关键字称为次关键字。或者说，对任一值 value，查找表中最多只能有一个记录的主关键字是 value，但次关键字为 value 的记录可能有多个。

给定一组记录序列$\{R_0,R_1,\cdots,R_{n-1}\}$,其相应的关键字值为$(K_0,K_1,\cdots,K_{n-1})$,每个记录表示为$R_i=(K_i,M_i)(0\leqslant i\leqslant n-1)$,其中$M_i$是与关键字$K_i$相关联的信息。为简单起见,仅以$K_i$表示$R_i$。

根据给定的某个值key,在查找表中寻找其关键字$K_i=$key的记录的过程称为查找,也称为检索。若查找表中存在这样的记录,称查找成功;否则称查找失败,即查找表中不存在关键字为key的记录。key称为查找目标。

查找过程中,关键字的比较次数称为查找长度。使用查找成功时平均查找长度(ASL)及查找不成功时查找长度来衡量查找算法的效率。

1.5.2 顺序查找法

若查找表中关键字无序,则可使用顺序查找法。

顺序查找的策略非常简单:从K_0开始,将查找目标依次与关键字进行比较,若相等,则查找成功;否则继续比较下一个关键字。当查找表中所有关键字都与查找目标进行了比较且全不相等时,查找失败,查找过程结束。

在含n个元素的查找表中,查找不成功时的查找长度为n。查找成功时的查找长度要依赖于查找目标在查找表中所处的位置。当查找目标位于查找表第一个位置时,比较一次即可找到目标,查找长度为1;当查找目标位于查找表最后一个位置时,需要比较n次才能找到目标,查找长度为n;平均查找长度为$(n+1)/2$。

如果各关键字被查找的概率不等,对于含n个元素的查找表,设$P_i(0\leqslant i\leqslant 9)$为查找表中第$i$个记录被查找的概率,且$\sum_{i=0}^{n-1}P_i=1$,$C_i$为当查找目标位于查找表中第$i$个记录时,关键字的比较次数,则 $\text{ASL}=\sum_{i=0}^{n-1}P_iC_i$。

顺序查找法的查找表既可以是数组,也可以是链表,甚至是文件。查找表中各记录的关键字不要求有序。

1.5.3 折半查找法

在无序查找表上的查找效率不高,等概率查找情况下平均查找长度为$(n+1)/2$。

如果查找表有序,可以采用折半查找法,有效提高查找效率。

折半查找法也称为二分查找法,它利用查找表的有序性,采用"分治"策略,先确定查找目标所在的范围,之后的每次比较都能使查找表缩小一半的范围,直到找到查找目标,或是待查范围为空时为止。

假设$A[0],A[1],\cdots,A[n-1]$升序排列,low 和 high 分别指示查找表中待查范围的下界和上界,mid 指示待查范围的中间位置,mid$=\lfloor(\text{low}+\text{high})/2\rfloor$。初始时,low$=0$,high$=n-1$。查找范围为$A[\text{low}]$到$A[\text{high}]$。

比较$A[\text{mid}]$与查找目标,分以下几种情况:

(1) $A[\text{mid}]=$key,查找成功;

(2) A[mid]＞key,high＝mid,在查找范围内继续查找；

(3) A[mid]＜key,low＝mid+1,在查找范围内继续查找。

当 low＞high 时,查找范围为空,没有元素可检查,查找表中没有查找目标,查找失败。

例 1-2 假定在下列数组中查找关键字 5。

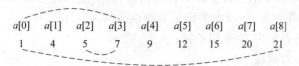

第一趟查找：mid＝(8+0)/2＝4,检查 a[4]

第二趟查找：mid＝(0+3)/2＝1,检查 a[1]

第三趟查找：mid＝(2+3)/2＝2,检查 a[2],找到 Key

描述折半查找过程的二叉树称为折半查找判定树。例 1-2 的判定树如图 1-27 所示。

折半查找过程中,关键字比较序列实际上是从根到某个叶结点路径上的关键字序列中的一部分。例 1-2 中的查找过程沿着从根结点 9 到叶结点 7 的路径进行,关键字比较序列是 9,4,5。

求中间位置时可能会出现取整操作,此时既可以上取整,也可以下取整。一旦确定下来,整个查找过程中必须一致。在例 1-2 中,若 mid＝⌈(low+high)/2⌉,则对应的判定树如图 1-28 所示。

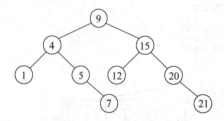
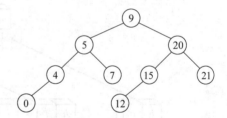

图 1-27 折半查找的判定树一　　　　　图 1-28 折半查找的判定树二

1.5.4 分块查找法

分块查找要求把一个大的查找表分成若干块,每块中的值无序,但块与块之间必须有序,即整体有序。对于任意的 i,第 i 块中所有的关键值都小于第 $i+1$ 块中所有的关键值。此外,还要建立一个索引表,把每块中的最大关键字作为索引表的关键值,按块的顺序保存在一个一维数组中,且数组按关键值有序。

查找时,首先在索引表中进行查找,确定要找的关键值所在的块。然后在相应的块中进行查找。因为索引表的有序性,可以采用折半查找法进行查找,当然也可以采用顺序查找法进行查找。因为块内数据的无序性,在块内的查找过程只能采用顺序查找法。

虽然索引表占据了额外的存储空间,索引表的查找也增加了一定的系统开销,但因为将查找表进行分块,使得在块内查找时,查找范围缩小,与顺序查找法相比,效率提高。

1.5.5 B树及其基本操作、B⁺ 树的基本概念

1. B树的基本概念

1970 年 Bayer 等人提出一种多路平衡查找树,称为 B 树。它的定义如下:
一棵 m 阶 B 树或者为空,或者为满足下列性质的 m 叉树:
(1) 树中每个结点至多有 m 棵子树;
(2) 根结点至少有两棵子树;
(3) 除根结点之外,每个结点至少有 $\lceil m/2 \rceil$ 棵子树;
(4) 所有叶结点都出现在同一层上;
(5) 所有结点都包含如下形式的数据:
$$(n, A_0, K_1, A_1, K_2, A_2, \cdots, K_n, A_n)$$

其中 n 为关键字的个数,$K_i(i=1,\cdots,n)$ 为关键字,且满足 $K_1<K_2<\cdots<K_n$。$A_i(i=0,1,\cdots,n)$ 为指向子树根结点的指针,且对于 $i=1,2,\cdots,n-1$,A_i 所指子树上各结点的一切关键字均大于 K_i,而小于 K_{i+1}。A_0 所指子树上各结点的一切关键字均小于 K_1,A_n 所指子树上各结点的一切关键字均大于 K_n。对于叶结点,所有指针 A_i 皆为空。对于具有 n 个关键字的非叶结点,将有 $n+1$ 棵子树。

如图 1-29 所示的是一棵 5 阶($m=5$)B 树。

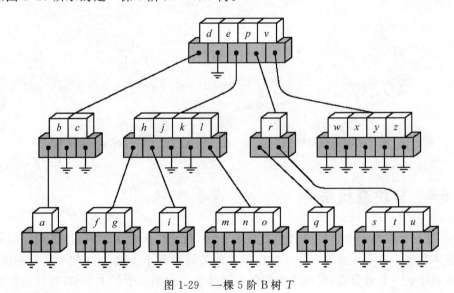

图 1-29 一棵 5 阶 B 树 T

当 $m=3$ 时,每个结点中最多包含两个关键字、三个指针,最少时可以只含有一个关键字、两个指针,所以 3 阶 B 树又称为 2-3 树。

2. 在 m 阶 B 树上进行查找

B 树的结构保证了它是比较平衡的,每个结点的子树都不能过少,且从根到叶的路径长度都相同,这对于提高查找效率非常有利。

具体的查找方法与在二叉排序树中的查找方法类似。例如,在图 1-29 所示的树 T 上查找关键字 n 的过程是:首先从根开始,由于 $e<n<p$,则应在位于 e 和 p 中间的指针所指的子树上进行查找;然后,又由于 $l<n$,则应在 l 右边的指针所指的子树上进行查找;最后在含有 m、n 和 o 三个关键字的叶结点上查找成功。

在 m 阶 B 树上进行查找时,其比较次数与两个因素有关:

(1) 结点中关键字的数目(最多 $m-1$ 个,由于它们是有序的,当 m 较大时可以用折半查找方法);

(2) 树的深度。现在假设共有 N 个关键字,且 m 已确定。含 N 个关键字的 m 阶 B 树的最大深度为 $\log_{\lceil m/2 \rceil}\left(\dfrac{N+1}{2}\right)+1$,即平均查找长度对 N 来说也是对数级的。

3. 在 m 阶 B 树上插入一个关键字

在 m 阶 B 树上插入一个关键字,其寻找插入位置的过程与查找失败的过程相同,在某个叶结点上找到相应的空指针后,不能像二叉排序树那样向下"伸出"一个新的叶结点,而要将待插入的关键字按次序加到原来的叶结点中。

若插入后该结点的关键字数目没超过 $m-1$,则插入完成;否则需将这个结点"分裂"为两个叶结点,并让叶结点中间位置的关键字提升到父结点中。如果因此而令父结点中关键字个数超限,则继续这个结点分裂及关键字提升过程。这个过程可能一直延续到根结点,即原来的根结点由于增加一个关键字而导致分裂,并由新提升的关键字构成新的根结点。这是树长高的唯一一种情况。

B 树的生成过程就是一个个关键字的插入过程。

例 1-3 一棵 5 阶 B 树的生成过程如图 1-30 所示。

对于一棵 5 阶 B⁻ 树,按照其定义,每个结点中关键字个数最多为 4 个,最少为 2 个,相应的指针个数最多为 5 个,最少为 3 个。

a 是要插入的第一个关键字,所以生成只含有 a 的根结点,它也是叶结点。接下来 g、f、b 三个关键字的插入比较简单,它们都插入在 a 所在的结点中。

再插入 k 后,由于这个结点已经含有五个关键字了,超出了最大限度,所以结点分裂,中间的关键字是 f,提升到父结点中,即新创建一个结点,含有关键字 f。其余的四个关键字分裂为两个结点,小于 f 的两个组成 f 的第一个孩子,大于 f 的两个组成 f 的第二个孩子。

接下来,d、h、m 的插入都很简单。

关键字 j 的插入又将引起结点的分裂,中间关键字 j 提升至父结点中,与原来的 f 共同构成含有两个关键字的根结点。同时这个根结点所含的指针个数也增加一个,与原来 f 两侧的两个指针一起分别指向三个孩子结点。这三个孩子结点最左边的一个(含 a、b、d)是原来的孩子结点,右侧的两个是由含 g、h、k、m 四个关键字的结点分裂而得到的。

e、s、i、r 四个关键字的插入过程不再赘述。

x 将插入在 k、m、r、s 组成的叶结点中,这又会导致结点的分裂。中间关键字 r 提升到父结点中。此时父结点中已含有三个关键字了。

c、l、n、t、u 的插入不再赘述。

p 将插入到 k、l、m、n 组成的结点中,导致 m 提升至根中。而根中已经含有四个关键字

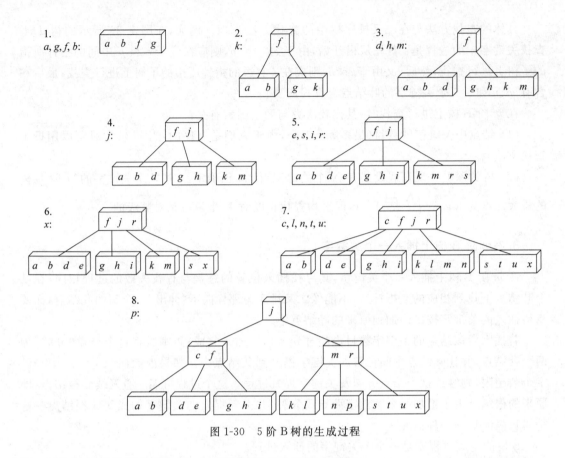

图 1-30 5 阶 B 树的生成过程

了,m 的加入又使根必须分裂,中间关键字成为新的根结点。

至此,全部插入完成。

4. 在 m 阶 B 树上删除一个关键字

若关键字位于分支结点上,与二叉排序树类似,选择该关键字的直接前驱或是直接后继来代替它的位置,进而删除其前驱或后继。而这个前驱或后继一定位于叶结点中,故只讨论删除 B 树叶结点中关键字的过程。

若删除关键字后,叶结点 v 中的关键字个数不少于 $\lceil m/2 \rceil - 1$ 个,则删除完毕;否则,需要调整 B 树,分以下几种情况讨论:

(1) 如果至少有一个兄弟结点(设为 u)中含有的关键字个数多于 $\lceil m/2 \rceil - 1$,则可以从 u 结点中"借"过来一个关键字。假设 u 位于 v 的左侧,则将 u 中最大的关键字移至 u、v 的父结点 w 中,w 中指向 u 和 v 两个指针之间的关键字下移到 v 中。若 u 位于 v 的右侧,则将 u 中最小的关键字移至父结点 w 中,w 中指向 u 和 v 两个指针之间的关键字下移到 v 中。

(2) 与 v 相邻的兄弟结点中都没有多余的关键字可以借过来,即 v 的兄弟结点中的关键字个数都仅有 $\lceil m/2 \rceil - 1$ 个,此时需要进行结点的合并。设将与 v 进行合并的兄弟结点为 u,将 u、v 合并为一个结点 x,同时,父结点 w 中分别指向 u、v 的两个指针之间的关键字也下降到 x 中。w 中关键字个数及指针个数同时减 1。如果 w 中关键字个数也少于 $\lceil m/2 \rceil$

1 了,则再递归处理父结点的情况,考查 w 的兄弟,看是否能"借"关键字或是需要与其兄弟结点进行合并。如果每次都需要进行结点的合并,最终将根结点中的唯一一个关键字下降,则树高减 1,这是唯一使得树高减 1 的情况。

5. B$^+$ 树的基本概念

一棵 m 阶 B$^+$ 树的定义为:
(1) 树中每个结点至多有 m 棵子树;
(2) 根结点至少有 1 棵子树;除根结点之外,每个结点至少有 $\lceil m/2 \rceil$ 棵子树;
(3) 所有叶结点都出现在同一层上,按从小到大的顺序存放全部关键字,各叶结点顺序链接;
(4) 有 n 棵子树的结点有 n 个关键字;
(5) 所有非叶结点可以看成叶结点的索引,结点中关键字 K_i 与指向子树的指针 P_i 构成对子树的索引项 (K_i, P_i),K_i 是子树中最大的关键字。

一棵 m 阶 B$^+$ 树是 B 树的特殊情形,它与 B 树的不同之处在于:
(1) 所有关键字都存放在叶结点中,非叶结点的关键字是其子树中最大关键字的副本;
(2) 叶结点包含了全部关键字及指向相应数据记录存放地址的指针,且叶结点本身按关键字值从小到大顺序链接。

1.5.6 散列(Hash)表

顺序查找、分块查找、折半查找及树形结构中的查找等,都是基于关键字的"比较"操作。散列查找是一种摆脱"比较"操作的查找方法。散列在关键字值及其存储位置之间建立某种关系,基于关键字值完成记录的访问。既包括数据元素的存储过程,也能实现数据元素的查找过程。

关键字值与其存储位置(称为哈希地址)之间的关系由散列函数(或哈希函数)给出,保存记录的查找表也称为散列表(哈希表)。采用散列函数在散列表中进行的查找方法称为散列方法(或哈希方法)。

1. 哈希函数

哈希函数是一个映射关系,它将关键字映射到哈希地址,表示为:addr=H(key),其中 addr 是元素 key 在哈希表中的哈希地址。

影响哈希函数选择的因素包括计算哈希函数所需的时间、关键字的长度、哈希表的大小、关键字的分布情况及记录的查找频率。

若两个关键字映射到同一哈希地址,称为"冲突"。将每个关键字映射到哈希表中唯一位置的哈希函数称为完美哈希函数(perfect hashing function)。完美哈希函数不会引起冲突,在这种情况下,对表中元素都有常数的访问时间 $O(1)$。

多数情况下可能找不到完美哈希函数,我们的目标是寻找一个好的哈希函数,它能合理地将元素散列到表中以尽量避免冲突。好的哈希函数仍能得到对哈希表的常数阶($O(1)$)访问时间。

对于一个具体的数据集,可用多种方法设计哈希函数。

1) 除留余数法

哈希函数为:$H(key) = key \bmod p$,其中 p 是某个正整数。这个函数的结果在 0 到 $p-1$ 之间。一般地,p 取不大于表长的最大素数。

2) 折叠方法

折叠方法(folding method)中,将关键字划分为几段,然后再将它们组合或折叠在一起得到哈希地址。首先,将关键字划分为多个子段,每个子段的长度与下标的长度一样,最后一段可能稍短。各段折叠的方式可以有多种变形。

在移位折叠方法(shift folding method)中,这些子段相加得到哈希地址。例如,如果关键字是社会保障码 987-65-4321,可以将它们分为 3 段 987、654 和 321。将它们相加得到 1962。假定我们想要的是一个 3 位的哈希地址,此时可以再使用除留余数法或是抽取方法进行处理。

边界折叠(boundary folding)法也有多种变形。但一般来讲,先让关键字的若干子段反转然后再相加。例如,关键字的几个子段并排写在一张纸上,然后沿着关键字子段的边界把纸折叠起来。使用这种方法,仍以上述关键字 987-65-4321 为例,先把它划分为子段 987、654 和 321。然后每隔一段反转其中的各位,得到 987、456 和 321。这些子段相加得到 1764,还是使用抽取方法或是除法方法得到下标。

折叠方法的其他变形是:使用不同的算法来决定反转关键字中的哪些部分。

当对字符串型关键字建立哈希函数时,也可使用折叠方法。例如,将字符串划分为与所需下标等长(按字节)的几个子串,然后使用异或函数将这几个子串组合起来。这个方法还可以将字符串转为一个数值,这样转换后,其他的方法(例如除法方法)也能用于字符串类型。

3) 平方取中方法

在平方取中方法(mid-square method)中,关键字自乘,然后使用抽取方法从平方结果的中部抽取相应的位得到哈希地址。每次选择的"中部"各位必须相同,以保持一致性。例如,关键字是 4321,自乘后得到 18671041。假定我们需要的是 3 位关键字,则算法可以设计为抽取 671 或抽取 710。也可以抽取二进制位而不是数位,然后从抽取的二进制位中构造下标。

将字符串中各字符按二进制格式进行处理,则平方取中方法也可以用于字符串类型。

4) 基数转换方法

在基数转换方法(radix transformation method)中,关键字转换为另一种数值基数。例如,如果关键字是基数 10 下的 23,可以将它转换为基数 7 下的 32。然后可再结合应用除留余数法得到哈希地址。

5) 数字分析方法

数字分析方法(digit analysis method)抽取关键字中的指定位并进行处理从而得到哈希地址。例如,如果关键字是 1234567,可以选择 2~4 位,得到 234,然后再处理得到哈希地址。处理方法可采用许多方式,包括反转各位(得到 432),执行循环右移(得到 423),执行循环左移(342),交换每对数位(324),或是许多其他的操作。

6) 长度依赖的方法

在长度依赖方法(length-dependent method)中,关键字和关键字的长度以某些方式组合起来,或直接当作哈希地址使用,或再进一步使用其他方法进行处理得到哈希地址。例如,如果关键字是 8765,可以将前两位乘上长度,然后再整除最后一位,得到 69。如果表长是 43,再使用除法方法,得到下标为 26。

将字符串中各字符按二进制格式进行处理,则长度依赖方法也可以用于字符串类型。

2. 解决冲突

如果能对具体的数据集找到一个完美哈希函数,就不必考虑冲突问题,所谓冲突是指多个元素或关键字映射到哈希表中的同一个位置。如果找不到完美哈希函数,或找到的哈希函数不实用(例如时间开销太大),则采用合理的哈希函数并增加冲突解决机制。

有多个方法可以处理冲突。

1) 链式方法

处理冲突的链式方法(chaining method),将哈希表看作是集合的表而不是各独立单元的表。哈希表的每个单元中保存一个指针,指向由所有映射到该地址的关键字组成的表。

使用该方法,最坏的情况是,哈希函数不能很好地将元素散列到表中,所以最终得到一个含 n 个元素的链表,或是几个含约 n/k 个元素的链表,这里 k 是个相对较小的常量值。这种情况下,哈希表的插入和查找都变为 $O(n)$。

2) 开放地址法

开放地址法(open addressing method)处理冲突的方法是,在表中寻找不同于该元素原先哈希到的另一个开放的位置,新的地址计算公式为:

$$H_i = (H(key) + d_i) \bmod m \quad i = 1, 2, \cdots, k(k \leqslant m-1)$$

其中,$H(key)$ 是哈希函数,m 为哈希表长,d_i 是增量序列。

若 $d_i = 1, 2, 3, \cdots, m-1$,称为线性探测再散列方法(linear probing),也称为线性探查;

若 $d_i = 1^2, -1^2, 2^2, -2^2, 3^2, -3^2, \cdots, \pm k^2 (k \leqslant m/2)$,称为二次探测再散列方法(quadratic probing),也称为二次探查;

若用伪随机数序列当作增量序列 d_i,称为伪随机数再散列法,也称为伪随机数探查。

在线性探测方法中,如果一个元素被散列到位置 p,而位置 p 已经被占据了,则尝试位置 $(p+1)\%s$,其中 s 是表的大小。如果位置 $(p+1)\%s$ 也被占据,则再尝试 $(p+2)\%s$,以此类推,直到找到一个开放的位置,或是发现又回到最初的位置时为止。如果找到一个开放位置,则插入新元素。如果没找到一个开放的位置,表明哈希表已满。

线性探查方法的优点是在探查序列到达发生冲突的位置(基位置)之前,表中所有的位置都可以作为插入新记录的候选位置,但它的一次再探查有可能导致后续记录的冲突。这种把元素聚集到一起的倾向称为基本聚集。

二次探查方法和伪随机探查都能够消灭基本聚集,但如果两个关键字值散列到同一个基位置,它们就会具有同样的探查序列,这是因为探查序列只是基位置的函数,而不是原来关键字值的函数。如果散列函数在一个特定基位置导致聚集,那么在这两种探查下聚集仍会保持下来,这称为二级聚集。

使用装填因子 α 描述哈希表的装满程度:

$$\alpha = \frac{\text{表中填入的记录数}}{\text{哈希表的长度}}$$

1.5.7 字符串模式匹配

字符串是程序中最常处理的数据类型之一,字符串也简称为串。串是由零个或多个字符组成的有序序列,一般记为

$$s = 'a_0 a_1 \cdots a_{n-1}' \quad (n \geqslant 0)$$

串中包含的字符数 n 称为串的长度,$n=0$ 时称为空串,空串的长度为0。串中任意个连续的字符组成的子序列称为该串的子串,相应地包含子串的串称为主串。

对于两个串 s_1 和 s_2,当且仅当两个串的内容完全一样,称串 s_1 和 s_2 相等。相等的两个串,其长度相等,各对应位置上的字符也一样。

子串的定位操作称作串的模式匹配,子串也称为模式串,简称模串。串的模式匹配是:在主串 T 中查找模串 P 的第一次出现的位置。

设主串 $T="t_0 t_1 t_2 \cdots t_{m-1} \cdots t_{n-1}"$,长度为 n;模串 $P="p_0 p_1 p_2 \cdots p_{m-1}"$,长度为 m。在朴素的串匹配算法中,最差情况下的时间复杂度是 $O(n*m)$。

KMP算法改进了模式匹配过程,可以在 $O(n+m)$ 的时间数量级上完成串的模式匹配操作。其改进的核心之处在于:每当一趟匹配过程中出现字符比较不等时,不需要回溯主串中的位置指针,而是利用已经得到的"部分匹配"结果仅将模式串右移到尽可能远的一段距离,继续进行比较。

KMP算法借助于一个辅助数组 next,以确定当匹配过程中出现不等时,模式串 P 右移的位数和开始比较的字符位置。在这个数组中,next[i]的取值只与模式串 P 的前 $i+1$ 个字符本身相关,而与主串 T 无关。next 的定义如下:

$$\text{next}(j) = \begin{cases} -1, & j=0 \\ k+1, & 0 \leqslant k < j-1 \text{ 且使得 } p_0 p_1 \cdots p_k = p_{j-k-1} p_{j-k} \cdots p_{j-1} \text{ 的最大整数} \\ 0, & \text{其他情况} \end{cases}$$

在匹配过程中,一旦遇到 t_j 和 p_i 不相等,则:

- 如果 $i>0$,那么在下一趟比较时模式串 P 的起始比较位置是 $p_{\text{next}(i)}$,即将模式串 P 右移 $i-\text{next}[i]$ 个位置,目标串 T 的指针不回溯,仍指向上一趟失配的字符;
- 如果 $i=0$,则目标串 T 指针右移一个位置,模式串 P 指针回到 p_0,继续进行下一趟匹配比较;
- 若 next[i]=0,p 中任何字符都不必再与 t_j 比较,而应将 p 右移 $i+1$ 个位置,从 p_0 和 t_{j+1} 开始重新进行下一次比较。

对于模串'abaabcac',其 next 函数值如表 1-6 所示。

表 1-6 模串"abaabcac"的 next 值

位置	01234567
模串	abaabcac
next 值	−10011201

1.5.8 查找算法的分析及应用

查找算法的时间复杂度及应用可以简单概括为如表 1-7 所示。

表 1-7 查找算法的时间复杂度

算 法	运行时间	备 注
顺序查找	$O(n)$	适用于数组及链表,关键字可无序
折半查找	$O(\log_2 n)$	适用于数组,关键字有序
哈希查找	$O(1)$	计算哈希地址,查找元素(常数时间)

1.6 排序

1.6.1 排序的基本概念

排序是根据某种标准将一组记录重排的过程,是最常见的计算任务之一。给定一组记录序列 $\{R_0, R_1, \cdots, R_{n-1}\}$,其相应的关键字值为 $\{K_0, K_1, \cdots, K_{n-1}\}$,排序的结果是得到新的排列序列 $\{R_{p_0}, R_{p_1}, \cdots, R_{p_{n-1}}\}$,满足关系:$K_{p_0} \leqslant K_{p_1} \leqslant \cdots \leqslant K_{p_{n-1}}$。这样的排列为升序排列。满足关系 $K_{p_0} \geqslant K_{p_1} \geqslant \cdots \geqslant K_{p_{n-1}}$ 的排列为降序排列。

假设 $K_i = K_j (0 \leqslant i, j \leqslant n-1, i \neq j)$,在排序前的序列中 R_i 位于 R_j 之前,在排序后的序列中 R_i 仍位于 R_j 之前,则称所用的排序方法是稳定的;反之,称排序方法是不稳定的。换言之,稳定的排序方法不改变具有相等关键字的记录在排序前后的相对次序,而不稳定的排序方法不能保证这一点。对于具有相等关键字值的两个记录,排序后的次序有可能与排序前相同,也有可能与排序前不同。

记录 R_i 与 R_j 的排列次序与其关键字的大小不一致,称 R_i 与 R_j 为逆序对。实际上,排序过程就是调整记录的初始排列序列中逆序对的过程。

关键字之间的比较次数和记录的移动次数决定着排序算法的时间复杂度。排序算法的时间复杂度又细分为最优时间复杂度、平均时间复杂度和最差时间复杂度。排序过程中除待排序记录所占空间外分配的工作空间为其空间复杂度。

根据排序记录的数量多少,排序又分为内部排序和外部排序。内部排序是指待排序的记录能够全部存储在计算机内存中并能完成排序的过程。记录数量过大,不能全部保存在内存中而需要借助于外存才能完成的排序是外部排序,简称为外排序。

一般地,待排序记录保存在一维数组中。为简单起见,忽略记录中除关键字以外的其他信息。

1.6.2 插入排序

插入排序(Insertion Sort)算法重复地将一个待排序的值插入到序列中已有序的子序列

中,从而完成一组值的排序。每次将每个待排序的元素插入到有序子序列中的合适位置,直到序列中全部元素都有序时为止。

插入排序算法的过程是:对序列中最前面的两个元素进行比较,必要的话就进行交换。一趟排序完成。将序列中第三个值插入到前两个(已有序)值组成的子序列中的合适位置。这是第二趟排序。接下来将第四个值插入到序列中前三个值中的合适位置。每次插入时,已有序的子序列中元素个数增加一个。继续这个过程,直到表中所有的元素全部有序时为止。对含 n 个元素的数组进行插入排序,只需要 $n-1$ 趟排序即可。每趟排序中,有序序列中的若干元素从后至前依次向后移动一个位置,为待排序元素腾出插入空间。

根据找到正确插入位置的机制,插入排序又分为直接插入排序及折半插入排序。

1. 直接插入排序

设待排序元素为 $A[i]$,从 $A[i-1]$ 开始向前进行顺序查找,找到满足下列条件的记录:$A[j-1] \leqslant A[i] \leqslant A[j]$。将元素 $A[i-1]$ 至 $A[j]$ 依次后移一个位置,元素 $A[i]$ 插入到下标为 j 的位置。

在这个过程中,从有序序列的末尾开始,反复把记录逐步后移一位,为待排序元素空出一个位置来存放待排序记录。

插入待排序元素时有两种特殊情况。一是 $A[i] \geqslant A[i-1]$,此时只进行了一次比较操作,而不需要移动任何元素。二是 $A[i] < A[0]$,此时待排序元素移动到有序子序列的最前面。

插入排序中,仅在两元素交换时需要一个位置的临时空间,空间复杂度为 $O(1)$。

插入排序有个特点,k 趟排序后 $A[0],A[1],\cdots,A[k]$ 已有序,但它们均不一定位于其最终的有序位置上。它们的最终位置还要依赖于 $A[k+1],\cdots,A[n-1]$ 的排序结果。换句话说,在不进行最后一趟排序之前,所有元素都可能不在其最终的有序位置上。

如果数组初始时是逆序的,则出现插入排序的最坏情形。在这种情况下,会导致最多次的比较和移动。相反地,如果数组初始时已经升序有序,则出现插入排序的最优情形。在这种情形下,每趟扫描数组时都只进行比较而不发生交换操作。比较时能发现待排序元素已在有序表中的有序正确位置,所以,不需要移动任何元素。

2. 折半插入排序

在有序子序列中查找插入位置时,采用折半查找法替换顺序查找法,得到折半插入排序。就元素移动次数来说,折半插入排序与直接插入排序是一样的。当数据量较大时,折半查找的比较次数少于顺序查找的比较次数,所以折半插入排序的元素比较次数少于直接插入排序。

1.6.3 起泡排序

起泡排序(Bubble Sort)也称为冒泡排序,是一种简单的排序算法。它重复地扫描要排序的元素序列,一次比较相邻的两个元素,如果它们呈逆序则交换过来。

起泡排序算法的过程是：从 $A[0]$ 开始，从前向后依次扫描 $A[0]$ 到 $A[n-1]$，若 $A[i]>A[i+1]$，则交换 $A[i]$ 与 $A[i+1]$。当扫描到 $A[n-1]$ 时一趟排序完成，此时序列中的最大元素已位于 $A[n-1]$。接下来再从 $A[0]$ 开始，依次扫描 $A[0]$ 到 $A[n-2]$，若 $A[i]>A[i+1]$ 则交换它们。第二趟排序结束后序列中的第二大元素位于 $A[n-2]$ 中。继续这个过程，直到比较 $A[0]$ 与 $A[1]$ 并完成必要的交换为止。

起泡排序也可以从后向前扫描，第一趟排序后将最小的元素交换到 $A[0]$，第二趟排序后将次小的元素交换到 $A[1]$，以此类推。

每趟起泡排序至少将一个元素移动到它的最终位置。

1.6.4 简单选择排序

选择排序(Selection Sort)是一种简单直观的排序算法，利用的是"查找并交换"的思想。设元素保存在数组 $A[0]$，$A[1]$，…，$A[n-1]$ 中，查找其中最小的元素，将它与第 1 个元素 $A[0]$ 相交换，这称为一趟排序。然后查找子数组 $A[1]$，…，$A[n-1]$ 中的最小元素，并将它与数组第 2 个元素 $A[1]$ 相交换。继续这个过程，直到仅剩最后两个元素 $A[n-2]$ 和 $A[n-1]$，这两元素中的较小者放到 $A[n-2]$，较大者放在 $A[n-1]$；排序完成。

采用顺序查找法查找 $A[i]$，…，$A[n-1]$ 中的最小元素时，得到简单选择排序。采用堆结构查找最小元素时，得到堆排序算法。

如果某个元素已位于其最终的有序位置上，则它不会被移动。选择排序每次交换一对元素，它们当中至少有一个被移动到其最终位置上，因此对 n 个元素的序列进行排序总共进行至多 $n-1$ 次交换。

1.6.5 希尔排序

希尔排序(Shell Sort)也称缩小增量排序法，是插入排序的一种更高效的改进版本。希尔排序是不稳定的排序算法。

初始排列序列基本有序时，插入排序可达到最优时间复杂度。同时，因为插入排序的代码简单，当待排序序列的长度 n 较小时，排序的总体开销较小。但插入排序过程中数据移动一位，效率较低。希尔排序将待排序序列分组，将相隔某增量值 d 整数倍的元素分在一组，并在组内采用插入排序使得各组内的元素有序。然后减小增量值 d 重新分组，组的个数减少而组内元素个数增多，再次采用插入排序使得各组内的元素有序。以此类推，直到增量值 $d=1$ 时，全部元素均在同一组内，采用插入排序最终完成排序。

增量 d 较大时，分组的组数较多而组内元素个数较少，组内的插入排序可以达到较高效率。这些逆序对的调整提高了序列的有序性。当 d 减小后，组内元素个数增多但有序性增加。当 $d\neq 1$ 时，组内相比较、交换的两个元素不相邻，数据移动的效率较高。

增量序列的选择要满足两个要求：一是序列为降序，且最后一个增量值必须为 1；二是为避免重复比较，增量值之间不要成倍数关系。

1.6.6 快速排序

快速排序(Quick Sort)算法是采用分治法的一个非常典型的应用。

快速排序的过程是：先选择序列中的一个元素当作划分元素(称为枢轴)，根据枢轴对序列进行划分，小于枢轴的所有元素放到枢轴的左侧，大于枢轴的所有元素放到它的右侧。最后再递归地对这两个子序列进行排序，从而完成对序列的排序。

一般地，选择序列的第一个元素作为枢轴。若含 n 个元素的序列元素随机分布，则枢轴将序列划分为元素个数大致相等的两个子序列，再继续划分为四个子序列，……，划分的次数不多于 $O(\log_2 n)$，每趟划分时最多对 n 个元素进行甄别，故时间复杂度为 $O(n\log_2 n)$。但若序列已有序，每次选择的枢轴都是本序列中的最小值或是最大值，划分后的两个子序列中有一个为空，另外一个包含其余所有元素。此种情况下达到快速排序的最坏情形，时间复杂度为 $O(n^2)$。

1.6.7 堆排序

堆(Heap)是一棵完全二叉树，其中每个元素都大于等于它的所有孩子。二叉树根称为堆顶，它是堆中最大元素。这样的堆称为最大堆或大根堆。堆中任一棵子树也满足堆的定义。类似地，可以定义最小堆或小根堆，即每个元素都小于等于它的所有孩子。以下讨论以最大堆为例。

堆的逻辑结构是一棵完全二叉树，可以用数组保存。元素 $A[i]$ 若有左子结点，则保存在 $A[2*i+1]$ 中，若有右子结点，则保存在 $A[2*i+2]$ 中。利用堆结构实现的排序过程称为堆排序(Heap Sort)。

对数组 $A[0],A[1],\cdots,A[n-1]$ 进行堆排序的第一步是采用递归思想建初始堆。将分别以 $A[(n-1)/2],A[(n-1)/2-1],\cdots,A[0]$ 为根的二叉树依次调整为子堆。

若当前调整以 $A[i]$ 为根的子树，将 $A[i]$ 与其两个子结点(若存在)中的较大者进行比较，若 $A[i]$ 较大，则调整完成；若 $A[i]$ 较小，则交换 $A[i]$ 与其较大子结点，然后继续调整以 $A[i]$ 为根的子树。直到 $A[i]$ 大于它的所有子结点或是已经到达叶结点时为止。

当调整以 $A[i]$ 为根的子树时，它的各子树已经满足堆的定义。若没有发生 $A[i]$ 与其较大子结点之间的交换，表明以 $A[i]$ 为根的子树已满足堆的定义；若发生交换，$A[i]$ 交换到其子结点的位置，这棵子树可能不再满足堆的定义，还需要继续调整。

当以 $A[0]$ 为根的子树调整完毕，表明初始堆已经建成。这个过程的时间复杂度为 $O(n)$。

初始堆建成后，将堆顶元素 $A[0]$ 与堆中最后一个元素 $A[n-1]$ 互换(实际上是将最大值输出到 $A[n-1]$ 中保存)。调整以 $A[0]$ 为根的子树为堆(注意，此时堆中元素个数为 $n-1$)，$A[0],A[1],\cdots,A[n-2]$ 又成为最大堆。这称为一趟堆排序。再将堆顶元素 $A[0]$ 与堆中最后一个元素 $A[n-2]$ 互换，剩余元素重新整理为堆。继续这个过程。直到堆中只有一个元素 $A[0]$ 时为止，堆排序完成。此时数组中保存的是已有序序列。

每次从堆中选择最大值时只需 $O(1)$，调整堆的过程中，将新的堆顶放置到合适的位置，比较与交换的次数不超过二叉树的高。故时间复杂度为 $O(n\log_2 n)$。

向堆中添加一个新元素的过程是,将元素添加为新的叶结点,同时保持树形是完全树。然后将该元素向根的方向移动:若新元素比父结点大,则交换两个结点,继续与新的父结点比较并进行必要的交换,直到其中的元素大小关系满足要求时为止。

1.6.8 二路归并排序

归并排序(Merge Sort)是建立在归并操作上的一种有效的排序算法。与快速排序算法一样,归并排序算法也采用了分治法的思想。

归并排序使用递归来实现:
如果数组中有多于一个元素
- 将数组分为两半;
- 归并排序左半段;
- 归并排序右半段;
- 将两个子数组归并为一个有序数组。

假定数组 $A[0],A[1],\cdots,A[n-1]$ 满足:$A[0],\cdots,A[m]$ 升序排列,且 $A[m+1],\cdots,A[n-1]$ 也升序排列,归并操作可将两个有序子段合并为一个有序段。设 $i=0, j=m+1$,$k=1$,比较 $A[i]$ 与 $A[j]$,不妨设较小者为 $A[i]$,则 $B[k]=A[i], i++, k++$。继续这个过程,直到两个有序序列中的一个为空,将另一个有序序列中的全部剩余元素复制到数组 B 中。归并完成。

归并排序过程中,为了保存每趟归并的结果,需要与原始待排序数组等大的临时数组。归并排序的空间复杂度为 $O(n)$。

1.6.9 基数排序

若数组 $A[0],A[1],\cdots,A[n-1]$ 中均保存两位十进制整数。设置 10 个盒子,编号为 0~9。现对数组中各元素按个位数分类,个位数为 $r(0 \leqslant r \leqslant 9)$ 的元素依次放入编号为 r 的盒子中。这称为第一趟分配。之后按盒子编号从 0~9,每个盒子中按数据放入的次序将数据收集起来。这称为第一趟收集。将收集的数据再按十位数分类,十位数为 $r(0 \leqslant r \leqslant 9)$ 的元素依次放入编号为 r 的盒子中。这称为第二趟分配。之后是第二趟收集。结果为有序序列。

扩展上述排序思想,基数排序可以对任何数制的元素进行排序。若进制为 r,则盒子数为 r 个。位数为 k 时,分配与收集的趟数为 k。从权值低到权值高依次进行。

基数排序还可以应用到多关键字的排序中。

1.6.10 外部排序

如果一组记录数量太大而无法同时保存到主存中时,那么只能将其中一些记录先从磁盘中读出来进行排序,然后再把这些记录写回磁盘。这个过程不断重复下去,直到对整个文件进行了排序。这个过程中，每个记录可能被读出多次。

文件读取方式是顺序读取，采用归并的思想可以实现对文件中有序子序列的归并操作。若一个文件有 n 条记录，对这个文件进行外部排序需要 $\log_2 n$ 趟扫描，即对每条记录 $\log_2 n$ 次磁盘读写。

1.6.11 各种排序算法的比较

各排序算法的比较列在表 1-8 中。

表 1-8 各种排序算法的比较

算法	最优情形	平均情形	最坏情形	空间复杂度	稳定性
插入排序	$O(n)$	$O(n^2)$	$O(n^2)$	$O(1)$	稳定
起泡排序	$O(n^2)$	$O(n^2)$	$O(n^2)$	$O(1)$	稳定
简单选择排序	$O(n^2)$	$O(n^2)$	$O(n^2)$	$O(1)$	不稳定
快速排序	$O(n\log_2 n)$	$O(n\log_2 n)$	$O(n^2)$	$O(1)$	不稳定
堆排序	$O(n\log_2 n)$	$O(n\log_2 n)$	$O(n\log_2 n)$	$O(1)$	不稳定
二路归并排序	$O(n\log_2 n)$	$O(n\log_2 n)$	$O(n\log_2 n)$	$O(n)$	稳定
基数排序	$O(n\log_2 n)$	$O(n\log_2 n)$	$O(n\log_2 n)$	$O(1)$	稳定

第 2 章　计算机组成原理

2.1　计算机系统概述

计算机系统包括硬件和软件两大部分,硬件是具体的物理装置,软件指运行在硬件之上的程序、数据以及相关文档。计算机系统完成的任何一个任务,都需要先根据相应的算法编写好程序,然后将程序加载到计算机系统,才能在计算机硬件上执行。

2.1.1　计算机发展历程

世界上第一台通用电子计算机是 1946 年在美国诞生的 ENIAC。研制小组在设计和研制 ENIAC 过程中,意识到 ENIAC 还存在很多问题,例如,没有存储器,也没有采用二进制。因此,1945 年,参与研制 ENIAC 的冯·诺依曼根据大家的讨论意见,以"关于 EDVAC 的报告草案"为题,发表了全新的"存储程序通用电子计算机方案",宣告了现代计算机结构思想的诞生。

"存储程序"方式的基本思想是:必须将事先编好的程序和原始数据送入主存后才能执行程序,一旦程序被启动执行,计算机能在无须操作人员干预的情况下自动完成逐条取出指令并执行的任务。

自从 1946 年世界上第一台通用电子计算机 ENIAC 诞生以来,计算机经历了电子管、晶体管、集成电路和超大规模集成电路几个发展阶段。计算机体系结构也出现了大型机、小型机、工作站、PC 等不同发展阶段,如今已经进入了后 PC 时代。1965 年 Intel 公司的创始人戈登·摩尔(Golden Moore)对半导体芯片工业发展前景进行了预测:由于硅技术的不断改进,每 18 个月,集成度将翻一番,速度将提高一倍,而其价格将降低一半。这就是著名的摩尔定律,在计算机发展的几十年中,它一直引导着计算机产业的发展。

2.1.2　计算机系统层次结构

计算机系统是由各种硬件和各类软件采用层次化方式构建的系统,硬件和软件之间通过指令关联,指令是对硬件功能的抽象,软件通过指令使用硬件。

1. 计算机系统的基本组成

图 2-1 是计算机系统层次转换示意图,描述了从最终用户希望计算机完成的应用(问题)到电子工程师使用器件完成基本电路设计的整个转换过程。计算机硬件只能

理解机器语言,应用问题转换为机器语言程序,需要经过多个抽象层的转换。

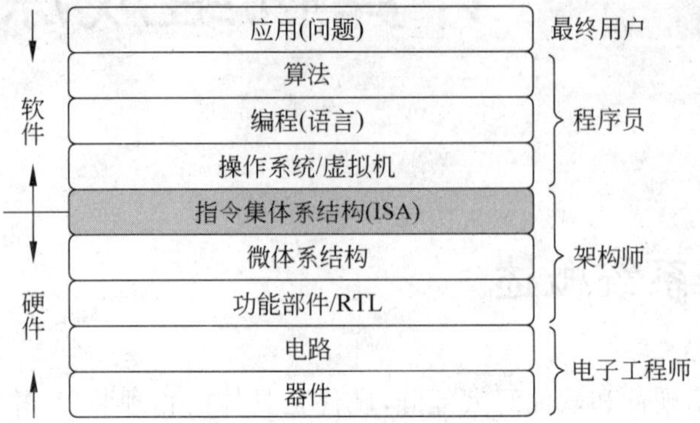

```
              ┌─────────────────────┐
              │     应用(问题)       │  最终用户
         ↑    ├─────────────────────┤
         │    │       算法          │
     软   │   ├─────────────────────┤
     件   │   │     编程(语言)       │  程序员
         │    ├─────────────────────┤
         ↓    │   操作系统/虚拟机    │
              ├─────────────────────┤
         ↑    │  指令集体系结构(ISA) │
         │    ├─────────────────────┤
         │    │     微体系结构       │  架构师
     硬   │   ├─────────────────────┤
     件   │   │    功能部件/RTL      │
         │    ├─────────────────────┤
         │    │       电路          │
         ↓    ├─────────────────────┤  电子工程师
              │       器件          │
              └─────────────────────┘
```

图 2-1 计算机系统抽象层及其转换

首先,根据算法编写程序,绝大多数程序员使用高级语言编写程序。将高级语言程序转换成机器语言程序需要进行翻译。翻译程序有三类:解释程序将源程序中的语句按其执行顺序逐条翻译成机器指令并立即执行;编译程序将高级语言源程序翻译成汇编语言或机器语言目标程序;汇编程序将汇编语言源程序翻译成机器语言目标程序。

使用高级语言进行编程必须在操作系统提供的环境中运行,操作系统是对计算机底层结构和计算机硬件的一种抽象,这种抽象构成了一台可以让程序员使用的虚拟机。

从应用问题到机器语言程序的每次转换所涉及的概念都是属于软件的范畴,而机器语言程序所运行的计算机硬件和软件之间需要有一个"桥梁",这个在软件和硬件之间的界面就是指令集体系结构(Instruction Set Architecture, ISA),简称体系结构或系统结构,它是软件和硬件之间接口的一个完整定义。

机器语言程序就是一个 ISA 规定的指令的序列,因此,计算机硬件执行机器语言程序的过程就是让其执行一条一条指令的过程。具体实现 ISA 的组织结构称为微体系结构,简称微架构。它最终由逻辑电路实现,每个基本的逻辑电路都是按照特定的器件技术实现的,例如,CMOS 电路中使用的器件和 NMOS 电路中使用的器件不同。

2. 计算机硬件的基本组成

计算机发展至今,绝大部分计算机的基本组成仍然具有冯·诺依曼结构计算机的特征,即:计算机由运算器、控制器、存储器、输入设备和输出设备五个基本部件组成;存储器不仅能存放数据,而且也能存放指令,形式上数据和指令没有区别,但计算机应能区分它们;控制器应能控制指令的自动执行;运算器应能进行加、减、乘、除四种基本算术运算,并且也能进行逻辑运算;操作人员可以通过输入输出设备使用计算机;计算机内部以二进制形式表示指令和数据;每条指令由操作码和地址码两部分组成,操作码指出操作类型,地址码指出操作数的地址;由一串指令组成程序。

现代计算机中将控制器和运算器以及完成指令执行的一些辅助电路,如通用寄存器等,都放在一个处理器芯片中,这种部件称为中央处理器(CPU)。

3. 计算机软件的分类

根据软件的用途,一般将软件分成系统软件和应用软件两大类。系统软件包括有效、安全地使用和管理计算机以及为开发和运行应用软件而提供的各种软件,包括操作系统(如 Windows、UNIX、Linux)、语言处理系统(如 Visual Studio、GCC)、数据库管理系统(如 Oracle)和各类实用程序(如磁盘碎片整理程序、备份程序)。应用软件指专门为数据处理、科学计算、事务管理、多媒体处理、工程设计以及过程控制等应用所编写的各类程序。

4. 计算机的工作过程

高级语言程序必须先转换成机器语言表示的可执行目标代码,然后才能装入存储器并由 CPU 执行。将高级语言程序转换为机器语言目标代码的过程主要包括编译阶段、汇编阶段、链接阶段。最终生成的可执行目标代码以可执行文件的方式被保存在磁盘上,可以通过某种方式启动一个磁盘上的可执行文件运行。

一旦可执行目标代码被执行,则 CPU 将自动取出一条条指令并执行。将要执行的指令在存储器中的地址被保存在程序计数器(PC)中。

指令执行过程包括:从存储器取指令并计算下一条指令的地址、对指令进行译码、取操作数、对操作数进行运算、送运算结果到存储器或寄存器保存。每次从存储器取指令都是将 PC 的值作为指令的地址,在指令执行过程中,计算出的下一条要执行指令的地址送到 PC;当前指令执行完后,再根据 PC 的值访问存储器,从而能够周而复始地取出并执行程序中的一条条指令。指令的执行由时钟信号(clock signal)进行定时,一条指令的执行可能需要一个或多个时钟周期的时间。

2.1.3 计算机性能指标

计算机系统的性能评价主要考虑 CPU 性能。CPU 性能主要指用户 CPU 时间,即 CPU 运行用户程序的时间。在对程序执行时间进行计算时需要用到以下几个重要的概念和指标。

1. 时钟周期和时钟频率

CPU 产生的同步时钟定时信号,也就是 CPU 的主脉冲信号,其宽度称为时钟周期。时钟频率是 CPU 时钟周期的倒数。

2. CPI

CPI(Cycles Per Instruction)表示 CPU 执行一条指令所需的时钟周期数。对于一条特定指令而言,其 CPI 指执行该条指令所需的时钟周期数;对于一个程序或一台机器来说,其 CPI 指该程序或该机器指令集中的所有指令执行所需的平均时钟周期数。

3. 程序执行时间

可以通过以下公式来计算用户程序的 CPU 执行时间,即:用户 CPU 时间。
用户 CPU 时间＝程序总时钟周期数÷时钟频率＝程序总时钟周期数×时钟周期
程序总时钟周期数＝程序总指令条数×CPI

4. MIPS 和 FLOPS

最早用来衡量计算机性能的指标是每秒钟完成单个运算(如加法运算)指令的条数,所用的计量单位为 MIPS(Million Instructions Per Second),其含义是平均每秒钟执行多少百万条指令。与定点指令速度 MIPS 相对应的用来表示浮点操作速度的指标是 MFLOPS(Million FLOating-point operations Per Second)。它表示每秒钟所执行的浮点运算操作有多少百万次。类似的衡量浮点操作速度的指标还有 GFLOPS、TFLOPS 和 PFLOPS 等。

2.2 数据的表示和运算

计算机处理的对象是数字化信息。不管是数值、文字、图、声音、视频以及各种模拟信息,到计算机内部都被用 0 和 1 进行了编码,这种编码称为数字化信息。计算机完成的所有任务都是通过对数字化信息进行相应的处理来实现的。因此,掌握数据在计算机中的表示和运算方法是计算机专业学生最基本的要求。计算机中的数据分为数值数据和非数值数据。

2.2.1 数制和编码

表示一个数值数据要确定三个要素:进位计数制、定/浮点表示和编码规则。

1. 进位计数制及其相互转换

计算机内部所有的信息采用二进制编码表示。但在计算机外部,为了书写和阅读的方便,大都采用十或十六进制表示形式。因此,必须熟练掌握二进制和十进制之间、二进制和十六进制之间数的转换。

可使用后缀字母标识数的进位计数制,一般用 B、D、H 分别表示二、十、十六进制数的后缀,十进制数的后缀可以省略。例如,10011B 为二进制数,56D 或 56 为十进制数,308FH 为十六进制数。有时也用前缀 0x 表示十六进制数,如 0x308f。

2. 真值和机器数

计算机中任何一个数据都用 0 和 1 编码,因此任何数据都有两种形式:一种是在计算机中用某种编码方式编码后的 0/1 序列;另一种是现实生活中的表示形式。前者称为机器数,后者称为真值。例如,现实生活中的真值"-100",在计算机中若用 8 位补码表示,则其机器数为"10011100"。

3. BCD 码

在计算机内部,整数的表示方法有两大类:一类是用二进制数表示;另一类是采用二进制编码的十进制数(Binary Coded Decimal Number,BCD)表示。最常用的一种 BCD 码就是 8421 码,它选取 4 位二进制数按计数顺序的前 10 个代码与十进制数字相对应,每位的权从左到右分别为 8、4、2、1,因此称为 8421 码,也称自然 BCD 码,记为 NBCD 码。

4. 字符与字符串

西文由拉丁字母、数字、标点符号及一些特殊符号所组成,它们统称为"字符"(character)。所有字符的集合叫做"字符集"。字符不能直接在计算机内部进行处理,因而也必须对其进行数字化编码。目前计算机中使用最广泛的西文字符集及其编码是 ASCII 码。字符串由若干字符串接而成。

5. 校验码

数据在计算机内部进行计算、存取和传送过程中,由于元器件故障或噪音干扰等原因会出现差错。可以采取相应的数据检错和校正措施,自动地发现并纠正错误。常用的数据校验码有奇偶校验码、海明校验码和循环冗余校验码。

奇偶校验只能发现奇数位出错,不能发现偶数位出错,而且也不能确定发生错误的位置,不具有纠错能力,常用于对一个字节长的代码进行校验。海明校验将数据按某种规律分成若干组,对每组进行相应的奇偶检测,以提供多位校验信息,从而可对错误位置进行定位,并将其纠正。海明校验码实质上就是一种多重奇偶校验码。循环冗余校验常用于外存储器和数据通信中。它与奇偶校验和海明校验都以奇偶检测为手段不同,它通过某种数学运算来建立数据和校验位之间的约定关系。

2.2.2 定点数的表示和运算

现实生活中的数值数据主要分整数和实数两类,在计算机中整数用定点数表示,实数用浮点数表示。因为所有带符号整型数都用补码表示,所以,高级语言程序中的所有整数算术运算在计算机中都是一种补码运算。目前通用计算机中的浮点数多采用 IEEE 754 标准,其中的尾数用定点原码表示,因此浮点数算术运算的实现中涉及原码的加、减、乘、除运算。

1. 定点数的表示

计算机中的定点整数分无符号整数和带(有)符号整数。

无符号整数指一个编码的所有二进位都用来表示数值而没有符号位,即默认数的符号为正,所以无符号整数就是正整数或非负整数。通常把无符号整数简单地说成无符号数。

带符号整数也被称为有符号整数,它必须用一个二进位来表示符号。目前所有计算机中都用补码表示带符号整数。n 位带符号整数可表示的数值范围为 $-2^{n-1} \sim (2^{n-1}-1)$。例如,8 位带符号整数的表示范围为 $-128 \sim +127$。与原码相比,补码表示不对称,它可以多表示一个最小负数,其形式为 $10\cdots 0$,-1 的补码形式为 $11\cdots 1$。

2. 定点数的运算

计算机完成的功能通过执行程序来实现,任何程序最终都要转换为机器指令。指令中包含的各种算术逻辑运算能直接在硬件上执行。高级语言中支持的定点整数运算包括移位、加、减、乘、除等基本类型。因为计算机中运算电路宽度有限，所以在运算过程中可能会发生高位数据丢失的问题，因此，真正的运算结果可能会超出运算电路的宽度从而造成结果溢出。

1）移位操作

移位操作有逻辑移位和算术移位两种。逻辑移位不考虑符号位，总是把高(低)位移出，低(高)位补 0。对于带符号整数的移位操作应采用补码算术移位方式，左移时，高位移出，低位补 0；右移时，低位移出，高位补符号。

左移一位表示扩大一倍，左移 k 位，表示乘以 2^k。因此左移可能发生溢出。右移一位表示缩小一倍，右移 k 位，表示除以 2^k。

2）补码加/减运算

对于两个补码表示的 n 位定点整数 X 和 Y，$X+Y$ 和 $X-Y$ 的运算电路如图 2-2 所示。

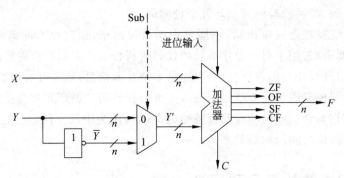

图 2-2 补码加减运算部件

最终运算结果的高位丢弃，保留低 n 位，相当于对和取模 2^n。当控制端 Sub 为 1 时，做减法，实现 $F=X-Y$；当控制端 Sub 为 0 时，做加法，实现 $F=X+Y$。

因为无符号整数相当于正整数，而正整数的补码表示等于其二进制表示本身，所以，无符号整数的二进制表示相当于正整数的补码表示，因此，该电路同时也能实现无符号整数的加减运算，可通过标志信息对运算结果进行不同的解释。

零标志 ZF=1 表示不管是当成无符号数还是带符号整数来运算，结果都为 0。

溢出标志 OF=1 表示当作为带符号整数运算时，结果发生了溢出。因为两个同号数相加其结果的符号一定同两个加数的符号，所以，当 X 和 Y' 的最高位相同且不同于结果的最高位时，使 OF=1，否则 OF=0。对于无符号整数运算，OF 没有意义。

符号标志 SF 表示结果的符号，即 F 的最高位。对于无符号整数运算，SF 没有意义。

进/借位 CF 表示无符号数加/减运算时的进位/借位。加法时，若 CF=1 表示无符号数加法溢出；减法时若 CF=1 表示不够减。因此，加法时 CF 就应等于进位输出 C；减法时，就应将进位输出 C 取反来作为借位标志。综合起来，可得 CF=Sub$\oplus C$。对于带符号整数运算，CF 没有意义。

3）原码加/减运算

原码加减运算需要比较两个操作数的符号，对加法实行"同号求和，异号求差"，对减法实行"异号求和，同号求差"。原码运算电路是在如图 2-2 所示电路的基础上加上一些附加电路而构成。

4) 定点数乘法运算

原码乘法时，符号位与数值位分开计算，因此，原码乘法运算分为两步。

(1) 确定乘积的符号位，由两个乘数的符号异或得到。

(2) 计算乘积的数值位。即执行无符号数乘法运算。补码乘法时，符号位可以和数值部分一起进行运算。

因为乘法运算是通过若干次加和移位实现的，所以，在计算机中只要通过控制加法器和移位器进行若干次操作就可以实现乘法运算，因此乘法指令比加法和移位等运算指令的执行时间长，需要很多时钟周期才能完成一次乘法指令。

为了加快乘法运算，有些处理器中会使用专门的乘法器来实现，如阵列乘法器，也可以通过流水线处理方式加快乘法运算速度。在这种情况下，可以在很少的时钟周期内完成一次乘法运算。

5) 定点数除法运算

原码除法时，符号位与数值位分开计算，因此，原码除法运算分为两步。

(1) 确定商的符号位，由两个数的符号异或得到。

(2) 两个数的数值部分按无符号数除法运算。补码除法时，符号位可以和数值部分一起进行运算。

在计算机中通过控制 ALU 做加/减和移位操作来实现除法运算，因此除法指令比加法、减法、移位等操作指令的执行时间长，而且不能进行流水处理，需要很多时钟周期才能完成一次除法操作。为了加快除法运算，也可以使用专门的除法器来实现除法运算。

对于整数除运算，如果除数为 0，则结果无法表示，此时除法指令的执行会发生异常。

6) 溢出的概念及其判断

定点运算结果是否溢出，主要看结果是否可用给定长度的机器数表示。计算机中的带符号整数都用补码表示，因而带符号整数的机器数按补码规则进行判断。

(1) 移位操作：无符号数左移(逻辑左移)一位时，如果最高位移出的是 1，则发生溢出。带符号整数左移(算术左移)一位时，如果移出的高位不同于移位后的符号位，即左移前、后符号位不同，则发生溢出。右移操作不会发生溢出。

(2) 加减操作：对于 n 位无符号数加运算，如果相加后结果的位数超过 n 位，即最高位有进位，则溢出；对于无符号数减运算，如果被减数小于减数，则结果溢出。对于带符号数加/减运算，如果 OF=1，则结果溢出，否则不溢出。

(3) 乘法操作：对于两个 n 位无符号数乘运算，如果结果取 $2n$ 位，则不会溢出；如果结果取 n 位，则丢弃的高 n 位若全为 0，则不溢出，否则溢出。对于两个 n 位带符号整数乘运算，如果结果取 $2n$ 位，则不会溢出；如果结果取 n 位，且丢弃的高 n 位若全部都与低 n 位的最高一位相同，则不溢出，否则溢出。

(4) 除法操作：对于两个 n 位无符号整数除运算，结果肯定不会溢出。对于两个 n 位带符号整数除运算，只有当被除数是 n 位最小整数 -2^{n-1} (机器数为 10…0)而除数是 -1 (机器数为 10…0)时，才会发生溢出，否则不会溢出。

2.2.3 浮点数的表示和运算

目前几乎所有计算机都采用 IEEE 754 标准表示浮点数。浮点数运算仅包括基本的加、减、乘和除等算术运算，而不用考虑移位和各类逻辑运算。

1. 浮点数的表示

IEEE 754 标准中，提供了两种基本浮点格式：32 位单精度和 64 位双精度格式。32 位单精度格式中包含 1 位符号 s、8 位阶码 e 和 23 位尾数 f；64 位双精度格式包含 1 位符号 s、11 位阶码 e 和 52 位尾数 f。其基数隐含为 2；尾数用原码表示，第一位总为 1，因而可在尾数中省略第一位的 1，称为隐藏位，使得单精度格式的 23 位尾数实际上表示了 24 位有效数字，双精度格式的 52 位尾数实际上表示了 53 位有效数字。IEEE 754 规定隐藏位"1"的位置在小数点之前。

对于阶码范围在 1~254（单精度）和 1~2046（双精度）的数，是一个正常的规格化非 0 数。根据 IEEE 754 的定义，这种数的阶（指数）的范围应该是 −126~+127（单精度）和 −1022~+1023（双精度），其值的计算公式分别为：

$$(-1)^s \times 1.f \times 2^{e-127} \quad 和 \quad (-1)^s \times 1.f \times 2^{e-1023}$$

阶码为全 0 或全 1 的特殊位序列有其特别的解释。

(1) 全 0 阶码全 0 尾数：表示 +0/−0，零的符号取决于符号位 s。

(2) 全 0 阶码非 0 尾数：表示非规格化数，其隐藏位为 0，单精度和双精度浮点数的阶分别为 −126 或 −1022。

(3) 全 1 阶码全 0 尾数：表示 +∞/−∞，无穷大数既可作为操作数，也可能是运算的结果。例如，浮点除运算 5.0/0=+∞。

(4) 全 1 阶码非 0 尾数：表示 NaN (Not a Number)，NaN 表示一个没有定义的数，称为非数。例如，浮点除运算 0.0/0.0=NaN。

2. 浮点数的运算

计算机中的浮点数表示类似于现实中的科学计数法，因此，两者的运算方法也类似。

1) 浮点数的加减运算

包括对阶、尾数加减、规格化和舍入 4 个步骤，此外，还需进行溢出判断和处理。在对阶和尾数右移时，可能会对尾数进行右移，为保证运算精度，一般将低位移出的位保留下来，参加中间过程的运算，最后再将运算结果进行舍入，以表示成 IEEE 754 格式。IEEE 754 标准规定，中间结果右边必须至少额外保留两位附加位：警戒位（guard）和舍入位（round）。IEEE 754 的默认舍入方式为就近舍入到偶数：当运算结果是两个可表示数的非中间值时，采用"0 舍 1 入"方式；当运算结果正好在两个可表示数中间时，结果强制为偶数。

2) 浮点数的乘除运算

与科学计数法的乘除运算一样："尾数相乘、除，阶码相加、减"。运算结果需要进行规格化、舍入和判断溢出。

3) 浮点数运算的溢出判断和处理

对于 IEEE 754 标准，在运算前要先将隐含的"1"作为尾数的一部分进行处理。不管是加减运算还是乘除运算,在运算的最后都要进行规格化、舍入和溢出判断。当尾数中有效数字进入到小数点前面两位时,发生尾数溢出。此时,运算结果并不一定发生溢出,需要对尾数进行右规。

在进行尾数规格化和尾数舍入时,可能会对结果的阶码执行加、减运算。因此,必须考虑结果的阶码溢出问题。若一个正的阶(正指数)超过了最大允许值(127 或 1023),则发生"阶码上溢",机器产生"阶码上溢"异常,也有的机器把结果置为"$+\infty$"(数符为 0 时)或"$-\infty$"(数符为 1 时)后,继续执行下去,而不产生"溢出"异常。若一个负的阶(负指数)超过了最小允许值(-126 或 -1022),则发生"阶码下溢",此时,一般把结果置为"$+0$"(数符为 0 时)或"-0"(数符为 1 时),也有的机器引起"阶码下溢"异常。

2.2.4 算术逻辑单元 ALU

对于逻辑运算和整数加减运算,可直接用基本逻辑门电路实现逻辑运算,用补码加减运算部件实现无符号数和带符号整数的加减运算。在计算机中,通常用一个专门的算术逻辑部件(Arithmetic and Logic Unit,ALU)来完成基本逻辑运算和定点加减运算,而其他各类定点乘除运算和浮点数运算则可利用 ALU、加法器和移位器来实现,因此在计算机中最基本的运算部件是加法器、ALU 和移位器,而 ALU 的核心部件是加法器,因此,加法器的运算速度非常重要。

1. 串行加法器和并行加法器

全加器用来实现两个本位数加上低位进位生成一位本位和以及一位向高位的进位。对于 n 位加法器,可以用 n 个全加器串接起来实现逐位相加,位间进位串行传送,因此称为串行进位方式。由于串行进位加法器速度慢的主要原因是进位按串行方式传递,高位进位依赖低位进位。

为了提高加法器的速度,必须尽量避免进位之间的依赖关系。通过引入进位生成函数和进位传递函数,可以使各个进位独立、并行产生,这种并行进位方式实现的加法器称为并行进位加法器或先行进位加法器。

2. ALU 的功能和结构

ALU 是一种能进行多种算术运算与逻辑运算的组合逻辑电路,它的核心部件是补码加减运算电路,通常用如图 2-3 所示的符号来表示。

其中 A 和 B 是两个 n 位操作数输入端,ALUop 是操作控制端,用来决定 ALU 所执行的处理功能。例如,ALUop 选择 Add 运算,ALU 就执行加法运算,输出的结果就是 A 加 B 之和。ALUop 的位数决定了操作的种类,例如,当位数为 3 时,ALU 最多有 8 种操作。F 是结果输出端,此外,还输出相应的标志信息,在 ALU 进行加法运算时,可以得到最高位的进位 C。

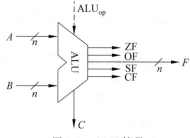

图 2-3 ALU 符号

2.3 存储器层次结构

存储器是计算机系统的重要组成部分，用来存放程序和数据。有了存储器，计算机就有了记忆能力，从而能自动地从存储器中取出保存的指令按序进行操作。

2.3.1 存储器的分类

根据存储器的特点和使用方法的不同，可以有以下几种分类方法。

1. 按存储元件分类

目前使用的存储元件主要有半导体器件、磁性材料和光介质。用半导体器件构成的存储器称为半导体存储器；磁性材料存储器主要是磁表面存储器，如磁盘存储器和磁带存储器；光介质存储器称为光盘存储器。

2. 按存取方式分类

按存取方式分为随机存取存储器（RAM）、顺序存取存储器（SAM）、直接存取存储器（DAM）和相联存储器（CAM）。前三类都是按地址访问，而相联存储器按内容检索。

3. 按信息的可更改性分类

按信息的可更改性分为读写存储器（Read/Write Memory）和只读存储器（Read Only Memory）。RAM芯片和ROM芯片都采用随机存取方式进行信息的访问。

4. 按断电后信息的可保存性分类

按断电后信息的可保存性分为非易失（不挥发）性存储器（Nonvolatile Memory）和易失（挥发）性存储器（Volatile Memory）。

5. 按功能分类

按功能分类，可以分为高速缓存（Cache）、主存储器、辅助存储器和海量后备存储器。

2.3.2 存储器的层次化结构

为了缩小存储器和处理器两者之间在性能方面的差距，通常在计算机内部把各种不同容量和不同存取速度的存储器按一定的结构有机地组织在一起，以形成层次化的存储器体系结构。程序和数据存放在各级存储器中，整个存储系统在速度、容量和价格等方面具有较好的综合性能指标。

数据一般只在相邻两层之间复制传送，而且总是从慢速存储器复制到快速存储器被使用。传送的单位是一个定长块，因此需要确定定长块的大小，并在相邻两层间建立块映射关系。通常，存储器的速度越快则容量越小，就越将其靠近 CPU。因此，最快的寄存器离 ALU 最近，然后是在 CPU 内部的 Cache，然后是在 CPU 芯片外的主存，离 CPU 再远一点的是磁盘，最后是海量后备存储器。CPU 可以直接访问内存，而磁盘上的信息则要先取到主存，然后才能被 CPU 访问。

CPU 执行指令时，需要的操作数大部分都来自寄存器。如果需要从（向）存储器中取（存）数据时，先访问 Cache，如果不在 Cache，则访问主存；如果不在主存，则访问磁盘，此时，操作数从磁盘中读出送到主存，然后从主存送到 Cache。

2.3.3 半导体随机存取存储器

半导体读写存储器简称 RWM，习惯上多称为 RAM。半导体 RAM 分静态 RAM(SRAM)和动态 RAM(DRAM)两种。ROM 和 Flash 存储器也都采用随机访问方式。

1. SRAM 存储器

SRAM 存储元件所用 MOS 管多，占硅片面积大，因而功耗大，集成度低；但因为采用一个正负反馈触发器电路来存储信息，所以，只要直流供电电源一直加在电路上，就能一直保持记忆状态不变，所以无须刷新；也不会因为读操作而使状态发生改变，故无需读后再生；特别是它的读写速度快，其存储原理可看作是对带时钟的 RS 触发器的读写过程。由于 SRAM 价格比较昂贵，因而，适合做高速小容量的半导体存储器，如 Cache。

2. DRAM 存储器

DRAM 存储元件所用 MOS 管少，占硅片面积小，因而功耗小，集成度很高；但因为采用电容储存电荷来存储信息，会发生漏电现象，所以要使状态保持不变，必须定时刷新；因为读操作会使状态发生改变，故需读后再生；特别是它的读写速度相对 SRAM 元件要慢得多，其存储原理可看作是对电容充、放电的过程。相比于 SRAM，DRAM 价格较低，因而适合做慢速大容量的半导体存储器，如主存。

3. 只读存储器

根据只读存储器的工艺，可分为 MROM、PROM、EPROM 和 EEPROM(E^2PROM)等类型。掩膜只读存储器(Mask ROM)存储内容固定，所以可靠性高，但灵活性差，生产周期长，用户和厂家间依赖性大，只适合定型批量生产。可编程只读存储器(Programmable ROM)为一次编程型只读存储器。可擦除可编程只读存储器(Erasable Programmable ROM)允许用户通过某种编程器向 ROM 芯片中写入信息，并可擦除所有信息后重新写入，可反复擦除-写入多次。电擦除电改写只读存储器(Electrically Erasable Programmable ROM)又叫 EEPROM 或 E^2PROM，它可用电来擦除和重编程，并可选择只删除个别字。

4. Flash 存储器

Flash 存储器也称为闪存，是高密度非易失性读写存储器，它兼有 RAM 和 ROM 的优点，而且功耗低、集成度高，不需后备电源。这种器件沿用了 EPROM 的简单结构和浮栅/

热电子注入的编程写入方式,又兼备 E²PROM 的可擦除特点,可在计算机内进行擦除和编程写入。因此又称为快擦型电可擦除重编程 ROM。目前被广泛使用的 U 盘和存储卡等都属于 Flash 存储器。它的读操作速度和写操作速度相差很大,其读取速度与半导体 RAM 芯片相当,而写数据(快擦-编程)的速度则与磁盘存储器相当。

2.3.4 主存储器和 CPU 的连接

受集成度和功耗等因素的限制,单个芯片容量不可能很大,往往通过存储芯片的扩展技术,将多个芯片做在一个内存条上,然后再通过系统总线(处理器总线和存储总线)和 CPU 相连。由多个内存条以及主板或扩充板上的 RAM 芯片和 ROM 芯片组成一台计算机所需的主存空间。

由若干个存储芯片构成一个内存条时,需要在字方向和位方向上进行扩展。

(1) 位扩展:用若干片位数较少的存储芯片构成给定存储字长的内存条时,需进行位扩展。例如,用 8 片 4096×1 位的芯片构成 4K×8 位的内存条,需在位方向上扩展 8 倍,而字方向上无须扩展。

(2) 字扩展:扩充容量,位数不变。例如,可用 16K×8 位的存储芯片在字方向上扩展 4 倍,构成 64K×8 位的内存条。

(3) 字、位同时扩展:当芯片的容量和位数都不满足要求时,需要对字和位同时扩展。例如,用 16K×4 位的存储芯片在字方向上扩展 4 倍、在位方向上扩展 2 倍,可构成一个 64K×8 位的内存条。

在 CPU 与内存条连接时,需考虑地址线、数据线和控制线的连接等问题。CPU 访问主存的地址、数据和控制信号都由主存控制器给出,并分别送系统总线的地址线、数据线和控制线。

主存地址位数决定了整个主存空间的寻址范围,因此,通常它比存储芯片地址引脚多。地址线中只有部分地址线与存储芯片的地址引脚直接相连,这几位地址称为芯片内地址。其余地址线中,一部分通过译码形成片选信号用于选择芯片;还有一部分(通常是主存地址的高位部分)用来选择内存条。

数据线数决定了一次可读写的最大数据宽度,因此也往往比存储芯片的数据引脚多。通常将 CPU 数据线连到多个进行位扩展的芯片中,使扩展后的位数与 CPU 数据线数相等。

如果 CPU 读写命令线和存储芯片的读写控制线都仅有一根,并且控制电平信号一致,则可以直接相连。若 CPU 读写命令线分开,则需要分别进行连接。

2.3.5 双口 RAM 和多模块存储器

双口存储器在一个存储器中提供两组独立的读写控制电路和两个读写端口,因而可以同时提供两个数据的并行读写,是一种空间并行技术。通常用双口 RAM 作为通用寄存器组 GRS 或指令预取部件,也有一些计算机把双口 RAM 设计成一个端口面向 CPU,另一个端口面向输入输出(如 I/O 处理器或 DMA 设备)。该技术也可以用在多处理机系统中,实现双口或多口存储器与多 CPU 之间的信息交换。

多模块存储器也是一种空间并行技术,利用多个结构完全相同的存储模块的并行工作来增加存储器的吞吐率,分为连续编址和交叉编址两种结构。

1. 连续编址

连续编址的多模块主存储器中,主存地址的高位表示模块号(或体号),低位表示模块内地址(或体内地址),因此,也称为按高位地址划分方式,地址在模块内连续。CPU 给出的一次存储访问,总是对一块连续的存储单元进行,因此,在连续编址方式下,一次访问的所有存储单元都在同一个存储模块内,因而不能并行访问这些存储单元。对于单处理器系统,因为只有一个 CPU,所以在某一时刻只能有一个存储模块被访问,因而不能提高存储器的吞吐率。但是,在多 CPU 的计算机系统中,可以有不同的 CPU 访问不同的存储模块,使得多个存储模块能独立并行工作,这种情况下就能提高存储器的吞吐率。

2. 交叉编址

交叉编址存储器中,主存地址的低位表示模块号,高位表示模块内地址,因此,也称按低位地址划分方式。假定有 m 个模块,则每个模块可按"模 m"交叉方式编址。有轮流启动和同时启动两种方式。

1) 轮流启动

按每隔 $1/m$ 个存储周期轮流启动各模块进行读写。如果每个存储模块一次读写的位数(即存储单位)正好等于系统总线中数据线数(即总线传输单位),则采用轮流启动方式。

2) 同时启动

同时启动所有模块进行读写。如果所有存储模块一次并行读写的总位数正好等于系统总线中的数据线数,则采用同时启动方式。

对于 CPU 给出的一次对多个连续单元的访问,在交叉编址方式下,需访问的单元都在不同存的储模块内,因而能并行访问。因此,单处理器系统中多采用交叉编址存储器。

2.3.6 高速缓冲存储器

高速缓存(Cache)是一种小容量高速缓冲存储器,由快速的 SRAM 组成,直接制作在 CPU 芯片内,速度几乎与 CPU 一样快。在 CPU 和主存之间设置 Cache,总是把主存中被频繁访问的活跃程序块和数据块复制到 Cache 中。由于程序访问的局部性,大多数情况下,CPU 能直接从 Cache 中取得指令和数据,而不必访问主存。因此,在 CPU 和主存之间设置 Cache 可以提高 CPU 访问指令和数据的速度。

1. Cache 的基本工作原理

Cache 机制能够达到目的的根本原因是程序执行时存在访问局部性特点。局部性可细分为时间局部性和空间局部性。时间局部性指被访问某单元在一个较短的时间间隔内很可能又被访问。空间局部性指被访问某单元的邻近单元在一个较短时间间隔内很可能也被访问。

Cache 和主存间交换的信息单位称为主存块,它被存放在一个 Cache 行(或槽)中。每个 Cache 行还有一个有效位,用于说明行中的信息是否有效。在 CPU 执行程序过程中,需要从主存取指令或读数据时,先检查 Cache 中有没有要访问的信息,若有,就直接从 Cache 中读取,而不用访问主存储器;若没有,再从主存中把当前访问信息所在的一个主存块复制到 Cache 中,因此,Cache 中的内容是主存中部分内容的副本。

Cache 命中的概率称为命中率 p,不命中概率称为缺失率,命中时所用时间称为命中时间,缺失时所用时间称为缺失损失。假定主存访问时间为 T_m,Cache 访问时间为 T_c,则命中时间约等于 T_c,缺失损失约等于 $T_m + T_c$。在 Cache-主存层次的平均访问时间为:

$$T_a = p \times T_c + (1-p) \times (T_m + T_c) = T_c + (1-p) \times T_m$$

2. Cache 和主存之间的映射关系

在将主存块复制到 Cache 行时,主存块和 Cache 行之间必须遵循一定的映射规则,根据不同的映射规则,主存块和 Cache 行之间有三种映射方式。

1) 直接映射

每个主存块映射到固定 Cache 行。用主存块号对 Cache 行数取模得到的就是 Cache 行号。因此也称模映射。主存地址被分成以下三个字段:

标记	Cache行号	块内地址

其中,高 t 位为标记,中间 c 位为 Cache 行号(也称行索引),剩下的低位地址为块内地址。相当于把主存空间分成了 2^t 个子空间,每个子空间包含 2^c 个主存块。每个子空间中的主存块按序分别一一映射到 2^c 个 Cache 行。因此,一个 Cache 行中的数据可能来自不同子空间对应的主存块,为了区分是哪个子空间的主存块,每个 Cache 行中除有效位和主存块数据外,还包含一个标记(Tag)。

访存时,首先根据地址中间 c 位,直接找到对应 Cache 行,将其中的标记和地址高 t 位比较,若相等并有效位为 1,则命中,此时,根据块内地址,在对应 Cache 行中存取信息;若不相等或有效位为 0,则不命中,此时,从主存中读出该地址所在的主存块送到对应的 Cache 行,将有效位置 1,并将标记设为地址高 t 位,同时将该地址中的内容送到 CPU。

2) 全相联映射

主存块可装入 Cache 任意一行中,每行的标记用于指出该行取自主存的哪个块。因为一个主存块可能在任意一行中,所以,需要比较所有 Cache 行的标记。主存地址的划分中无须 Cache 行索引,只有标记和块内地址两个字段。

3) 组相联映射

结合全相联映射和直接映射产生了组相联映射方式。其主要思想是,将 Cache 所有行分成 2^q 个大小相等的组,每组有 2^s 行。每个主存块被映射到 Cache 固定组中的任意一行,也即组间模映射、组内全映射。用主存块号对 Cache 组数取模得到的就是 Cache 组号。

主存地址被分成以下三个字段:

标记	Cache组号	块内地址

其中,高 m 位为标记,中间 q 位为 Cache 组号(也称组索引),剩下的低位地址为块内地

址。相当于把主存空间分成了 2^m 个子空间,每个子空间包含 2^q 个主存块。每个子空间中的主存块按序分别一一映射到 2^q 个 Cache 组。因此,一个 Cache 行中的数据可能来自不同子空间对应的主存块,为了区分是哪个子空间的主存块,每个 Cache 行中除有效位和主存块数据外,还包含一个标记。

访存时,首先根据地址中间 q 位,直接找到对应 Cache 组,将其中的标记和地址高 m 位比较,若相等并有效位为 1,则命中,此时,根据块内地址,在对应 Cache 行中存取信息;若不相等或有效位为 0,则不命中,此时,从主存中读出该地址所在的主存块送到对应的 Cache 组的任意一行,将有效位置 1,并将标记设为地址高 m 位,同时将该地址中的内容送到 CPU。

3. Cache 中主存块的替换算法

当新的主存块复制到 Cache 时,Cache 中对应行可能已经全部被占满,此时,必须选择淘汰掉一个 Cache 行中的主存块。这就是淘汰策略问题,也称为替换算法或替换策略。

常用的替换算法有先进先出(First-In-First-Out,FIFO)、最近最少用(Least-Recently Used,LRU)、最不经常用(Least-Frequently Used,LFU)和随机替换算法等。

FIFO 算法的基本思想是,总是选择最早装入 Cache 的主存块被替换掉。LRU 算法的基本思想是,总是选择近期最少使用的主存块被替换掉。对于大多数替换算法,Cache 行中必须有一个替换控制字段,用来记录对应主存块的访问情况,以确定是否淘汰其中的主存块,例如,LRU 算法中的 LRU 位。

4. Cache 写策略

因为 Cache 中的数据是主存块副本,当对 Cache 中的数据进行更新时,就存在 Cache 和主存如何保持一致的问题。解决 Cache 一致性问题的关键是处理好写操作,因此也称为写策略。通常有全写法(write through)和回写法(write back)两种写策略。

1) 全写法

写操作时,同时写 Cache 和主存,也被称为通写法、直写法、写直达法。

2) 回写法

也被称为一次性写回法。当 CPU 执行写操作时,若写命中,则信息只被写入 Cache 而不写入主存;若写不命中,则在 Cache 中分配一行,将主存块调入该 Cache 行中并更新相应单元的内容。为了减少写回主存块的开销,每个 Cache 行设置了一个修改位(dirty bit,有时也称为"脏位")。替换时只需要将修改位为 1 的主存块写回主存。

程序的性能指执行程序所用的时间,显然,程序的性能与程序执行时访问指令和数据所用的时间有很大关系,而指令和数据的访问时间与 Cache 命中率、命中时间和缺失损失有关。对于给定的计算机系统而言,命中时间和缺失损失是确定的,因此,指令和数据的访存时间主要由 Cache 命中率决定,而 Cache 命中率则主要由程序的空间局部性和时间局部性决定。因此,为了提高程序的性能,程序员须编写出具有良好访问局部性的程序。数据的访问局部性主要是指数组、结构等类型数据访问时的局部性,这些数据结构的数据元素访问通常是通过循环语句进行的,所以,如何合理地处理循环,特别是内循环,对于数据访问局部性来说非常重要。

综上所述,一个 Cache 行中的信息除了包含一个主存块大小的数据外,还包含有效位、标记、替换控制字段、脏位等。计算 Cache 大小时,应加上这些额外信息所占的容量。

2.3.7 虚拟存储器

由于技术和成本等原因,主存的存储容量受到限制,并且各种不同计算机所配置的物理内存容量多半也不相同,而程序设计时人们显然不希望受到特定计算机的物理内存大小的制约,因此,如何解决这两者之间的矛盾是一个重要问题;此外,现代操作系统都支持多道程序运行,如何让多个程序有效而安全地共享主存是另一个重要问题。为了解决上述两个问题,计算机中采用了虚拟存储管理技术。

1. 虚拟存储器的基本概念

引入了虚拟存储管理机制以后,程序员可在一个不受物理内存空间限制并且比物理内存空间大得多的虚拟的逻辑地址空间(称为虚拟地址空间)中编写程序,就好像每个程序都独立拥有一个巨大的存储空间一样。在程序执行过程中,把当前执行到的一部分程序和相应的数据调入主存,其他暂不用的部分暂时存放在磁盘上。这种借用外存为程序提供的很大的虚拟存储空间称为虚拟存储器。

指令执行时,通过硬件将指令中的逻辑地址(也称虚拟地址或虚地址)转换为主存的物理地址(也称主存地址或实地址),在地址转换过程中检查是否发生缺页、地址越界或访问越权,若发生缺页,则由操作系统进行主存和磁盘之间的信息交换。若发生地址越界或访问越权,则由操作系统进行存储访问的异常处理。由此可以看出,虚拟存储技术既解决了编程空间受限的问题,又解决了多道程序共享主存带来的安全性等问题。

2. 页式虚拟存储器

主存空间和虚拟地址空间都被划分成大小相等的页面,通常把虚拟地址空间中的页面称为虚拟页、逻辑页或虚页;主存空间中的页面称为页框(页帧)、物理页或实页。

1) 页表和页表项

为了对每个虚拟页的存放位置、存取权限、使用情况、修改情况等进行说明,操作系统在主存中给每个进程都生成了一个页表,每个虚拟页在页表中都有一个对应的页表项。

页表项中的存放位置字段用来建立虚拟页和物理页之间的映射,用于进行虚拟地址到物理地址的转换;装入位也称为有效位或存在位,用来表示对应页面是否在主存。若为 1,表示该虚拟页已从外存调入主存,此时,存放位置字段中记录的是页框号;若为 0,则表示没有被调入主存。

2) 地址转换

对于采用虚存机制的系统,指令中给出的地址是虚拟地址,所以,CPU 执行指令时,首先要将虚拟地址转换为主存物理地址,才能到主存取指令或存取数据。地址转换工作由 CPU 中的存储器管理部件(Memory Management Unit,MMU)来完成。

虚拟地址分为两个字段:高位字段为虚页号,低位字段为页内偏移地址。主存物理地址也分为两个字段:高位字段为物理页号,低位字段为页内偏移地址。由于两者的页面大小一样,所以页内偏移地址是相等的。

首先根据页表基址寄存器的内容,找到对应的页表首地址,然后由虚拟地址中的虚页号为索引,找到对应的页表项,若装入位为 1,则取出页框号,和虚拟地址中的页内偏移地址拼接,形成物理地址;若装入位为 0,则说明缺页,需要操作系统进行缺页处理。

3. 段式虚拟存储器

根据程序的模块化性质,可按程序的逻辑结构划分成多个相对独立的段,把段作为基本信息单位在主存-辅存之间传送和定位。每个进程有一个段表,每个段在段表中有一个段表项,用来指明对应段在主存中的位置、段长、访问权限、使用和装入情况等。

4. 段页式虚拟存储器

程序按模块分段,段内再分页,用段表和页表(每段一个页表)进行两级定位管理。段表中每个表项对应一个段,每个段表项中包含一个指向该段页表起始位置的指针,以及该段其他的控制和存储保护信息,由页表指明该段各页在主存中的位置以及是否装入等。

5. TLB(快表)

为了减少到主存访问页表的次数,往往把页表中最活跃的几个页表项复制到高速缓存中,这种在高速缓存中的页表项组成的页表称为 TLB 或快表,相应地称主存中的页表为慢表。

这样,在地址转换时,首先到快表中查页表项,如果命中,则无须访问主存中的页表。因此,快表是减少访存时间开销的有效方法。

快表比页表小得多,为提高命中率,快表通常具有较高的关联度,大多采用全相联或组相联方式。每个表项的内容由页表表项内容加上一个 TLB 标记字段组成,TLB 标记字段用来表示该表项取自页表中的哪个虚拟页对应的页表项,因此,TLB 标记字段的内容在全相联方式下就是该页表项对应的虚页号;组相联方式下则是对应虚页号中的高位部分,而虚页号的低位部分用于选择 TLB 组的组索引。

2.4 指令系统

一台计算机能执行的机器指令的集合称为该机的指令集或指令系统,它是构成程序的基本元素,也是硬件设计的依据,它衡量机器硬件的功能,反映硬件对软件支持的程度。

2.4.1 指令格式

一条指令中必须明显或隐含地包含操作码、源操作数或其地址、结果的地址以及下条指令地址。其中,操作码指定指令的操作类型;源操作数可以直接在指令中给出,也可以在指令中给出操作数所在的寄存器编号或存储单元地址;指令执行的结果可以存放在寄存器或存储单元中。下条指令的地址通常隐含在程序计数器(PC)中。

1. 指令的基本格式

指令的长度可以是固定的,也可以是变长的,但不管是定长还是变长,它应该是一个字节的整数倍。因为指令存放在内存,而内存往往按字节编址,指令长度为字节的整数倍,便于指令的读取和指令地址的计算。

指令中要有足够的操作码位数,并且操作码的编码必须有唯一的解释。操作码字段可以是固定长度,也可以是可变长度。选择定长操作码还是可变长操作码,是时间和空间之间的开销权衡问题。

2. 定长操作码指令格式

希望降低时间开销以取得更好性能时,应采用定长操作码和定长指令字。定长操作码指令格式指所有指令的操作码部分采用固定长度编码,这种方式译码方便,指令执行速度快,但有信息冗余。例如,IBM 360/370 采用 8 位定长操作码,最多可有 256 条指令,但指令系统中只提供了 183 条指令,有 73 种为冗余编码。

3. 变长操作码指令格式

扩展操作码编码方式将操作码的编码长度分成几种固定长度的格式。可以采用等长扩展法,例如,按 4-8-12、3-6-9 这种等步长方式扩展,也可采用不等长扩展法。扩展编码方式的操作码长度不固定,是可变的。这种编码方式被大多数非规整型指令集采用。

2.4.2 指令的寻址方式

指令给出操作数或操作数地址的方式称为寻址方式。指令系统应能提供灵活的寻址方式,并使用尽量短的地址码访问尽可能大的寻址空间。此外,为加快指令执行速度,有效地址计算过程也应尽量简单。

1. 有效地址的概念

从指令的角度来看,操作数存放位置可以是 CPU 中的通用寄存器、存储单元和 I/O 端口。通常把指令中给出的操作数所在存储单元的地址称为有效地址,存储单元地址可能是主存的物理地址,也可能是虚拟地址。如果不采用虚拟存储机制,有效地址就是主存物理地址;若采用虚拟存储机制,则有效地址就是虚拟地址。

2. 数据寻址和指令寻址

指令的操作数可能是一个常数,或一个简单变量,或是数组和结构中的某个元素,也可能是栈(stack)中的元素。因此,操作数的地址计算方式比较复杂,带来其寻址方式的多样化,例如,对于常数或简单变量,可直接分配在寄存器中,因此指令中只要给出寄存器编号即可;对于数组,则一定分配在存储器中,需要根据数组的首地址以及下标来计算数组元素的地址,因此指令中需要给出一个基地址和变化的下标值,这就是后面提到的变址寻址方式。

指令按顺序存放在存储器中,顺序执行时,下条指令地址通过当前指令地址加上当前指令长度就可得到,从而可以实现对下条执行指令的寻址;当指令执行顺序发生跳转时,需要根据指令中指出的信息计算跳转目标地址,将其作为将要执行的下条指令的地址,此时,通常采用后面提到的相对寻址方式。

3. 常见寻址方式

常用的寻址方式有以下几种。

立即寻址:指令中直接给出操作数本身,这种操作数称为立即数。

直接寻址:指令中给出操作数的有效地址,这种地址称为直接地址或绝对地址。

间接寻址:指令中给出的是存放操作数有效地址的存储单元地址。

寄存器寻址:指令中给出的是操作数所在的寄存器编号,操作数在寄存器中。

寄存器间接寻址:指令中给出的是一个寄存器编号,该寄存器中存放的是操作数的有效地址。虽然寄存器间接寻址指令较短,但由于要访存,所以寄存器间接寻址指令的执行时间比寄存器寻址指令的执行时间更长。

变址寻址:主要用于对数组元素进行方便的访问。采用变址寻址方式时,指令中的地址码字段 A 给出一个基准地址,例如,数组的起始地址,而数组元素相对于基准地址的偏移量在指令中明显或隐含地由变址寄存器 I 给出,这样,变址寄存器的内容实际上就相当于数组元素的下标,每个数据元素的有效地址为基准地址加变址寄存器的内容,即操作数的有效地址 $EA=(I)+A$,其中(I)表示变址寄存器 I 的内容。

相对寻址:如果操作数的有效地址或转移目标地址位于该指令所在位置的前、后某个固定位置上,则该操作数或转移目标可用相对寻址方式。采用相对寻址方式时,指令中的地址码字段 A 给出一个偏移量,基准地址隐含由 PC 给出。也即操作数有效地址或转移目标地址 $EA=(PC)+A$。这里的偏移量 A 是形式地址,有效地址或目标地址可以在当前指令之前或之后,因而偏移量 A 是一个带符号整数。

基址寻址:指令中的地址码字段 A 给出一个偏移量,基准地址可以明显或隐含地由基址寄存器 B 给出。操作数有效地址 $EA=(B)+A$。

变址、基址和相对三种寻址方式非常类似,都是将某个寄存器的内容与一个形式地址相加来生成操作数的有效地址。通常把它们统称为偏移寻址。

2.4.3 CISC 和 RISC 的基本概念

按指令格式的复杂度来分,可分为 CISC 与 RISC 两种类型指令系统。

1. CISC 风格指令系统

随着 VLSI 技术的迅速发展,计算机硬件成本不断下降,软件成本不断上升。为此,人们在设计指令系统时增加了越来越多功能强大的复杂命令,以使机器指令的功能接近高级语言语句的功能,给软件提供较好的支持。人们称这类计算机为复杂指令集计算机(Complex Instruction Set Computer,CISC)。

CISC 指令系统设计的主要特点如下:

(1) 指令系统复杂。指令多、寻址方式多、变长指令字、指令格式多。

(2) 指令周期长。绝大多数指令需要多个时钟周期才能完成。

(3) 指令周期差距大。各种指令都能访问存储器，使得简单指令和复杂指令所用的时钟周期数相差很大，不利于指令流水线的实现。

(4) 采用微程序控制。由于有些指令非常复杂，以至于无法用组合逻辑控制器来实现，而微程序控制器用软件设计思想实现硬件，可以实现对复杂指令的控制。

(5) 难以进行编译优化。由于编译器可选指令序列增多，使得目标代码组合增加，从而增加了目标代码优化的难度。

复杂的指令系统使得计算机的结构也越来越复杂，不仅增加了研制周期和成本，而且难以保证其正确性，甚至降低了系统性能。

2. RISC 风格指令系统

RISC 的着眼点不是简单地放在简化指令系统上，而是通过简化指令使计算机结构更加简单合理，从而提高机器的性能。与 CISC 相比，RISC 指令系统的主要特点如下：

（1）指令数目少。只包含使用频度高的简单指令。

（2）指令格式规整。寻址方式少、指令格式少、指令长度一致。

（3）采用 Load/Store 型指令设计风格。

（4）采用流水线方式执行指令。规整的指令格式有利于采用流水线方式执行，除 Load/Store 指令外，其他指令都只需一个或小于一个时钟周期就可完成，指令周期短。

（5）采用大量通用寄存器。编译器可将变量分配到寄存器中，以减少访存次数。

（6）采用组合逻辑电路控制。指令少而规整使得控制器的实现变得简单，可以不用或少用微程序控制。

2.5 中央处理器（CPU）

计算机所有功能通过执行程序完成，程序由指令序列构成。计算机采用"存储程序"的工作方式，也即计算机必须能够自动地从主存取出一条条指令执行，而专门用来执行指令的部件就是中央处理器（Central Processing Unit，CPU）。

2.5.1 CPU 的功能和基本结构

CPU 的基本职能是周而复始地执行指令，因为在执行指令过程中可能会遇到一些异常情况和外部中断。因此，CPU 还能检测异常和中断并响应。

随着超大规模集成电路技术的发展，更多的功能逻辑被集成到 CPU 芯片中，包括 Cache、MMU、浮点运算逻辑、异常和中断处理逻辑等，因而 CPU 的内部组成越来越复杂，甚至在一个 CPU 芯片中集成了多个处理器核。但是，不管 CPU 多复杂，它都可看成由数据通路和控制部件两大部分组成。

数据通路中包含最基本的执行部件（也称功能部件），如取指令部件、ALU、通用寄存器、状态寄存器以及总线接口部件等。总线接口部件中包括存储器地址寄存器（Memory

Address Register,MAR)和存储器数据寄存器(Memory Data Rigister,MDR)或存储器缓冲寄存器(Memory Beffer Register,MBR)。与控制指令的执行相关的部件主要包括程序计数器、指令寄存器、指令译码器、脉冲源及启停控制线路、操作控制信号形成部件、总线控制逻辑和异常/中断处理部件。这些部件的功能简述如下。

(1) 程序计数器(PC)。又称指令计数器或指令指针(IP),用来存放指令的地址。指令地址的形成有两种可能:

① 顺序执行时,执行"PC+1"以形成下条指令地址。有的机器 PC 本身具有+"1"计数功能,这里的"1"指一条指令的长度;有的机器借用运算部件完成。

② 需要改变程序执行顺序时,通常由转移类指令形成转移目标地址送到 PC,作为下条指令地址。每个程序开始执行之前,总是把程序中第一条指令的地址送到 PC 中。

(2) 指令寄存器(IR)。用以存放现行指令。每条指令总是先从存储器取出后才能在 CPU 中执行,指令取出后存放在指令寄存器中,以便送指令译码器进行译码。

(3) 指令译码器。对指令寄存器中的操作码部分进行分析解释,产生相应的译码信号提供给操作控制信号形成部件。

(4) 脉冲源及启停控制线路。脉冲源产生一定频率的脉冲信号作为整个机器的基准同步信号,也是 CPU 时序的时钟脉冲信号。启停线路在需要时能保证可靠地开放或封锁时钟脉冲,控制时序信号的发生与停止,并实现对机器的启动与停机。

(5) 操作控制信号形成部件。综合脉冲信号、指令译码信号和执行部件反馈的状态标志等,形成不同指令所需要的操作控制信号序列。

(6) 总线控制逻辑。实现对总线传输的控制,包括数据、地址信息的缓冲与三态控制。

(7) 异常/中断处理部件。实现对异常情况和外部中断请求的处理。

2.5.2 指令执行过程

指令按顺序存放在内存连续单元中,指令地址由 PC 给出。CPU 取出并执行一条指令的时间称为指令周期,不同指令的指令周期可能不同。通常,CPU 执行一条指令的大致过程如下。

(1) 取指令并计算下条指令地址。从 PC 指出的内存单元中取出指令送到指令寄存器(IR),同时计算下条指令的地址并将其送 PC。

(2) 对指令操作码译码。不同指令的功能不同,即指令涉及的操作过程不同,因而需要不同的操作控制信号,因而 CPU 应该根据指令的不同操作码译出不同的控制信号。

(3) 计算源操作数地址并取源操作数。根据寻址方式确定源操作数地址计算方式,若是存储器数据,则需要一次或多次访存;若是寄存器数据,则直接从寄存器取数后,转到下一步进行数据操作。

(4) 数据操作。在 ALU 或加法器或其他功能部件中对取出的操作数进行运算处理。

(5) 目的操作数地址计算并存结果。根据寻址方式确定目的操作数地址计算方式,若是存储器数据,则需要一次或多次访存(间接寻址时);若是寄存器数据,则在进行数据操作时直接存结果到寄存器。

对于上述过程的第(1)步和第(2)步,所有指令的操作都一样;而对于第(3)~(5)步,不同指令的操作可能不同,它们完全由第(2)步译码得到的控制信号控制。也即每条指令的功能由第(2)步译码得到的控制信号决定。

对上述指令执行过程分析可知,每条指令的功能总是由以下 4 种基本操作来实现。
(1) 读取某存储单元内容(指令或操作数或操作数地址),并将其装入某个寄存器。
(2) 把一个数据从某个寄存器存入给定的存储单元中。
(3) 把一个数据从某个寄存器送到另一个寄存器或者功能部件的输入端。
(4) 在功能部件中进行某种算术运算或逻辑运算,将结果送入某个寄存器。

除了上述正常操作以外,指令执行过程中还要进行内部异常和外部中断的处理。内部异常指 CPU 在执行一条特定的指令过程中检测到的异常,例如,整数除 0、非法操作码、缺页、访问越权等。外部中断指每条指令执行结束、取下一条指令之前检测到的来自 CPU 外部的中断请求。

2.5.3 数据通路的功能和基本结构

机器指令的执行在数据通路中完成。指令执行所用到的元件有两类:组合逻辑元件(也称操作元件)和时序逻辑元件(也称状态元件或存储元件)。连接这些元件的方式有两种:总线方式和分散连接方式。数据通路就是由操作元件和存储元件通过总线或分散方式连接而成的进行数据存储、处理和传送的路径,它由操作元件和状态元件交替组合而成,即数据通路的基本结构为"……－状态元件－操作元件(组合逻辑)－状态元件－……"。

1. 操作元件

数据通路中常用的操作元件有多路选择器(MUX)、加法器、ALU、译码器等。有些操作元件不需要控制信号控制,因为其操作是确定的,如加法器和译码器等。有些操作元件需要控制信号的控制,例如,多路选择器需要控制信号控制选择哪个输入被输出;ALU 需要操作控制信号 ALUop 确定 ALU 进行哪种操作。

2. 状态元件

状态元件具有存储功能,输入状态在时钟控制下被写到电路中,并保持电路的输出值不变,直到下一个时钟到达。输入端状态由时钟决定何时被写入,输出端状态随时可以读出。最简单的状态单元是 D 触发器,有时钟输入 Clk、状态输入端 D 和状态输出端 Q。寄存器是一种典型的状态存储元件,由 n 个 D 触发器可构成一个 n 位寄存器。根据功能和实现方式的不同,可分为各种不同类型的寄存器。

3. 时序控制

指令执行过程中的每个操作步骤都有先后顺序,为了使计算机能正确执行指令,CPU 必须按正确的时序产生操作控制信号。由于不同指令对应的操作序列长短不一,序列中各操作的执行时间也不相同,因此,需要考虑用怎样的时序方式来控制。

早期计算机通常采用机器周期、节拍和脉冲三级时序对数据通路操作进行定时控制。一个指令周期可分为取指令、读操作数、执行并写结果等多个基本工作周期,每个基本工作周期称为一个机器周期。每个机器周期内需要进行若干步动作,且每个机器周期的长短可能不同。为了产生操作控制信号并使某些操作能在一拍时间内配合工作,常在一个节拍内再设置一个或多个工作脉冲。

现代计算机中,已不再采用三级时序系统,机器周期的概念已逐渐消失。整个数据通路中的定时信号就是时钟信号,一个时钟周期就是一个节拍。

4. 总线结构数据通路

早期计算机的数据通路中,部件之间通过总线方式连接。因为此总线在 CPU 内部,所以称为 CPU 的内总线,不要把它与 CPU 外部的用于连接 CPU、存储器和 I/O 模块的系统总线相混淆。CPU 内部有单总线、双总线和三总线结构的数据通路。

单总线结构数据通路将 ALU 及所有寄存器通过一条内部的公共总线连接。数据通路中的寄存器有两大类:一类称为用户可见寄存器,它指可以通过指令访问或改变其值的寄存器,如各通用寄存器、PC、状态寄存器等;还有一类是用户不可见寄存器,它们是对程序员透明的内部寄存器,仅用作某些指令执行期间存放中间结果的各类临时寄存器,例如,MAR、MDR、IR 和一些专用控制寄存器等。

为提高计算机性能,必须使每条指令执行所用的时钟周期数尽量少。单总线数据通路中一个时钟周期内只允许在内总线上传送一个数据,因而其指令执行效率很低。为此,可采用双总线和三总线结构。例如,对于三总线结构,可以将所有通用寄存器连接在一个双口寄存器堆上,允许两个寄存器的内容同时输出到 A 总线和 B 总线,而 ALU 运算的结果通过 C 总线写入另一个寄存器。和单总线结构相比,多总线结构在执行指令时所需要的步骤大为减少。

在某个寄存器 Rj 和内总线之间有两个控制信号:Rjin 和 Rjout。当 Rjin=1 时,控制将内总线上的信息存到寄存器 Rj 中;当 Rjout=1 时,控制寄存器 Rj 将信息送到内总线上。因为总线是一组共享的传输信号线,它不能存储信息,某一时刻也只能有一个部件能把信息送到总线上,因此,所有的寄存器送总线的控制信号是互斥的。

因为一个时钟周期内只能在内总线上传送一个数据,所以在总线结构数据通路中执行一条指令通常需要多个时钟周期,因此,它是一种多周期数据通路。目前,几乎所有 CPU 都采用流水线方式执行指令,采用总线结构的数据通路无法实现指令的流水线执行。

5. 非总线结构数据通路

非总线结构数据通路中各部件之间采用分散连接方式,只要有一个信息从一个部件输出端送到另一个部件的输入端,就有一条连线。

使用这种分散连接方式,可以实现单周期数据通路。在这种数据通路中,所有指令的指令周期都是一个时钟周期,即 CPI=1。显然,时钟周期应该等于最复杂指令的指令周期,因而这种数据通路的时钟周期很长。

为了缩短时钟周期,可以采用分散连接方式实现多周期数据通路,其基本思想为:把每条指令的执行分成多个大致相等的阶段,每个阶段在一个时钟周期内完成;各阶段内最多完成一次访存或一次寄存器读写或一次 ALU 操作;各阶段的执行结果在下个时钟到来时保存到相应存储单元或稳定地保持在组合电路中;时钟周期的宽度以最复杂阶段所用时间为准,通常取一次存储器读写的时间。

2.5.4 控制器的功能和工作原理

单周期数据通路中,每条指令的执行都在一个时钟周期内完成,因此在每条指令的执行过程中,指令译码生成的控制信号的取值一直保持不变,因而,基于单周期数据通路的处理器(即单周期处理器)中的控制器就是一个简单的组合逻辑电路,其输入是指令的操作码,输出就是控制信号,可用一个真值表描述其功能。

由于多周期数据通路中每个指令的执行需要多个时钟周期,每个时钟周期的控制信号取值不同,所以,不能像设计单周期控制器那样用简单的真值表描述,而需要用一个有限状态机来描述。

实现控制器有硬布线和微程序两种方式。硬布线控制器主要采用组合逻辑电路设计方式实现,而微程序控制器主要仿照程序设计的方式实现。

1. 硬布线控制器

单周期处理器中的控制器,实际上就是一个简单的 PLA 电路,其中的与阵列就是指令译码器,指令操作码中的每一位是其输入,指令译码器的输出经过一个或阵列组合输出为控制信号。

多周期处理器中控制器的实现更复杂一点。多周期处理器中每条指令的执行过程可以用一个有限状态机来描述,每个时钟周期对应一个状态,由当前状态和操作码确定下一状态,每来一个时钟发生一次状态改变,不同状态输出不同的控制信号值,然后送到数据通路来控制指令的执行。控制器由两部分组成:一个组合逻辑控制单元和一个状态寄存器。通常用 PLA 电路实现组合逻辑控制单元。

硬布线控制器也称为组合逻辑控制器或 PLA 控制器或硬连线路控制器。它速度快,适合于简单或规整的指令系统。但是,由于它是一个多输入/多输出的巨大逻辑网络,对于复杂指令系统来说,对应的控制器结构庞杂,实现困难,维护不易,扩充和修改指令相当困难。如果指令系统太复杂,甚至无法用有限状态机描述。所以,对于复杂指令系统或其中的复杂指令,大多采用微程序方式来设计控制器。

2. 微程序控制器

微程序控制器是 M. V. Wilkes 最先在 1951 年提出的。用微程序方式实现的控制器称为微程序控制器,其基本思想为:仿照程序设计方法,将每条指令的执行过程用一个微程序来表示,每个微程序由若干条微指令组成,每条微指令相当于有限状态机中的一个状态。所有指令对应的微程序都存放在一个 ROM 中,这个 ROM 称为控制存储器(Control Storage, CS),简称控存。在微程序控制器控制下执行指令时,CPU 从控存中取出每条指令对应的微程序,在时钟的控制下,按照一定的顺序执行微程序中的每条微指令。通常一个时钟周期执行一条微指令。

一条指令的功能通过执行一系列基本操作来完成,这些基本操作称为微操作。每个微操作在相应控制信号的控制下执行,这些控制信号在微程序设计中称为微命令。微程序是一个微指令序列,对应一条机器指令的功能。每条微指令是一个 0/1 序列,其中包含若干个微命令,它完成一个基本运算或传送功能。有时也将微指令字称作控制字 CW(Control Word)。

微指令在控制存储器中的地址称为微地址,根据微地址读取微指令。为了加快读取微指令的速度,通常采用定长微指令字格式。一条微指令由微操作码字段和微地址码字段两部分组成。微操作码字段的格式主要由微命令编码方式决定。微命令编码方式主要有不译法(直接控制法)和字段直接编码法两种。

微程序控制器的主要缺点是:比相同或相近指令系统的硬布线控制器慢。因此,RISC 机大都采用硬布线控制器,而 IA-32 这种复杂指令系统则采用了硬布线和微程序相结合的方式。

2.5.5 指令流水线

前面几个小节所介绍的总线结构数据通路、单周期数据通路和多周期数据通路都只能串行执行指令。在串行方式下,CPU 总是在执行完一条指令后才取出下条指令执行,没有充分利用执行部件的并行性,因而指令执行效率低。与现实生活中的许多情况一样,指令的执行也可以采用流水线方式,即将多条指令的执行相互重叠起来,以提高 CPU 执行指令的效率。

1. 指令流水线的基本概念

一条指令的执行过程可被分成若干个阶段,每个阶段都在相应的功能部件中完成。如果将各阶段看成相应的流水段,则指令的执行过程就构成了一条指令流水线。例如,假定一条指令流水线由如下 5 个流水段组成。

取指令(IF):根据 PC 的值从存储器取出指令。
指令译码(ID):产生指令执行所需的控制信号。
取操作数(OF):读取存储器操作数或寄存器操作数。
执行(EX):对操作数完成指定操作。
写回(WB):将操作结果写入存储器或寄存器。

进入流水线的指令流,由于后一条指令的第 i 步与前一条指令的第 $i+1$ 步同时进行,从而使一串指令总的完成时间大为缩短。例如,对于上述 5 段流水线,在理想状态下,完成 4 条指令的执行只需 8 个时钟周期,而串行执行则需要 20 个时钟周期。

2. 指令流水线的基本实现

流水线数据通路的设计原则是:指令流水段个数以最复杂指令所用的功能段个数为准;流水段的长度以最复杂功能段的操作所用时间为准。例如,若指令系统中最复杂指令有 5 个功能段,按照指令流水线设计原则,流水线应有 5 个流水段,每个流水段中有一个组合逻辑和一个流水段寄存器组成,流水段寄存器用来保存对应组合逻辑处理的结果。假定最复杂流水段的组合逻辑延时为 200ps,流水段寄存器延时为 50ps,则该流水线数据通路的时钟周期为 250ps。

指令流水线中可能会遇到一些情况使得流水线无法正确执行后续指令而引起流水线阻塞或停顿,这种现象称为流水线冒险(hazard)。根据导致冒险的原因的不同,有结构冒险、数据冒险和控制冒险三种。

结构冒险也称硬件资源冲突,引起结构冒险的原因在于同一个部件同时被不同指令所用,因此它是由硬件资源竞争造成的。现代计算机都引入了 Cache 机制,而且 L1 Cache 通常采用数据 Cache 和代码 Cache 分离的方式,使得指令和数据可以同时被访问,因而也就避免了因为竞争存储器资源而引起的结构冒险。

数据冒险也称为数据相关。引起数据冒险的原因在于后面指令用到前面指令结果时前面指令结果还没产生。可以通过插入空指令(nop),或通过硬件阻塞方式阻止后续指令执行。也可以通过转发(forwarding)或旁路(bypassing)技术来避免部分数据冒险。

控制冒险是指由于发生了指令执行顺序改变而引起的流水线阻塞。各类转移指令(包括调用、返回指令等)的执行,以及异常和中断的出现都会改变指令执行顺序,因而都可能会引发控制冒险。

3. 超标量和动态流水线的基本概念

高级流水线技术充分利用指令级并行(Instruction-Level Parallelism,ILP)来提高流水线的性能。有两种增加指令级并行的策略:一种是超流水线(super-pipelining)技术,通过增加流水线级数来使更多的指令同时在流水线中重叠执行;另一种是多发射流水线(multiple issue pipelining)技术,通过同时启动多条指令(如整数运算、浮点运算、存储器访问等)独立运行来提高指令并行性。

采用多发射流水线技术的处理器称为超标量(Superscalar)处理器。要实现多发射流水线,其前提是数据通路中有多个执行部件,如定点、浮点、乘除、取数/存数部件等。多发射技术分为静态多发射和动态多发射两类。

静态多发射技术将一个周期内发射的多个指令看成一条多个操作的长指令,称为一个"发射包",因此静态多发射指令最初被称为"超长指令字"(Very Long Instruction Word,VLIW),采用这种技术的处理器被称为 VLIW 处理器。

动态多发射流水线处理器在指令执行时由处理器进行流水线动态调度。所谓动态调度,是指硬件可以不按程序规定的指令执行顺序,将后面的无关指令调到前面执行。

2.6 总线

计算机中功能部件之间必须互连。部件之间的互连方式有两种:一种是各部件之间通过单独的连线互连,这种方式称为分散连接;另一种是将多个部件连接到一组公共信息传输线上,这种方式称为总线连接。

2.6.1 总线概述

总线连接结构的两个主要优点是灵活和成本低。它的灵活性体现在新部件可以很容易地加到总线上,并且部件可以在使用相同总线的计算机系统之间互换。因为一组单独的连线可被多个部件共享,所以总线的性价比高。总线的主要缺点是它可能产生通信瓶颈。

1. 总线的基本概念

总线是连接多个部件的信息传输线,是各部件共享的传输介质,因此必须规定一些基本特性,如物理特性、电气特性、功能特性和时间特性等。

物理特性包括连线类型、数量、接插件的几何尺寸和形状以及引脚线的排列等;电气特性指总线的每一条信号线的信号传递方向、信号的有效电平范围等特性;功能特性指总线中每根传输线的功能;时间特性指总线中的每一根传输线在什么时间内有效,以及每根线产生的信号之间的时序关系。

2. 总线的分类

计算机中有多种总线,它们在各个不同层次上提供部件之间的连接和信息交换通路。根据所连接部件的不同,总线通常被分成三种类型:内部总线、系统总线和通信总线。

(1) 内部总线。指芯片内部连接各元件的总线。例如,CPU 芯片内部在各个寄存器、ALU、指令部件等各元件之间互连的总线。

(2) 系统总线。指连接 CPU、存储器和各种 I/O 模块等主要部件的总线。由于这些部件通常都制作在插件板卡上,所以连接这些部件的总线一般是主板式或底板式总线,主板式总线是一种板级总线,主要连接主机系统印刷电路板中的 CPU 和主存等部件,因此也被称为处理器-主存总线,有的系统将处理器总线和存储器总线分开,中间通过桥接器连接,CPU 芯片通过 CPU 插座插在处理器总线上,内存条通过内存条插座插在存储器总线上。底板式总线通常用于将系统中的各个 I/O 功能模块连接到主机,实现 I/O 设备和主机的连接,所以,底板式总线属于 I/O 总线,典型的有 PCI 总线、AGP 总线、PCI-Express 总线等。

(3) 通信总线。这类总线用于主机和 I/O 设备之间或计算机系统之间的通信。由于这类连接涉及到许多方面,包括设备类型、距离远近、速度快慢和工作方式等,差异很大。典型的有 USB 总线、IEEE 1394 总线、SCSI 总线等。

3. 总线的组成及性能指标

芯片内部总线大多连接的是一组寄存器,因此大多只包含数据线。通信总线的传输线组成比较复杂。系统总线通常由一组控制线、一组数据线和一组地址线构成。也有些系统总线没有单独的地址线,地址信息通过数据线来传送,这种情况称为数据线和地址线复用。

系统总线的数据线上传输的是指令、数据、命令或地址(如果数据线和地址线复用的话)。数据线的条数被称为总线宽度,它决定了每次能同时传输的信息的位数。因此总线宽度是决定总线性能的关键因素之一。

系统总线的地址线用来给出指令和数据所在的主存单元或 I/O 端口的地址。地址线是单向的,它的位数决定了可寻址的地址空间大小。例如,若地址线有 16 位,则地址空间大小为 2^{16}。

系统总线的控制线用来传输定时信号和命令信息。

系统总线大多采用并行传输方式,但是,由于所有并行传输的位信号必须有相同的定时信号来同步，当传输速度更快、传输线更长时，并行传输的实现变得越来越困难。因此，并行总线的时钟频率不可能提高很多，而串行总线只有一根数据线，进行串行传输的位之间不需要同步，因而可以有很高的传输速率，因此，近年来流行的 I/O 总线多采用串行传输方式，如 PCI-Express 总线。

总线带宽指总线的最大数据传输率，即总线在进行数据传输时单位时间内最多可传输的数据量，不考虑其他如总线裁决、地址传送等操作所用的时间。

对于同步总线，其总线带宽的计算公式为：$B=W\times F/N$。

其中，W 为总线宽度，即总线能同时并行传送的数据位数，通常以字节为单位；F 为总线的时钟频率；N 为完成一次数据传送所用的时钟周期数。

2.6.2 总线仲裁

总线是共享的传输介质，某一时刻只能有一对设备使用总线进行数据传输。当多个设备需要使用总线进行通信时，每个设备为各自的传输都试图将信号送到总线上，如果没有任何控制，就会产生冲突。这种冲突可以通过引入一个或多个总线主控设备而加以避免。

在一个多主控设备的总线中，每个主控设备都能启动数据传送。因此，必须提供一种机制来决定在某个时刻由哪个设备拥有总线使用权。决定哪个主控设备能得到总线使用权的过程称为总线仲裁，有两类总线仲裁方式：集中式和分布式。

1. 集中仲裁方式

将控制逻辑做在一个专门的总线控制器或总线裁决器中，使所有的总线请求集中起来，利用一个特定的裁决算法进行裁决。常用的集中裁决方式有三种：链式查询、计数器定时查询和独立请求。

链式查询和计数器定时查询方式下，所有主控设备的总线请求信号通过"线或"方式被送到总线裁决器，优先级由主控设备在总线上的位置来决定，高优先级设备简单地拦截总线允许信号，不让其他更低级的设备收到该信号。

独立请求方式下，每个设备都有一对总线请求线和总线允许线，各个设备独立请求总线。总线裁决器中有一个判优电路，可根据各个设备的优先级确定选择哪个设备使用总线。裁决器可以给各个请求线以固定的优先级，也可以通过编程方式设置优先级。

2. 分布仲裁方式

分布式裁决方式中，没有专门的总线控制器，其控制逻辑分散在各个总线部件中。常用的分布裁决方式有三种：自举分布式、冲突检测分布式和并行竞争分布式。

2.6.3 总线操作和定时

通常把在总线上一对设备之间的一次信息交换过程称为一个"总线事务"，把发出事务请求的部件称为主控设备，也称请求代理；另一个部件称为从设备，也称响应代理。

通过总线仲裁确定了哪个设备可以使用总线，那么一个取得了总线控制权的设备如何控制总线进行总线操作呢？也即：如何来定义总线事务中的每一步何时开始、何时结束呢？这就是总线定时问题。总线定时方式有 4 种：同步、异步、半同步和分离事务。

1. 同步定时方式

同步总线采用公共的时钟信号进行定时，挂接在总线上的所有设备都从一个公共的时钟线上获得定时信号。一定频率的时钟信号定义了等间隔的时间段，这个固定的时间段为一个总线时钟周期。

同步总线的传输协议非常简单，只要在规定的第几个时钟周期内完成特定的操作即可。例如，对于处理器通过总线访问存储器的操作来说，可以规定以下"存储器读操作"协议：主控设备（即处理器）在第一个时钟周期发送地址和存储器读命令（可利用控制线表明请求的类型为"存储器读"），从设备（即存储器）总是在第 5 个时钟周期将数据放到总线上作为响应，处理器也在第 5 个时钟周期从数据线上取数据。

2. 异步定时方式

异步总线不采用时钟定时，而是采用"异步应答"方式进行定时，异步通信协议也被称为"握手协议"。握手协议由一系列步骤组成，只有当双方都同意时，发送者或接收者才会进入到下一步，协议是通过一组附加的"握手"控制信号线来实现的。

异步通信有非互锁、半互锁和全互锁三种可能的应答方式。非互锁方式只有一次握手，经过一个固定时间后，握手信号自动撤销，因此在某些情况下不可靠；半互锁方式有两次握手；全互锁方式有三次握手，就绪信号和应答信号的宽度都由握手信号控制，因而是一种可靠的异步通信方式，被广泛运用。

3. 半同步定时方式

在异步总线中引入时钟信号，规定握手信号总是在时钟信号的边沿被采样，这样，信号的有效时间仅限制在特定的时刻，而不受其他时间的信号的干扰。这种所有事件都由时钟信号定时、但信息的交换又由就绪和应答等握手信号控制的通信方式称为半同步通信方式。

4. 分离事务定时方式

在不传送数据期间释放总线，使其他申请者能使用总线，实现了一个总线为多个主/从设备进行交叉并行传送的方式，因而，这种方式可改进整个系统的总有效带宽。如果从设备准备数据的过程相当复杂，所需时间长，从而引起多个事务重叠时，效果更明显。

2.7 输入输出（I/O）系统

输入输出系统主要用于控制外设与内存、外设与 CPU 之间进行数据交换。它是计算机系统中重要的软、硬件结合的子系统。通常把外部设备及其接口部件以及 I/O 软件统称为输入输出系统。

2.7.1 I/O 系统基本概念

I/O 系统主要解决各种形式信息的输入和输出问题,即解决如何将所需信息(文字、图表、声音、视频等)通过不同外设输入到计算机中,或者计算机内部处理的结果如何通过相应外设输出给用户。所有高级语言的运行时系统都提供了执行 I/O 功能的高级机制,例如,C 语言中提供了像 printf() 和 scanf() 等这样的标准 I/O 库函数,C++ 语言中提供了如 <<(输入)和 >>(输出)这样的重载 I/O 操作符。从用户在高级语言程序中通过 I/O 函数或 I/O 操作符提出 I/O 请求,到 I/O 设备响应并完成 I/O 请求,整个过程涉及多个层次的 I/O 软件和 I/O 硬件的协调工作。

I/O 系统包含 I/O 软件和 I/O 硬件两大部分。I/O 软件包括最上层提出 I/O 请求的用户空间 I/O 软件(称为用户 I/O 软件)和在底层操作系统中对 I/O 进行具体管理和控制的内核空间 I/O 软件(称为系统 I/O 软件),系统 I/O 软件又分三个层次,分别是与设备无关的 I/O 软件层、设备驱动程序层和中断服务程序层。I/O 硬件在操作系统内核空间 I/O 软件的控制下完成具体的 I/O 操作。

I/O 系统工作的大致过程如下:首先,CPU 在用户态执行用户进程,当 CPU 执行到系统调用的封装函数对应的指令序列中的陷阱指令时,会从用户态陷入到内核态;其次,转到内核态执行后,CPU 根据系统调用号,选择执行一个相应的系统调用服务例程;再次,在系统调用服务例程的执行过程中可能需要调用具体设备的驱动程序;最后,在设备驱动程序执行过程中启动外设工作,外设准备好后发出中断请求,CPU 响应中断后,就调出中断服务程序执行,在中断服务程序中控制主机与设备进行具体的数据交换。

因此,I/O 系统的内容涉及到计算机组成原理、操作系统等多门课程,计算机组成原理课程中应主要关注 I/O 硬件(包括外部设备和 I/O 控制器)和 I/O 方式。

2.7.2 外部设备

外部设备(又称外围设备或 I/O 设备,简称外设)是计算机系统与人或其他设备之间进行信息交换的装置。

1. 输入设备

输入设备的功能是把数据、命令、字符、图形、图像、声音或电流、电压等信息,以计算机可以接收和识别的二进制代码形式输入到计算机中,供计算机进行处理。最常用的输入设备是键盘和鼠标。

键盘分成编码键盘和非编码键盘两类,通常使用的都是非编码键盘。这种键盘送到主机的信息是位置码,由键盘中断服务程序完成将位置码(也称扫描码)转换成 ASCII 码。

鼠标器是一种相对定位设备。它能方便地控制屏幕上的光标移动到指定的位置,并通过按键完成各种操作。

键盘和鼠标都是一种慢速设备,因而它们和主机之间的接口都是以串行方式进行数据传送,有 AT 接口、PS/2 接口和 USB 接口三种。较早的机器采用 AT 接口(大五芯接口),

现在台式机大多用 PS/2 接口(小五芯接口)或 USB 接口。USB 接口支持即插即用,因而使用方便,比较受欢迎。

2. 输出设备

输出设备的功能是把计算机处理的结果,变成人最终可以识别的数字、文字、图形、图像或声音等信息,然后播放、打印或显示输出。最常用的输出设备是显示器和打印机。显示器是用来显示数字、字符、图形和图像的设备,它由显示器(也称监视器)和显示控制器组成。目前主要使用的是 LCD 液晶平板显示器。打印机是计算机系统中最基本的输出设备,目前使用的打印机主要有针式打印机、激光打印机和喷墨打印机三种。

3. 外存储器和海量后备存储器

这类设备是一种大容量的存储设备,数据传输时采用成批方式,以几十、几百甚至更多字节组成的信息块为单位,因此属于成块传送设备。外存储器主要包括磁盘和固态硬盘,后备海量存储器主要有磁盘阵列(RAID)和光盘存储器等。

磁盘读写是指根据主机访问控制字中的盘地址(柱面号、磁头号、扇区号)读写目标磁道中指定的扇区。每个扇区数据区大小通常为 512 字节,每个盘片有两个面,每面有一个磁头。操作可分为寻道、旋转等待和读写三个步骤,因此有:

平均存取时间=平均寻道时间+平均旋转等待时间+数据传输时间

磁盘数据容量=2×盘片数×磁道数/面×扇区数/磁道×512B/扇区

其中,平均寻道时间为磁头移动到指定磁道所需的平均时间;平均旋转等待时间指要读写的扇区旋转到磁头下方所需要的平均时间,通常是磁盘旋转一圈所需时间的一半;数据传输时间指传输一个扇区的时间(大约 0.01ms/扇区)。

近三十年来扇区大小一直是 512 字节,但最近几年正在逐步更换到更大、更高效的 4096 字节扇区,通常称为 4K 扇区。国际硬盘设备与材料协会(IDEMA)将之称为高级格式化。

固态硬盘(Solid State Disk,SSD)也被称为电子硬盘。这种硬盘并不是一种磁表面存储器,而是一种使用 NAND 闪存组成的外部存储系统,与 U 盘并没有本质差别,只是容量更大,存取性能更好。它用闪存颗粒代替了磁盘作为存储介质,其读操作和写操作速度相差较大,读取速度与半导体 RAM 芯片相当,而写数据时需要先擦除再编程,因而比半导体 RAM 芯片慢很多。

RAID 技术的基本思想是,将多个独立操作的磁盘按某种方式组织成磁盘阵列,以增加容量;利用类似于主存中的多模块交叉技术,将数据存储在多个盘体上,通过使这些盘并行工作来提高数据传输速度;并用冗余磁盘技术来进行错误恢复以提高系统可靠性。在大条块方式下,响应时间短,适合银行、证券等事务处理系统;小条区方式下,数据传输率高,适合视频服务器等多媒体应用场合。

光盘存储器是一种采用聚焦激光束在盘形介质上高密度地记录信息的存储装置,具有记录密度高、存储容量大、信息保存寿命长、工作稳定可靠、环境要求低等特点。

2.7.3 I/O 接口（I/O 控制器）

外部设备种类繁多，且具有不同的工作特性，因而它们在工作方式、数据格式和工作速度等方面存在很大差异。此外，由于 CPU、内存等计算机主机部件采用高速元器件，使得它们和外设之间在技术特性上有很大的差异，它们各有自己的时钟和独立的时序控制，两者之间采用完全的异步工作方式。为此，在各个外设和主机之间必须要有相应的逻辑部件来解决它们之间的同步与协调、工作速度的匹配和数据格式的转换等问题，该逻辑部件就是 I/O 接口或 I/O 模块。从功能上来说，各种 I/O 控制器或设备控制器（包括适配器或适配卡）都是 I/O 接口。

1. I/O 接口的功能和基本结构

I/O 接口在外设侧和主机侧各有一个接口，通过它可以在 CPU、主存和外设之间建立一个高效的信息传输"通路"。I/O 接口的职能包括数据缓冲、错误或状态检测、控制和定时、数据格式转换，以及分别完成它与主机之间、它与设备之间的通信。

在主机侧，它通过 I/O 总线与内存、CPU 相连。通过其中的数据线，在数据缓冲寄存器与 CPU 的寄存器之间进行数据传送。接口和设备的状态信息被记录在状态寄存器中，通过数据线将状态信息送到 CPU，以供查用。CPU 对外设的控制信息也是通过数据线传送，一般将其送到 I/O 接口的控制寄存器。

在设备侧，它通过 I/O 连接插口上所连接的电缆线（如 PS/2、USB、SATA 等）与设备相连。I/O 接口中的控制逻辑部件对控制寄存器中的命令字进行译码，将译码得到的控制信号送外设，同时将数据缓冲寄存器的数据发送到外设或从外设接收数据到数据缓冲寄存器。

2. I/O 端口及其编址

I/O 端口实际上就是 I/O 接口中的寄存器，数据缓冲寄存器就是数据端口，控制/状态寄存器就是控制/状态端口。一个 I/O 端口可能是输入端口、输出端口或双向端口。CPU 对这些端口的写或读操作即被认为是 CPU 向设备送出命令或从设备取得数据或状态。

为了便于 CPU 对设备进行快速选择和对 I/O 端口进行方便寻址，必须给所有 I/O 端口进行编址。所有 I/O 端口编号组成的地址空间称为 I/O 地址空间，它有统一编址和独立编址两种编址方式。

在统一编址方式下，I/O 地址空间与主存地址空间统一编址，在一个统一的地址空间中，I/O 地址占连续的一个地址区域。因为 I/O 端口和主存单元在同一个地址空间的不同分段中，所以，根据地址范围就可区分访问的是 I/O 端口还是主存单元，因而无须设置专门的 I/O 指令，只要用一般的访存指令就可以存取 I/O 端口。因为这种方法是将 I/O 端口映射到主存空间的某个连续的地址段上，所以，也被称为"存储器映射方式"。

在独立编址方式下，所有 I/O 端口单独进行编号，形成一个与主存地址空间完全不同的独立地址空间。因此，无法通过地址的大小来判断 CPU 访问的是主存单元还是 I/O 端口，因而指令系统中需要有专门的输入输出指令来访问 I/O 端口，输入输出指令中地址码部分给出 I/O 端口号。

2.7.4 I/O 方式

通过 I/O 总线及其桥接器、I/O 接口(设备控制器)、I/O 连接插座及其电缆,在 CPU、主存和外部设备之间建立了一个信息传输"通路"。底层 I/O 软件利用这个"通路",通过读写设备控制器中各类 I/O 端口来控制设备进行输入输出。I/O 操作主要有三种不同控制方式。

1. 程序查询方式

直接通过查询程序来控制主机和外设之间的数据交换。因此,称为查询或轮询(polling)方式。该方式在查询程序中安排相应的 I/O 指令,通过这些指令直接向 I/O 接口传送控制命令,并从 I/O 接口中取得外设和接口的状态,根据状态来控制外设和主机的数据交换。

2. 程序中断方式

程序中断方式下,当 CPU 需要进行输入输出时,先执行相应的 I/O 指令,将"启动"命令发送给相应的 I/O 接口,然后 CPU 被操作系统调度来继续执行其他程序。I/O 接口接收到 CPU 送过来的"启动"命令后,就开始启动外设进行相应的操作。当外设和 I/O 接口完成了 CPU 交给的任务后,I/O 接口便向 CPU 发中断请求。CPU 在每条指令执行结束时都会查询是否有中断请求,若有,则 CPU 中止正在执行的程序,转而执行一条中断隐指令以响应中断。在中断响应过程中,CPU 首先关中断、保存断点(即当前 PC 的内容)和程序状态,然后识别中断源并转中断服务程序执行。在"中断服务程序"中完成数据传送并启动设备进行下一个输入输出操作,然后再回到被中断的程序继续执行。通常在每次中断服务程序执行过程中只能进行一个数据的输入输出。

外部中断有两类:一类是不可屏蔽中断(NMI),另一类是可屏蔽中断。不可屏蔽中断是最高优先级的中断,一旦发生就必须响应并处理。

对于可屏蔽中断源的请求信号,可用中断屏蔽字中的一位进行与操作,以便有选择地屏蔽某些中断请求信号,这主要用在多重中断系统中。在多重中断系统中允许中断嵌套,中断嵌套是指:中断处理(即执行中断服务程序)过程中,若又有新的优先级更高的中断请求发生,那么 CPU 应立即中止正在执行的中断服务程序,转去处理新的中断。单重中断系统不允许中断嵌套,即中断处理过程中 CPU 一直处于关中断状态,不允许响应新的中断请求。

中断系统中存在两种中断优先级:一种是中断响应优先级,另一种是中断处理优先级。中断响应优先级是由查询程序或硬件判优排队线路决定的优先权,它反映的是多个中断源同时请求时选择哪个先被响应。中断处理优先级是由各自的中断屏蔽字来动态设定的,反映了本中断与其他所有中断之间的处理优先关系。在多重中断系统中通常用中断屏蔽字对中断处理优先权进行动态分配。

中断处理过程就是执行中断服务程序的过程,通常分为三个阶段:先行段、本体段和结束段。多重中断系统中,先行段通常包括保护现场和旧的中断屏蔽字、设置新的中断屏蔽字、开中断;结束段通常包含关中断、恢复现场(通用寄存器的内容)和旧的中断屏蔽字、清除中断请求、开中断。对于单重中断系统,则不能在先行段开中断,也无须在结束段关中断,同时也无须考虑中断屏蔽字的设置、保存和恢复。

3. 直接存储器存取 I/O 方式

直接存储器存取(Direct Memory Access)方式简称为 DMA 方式,主要用于高速设备(如磁盘、磁带等)和主存间的数据传送,这类高速设备采用成批数据交换方式,且单位数据之间的传输时间间隔较短。DMA 方式的基本思想是,在外设和主存之间直接进行数据传送,用一个专门的硬件(DMA 控制器)来控制总线进行数据交换。在进行 DMA 传送时,CPU 让出总线控制权,由 DMA 控制器控制总线。DMA 控制器通过"窃取"一个主存周期完成和主存之间的一次数据交换,或独占若干个主存周期完成一批数据的交换。

采用 DMA 方式进行输入输出的过程包括三个步骤:初始化、DMA 传送、"DMA 结束"中断处理。初始化和中断处理阶段是执行指令完成的,而 DMA 传送阶段由硬件完成。

(1) 初始化:设置传送参数(包括主存地址、传送数据个数、传送方向、设备地址等)并发送启动命令。这些传送参数和启动命令都是通过 CPU 执行输入输出指令向 DMA 控制器的各 I/O 端口中写入的信息,实际上是在设备驱动程序中完成的,发出启动命令后,CPU 被操作系统调度来执行其他程序。

(2) DMA 传送:DMA 控制器接收到启动命令后,就开始进行 DMA 传送,它通过设备控制器启动设备,并控制总线进行外设和主存之间的直接传送。每传送一个数据,DMA 控制器中的字计数器就减 1,直到字计数器为 0。

(3) "DMA 结束"中断:当 DMA 控制器中的字计数器为 0,则 DMA 控制器发出"DMA 结束"中断请求,CPU 响应并处理该中断请求,对传送的数据进行校验等后处理。

第 3 章 操 作 系 统

3.1 操作系统概述

操作系统(Operating System,OS)是配置在计算机硬件上的第一层软件,它既承担管理计算机硬件和软件资源的角色,又兼有服务者的职责,为用户使用计算机提供方便,同时作为基础设施,为应用程序提供运行的平台。

3.1.1 操作系统的概念、特征和操作系统的服务

操作系统作为一个庞大而复杂的软件,很难给予精确描述。本节从操作系统的一般定义出发,从不同角度看待其发挥的作用,并在简述其功能的基础上,给出其基本特征和所提供的服务。

1. 操作系统的定义及作用

操作系统是一种控制和管理计算机硬件和软件资源的系统软件,合理地组织计算机的处理流程,为用户使用计算机提供方便。

可以从以下几个方面看待操作系统所起的作用:

(1) 从用户角度看,操作系统是把烦琐留给自己,把方便留给用户的系统软件。从普通用户的角度看,用户通过图形界面和字符界面可以方便地使用计算机。从程序开发者的角度看,操作系统把程序员从直接与硬件打交道的繁杂事务中解放出来,为开发者提供了方便的系统调用接口。

(2) 从系统角度看,操作系统是一种资源管理程序,通过进程机制对CPU进行调度和管理,通过虚拟内存机制对内存进行管理,通过中断机制和设备驱动程序对外设进行管理,通过异常机制对CPU内部出现的问题进行处理,通过文件系统对文件进行存储和检索等。

(3) 从软件设计角度看,操作系统是一组程序和数据结构的集合,其数据结构错综复杂,代码规模庞大,其他所有软件的运行都依赖于它的支持。

操作系统的目标是提高效率,方便用户。

2. 操作系统的特征

尽管目前操作系统的种类很多,但从它们所具有的特征来说,可以概括为 4 个基本特征。

1）并发性

并发性是指两个或者两个以上的事件或者活动在同一时间间隔内发生，操作系统并发性是指计算机系统中同时存在若干运行着的程序，这些程序交错执行。

2）共享性

共享性是指系统中的硬件和软件资源不再为某个程序独占，而是由多个并发执行的程序共享。共享性是因为并发性而产生，它们互相依存。

3）虚拟性

虚拟性是指通过某种技术把一个物理上的实体变为若干逻辑上的对应物，前者是实际存在的，而后者只是用户的一种感觉。采用虚拟技术的目的是为用户提供易于使用、方便、高效的操作系统环境。

4）异步性

异步性是指在多道程序环境下，由于资源的竞争或共享，程序的执行会走走停停，因此多个程序的执行顺序以及所需的执行时间变得不可预知。

3. 操作系统的功能

操作系统的主要任务是最大程度地提高系统中各种资源的利用率并方便用户的使用，为此，操作系统应具备五大管理功能：处理机管理、存储器管理、设备管理、文件管理以及用户接口。

1）处理机管理

在多道程序系统中，处理机的分配和运行是以进程（或线程）为单位的，因此对处理机的管理归结为对进程的管理。进程管理的主要功能是进程（线程）的描述、创建和撤销，并发运行时确保它们同步或者互斥地使用临界资源，它们之间需要通信时能有效地交换信息，以及需要处理机时能按照一定的算法把处理机分配给它们。

2）存储器管理

存储管理的主要任务为多道程序的运行提供存储支撑，把用户从直接与存储器打交道的复杂事务中解放出来，在充分利用存储空间的基础上能从逻辑上扩充内存。因此，存储器管理的主要功能是内存的分配和回收、地址映射（从逻辑地址到物理地址）以及内存的扩充。

3）设备管理

对计算机中的所有外设进行管理，其主要功能是：I/O 缓冲区管理、I/O 设备分配、设备处理、设备虚拟化以及实现 I/O 设备的独立性等。设备管理功能的实现需要考虑 I/O 的速率及设备的利用率。

4）文件管理

计算机系统把大量的需要长时间保留的数据信息以文件的形式存放在外存储设备中，（如硬盘、光盘、磁带、U 盘）操作系统通过自己的文件管理程序完成外存空间的分配、回收、文件的按名存取、文件的组织、共享与保护等功能。

5）用户接口

接口分为用户接口和程序接口两大类：前者向最终用户提供计算机的使用接口，用户可以通过该接口获得操作系统提供的服务；后者是操作系统提供给程序员的编程接口，即系统调用，应用程序通过系统调用获得操作系统内核提供的服务。

4. 操作系统提供的服务

操作系统为各种程序的执行提供一种环境,为此而提供相应的服务,其主要服务有用户接口、程序的执行、I/O 操作、进程间通信、错误检测、资源分配、资源统计以及保护和安全等。

3.1.2 操作系统的发展与分类

自从 20 世纪 50 年代出现单道批处理操作系统,操作系统的形成和发展已经有 60 多年的历史。20 世纪 60 年代中期出现多道批处理系统,同时也伴随着多道程序设计、中断处理等技术的产生。随后又出现了基于多道程序的分时系统以及用于工业控制和武器控制的实时操作系统。20 世纪 80 年代开始至 21 世纪初,是微机、多处理机和计算机网络高速发展的年代,同时也是微机 OS、多处理机 OS 和分布式 OS 形成和发展的年代。目前,云计算和移动计算的迅速发展,又伴随着集群 OS 以及嵌入式 OS 的大发展,对这些 OS 发展历史的了解有助于理解 OS 中出现的各种技术。

1. 批处理操作系统

批处理 OS 的基本特征是"批量处理",也就是把一批作业以脱机输入方式输入到磁带上,在 OS 的控制下,按某种调度算法选择一个或者多个作业装入内存运行。批处理系统分为单道批处理系统和多道批处理系统。单道批处理系统仅支持内存中驻留一个作业,其目的是减少计算机因等待人工操作造成的资源浪费,使系统具有自动管理作业装入、撤销、运行的功能。多道批处理系统允许内存中同时驻留多个作业,其设计目标是使多个作业能有效地共享系统资源、以并发或并行方式执行,在性能上提高作业的吞吐量,同时兼顾作业的周转时间。在单处理机环境下,这些作业仅在宏观上同时运行,在微观上交替执行,可提高 CPU 的利用率。多道批处理系统具有以下特征:

(1) 多道性。在内存中可同时驻留多道程序,当在 CPU 上运行的作业提出 I/O 请求后,该 CPU 可以执行其他作业。

(2) 无序性。多个作业完成的先后顺序与它们进入内存的顺序之间,没有严格的对应关系。同时驻留在内存中的作业,其被调度的顺序和执行的进度无法预知,先进入内存的作业不一定先被调度,也不一定先执行完。

(3) 调度性。多道程序系统必须具有作业调度和进程调度功能。作业调度用来从后备作业队列中选择一个或多个要被装入内存的作业。进程调度程序用来从内存中选择一个(单 CPU 系统)或多个(多 CPU 系统)进程,使其在 CPU 上运行。

(4) 复杂性。由于多道程序系统中作业共享 CPU、内存、外设、文件,程序并发执行,多道批处理系统必须解决处理机管理、内存管理、I/O 设备管理、文件管理、作业管理,因此其功能和实现技术都比单道批处理系统复杂得多。

2. 分时操作系统

为了解决批处理系统无法进行人机交互的问题,并使多个用户通过各自的终端连接到一个主机、共享主机资源,出现了分时系统。

所谓分时技术(time sharing),就是多个作业(进程)分享一台主机 CPU 的时间,即处理机的运行时间被分成很多的时间片,按时间片把处理机轮流分配给各联机作业使用。若某个作业在分配给它的时间片内不能完成其计算,则该作业暂时中断,把处理机让给另一个作业使用,等待下一轮时再继续其运行。

采用分时技术进行作业(进程)调度的系统就是分时 OS。分时系统的主要目标是使用户能与系统进行交互,对用户的请求进行及时响应,并在可能条件下尽量提高系统资源的利用率。

分时系统的主要特征是:
(1) 同时性——一台计算机与多台终端相连,能同时为多个用户服务。
(2) 独立性——各用户可以相互独立、互不干扰。
(3) 及时性——系统对用户的输入及时作出响应。
(4) 交互性——用户与系统能进行人机交互。

3. 实时操作系统

实时操作系统是随着计算机用于实时控制和实时信息处理领域而发展起来的一种 OS。其主要特点是响应及时、可靠性高。它的设计目标是能对特定的输入作出及时响应(一般要求毫秒级甚至微秒级),满足系统对任务开始截止时间和完成截止时间的要求,在规定的时间内完成对该事件的处理,并控制所有实时设备和实时任务协调一致地工作。

实时 OS 分为两大类:实时控制系统和实时信息处理系统。

实时 OS 也具有分时 OS 的 4 个特征,但它的交互能力较弱,而及时性较强,除了具备一般 OS 功能外,还应该考虑实时时钟管理、快速中断处理、系统运行的安全可靠等,一般它是以时间驱动(周期任务)和事件驱动任务的。

实时 OS 和批处理 OS 以及分时 OS 的主要区别是:系统的设计目标不同,响应时间的长短不同,交互性的强弱不同,资源的利用率不同。

4. 微机操作系统

微机的出现导致了计算机产业的革命,使计算机的应用渗入到社会的各个领域,其操作系统也经历了从单用户到多用户的变迁。目前主流的 Windows、MAC OS 以及开源的 Linux 包含了计算机产业界的各种最新技术,具有以下特点:
(1) 开放性。支持不同系统互联,支持分布式处理以及多 CPU 系统。
(2) 通用性。支持应用程序的独立性及在不同平台上的移植。
(3) 高性能。随着硬件性能的提高、64 位机的普及、CPU 速度的提高以及对称多处理机、多线程等技术的应用,微机系统性能大大提高。

5. 分布式操作系统

分布式计算机系统是指把多台分散的计算机通过互联网连接而成的系统。每台计算机高度自治,又互相协调,能在系统范围内实现资源管理、任务分配,能并行地运行分布式程序。分布式操作系统是实现并行任务分配、并行进程通信、分布式控制以及分散资源管理等功能的系统程序。

3.1.3 操作系统的运行环境

操作系统的设计与运行环境主要与硬件结构，如 CPU、存储体系、I/O 系统结构以及中断机制等密切相关，当然也涉及操作系统所采用的软件设计方法和技术。

1. 内核态和用户态

在计算机系统中，通常将 CPU 的工作状态划分为两种：内核态（又叫管态或者系统态或者特权态）和用户态（或叫目态）。所谓"内核态"，是指操作系统内核正在占用 CPU 运行时工作的状态；所谓"用户态"，是指用户程序正在占用 CPU 运行时的工作状态。

划分系统态和用户态后，必须严格区分两类不同性质的程序——用户程序和操作系统内核，这两类程序不仅在 CPU 上运行时特权级不同，而且各自有自己的地址空间。用户程序不能直接调用内核程序，也不能直接访问内核的数据，而是通过执行访管指令（即系统调用）进入内核，由此获得操作系统内核的功能和内核管理的数据，这一过程由硬件配合完成的，其目的是为了提高操作系统的安全性。

在操作系统和用户态程序执行的过程中，涉及到以下知识点：

1) CPU 的运行现场

CPU 的运行现场是指在程序的执行过程中任一时刻状态信息的集合，包括下一条指令的执行地址、当前指令的执行结果、中断以及屏蔽信息和其他状态的信息，这些信息可以决定 CPU 下一步执行哪个程序的哪条指令。CPU 的现场信息通常存放在下列寄存器中：程序计数器(PC)、程序状态寄存器(PSW 寄存器)、通用寄存器和其他一些特殊的控制寄存器。

2) 程序状态寄存器(PSW)

PSW(Program Status Word)寄存器是用来控制指令执行顺序并存放和指示与程序有关的状态信息，主要作用是实现程序状态的保护和恢复。PSW 寄存器包括以下内容：

(1) 程序的基本状态——包括程序计数器、条件码和处理器状态位。

(2) 中断码——标识程序执行时当前发生的中断事件。

(3) 中断屏蔽字——标识当前程序与其他所有中断之间的处理优先关系。

在多道程序并发执行的环境下，每个正在运行的程序都有一个 PSW，其中存放程序执行时的状态信息(CPU 状态、中断码和中断屏蔽字等)。从硬件上来说，每个 CPU 只有一个 PSW 寄存器，用于存放当前正在运行进程的 PSW，因此，进程的切换必将引发 PSW 寄存器内容的变化。

3) 特权指令和非特权指令

在多道程序设计环境中，从资源管理和控制程序执行的角度出发，操作系统的设计者为了确保操作系统对计算机资源的控制和管理，使操作系统比用户程序拥有更大的权力，将计算机的指令分为两类：特权指令和非特权指令。

所谓特权指令，是指仅供内核程序使用的指令，如启动 I/O 设备、设置时钟、设置中断屏蔽字、加载 PSW 寄存器以及访问系统状态和直接访问系统资源等。

所谓非特权指令，是指在操作系统内核和用户程序中都可以使用的指令，用户程序只能使用非特权指令。如果用户程序中包含了特权指令，则会导致非法执行而产生保护中断，从而转向操作系统的"用户非法执行特权指令"的异常处理程序进行处理。

4）访管指令

应用程序经常需要请求操作系统的服务，即执行内核的程序。与应用程序内部过程调用不同的是，在"调用"内核程序的同时，CPU 的状态要从用户态切换到内核态。访管指令是一条具有中断性质的特殊指令，通常称为自陷指令或陷阱指令。执行访管指令后，系统将从用户态（陷入）到内核态，在内核态下由操作系统代替用户完成用户所请求的工作，操作系统完成相关工作后，通过执行相应的返回指令从内核态返回用户态。

2. 中断和异常

中断机制是计算机系统的重要组成部分之一，是实现多道程序的必要条件。中断机制包括中断硬件（中断控制器）以及操作系统提供的中断服务程序。

就硬件层面而言，其中断过程如下：当一个 I/O 设备完成交给它的工作时就产生一个中断请求信号，这个中断请求信号被中断控制器检测到，由中断控制器发送给 CPU，从而 CPU 对中断做出响应。

从软件层面来看，中断是指程序在执行的过程中被某个外部事件打断，从而 CPU 转去执行处理该事件的服务程序，处理结束后返回断点继续原程序执行的过程。

异常本质上也是一种中断，不过它主要指 CPU 内部事件，是 CPU 的正常指令流在执行的过程中产生的一些特殊事件，例如读取指令出错或者进行除法运算除数为零等。

中断与异常的区别是：中断是由外设向 CPU 发出的异步请求，也就是中断的发生与 CPU 当前执行流并无实质关系，系统不能确定中断的发生时间，只要外设发出中断请求，CPU 通常在一条指令执行结束时去被动地响应中断。中断的发生与 CPU 状态无关，可能发生在内核态，也可能发生在用户态。而异常的发生是发生在 CPU 执行某条指令的过程中，因此，异常的发生与指令的执行是同步的，也就是在指令执行的过程中可以响应异常。大部分异常发生在用户态。异常发生后，CPU 根据异常事件的类型，选择转去执行相应的异常处理程序。

在中断的处理过程中涉及以下概念：

（1）中断源——引起中断的事件。
（2）中断请求信号——当发生某个中断事件时所发出的请求信号。
（3）中断（异常）处理程序——处理中断或者异常事件的程序。
（4）中断向量表——存放中断或者异常处理程序入口地址的表。

一旦 CPU 检测到中断请求或发现异常事件，将会进行中断响应。在中断响应过程中，CPU 首先关中断、保存断点（即当前 PC 的内容）和程序状态，然后识别中断源并转中断服务程序或异常处理程序执行。

操作系统对中断和异常的处理过程基本一致。在中断服务程序或异常处理程序中的处理过程包括以下三个阶段。

1）先行段

对于多重中断系统，通常包括保护现场（主要是通用寄存器的内容，不包括 PC 和 PSWR）和旧的中断屏蔽字、设置新的中断屏蔽字、开中断。对于内部异常或单重中断系统，因为没有中断屏蔽字,因而无须保护旧的中断屏蔽字和设置新的中断屏蔽字。

2) 本体段

对中断请求或异常事件进行具体的处理。

3) 结束段

通常包含关中断、恢复现场(通用寄存器的内容)和旧的中断屏蔽字、清除中断请求,开中断。对于内部异常或单重中断系统,无须恢复旧的中断屏蔽字。

对于单重中断系统,则不能在先行段开中断,也无须在结束段关中断。

中断和异常是操作系统的底层核心机制,它们既涉及处理器的硬件特性,也与操作系统的并发性管理有关,其处理过程是操作系统与硬件相互配合的过程。

3. 系统调用

系统调用是操作系统内核和用户态程序之间的接口,它把用户程序的请求传送到内核,内核调用相应的函数完成所需的处理,将处理结果返回给用户程序,如图 3-1 所示。

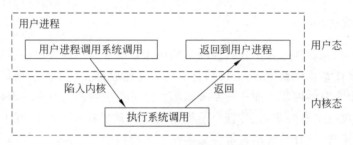

图 3-1　系统调用从用户态到内核态的转换

系统调用在应用程序和内核之间扮演了使者的角色,应用程序发出各种请求,而内核负责满足这些请求(或者无法满足时返回一个错误)。有了系统调用,可以让应用程序受限地访问硬件资源,确保系统稳定可靠。

应用程序通过访管指令(或称自陷指令、中断指令)执行系统调用,访管指令显然不是特权指令。

为了阐述系统调用在实际操作系统中的位置以及作用,以 Linux(包括 UNIX)操作系统为例来说明,如图 3-2 所示。

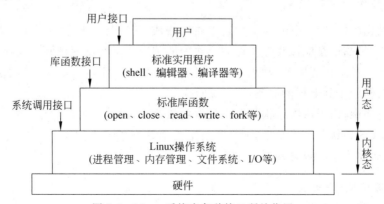

图 3-2　Linux 系统中各种接口所处位置

最底层是硬件,其上的操作系统控制硬件并为应用程序提供系统调用接口。用户程序调用系统调用时通过陷阱指令从用户态切换到内核态。由于不能用 C 语言写一条陷阱指令,因此系统提供了一个库,库中对每个系统调用都进行了封装。例如,为了执行 read 系统调用,一个 C 程序首先调用的是 read 库函数。这里要特别说明,由 POSIX 指定的是库接口,而不是系统调用接口。

除了操作系统和系统调用库,所有版本的 Linux 必须为用户提供大量的标准实用程序,用户通过键盘以命令的方式使用这些程序。因此,我们可以说,Linux 具有三种不同的接口:真正的系统调用接口、库函数接口以及由标准应用程序构成的用户接口。

3.1.4 操作系统体系结构

操作系统内核错综复杂,规模庞大,复杂程度高。所谓操作系统的体系结构,就是内核代码的组织结构。

1. 单体内核结构

单体结构模型是软件工程出现以前的早期操作系统以及目前一些小型操作系统采用的体系结构。在单体结构模型中,所有的软件和数据结构放置在一个逻辑模块中,对外层的用户程序提供一个完整的内核界面——系统调用。整个系统由若干具有一定独立功能的子程序组成,彼此间没有信息隐藏,允许任一子程序调用其他子程序。因此,它的优点是结构简单,便于理解和实现,而且系统所有部分集中在一个内核中,效率较高。其缺点也很明显,由于各子程序间可以互相调用,系统结构关系复杂,容易引起循环调用;修改一个子程序往往会导致若干相关部分的变动,系统的可修改性和可维护性比较差。

随着软件工程的提出和发展,借助于软件工程的模块化思想,内核开发人员根据功能的不同,将操作系统内核结构划分成不同的模块,模块间仅能通过各自定义好的对外接口进行相互通信,不能访问各模块内部的变量,这样不管一个模块内部如何变化,只要对外提供的接口保持不变,就不会影响到其他模块,在一定程度上缓解了单体内核结构的复杂性,也提高了系统的可维护性和可扩充性。

2. 层次结构

在层次结构的操作系统中,内核由若干层次构成,每一层都构建在其下一层之上,最底层是硬件裸机,最高层是应用程序。层与层之间的调用关系严格遵循调用规则,每一层只能访问位于其下层所提供的服务,利用下层提供的功能来实现本层的服务并为上层提供服务,每一层不能访问位于其上层的服务。

在分层方式中,由于层次结构的分层是单向依赖的,因此必须在相邻层之间建立层次间的通信机制。OS 每执行一个功能,通常要自下而上地穿越多个层次,这无疑会增加系统的通信开销,从而导致系统效率降低。

3. 微内核结构

微内核结构又称为客户机/服务器结构,它尽可能地减少内核的功能,因为内核中的一个小错误可能会导致整个操作系统的崩溃,因此微内核中只实现核心功能,其他大部分功能由服务进程来实现,如图 3-3 所示。为了得到某项服务,例如从文件读取一段数据,由用户进程把请求发给文件服务器进程,文件服务器进程完成这个请求后返回信息给用户进程。微内核的主要工作是处理用户进程与服务器及服务器与服务器之间的通信。操作系统被划分为多个部分,如文件服务器、进程服务器等,每个部分完成一个方面的功能,所有的服务器以用户进程的形式运行,不在核心态下运行,所以不直接访问硬件。这样的方式使某一服务器出现错误时,该服务器可能崩溃,但不会导致整个系统的崩溃。微内核结构的优点是具有较高的灵活性和可扩展性,适合分布式系统;缺点是每次应用程序对服务器的访问都要经过内核态和用户态的切换,通过微内核来完成,效率较低。

4. 虚拟机结构

这种结构实际上是一种虚拟化技术,每个虚拟机像是裸机硬件的一个副本,在不同的虚拟机上可以安装不同的操作系统。目前流行的一种虚拟机系统如图 3-4 所示,其中的虚拟机以用户进程身份运行在宿主机操作系统上。在虚拟机上可以安装客户操作系统,该操作系统认为自己运行在内核态,但实际上它运行在用户态,我们把这种状态称为虚拟内核态。

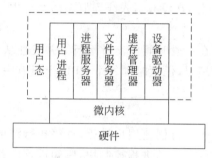

图 3-3 微内核结构

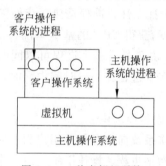

图 3-4 一种虚拟机系统

当应用程序在客户机操作系统上运行并进行系统调用时,先由虚拟机的用户态转入虚拟内核态,再进一步,向虚拟机监控软件发出正常的系统调用,从而完成用户的服务请求。

3.2 进程管理

进程管理是操作系统内核重要的功能之一,它需要实现对进程对象的定义、对进程实体的组织与控制;实现并发进程正确、高效执行的同步机制;实现进程间的通信;采取有效的策略和算法完成处理机调度;解决因多个进程竞争有限资源引起的死锁问题。本节介绍进程管理涉及的概念、数据结构、算法和策略。

3.2.1 进程与线程

进程是多任务操作系统的核心概念。操作系统的设计、实现、操作系统内核对资源的管理等都围绕进程对象展开。线程是比进程更小的运行单位,在引入线程的系统中,线程取代进程而成为最小的执行单位,进程成为资源分配的单位。一个进程可以包括一个或多个线程,同一进程的多个不同线程共享同一个虚拟地址空间。进程和线程的特征、管理方式有很多相似之处。本节说明进程及与进程相关的概念、进程的组织与控制、进程之间的通信、线程及其与进程的关系等内容。

1. 进程的概念

1) 进程的定义

进程是允许并发执行的程序在某个数据集合上的一次执行过程,是由程序代码、进程控制块(PCB)和相关数据段共同构成的运行实体。

2) 进程的特征

进程的主要特征有:

(1) 结构性。每个进程至少由三部分构成,即程序段、进程控制块和相关的数据段。

(2) 动态性。进程的动态性本质表现在进程对应了程序的一次执行过程,由创建而产生、经调度而执行、由撤销而消亡。进程在执行的过程中状态及其所对应的执行环境(进程映像)都因程序的执行不断变化。

(3) 独立性。进程是独立获得资源的基本单位,在没有引入线程概念的系统中,进程是接受调度,获得CPU的基本单位。

(4) 并发性。多个进程可以同时驻留内存,在一段时间内交替运行。并发性从宏观上表现为多个进程在一段时间内同时运行,而在物理层,任意时刻每个CPU上只有一个进程在执行。

3) 进程控制块

操作系统向内存加载用户程序时,先为程序的执行创建用户进程,程序执行结束,由操作系统撤销进程。操作系统通过一个重要的数据结构,即进程控制块,感知进程的存在,并通过进程控制块实现对进程的管理。

进程控制块是操作系统描述和管理进程所需要的记录型数据结构,其中包括了进程的控制信息、标识符信息、进程调度信息等。在C语言实现的操作系统内核中,进程控制块的数据类型是一个结构体,其中包括进程标识符、静态优先权、时间片、进程状态、存储映像等字段,这些字段有的是简单数据类型,也有结构体类型的字段。进程控制块是操作系统内核中的数据,内核可以直接访问其中的任何字段,但应用程序不能访问。

2. 进程的状态与转换

进程的状态通过进程控制块中的一个字段值表示。不同操作系统为进程定义了不同的状态,操作系统最基本的三种状态是执行态、就绪态、阻塞态。执行态是指进程获得了CPU正在执行的状态。就绪态是进程只要获得CPU就可以执行的一种状态。阻塞态是处于内存中的进程因等待某种资源(除CPU以外)或等待某事件,即使获得CPU也无法执行的一种状态。进程的三种基本状态之间的转换关系如图3-5所示。

处于执行态的进程因申请除CPU以外的其他资源,如输入输出设备、缓冲区中的数据而无法继续运行时,其状态由执行态转化为阻塞态。执行态进程也可能因等待某个事件的发生,如等待某个信号而由执行态转为阻塞态。阻塞态进程在其获得所等待的资源或其等

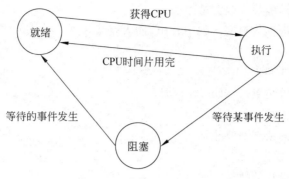

图 3-5　进程状态转换图

待的事件发生后,由操作系统内核的唤醒程序将其由阻塞态转变为就绪态。执行态进程在 CPU 上连续执行的时间等于系统为其规定的时间片时,执行态进程转变为就绪态,此时系统执行进程调度程序,按某种策略从就绪进程中选择一个进程,为其分配 CPU,将就绪态进程变为执行态。

3. 进程控制

进程控制是进程管理的基本功能,用于实现进程的创建、进程的阻塞/唤醒、进程的撤销等,由操作系统内核程序实现。

1) 进程创建

操作系统将程序从外存加载到内存,为其创建进程并分配必要的资源后才能执行。进程创建的时机可能是:系统初始化时、作业调度之后、用户通过终端登录系统后、程序执行结束、系统接受服务请求、父进程执行创建新进程的程序等。应用程序通过操作系统提供的系统调用创建进程。进程创建程序需要完成的主要功能有:

(1) 申请空白的进程控制块。

(2) 为进程分配资源。

(3) 初始化进程控制块。

(4) 将新进程插入就绪队列。

2) 进程的阻塞和唤醒

以下几类事件会引起进程的阻塞/唤醒。

(1) 请求系统服务。

(2) 启动某种操作。

(3) 新数据尚未到达。

(4) 无新工作可做。

进程阻塞程序完成的主要工作包括:

(1) 停止当前进程的执行,将其状态改为阻塞态。

(2) 将进程插入阻塞队列。

(3) 执行进程调度程序。

当进程所等待的事件出现时,执行进程唤醒程序,唤醒相应的阻塞进程。唤醒程序完成的主要工作包括:

(1) 将被唤醒的进程状态改为就绪态。
(2) 将被唤醒的进程从阻塞队列中移出，插入就绪队列。
3) 进程的撤销
引起进程撤销的事件有：
(1) 进程执行正常结束。
(2) 进程执行异常结束。
(3) 进程应外界的请求而终止运行。
撤销进程的过程如下：
(1) 终止被撤销进程的执行。
(2) 撤销子进程。
(3) 释放被撤销进程占用的资源。
(4) 删除被撤销进程的进程控制块。

4. 进程组织

多任务操作系统管理的进程数量可达成百上千，甚至更多，操作系统通过有效组织进程控制块来管理众多进程。进程控制块的组织方式常用的有两种：链接方式和索引方式。

1) 链接方式

把进程控制块用链接指针链接成队列。系统中可以有多个进程队列：全体进程队列、就绪进程队列、阻塞进程队列。

2) 索引方式

为进程建立进程控制块的索引表，索引表可采用 C 语言的结构数组实现。

5. 进程通信

操作系统提供进程通信功能，以支持进程之间的信息交换。进程之间的高级通信机制分为共享存储器系统、消息传递系统以及管道通信系统。

1) 共享存储器系统

在共享存储器系统中，相互通信的进程共享某些数据结构或共享存储区，进程之间能够通过这些空间进行通信。共享存储系统可分为两种类型。

(1) 基于共享数据结构的通信方式。在这种通信方式中，要求诸进程公用某些数据结构，以实现进程间的信息交换。如在生产者-消费者问题中，使用有界缓冲区这种数据结构来实现进程间的通信。

(2) 基于共享存储区的通信方式。为了传输大量数据，在存储器中划出一块共享存储区，进程可以通过对共享存储区中的数据的读或写来实现通信。

2) 消息传递系统

在消息传递系统中，进程间通过操作系统提供的一组通信程序传递格式化的消息。这种方式对应用程序隐藏了通信实现的细节，使通信过程对用户是透明的。

消息传递系统中，根据源进程向目标进程传递消息方式的不同可分为直接通信方式和间接通信方式。

(1) 直接通信方式。操作系统利用发送程序直接把消息发送给目标进程。

(2) 间接通信方式。进程之间的通信需要通过用于暂存消息的共享数据结构来实现，如信箱。该方式既可以实现实时通信，又可以实现非实时通信。

3) 管道通信

管道(pipeline)是连接读写进程的一个特殊文件，也被称为管道文件。管道文件存在于外存，其中的消息没有固定长度，能用于进程间大量的信息通信。向管道提供输入的发送进程以字符流的形式将大量的数据送入管道(写)。接受管道输出的接收进程，从管道中接收数据(读)。管道是单向的，发送者进程只能写入信息，接收者进程只能接收信息。为了协调发送进程和接收进程的通信，管道机制需要提供以下功能：

(1) 互斥功能。当一个进程正在对管道执行读/写操作时，其他进程必须等待。

(2) 同步功能。当把一定数量的数据写入管道，管道出现溢出时，写进程便进入阻塞态等待，直到读进程将管道内的数据取走，再唤醒写进程。当管道为空时，读进程进入阻塞态等待，直到写进程向管道写入数据后，再唤醒读进程。

(3) 确定通信双方是否存在。只有确定了对方已存在时才能进行通信。如果对方已经不存在，就没有再发送或接收消息的必要。

4) 消息缓冲队列

消息缓冲队列机制广泛用于本地进程之间的通信。该机制包括数据结构、发送原语和接收原语，每个进程有自己的消息缓冲队列和消息缓冲区。发送进程发送消息时，先申请一个消息缓冲区，将要发送的消息从发送进程的发送区放入消息缓冲区，然后调用发送原语将消息发送给接收进程，发送原语将发送缓冲区插入接收进程的消息缓冲队列。接收消息的进程通过调用接收原语将该进程消息缓冲队列中的消息复制到自己的消息接收区。

消息缓冲区是一个记录型数据结构，通常包括发送者进程标志符、消息长度、消息正文和指向下一个消息缓冲区的指针。在采用消息缓冲队列的系统中，进程控制块中要增加指向消息缓冲队列的指针、消息队列的互斥信号量和消息队列的资源信号量等字段。消息缓冲队列需要被当作临界资源，在发送原语和接收原语中对消息缓冲队列的访问需要进行互斥与同步。

6. 线程概念与多线程模型

1) 线程的概念

线程是操作系统中能够独立执行的实体，是处理器调度和分派的基本单位。线程是进程的组成部分，每个进程内允许包含多个并发执行的线程(控制流)，同一个进程中的所有线程共享进程获得的主存空间和资源，但不拥有资源。

2) 多线程模型

在传统操作系统中，没有线程，只有进程，我们可以将其视为单线程的进程模型。

在多线程环境中，进程是操作系统中进行保护和资源分配的单位，允许一个进程中包含多个可并发执行的线程(控制流)，这些线程是独立调度的最小单位，它们之间共享其所属进程的资源和地址空间，线程之间的通信可以直接借助于共享内存区。进程与线程的关系模型如图 3-6 所示。

3) 线程的特征

线程的主要特征如下：

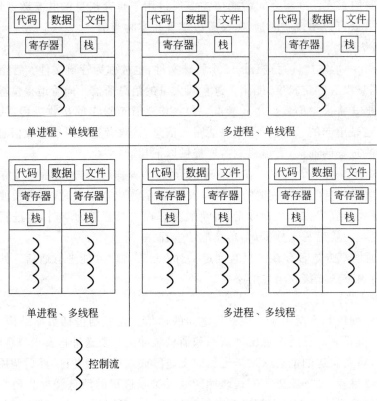

图 3-6 进程与线程的关系模型

(1) 并发性。同一进程的多个线程可在一个或多个处理器上并发或并行执行,此时,进程之间的并发执行演变为不进程的线程之间的并发执行。

(2) 共享性。同一个进程中的所有线程共享其所属进程的状态和资源,但不拥有其所属进程的状态和资源。这些线程驻留在进程的同一个逻辑地址空间中,可以访问相同的数据,因此,需要有线程之间的通信和同步机制。

(3) 动态性。线程是程序在相应数据集上的一次执行过程,由创建而产生,因撤销而消亡,有其生命周期,经历各种状态变化。每个进程被创建时,至少为其创建一个线程,需要时线程可以再创建其他线程。

(4) 结构性。线程是操作系统中的基本调度和分派单位,它具有唯一的标识符和线程控制块,其中应包含调度所需的一切私有信息。

3.2.2　CPU 调度

在多任务操作系统中,就绪进程的数量往往多于系统中 CPU 的数量,操作系统必须采取某种策略和算法动态地把处理机分配给就绪进程,使之执行。CPU 是计算机系统中的重要资源,其调度程序对吞吐量、周转时间、响应时间等有很大影响,因此,CPU 调度是操作系统设计和实现中的重要问题之一。

1. 调度的基本概念

在多任务操作系统中,进程共享 CPU,CPU 调度的功能是从就绪队列中选择进程,为其分配 CPU,使之能够执行。该功能由操作系统内核的 CPU 调度程序完成。

单 CPU 系统与多 CPU 系统中的调度方式不同,具体表现在使用的数据结构和调度策略不同。

2. 调度时机、切换与过程

1) 进程调度时机

引起进程调度的原因,或者说调度的时机可能是:在 CPU 上运行的进程执行结束、正在执行的进程由于某种原因被阻塞、当前执行进程的时间片用完、中断返回、在支持抢占式调度的系统中有高优先权进程到来时。在一个实际的操作系统中,触发进程调度程序运行的时机可能更多。

2) 进程切换的过程

进程切换使当前正在执行的进程成为被替换进程,出让其所使用的 CPU,以运行被进程调度程序选中的新进程。进程切换通常包括如下步骤:

(1) 保存包括程序计数器和其他寄存器在内的 CPU 上下文环境。
(2) 更新被替换进程的进程控制块。
(3) 修改进程状态,把执行态改为就绪态或者阻塞态。
(4) 将被替换进程的进程控制块移到就绪队列或阻塞队列。
(5) 执行通过进程调度程序选择的新进程,并更新该进程的进程控制块。
(6) 更新内存管理的数据结构。
(7) 恢复被调度程序选中的进程的硬件上下文。

3. 调度的基本准则

如何选择 CPU 的调度方式和调度算法,可在操作系统设计时结合系统设计的目标参考以下准则。

1) 面向用户的准则
(1) 周转时间短。
(2) 响应时间快。
(3) 截至时间的保证。
(4) 优先权准则。

2) 面向系统的准则
(1) 系统吞吐量高。
(2) 处理机利用率好。
(3) 各类资源平衡利用。

4. 调度方式

调度方式通常指系统采用抢占式调度还是非抢占式调度。当系统采用抢占式调度方式时，系统可以在当前进程执行的过程中，通过进程调度程序选择一个新进程取代当前进程，使新进程获得CPU执行。根据抢占时机的不同，可以分为立即抢占和基于时钟中断的抢占。采用立即抢占策略时，只要产生外部中断，系统可立即剥夺当前执行进程所占用的CPU，将其分配给请求中断的进程。立即抢占可以使发出中断请求的进程获得及时的响应。采用基于时钟中断的抢占策略时，即使系统中有较高优先权的进程需要获得CPU执行，也要等到时钟中断到来时，调度程序才会剥夺当前执行进程的CPU，使新到来的高优先权进程获得CPU，从而得以执行。

当系统采用非抢占式调度方式时，当前在CPU上执行的进程一直占用CPU，直到该进程执行结束，或因某种原因主动放弃CPU。

5. CPU 调度算法

CPU调度算法是从就绪队列中选择进程或线程为其分配CPU的算法。其中一些调度算法也可用于作业调度。

1）先来先服务调度算法

先来先服务(First Come First Service, FCFS)调度算法既可用于作业调度，也可用于CPU调度。当使用该算法进行作业调度时，每次调度都选择最先进入后备作业队列的作业，将其调入内存。在采用该算法进行CPU调度时，每次调度都选择最先进入就绪队列的进程，为其分配CPU。

2）短作业(短进程、短线程)优先调度算法

采用短作业优先的调度算法(Shortest Job First, SJF)，每次进行作业调度时，都从后备作业队列中优先选择预计运行时间最短的作业，将其调入内存。短进程/线程优先的调度算法是每次进行CPU调度时都从就绪队列中选择预计运行时间最短的进程/线程，为其分配CPU。

3）时间片轮转调度算法

将系统所有的就绪进程按先来先服务的原则排成一个队列，每次进行CPU调度时，将CPU分配给队首进程，使该进程在CPU上连续执行的时间长度不超过一个时间片。

4）优先权调度算法

采用优先权调度算法进行作业调度时，选择作业后备队列中优先权最高的作业，将其调入内存。采用该算法进行CPU调度时，从就绪队列中选择优先权最高的进程，为其分配CPU。采用优先权调度算法时，优先权值可以是静态的，也可以是动态变化的。若系统采用静态优先权，进程的优先权在进程被创建后就不再发生变化，当系统中不断有高优先权进程到来时，优先权低的进程可能处于无限等待CPU的饥饿状态。而采用动态优先权，不仅能够使CPU调度更合理、高效，还可以避免进程出现饥饿现象。

5）高响应比优先调度算法

高响应比优先的调度算法，把响应比作进程的优先权，CPU调度程序每次选择响应比高的进程，为其分配CPU。作业调度程序每次将后备作业队列中响应比高的作业调入内存。

$$\text{响应比} = \frac{\text{等待时间} + \text{需要服务的时间}}{\text{需要服务的时间}}$$

6) 多级队列调度

多级队列调度算法是在系统中建立多个不同的就绪队列,根据进程所占空间的大小、优先权、进程类型等不同的属性,使其固定属于某个就绪队列,每个就绪队列有自己的调度算法,各就绪队列的优先权不同。

7) 多级反馈队列调度算法

多级反馈队列调度算法允许一个进程在不同的就绪队列之间移动,在这一点上它与多级队列调度算法有所不同。在使用多级反馈队列调度算法的系统中,根据进程使用 CPU 时间的长度将其划分为多个不同的就绪队列,使用 CPU 时间长的进程会被放入优先权较低的就绪队列。设计多级反馈队列调度算法时需要考虑以下因素:

(1) 就绪队列的数量。

(2) 每个就绪队列的调度算法。

(3) 确定何时将进程移到优先权较高的就绪队列中。

(4) 确定何时将进程移到优先权较低的就绪队列中。

(5) 进程被创建后应该进入哪个就绪队列。

3.2.3 同步与互斥

在允许进程共享资源、以并发和并行的方式执行的系统中,要使进程正确、协调有效地执行,需要同步机制的支持。在操作系统内核中同步机制的实现有多种不同的方式,本节对同步机制中涉及的概念、实现方式、经典同步问题等内容进行阐述。

1. 进程同步的基本概念

在支持进程并发和并行的多任务操作系统中,进程同步机制的任务是使具有资源共享关系的进程能以互斥的方式访问临界资源;使具有相互合作关系的进程能协调运行。

临界资源是必须以互斥方式访问的共享资源。进程中访问临界资源的代码称为临界区。

实现进程的同步与互斥可以采用不同的方法,同步机制应遵循下述 4 条准则:

(1) 空闲让进。当无进程处于临界区时,表明临界资源处于空闲状态,应允许其他进程访问临界资源。

(2) 忙则等待。当已有进程进入临界区时,表明临界资源正在被访问,其他申请临界资源的进程必须等待,以保证对临界资源的互斥访问。

(3) 有限等待。对要求访问临界资源的进程,应保证其在有限时间内能进入自己的临界区,以免进程陷入饥饿状态。

(4) 让权等待。当进程不能进入自己的临界区时,应立即释放 CPU,以免进程陷入"忙等"状态。

2. 实现临界区互斥的基本方法

1) 软件实现方法

Peterson 算法是一个实现两个进程在临界区和非临界区代码段之间交替执行的软件算

法,程序描述如下:

```
int turn;
boolean flag[2];
do{
   flag[i]=TRUE;
   turn=j;
      while(flag[j] && turn==j);
      critical section
   flag[i]=FALSE;
      remainder section
}while(TRUE);
```

该算法用 turn 的值表示哪个进程可以进入临界区。turn==i 表示允许进程 p_i 执行临界区代码;数组 flag 用于表示某个进程是否准备进入临界区,flag[i]==TRUE 说明进程 p_i 准备进入临界区。

2) 硬件实现方法

(1) 关中断。

实现互斥最简单的方法之一是关中断,该方法只适用于单处理机系统,进程在执行临界区期间不响应中断,使用方法如下所示。

```
while(TRUE)
   {...
      关中断;
      临界区;
      开中断;
      ...
   }
```

(2) TestAndSet 指令。

某些计算机系统会提供特殊的硬件指令来实现互斥,TestAndSet 指令的实现可以用如下程序表示:

```
boolean TestAndSet(boolean * target) {
  boolean rv= * target;
   * targe=TRUE;
   return rv;
}
do{
  while(TestAndSetLock(&lock))
   ;//do nothing
   //crictical section
  lock=FALSE;
   //remainder section
   }while(TRUE)
```

（3）Swap 指令。

Swap 指令的实现可以用如下程序表示：

```
void Swap(boolean * a,boolean * b){
  boolean temp= * a;
   * a= * b;
   * b=temp;
}
do{
  key=TRUE;
  while(key==TRUE)
    Swap(&lock,&key);
    //critical section
   lock=FALSE;
    //remainder section
}while(TRUE);
```

3. 信号量

信号量机制通过定义表示共享资源使用情况的特殊变量，即信号量及对信号量的一对操作 wait 和 signal 操作（P-V 操作）来实现进程之间的互斥与同步。根据信号量数据类型的不同，信号量可分为整型信号量和记录型信号量。

1）整型信号量

整型信号量是一个用来表示可用资源数量的整型变量，其值只能被 wait 和 signal 操作访问。整型信号量机制的代码描述如右所示。s 是信号量，初始值被设置成可访问的资源数量，当整型信号量用于进程互斥时，s 被初始化为 1，表示临界资源不能被多个进程同时访问。

整型信号量代码描述如下：

```
int s;
wait(s)
{ while s<=0 do no-op
    s=s-1;
}
signal(s)
{ s=s+1;
}
```

2）记录型信号量

记录型信号量中包含一个存放可使用的资源数量的字段和一个进程阻塞队列。当进程通过 wait 操作申请的某种资源数量为零时，进程通过执行 wait 操作中的 block 过程自我阻塞，其进程控制块被插入 s.L 队列，在其他进程释放资源后通过 signal 操作中的 wakeup 过程唤醒被阻塞进程。

记录型信号量的定义如下：

```
typedef struct{
    int value;
    struct process * L;
}semaphore;
```

记录型信号量的 wait 和 signal 操作定义如下：

```
wait(s)
{ s.value=s.value-1;
  if(s.value<0) then(s.L);
}
signal(s)
{ s.value=s.value+1;
  if(s.value<=0) then wakeup(s.L);
}
```

4. 管程

管程是由与访问共享资源相关的变量以及实现共享资源访问的一组过程共同构成的资源管理模块。由管程的名称、局部于管程内部的变量说明、初始化管程内部变量的程序、实现对共享资源访问的程序几个部分构成。管程的语法描述和应用方式以用管程实现哲学家进餐问题为例予以说明。哲学家进餐问题是多个进程竞争有限资源的同步问题模型。问题描述：5 个哲学家围坐于圆形餐桌旁，餐桌上共有 5 根筷子，每两个哲学家之间放一根筷子，哲学家不断重复思考、饥饿时进餐、进餐完毕继续思考的过程。哲学家进餐问题的同步要求：任一个哲学家只有拿到自己左右两边的筷子时才能进餐，进餐结束后放下左右两边的筷子。解决哲学家进餐问题的管程 dp 定义如下：

```
Monitor dp
{
  enum{THINGKING, HUNGRY, EATING}state[5];
  condition self[5];
  void pickup(int i) {
    state[i]=HUNGRY;
    test(i);
    if(state[i] !=EATING)
      self[i].wait() ;
  }

  void putdown(int i){
    state[i]=THINKING;
    test((i+4)%5);
    test((i+1)%5);
  }

  void test(int i){
  if ((state[(i+4)%5] !=EATING) &&
```

```
   (state[i]==HUNGRY) &&
   (state[(i+1)%5] !=EATING))
   { state[i]=EATING;
     self[i].signal();
   }

   initializationg_code(){
     for(int i=0;i<5;i++)
       state[i]=THINGKING;
   }
```

dp 中的 self[i]是条件变量,被定义为 condition 类型。管程中的这类条件变量只有 wait 和 signal 操作可以访问。当进程调用管程中的过程申请资源而未能满足时,通过 wait 操作将进程阻塞在相应条件变量的阻塞队列中。当该资源被释放时,通过对条件变量的 signal 操作向进程发送信号,如果进程接收到信号时处于阻塞态,此时会被唤醒,否则,通过 signal 操作发送的信号被忽略。

调用管程 dp 的哲学家进程描述如下:

```
Dining-Philosopher(i)
while(TRUE)
{  dp.pickup(i);
   …
   eat
   …
   dp.putdown(i)
}
```

管程具有以下特征:

（1）管程中的过程可以被所有要访问管程的进程共享。

（2）管程内定义的变量只能由该管程的过程访问,不允许进程或其他管程直接访问,一个管程中的过程也不能访问任何非局部于管程的变量。

（3）在任一时刻,只有一个进程能够真正进入管程调用其内部的过程,其他试图通过调用同一管程内的过程访问共享资源的进程必须等待。

（4）管程是需要编程语言支持的一种同步机制。

5. 经典同步问题

1）生产者-消费者问题

生产者-消费者问题是相互合作进程之间的同步问题模型。该问题描述为:系统中有两类进程,即生产者进程和消费者进程,以及大小为 n 的有界缓冲池。生产者进程生产产品,当缓冲池中有空缓冲区时,将产品放入其中。若缓冲池中没有空缓冲区,生产者进程阻塞。消费者进程在缓冲池中有非空缓冲区时,从中取产品,否则阻塞。缓冲池是临界资源,必须以互斥的方式访问。用记录型信号量机制实现生产者-消费者问题的同步代码如下所示。

```
Producer                                    Consumer
do {                                        do {
  ...                                         wait(full)      //申请装有产品的缓冲区
  //生产一件产品                                wait(mutex)     //申请互斥访问缓冲池
  ...                                         ...
  wait(empty)    //申请空缓冲区                 //从缓冲区取出一件产品
  wait(mutex)    //申请互斥访问缓冲池            ...
  ...                                         signal(mutex)  //释放缓冲池互斥信号量
  //将产品送缓冲区                              ...
  ...                                         signal(empty)  //释放一个空缓冲区
  signal(mutex)  //释放缓冲池互斥信号量           //消费产品
  signal(full)   //释放一个非空缓冲区            ...
}while(TRUE)                                }while(TRUE)
```

上述代码中信号量的类型和初值分别为：

```
semaphore mutex,empty,full
mutex.value=1
empty.value=n
full.value=0
```

2) 读者-作者问题

读者-作者问题是多个并发执行的进程访问同一个共享数据区的问题模型。对同一个数据区，允许多个读进程同时进行读操作；读进程和写进程、写进程与写进程对同一个数据区的操作必须是互斥的。利用信号量机制实现读者-作者问题的同步代码及信号量的定义如下。

```
semaphore mutex,wmutex;                     reader:
int readcount;                              do {
mutex.value=1;                                wait(mutex);
wmutex.value=1;                               readcount++;
readcount=0;                                  if(readcount==1)
writer:                                           wait(wmutex);
do                                            signal(mutex);
{                                             ...
  wait(wmutex);                               wait(mutex);
  ...                                         readcount--;
  //进行写操作                                  if(readcount==0)
  ...                                             signal(wmutex);
  signal(wmutex);                             signal(mutex);
}while(TRUE)                                }while(TURE)
```

3.2.4 死锁

死锁是多个并发进程竞争共享资源时,因互相等待对方释放已占有的资源而造成的一组进程不能向前推进的僵死状态。处于死锁的进程若无外力作用将无法正常执行完毕,而死锁进程占有的资源会造成系统资源的浪费。如何较好地预防、避免、解除死锁是进程管理中需要考虑的问题。

1. 死锁概念

一组进程处于死锁状态是指:如果在一个进程集合中的每个进程都在等待只能由该集合中的其他进程才能引发的事件,则称一组进程或系统此时发生了死锁。

2. 死锁处理策略

处理死锁可以采取的策略有预防死锁、避免死锁、检测和解除死锁。

3. 死锁预防

死锁的产生有四个必要条件,通过摒弃死锁的四个必要条件之一可以预防死锁的发生。死锁的四个必要条件是:互斥条件、请求和保持条件、不剥夺条件、环路等待条件。必须注意的是系统不能通过摒弃互斥条件预防死锁的发生,因为摒弃互斥条件虽然能预防死锁,但却使程序无法以互斥的方式访问临界资源,可能造成程序执行结果的错误。

4. 死锁避免

采用死锁避免的方式时,把系统的状态分为安全状态和不安全状态。安全状态是指系统能按某种进程顺序($p_1, p_2, \cdots, p_n$)(称<$p_1, p_2, \cdots, p_n$>序列为安全序列),来为每个进程 p_i 分配所需资源,直到满足每个进程对资源的最大需求,使每个进程都可以顺利地执行。如果系统无法找到这样一个进程序列,则称系统处于不安全状态。只要使系统始终处于安全状态就可以避免死锁的发生。

最具有代表性的死锁避免算法是 Dijkstra 的银行家算法。算法的基本思路是:当进程向系统提出资源请求时,只要系统中有足够数量的被请求资源,就进行资源的试分配,然后判断进行资源试分配后系统是否处于安全状态,如果系统处于安全状态就将资源分配给进程,若试分配后系统处于不安全状态,则系统拒绝为进程分配资源,阻塞提出资源请求的进程。

5. 死锁检测和解除

进程-资源分配图是描述进程和资源间申请及分配关系的一种有向图,可用于检测系统中是否有处于死锁状态的一组进程。系统可以采取不同的方式利用进程-资源分配图来检测系统中是否存在死锁,若存在死锁,可以通过剥夺死锁进程的资源或者撤销死锁进程来解除死锁,撤销进程的算法要考虑到尽可能使撤销的进程最少或者撤销进程的代价最小。

死锁定理可用于检测死锁。一组进程处于死锁状态的充分条件是:当且仅当这组进程的资源分配图是不可能完全简化的。

3.3 内存管理

多任务操作系统的内存管理需要支持内存中同时存放多个程序及其相关数据,这就需要对内存进行有效的管理,为进程使用内存提供方便而安全的服务。

对于内存管理,需要了解 CPU 进行内存访问的硬件机制;掌握程序是如何装入内存并被执行的;理解操作系统怎样将多个不同的用户进程放在一个内存中而使它们不相互干扰地并发执行;最后要理解操作系统如何为进程提供远比物理内存大得多的虚拟内存空间。

3.3.1 内存管理基础

在内存管理技术的发展过程中,抽象出与之相关的一些概念。掌握这些概念是理解内存管理方法的基础。当系统将程序看作内存中不可分割的整体时,就产生了连续的内存管理方法;当系统把程序离散地装入内存时,出现了非连续的内存管理方法。

1. 内存管理概念

一个程序执行之前,首先要对其进行编译和链接,执行时要被装入到内存。在支持虚拟内存管理的系统中,内存不够时系统可能将某些进程或进程的一部分换出,为了从内存管理的角度对其进行描述,引出了与之相关的几个概念。

1) 物理地址空间与逻辑地址空间

一个应用程序经编译后,通常会形成若干个目标程序,目标程序经过链接形成可装入程序。这些程序的地址都是相对于其起始地址计算的,被称为逻辑地址,其所形成的地址范围称为逻辑地址空间。与物理内存单元相对应的地址称为物理地址,物理地址范围限定的空间称为物理地址空间。

要保证多个进程同时处于内存中而不相互影响,就不能直接访问物理内存。就像为了实现多任务而提出逻辑 CPU 的概念一样。为了实现在内存中同时驻留多个进程,也需要提出逻辑内存的概念,这就是进程的地址空间。进程的地址空间是逻辑地址空间,是一个进程用于访问内存的地址集合。每个进程都有自己的地址空间,进程的地址空间是相互独立的。

当操作系统将不同用户的进程装入到实际的物理内存时,若把进程中代码和数据装入到内存中的地址与其逻辑地址保持一致,这样必然产生冲突。例如,若两个不同的进程都使用了它们各自地址空间中的 0~1000 号单元,那么,物理内存的 0~1000 号单元就不能同时分配给两个不同的程序。操作系统会采用重定位的技术解决这一问题。首先给不同的程序分配不同的内存区域。若给一个程序分配到从 10000 号单元开始、长度为 6000 的区域,当装入该程序时,事先将程序中所有的地址加上 10000,使逻辑地址与物理地址之间形成一种对应关系,这种在程序执行前进行逻辑地址到物理地址的地址转换,即地址映射或重定位被称为静态重定位。由于重定位过程是在程序执行前进行的,任何程序在装入内存前都进行了重定位,从而保证两个进程的地址空间的相互独立性。

　　静态重定位是在装入前由软件实现的,会减慢装入的速度,一旦程序装入内存,它在内存中就不能移动。若重定位由硬件来完成,效率就会提高很多。经典的方法是给每个CPU配备基址寄存器和界限寄存器。程序装入内存时,其所在内存区域的起始地址放在基址寄存器中,长度放在界限寄存器中,而程序本身无须修改。当CPU执行一条指令时,取出指令要访问的逻辑地址,若其值大于界限寄存器的值,则产生越界异常,否则将其值加上基址寄存器中的值,形成物理地址去访问内存。逻辑地址到物理地址的转换是在指令执行过程中进行的,这种方法称为动态重定位。以上运行时实现逻辑地址到物理地址变换的CPU内部器件称为内存管理单元(Memory Management Unit,MMU)。

　　动态重定位虽然避免了静态重定位的缺点,但在每条指令的执行时付出了代价。尽管如此,目前的计算机普遍采用了动态重定位技术。当程序在执行期间改变在内存中的位置时,只要简单地修改基址寄存器的内容即可,这为操作系统的内存管理提供了有力的支持。

　　无论是静态重定位还是动态重定位,在进行地址转换的同时,也实现内存保护,也就是当发现程序的访问范围超出操作系统所分配的区域时,就会及时报错。

　　应用程序并不能感知到物理空间的存在,是操作系统将它们分成两个层次,并借助MMU实现了逻辑地址到物理地址的映射,同时实现了不同进程的地址空间之间的分离,使它们不会相互干扰。

　　2) 程序装入与链接

　　程序执行前就被全部装入内存,称为静态装入。然而,程序执行过程中,其代码和数据并不是每一部分都会被用到。例如,一些错误处理程序在没发生相应错误时,就不会执行到。因此若在执行前将其全部装入内存,会使装入时间和内存空间的开销比较大。因此系统往往采用动态装入方法,即只有执行到某个模块时,才将其装入内存。一般情况下,程序开始运行前,总是将主程序首先调入内存。

　　应用程序应该有好的模块化结构,装入一部分模块就能正常运行。这样才能发挥动态装入的优势。

　　源程序经过编译或汇编得到目标文件,目标文件之间可能相互依赖,并且还要调用库文件中的函数,目标文件、库文件必须通过链接,形成可执行文件才能在CPU上执行。链接的结果是在可执行文件中形成统一、完整的地址空间。程序在装入之前执行的这种链接,称为静态链接。

　　静态链接将程序的各部分代码和库程序的代码链接到一起形成一个可执行文件,如果一个函数被多个程序用到,则被链接多次。例如,如果每个可执行程序都调用了printf()函数,那么printf()的代码就会重复地出现在这些可执行代码中。同样,当执行这些可执行程序时,内存中也会出现一段代码的多个副本,造成内存的浪费。另外,当库文件更新时,所有的程序必须重新链接。

　　与静态链接不同,动态链接是在程序执行过程中进行链接的,即当执行到要链接的代码时才执行链接操作。具体实现如下:对于要动态链接的代码,链接时,并不将库文件的函数直接链接到可执行文件中,而是在调用该函数的地方插入一段称为存根(stub)的代码,若该库函数还没有被装入内存,那么就在磁盘上找到库函数所在的文件并调入内存,将对存根代码的调用改为对库函数的直接调用。这类在执行过程中被调入链接的库称为动态链接库,可以被所有程序共享。

动态链接和静态链接的最明显的区别是链接时机的不同,前者在执行时进行,后者在装入前链接。由于将链接操作推迟到了最后时刻,在程序执行时许多执行不到的函数就没必要链接或装入内存;由于采用了存根,实现了代码共享,减少了复制。

3) 交换

早期的计算机内存很小,无法同时容纳多个进程。因此在分时系统中,往往把暂时不执行的进程从内存临时调出到磁盘,而调入将要执行的进程,这解决了在较小的内存中同时执行多个进程的问题,这种技术称为交换。事实上,若一个进程较大,无法装入内存,也可以采用交换技术,将暂时不执行的部分调出,装入将要执行的部分。尽管计算机内存的容量从以 KB 计量到现在的以 GB 计量,然而进程规模和数量的扩大使内存紧张的问题不仅没有减少,反而成为常态。在现代计算机系统中,内存中仍然只能装入进程的部分内容,操作系统依然要凭借内外存交换的思想,采用各种技术,及时将要执行的程序调入内存。

从内存临时调出的程序和数据往往存于一个单独的硬盘或硬盘分区,即交换区,而不是以文件的形式存于文件系统中。交换区被认为是内存的扩充,同文件系统相比,其访问频率高、但容量不大。交换区的管理强调的是访问速度,而文件系统考虑了文件的各种应用,在检索、读写方面难以满足系统对交换区的要求。例如,从内存中换出的数据一般存于磁盘上连续的区域,以减少磁头的定位时间,而对文件就没有这种硬性需求。

2. 连续内存管理

内存管理的基础是对内存的划分。最简单的划分就是每部分仅包含连续的内存区域,这样的区域称为分区。内存一般被划分为两部分:操作系统分区和用户进程分区。当系统中同时运行多个进程时,每个进程都需要有自己独占的分区,这样就形成了多个用户进程分区。

每个分区都是连续的,作为进程访问的物理内存,其位置和大小可以由基址寄存器和界限寄存器唯一确定。通过这两个寄存器,系统可以将一个进程的逻辑地址空间映射到其物理地址空间,整个系统仅需要一对这样的寄存器用于当前正在执行的进程。进程分区的起址和大小是保存在进程控制块中的,仅在进程运行时才会装载到基址和界限寄存器中。

操作系统内存管理的任务就是为每个进程分配内存分区,并将进程代码和数据装入分区。每当进程被调度,执行前由操作系统为其设置好基址和界限寄存器。进程在执行过程中 CPU 会依据这两个寄存器的值进行地址转换,得到要访问的物理地址。进程执行结束并退出内存后,操作系统回收进程所占的分区。下面讨论三种连续内存管理的特点及管理方法。

1) 单一连续区分配

这种分配方式仅适用于单用户单任务的系统,它把内存分为系统区和用户区。系统区仅供 OS 使用,用户区供用户使用,任意时刻内存中只能装入一道程序。

2) 固定分区分配

固定分区分配将用户内存空间划分为若干个固定大小的区域,在每个用户分区中可以装入一个用户进程。内存的用户区被划分成几个分区,便允许几个进程驻留内存。操作系统为了完成对固定分区的管理,必须定义一个记录用户分区大小、分区起始地址及分区是否空闲的数据结构。

3）动态分区分配

这种分配方式根据用户进程的大小,动态地对内存进行划分,根据进程需要的空间大小分配内存。内存中分区的大小和数量是变化的。动态分区方式比固定分区方式显著地提高了内存利用率。

操作系统刚启动时,内存中仅有操作系统分区和一个空闲分区。随着进程不断运行和退出,原始的空闲分区被分割成了大量的进程分区和不相邻的空闲分区。当一个新的进程申请内存时,系统为其分配一个足够大的空闲分区,当一个进程结束时,系统回收进程所占内存。采用动态分区分配方式时,通常可以建立一个空闲分区链以管理空闲的内存区域。

一般不会存在一个空闲分区,其大小正好等于需装入的进程的大小。操作系统不得不把一个大的空闲分区进行拆分后分配给新进程,剩下的放入空闲分区表。空闲分区表中可能有多个大于待装入进程的分区,应该按照什么策略选择分区,会影响内存的利用率。常见的分配算法如下:

(1)首次适应算法:在采用空闲分区链作为数据结构时,该算法要求空闲分区链表以地址递增的次序链接。在进行内存分配时,从链首开始顺序查找,直至找到一个能满足进程大小要求的空闲分区为止。然后,再按照进程请求内存的大小,从该分区中划出一块内存空间分配给请求进程,余下的空闲分区仍留在空闲链中。

(2)循环首次适应算法:该算法是由首次适应算法演变而形成的。在为进程分配内存空间时,从上次找到的空闲分区的下一个空闲分区开始查找,直至找到第一个能满足要求的空闲分区,并从中划出一块与请求的大小相等的内存空间分配给进程。

(3)最佳适应算法:将空闲分区链表按分区大小由小到大排序,在链表中查找第一个满足要求的分区。

(4)最差匹配算法:将空闲分区链表按分区大小由大到小排序,在链表中找到第一个满足要求的空闲分区。

4）分区的回收

内存分区回收的任务是释放被占用的内存区域,如果被释放的内存空间与其他空闲分区在地址上相邻接,还需要进行空间合并,分区回收流程如下:

(1)释放一块连续的内存区域。

(2)如果被释放区域与其他空闲区间相邻,则合并空闲区。

(3)修改空闲分区链表。

如果被释放的内存区域(回收区)与任何其他的空闲区都不相邻,则为该回收区建立一个空闲区链表的结点,使新建结点的起始地址字段等于回收区起始地址,空闲分区大小字段等于回收区大小,根据内存分配程序使用的算法要求(按地址递增顺序或按空闲分区大小由小到大排序),把新建结点插入空闲分区链表的适当位置。

如果被释放区域与其他空闲区间相邻,需要进行空间合并,在进行空间合并时需要考虑如图 3-7 所示的三种不同的情况。

(1)仅回收区的前面有相邻的空闲分区,如图 3-7(a)所示,把回收区与空闲分区 R1 合并成一个空闲分区,把空闲链表中与 R1 对应的结点的分区起始地址作为新空闲区的起始地址,将该结点的分区大小字段修改为空闲分区 R1 与回收区大小之和。

图 3-7 内存回收区与其他空闲区相邻的情况

(2) 仅回收区的后面有相邻的空闲分区,如图 3-7(b)所示,把回收区与空闲分区 R2 合并成一个空闲分区,把空闲链表中与 R2 对应的结点的分区起始地址改为回收区起始地址,将该结点的分区大小字段修改为空闲分区 R2 与回收区大小之和。

(3) 回收区的前、后都有相邻的空闲分区,如图 3-7(c)所示,把回收区与空闲分区 R1、R2 合并成一个空闲分区,把空闲链表中与 R1 对应的结点的分区起始地址作为合并后新空闲分区的起始地址,将该结点的分区大小字段修改为空闲分区 R1、R2 与回收区三者大小之和,删除与 R2 分区对应的空闲分区结点。当然,也可以修改分区 R2 对应的结点,而删除 R1 对应的结点。还可以为新合并的空闲分区建立一个新的结点,插入空闲分区链表,删除 R1 和 R2 对应的分区结点。

5) 内存碎片

一个空闲分区被分配给进程后,剩下的空闲区域有可能很小,不可能再分配给其他的进程,这样的小空闲区域称为内存碎片。最坏情况下碎片的数量会与进程分区的数量相同。

大量碎片会降低内存的利用率,因此如何减少碎片就成为分区管理的关键问题。内存中的碎片太多时,可以通过移动分区将碎片集中,形成大的空闲分区。这种方法的系统开销显然很大,而且随着进程不断运行或退出,新的碎片很快就会产生。当然,回收分区时合并分区也会消除一些碎片。

3. 非连续内存管理

连续内存管理将物理内存划分成若干分区,每个进程装入一个分区内,即占据一段连续的内存。当进程需要的分区越来越大时,一方面难以找到足以装下进程的分区;另一方面,也使更多小分区不能被使用。将程序分割,分别装入到多个彼此不连续的分区内,就可以解决上述问题。这类将程序的逻辑地址空间进行分割后装入物理地址空间不连续分区内的方法,称为非连续内存管理。下面介绍进程地址空间三种不同的分割方法,以及相关的软硬件系统实现机制。

1) 分页管理

将进程的地址空间分成大小相等的区域,如 1KB、4KB 等,每个区域称为页 p(page)。同时将内存空间分成众多与页大小一样的区域,称为页框(page frame)。这样,进程中的一个页正好可以装入到内存中的一个页框中。系统装入进程时,在内存中找到空闲的页框装入,通常情况下,两个连续的页没必要装入连续的页框中。

装入时,系统将进程的哪个页装到哪个页框的对应信息存放在叫做页表的一种数据结构中。页表的序号是页号,内容就是页框号,页表的长度是指进程地址空间所包含的页数。

页表存放了进程逻辑地址空间到物理地址空间的映射关系。显然,每个进程有一个页表,页表的起始位置存放在进程的控制块中。

操作系统还需要一个表记录内存的使用情况,该表序号是页框号,内容标记该页框是否已经被分配出去。显然整个系统只有一个页框表。

采用分页式管理的优点是:几乎没有内存碎片,这是因为将物理空间和进程地址空间进行等量划分,并且不再需要将进程装入连续的内存。当然,进程的逻辑地址空间一般不会是页大小的整数倍,最后一页会有平均 0.5 页的空闲区域不能被利用,这部分浪费的空间称为页内碎片。由于页的大小只有几千字节,相对于动辄几十兆字节的程序来说,这点损失可以忽略。

现在的问题是,本来有严格顺序的程序装入到内存中不连续的页框中,进程被执行时如何找到它对应的页框?这就要依赖基于页表的地址转换。

当程序要访问某个逻辑地址单元 a 时,首先求出 a 对应的页号和页内地址,页号 $p=\text{INT}(a/s)$,页框号:$q=\text{MOD}(a/s)$,其中 s 是页的大小。然后通过页号去查页表,得到该页所在页框的页框号。由于页是整个装入页框内的,页内地址 d 等于其所在页框内的地址。所以该单元的物理地址=页框号*页框大小+页框内地址=$q*s+d$。

若程序的逻辑地址是 32 位,页大小为 4KB,逻辑地址的最低 12 位就是页内地址,最高 20 位是页号。所以在地址变换时通过硬件机制直接从逻辑地址寄存器中取出相应的位即可得到页号和页内地址。这样做的前提是:页的大小必须是 2 的整数次幂。事实上,分页系统就是这么做的。

操作系统采用分页式存储管理方式必须有硬件的支持。页表寄存器是 CPU 专为分页系统设置的,用于存放页表的起始地址。一个进程切换到 CPU 之前,其页表起始地址必须被装入页表寄存器。地址转换是在指令的执行过程中完成的,由 CPU 硬件 MMU 实现,但是页表的内容是由操作系统管理的。

同连续内存管理的内存保护一样,分页内存管理的内存保护也是在地址变换过程中进行的。分页系统中内存保护有两方面的含义:一是防止进程越界访问,二是保证进程按规定的权限操作。为此,在页表中设置有效位和权限位,有效位表示该页是否在该进程的地址空间中,权限位表示进程可以对页进行何种操作。当进程对内存进行访问时,通过页表进行地址转换,在转换的过程中判断当前的操作是否与页表内的有效位和权限位一致。若不一致,产生越界或保护异常。

分页系统允许两个进程共享一个页。只要两个进程页表中的页表项各自指向相同的页框号,两个进程就可以共享该页框。共享的代码必须是可重入代码,也就是代码在执行中不能有任何改变。

在分页机制中,从内存中取指令或数据至少要两次访问物理内存,先访问进程页表,再根据地址转换得到的物理地址访问内存,使有效访存时间增加了一倍,解决这个问题的通用方法是增加一个被称为 TLB(Translation Lookside Buffer,也称快表)的高速缓存来存放最近被访问过的页表项。CPU 访存时,先根据页号查找 TLB,如果在 TLB 中找到相应的页表项,就直接取出页框号而不必访问页表。否则访问内存中的页表,从相应的页表项中取出页框号,并将该页表项写入 TLB 中。若 TLB 中的条目已满,就采用某种置换策略用该页表项替换 TLB 中的一个页表项。由于程序的局部性,尽管 TLB 容量不大,但命中率很高,所以绝大部分情况下页框号是从TLB中找到的,可使有效访存时间提高近一倍。

现代计算机都支持很大的逻辑地址空间,导致页表需要占据很大的连续物理内存空间,为了能使页表无须在物理内存中连续存放,可以将页表划分成更小的"片",离散存放。由此产生了二级,甚至多级页表。二级页表由一个页目录表和多个页表组成,页目录表中包含页表的索引,页目录表和每个页表占据连续物理内存空间,不同页表无须连续存放。二级页表的缺点是需要两次查找内存才能得到进程页面的页框号,好在绝大多数情况下是在TLB中查到页框号的。多级页表是二级页表的扩充。

在32位系统中采用二级页表时,逻辑地址结构如图3-8所示。

图3-8　32位系统二级分页的逻辑地址结构

系统将逻辑地址A变换为物理地址的过程如图3-9所示。

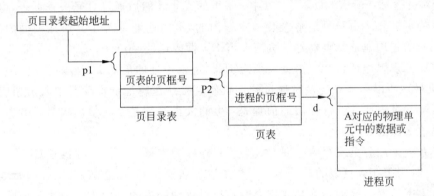

图3-9　二级分页的地址转换

(1) 对于给定的逻辑地址A,由硬件从中分离出页目录号p1,页表索引p2,页内偏移地址d。

(2) 由页目录表起始地址和页目录号p1,计算相应页目录项的起始地址,从该地址处获得页表所在的页框号。

(3) 由页表所在的页框号和页表索引p2,计算相应页表项的地址,从该地址处获得A所在的进程页的页框号。

(4) 由A所在的页框号×页大小＋页内地址d得到A的物理地址。

2) 分段管理

分页按照相同大小对用户进程地址空间和物理地址空间进行划分,为操作系统的内存管理提供了很大的方便。但是页不具有逻辑含义,用户程序感受不到页的存在。

对进程空间的另一种划分方式是分段。与分页不同,分段是按照程序自身的逻辑结构来划分的。例如,一个进程地址空间可以分为代码、全局变量、堆、栈、标准函数库等各个部分。程序编译链接后,并不需要将它们串在一起,形成一个一维的地址空间,而是由装入程序分别装入内存。同页一样,进程内的各段之间在内存中没必要连续存放。在分段内存管理模式中,逻辑地址空间被认为是段的集合,逻辑地址由段号和段内地址表示,是二维的。而在分页模式中,地址空间是线性的,地址是一维的。另外,分页是操作系统划分的,对用户是透明的,而分段是用户划分的。

与分页类似,将程序的各段装入内存时需要记录各段装到了内存的什么位置。由于各段的长度不等,段在内存中连续存放,所以段表至少包含三项内容:段号、段起始地址和段长。

为了实现从进程的逻辑地址到物理地址的转换,CPU 中设置了段表寄存器,用于存放段表的起始地址和段表长度。地址变换时,系统将逻辑地址中的段号与段表寄存器的段表长度进行比较,若超出段表范围,则访问越界,否则根据段号找到段表的起始地址和段长。再检查段内地址是否超出段长,若超出,则访问越界,否则将段的起始地址与段内地址相加,即得到物理地址。

分段地址转换过程中同样需要考虑段表的查找速度以及段的共享和保护问题,解决方法与分页系统类似。

段是程序的一个逻辑实体,以段为单位进行共享和保护是有意义的。而页不是程序的逻辑单元,一个页可能包含两个不同操作权限的数据或程序,对一个页共享和保护可能是没有意义的。当然,在系统具体实现时都会采取适当的技术解决此类问题。段在逻辑上意义的完整性也导致其长度是各不相同的,因而分段系统中内存空间的管理仍然存在碎片的问题。

3) 段页式管理

段页式存储管理结合了分段和分页管理方法,因而也兼备二者的优点,其缺点是地址变换的过程更复杂了。段页式系统中,用户将程序的所有段提交给操作系统,操作系统把每个段分成若干个页。当程序要访问某个内存对象时,需要给出的地址形式是[段号,段内地址],操作系统从段内地址分解出页号和页内地址。然后分别按照分段和分页的地址映射过程进行地址转换。

3.3.2 虚拟内存管理

前面介绍的内存管理方法已经建立了一个复杂的机制,将进程的地址空间与内存的物理空间分隔。这种分隔使得多个进程同时装入内存运行,而每个进程都察觉不到其他进程的存在。同样,系统为了管理的方便,将进程的地址空间划分成页,离散装入内存,让进程也毫不知情。这种向进程隐藏具体实现细节的做法被称为透明的。操作系统作这一切的目的是为给用户提供一个适合编程的、不依赖于机器内存和内存管理方式的存储空间。然而,连续的内存管理方法仍然要求进程执行前必须全部装入内存,使进程的运行仍然受限于物理内存的大小。下面介绍的虚拟内存技术就是要为进程提供一个几乎是充分大的存储空间,进一步使进程的执行摆脱运行环境的限制,这体现了虚拟化技术的基本思想。

1. 虚拟内存基本概念

程序执行时在一段时间内访问的代码和数据往往集中在地址空间中的某个局部范围内。这种性质是由程序本身的结构决定的,例如循环、子程序、顺序、数组等。程序的局部性体现在两个方面:

(1) 时间局部性。若程序的一段代码或数据被访问,则不久之后可能会被再次访问;

(2) 空间局部性。一旦程序访问了某个存储单元,则一段时间内,其附近的存储单元也会被访问。

进程运行过程中,可能会有许多部分在一段时间内,甚至整个进程的运行过程中都不会被执行。如果把一个进程的程序和数据全部装入内存,不仅消耗了系统的时间,还占用了宝贵的内存资源。随着计算机软件规模的不断扩大,这个问题变得越来越突出。程序完全可以部分装入内存,当需要时再装入其余的各部分,如果没有足够的空闲内存,还可以把临时不用的程序换出到外存空间。这种请求调入和置换的功能使进程的地址空间远大于物理内存时,也仍然能够运行。这样,在进程看来,它运行在一个远大于物理内存的存储器上,这个存储器称为虚拟存储器。

一个进程的虚拟地址空间是进程在内存存放的逻辑视图。虚拟存储器的本质是虚拟地址空间和物理地址空间的完全分离。

2. 请求分页管理方式

前面介绍的非连续内存的三种管理方法都对进程的逻辑地址空间进行了划分,这是实现虚拟存储器的必要基础。基于三种方法,都可以实现虚拟存储管理。下面仅介绍基于分页管理的虚拟存储器的实现技术——请求分页管理,其他两种虚拟存储管理的实现原理与请求分页管理的原理类似。

与分页管理不同的是,请求分页系统不是在进程执行前将进程执行的代码和数据全部调入内存,而是在使用一个页时,才将其调入。与交换技术不同的是,请求分页系统不是以进程为单位,而是以页为单位换入换出。

请求分页在页表内容、地址转换过程等方面对分页系统做了改进,增加了交换区。在支持请求分页的系统中页表项一般包含以下基本字段,页表项的构成如图 3-10 所示。

| 页号 | 页框号 | 状态位P | 访问字段A | 修改位M | 外存地址 |

图 3-10 请求分页系统的页表项

页表项中页号作为地址映射时的索引。页框号用于存放页面在物理内存中的页框的编号。状态位 P 用来标识页面是否在内存中。例如,可以规定 P 为 0 时表示页面不在内存中,需要请求调页,P 为 1 时表示页面在内存。访问字段 A 用于记录页面最近被访问的情况。A 中可以存放页面最近被访问的次数,也可以存放最近未被访问的时间长度。也可以简单地用 $A=1$ 表示页面最近被访问过,用 $A=0$ 表示页面最近没有被访问过。操作系统实现置换程序时需要根据 A 的值来选择被换出的页面,出于效率的考虑,系统总是希望根据 A 的值把最近最久未访问的页面换出到外存。修改位 M 用于标识页面最近是否被修改过。由于内存中的每个页面在外存中都保存有一个副本,如果页面没有被修改过,则外存中的页面副本和内存中的页面完全一致,因此,换出页面时就不用把页面信息写回外存,只需要把该页面所占用的页框标识为空闲可用。如果页面最近被修改过,那么内存中的页面和外存中该页面的副本就不一致,在换出页面时,必须把最近修改过的页面内容写回外存。往外存中写信息,需要请求磁盘操作,为了减少系统开销和启动磁盘的次数,在进行页面置换时,尽量选择最近没有被修改过的页面。外存地址用于指出页面在外存中的地址。

极端情况下,当进程开始执行时,没有一页在内存,执行第一条指令就产生缺页。只有访问到某页时系统才会调入该页,这种调入策略称为请求分页。这反映了操作系统经常采用的一个基本策略:即把工作推迟到最后不得不做的时候才做,以避免做无用功。但有时操作系统也会提前将某些它认为将会访问到的页集中调入,以减少 I/O 次数。这种策略称为预调入。

一条访存指令可能会访问多个页,引起多次缺页异常。缺页异常处理完后,不是执行下一条指令,而是重新执行该访存指令。

缺页异常发生在指令执行过程中,处理过程包含了一次读磁盘操作和一次可能的写磁盘操作,与一条指令的执行时间相比,读写磁盘操作的开销极大。因此,减少缺页异常次数和缺页处理时间是请求分页系统解决的主要问题。

平均的缺页处理时间可以表示为:

$$(1-p) \times ma + p \times 缺页异常处理时间$$

其中 p 是缺页率,ma 是一次访问内存的时间。缺页异常处理时间和磁盘 I/O 紧密相关。

3. 页置换算法

缺页异常处理过程中,当调入一页时,如果发现内存没有空闲的页框,就需要选择一页换出(淘汰),这个过程称为页置换。选择一个淘汰页的方法称为置换算法。如果刚被置换出的页,很快就被进程访问,那么就会增加缺页次数,导致该页频繁地被换入换出。好的置换算法应该能够考虑程序的运行规律,减少缺页次数。

最佳(OPT)置换算法选择将来不用或将来最长时间不被访问的页。该算法有较低的缺页率,确实是最佳的,但是进程运行过程中,操作系统不会知道进程将访问哪些页,所以该算法不具有实际意义。当用模拟运行环境衡量一个算法好坏时,该算法可以作为一个参考。

先进先出(FIFO)置换算法选择最先进入内存的页。该算法最简单且容易实现,但与进程实际运行的规律不相适应,因为在进程中有些被经常访问的页面,例如常用函数,全局变量等有可能被淘汰出去。

最近最久未用(LRU)置换算法选择内存中过去最长时间不用的页。该算法的依据是程序的局部性原理。过去长时间不用的页将来也很难用到。

时钟置换算法(Clock 算法)为每页设置一个访问位 A,并将内存中的所有页组成环形队列。当某页被访问时,其访问位置为 1。在选择一页淘汰时,检查该页的访问位,若为 0,换出;否则置为 0,暂不换出,给该页第二次驻留内存的机会。置换程序继续沿环形队列查找下一个页,直至找到一个符合条件的页。若置换程序扫描到一页时,访问位为 1,说明自上一次扫描到现在该页已被访问过;否则说明该页未被访问过。所以该算法体现了程序的局部性。若环形队列所有页的访问位均置为 1,则置换程序在第一次扫描中找不到符合条件的页,但在第二次扫描中会找到。

Clock 算法没有考虑页面的修改情况,为了优先淘汰既没有被访问又没有被修改过的页面,上述 Clock 算法可以改为:

(1) 第一次扫描。查找 $A=0$ 且 $M=0$ 的页作为淘汰页,扫描过程不改变访问位。

(2) 第二次扫描。若第一次扫描没找到符合条件的页,则开始第二次扫描,寻找 $A=0$ 且 $M=1$ 的页作为淘汰页。扫描过程中将访问位置 0。

(3) 若第二次扫描仍找不到,则重新执行第(1)步和第(2)步。该算法最终肯定能找到符合条件的页,称为改进型 Clock 算法。

该算法同 Clock 算法相比,试图减少磁盘操作次数,但算法本身的开销增加了。

假设进程有 5 个页,访问次序为 1,2,3,4,1,2,5,1,2,3,4,5,若分别给该进程分配 3 个页框和 4 个页框,采用 FIFO 置换算法,进程执行时的缺页次数分别为 9 次和 10 次。给进程分配的页框数量越多,缺页次数反而越多,这种不合常理的现象称为 Belady 异常。对于 FIFO 置换算法,产生 Belady 异常的情况并不常见。在上述 4 种算法中,只有 FIFO 置换算法存在 Belady 异常,另外 3 种皆不存在。不存在 Belady 异常的算法,称为栈式算法。

4. 页框分配策略

一般情况下,进程获得的实际内存越多,缺页率就会越低。但内存的数量总是有限的,事实上总是不够用的。操作系统应该如何分配内存资源?

最基本的方法是要确定一个进程所需要的最少页框数是多少。假定一个指令系统中的每条指令仅包含一个内存地址,那么一个内存页框就可以支持程序执行。若访问的单元跨越 2 个页,就需要 2 个页框。如果指令系统支持间接地址,就需要至少 4 个页框。考虑到指令本身占的内存,进程正常执行需要的最小页框数就会更多。所以操作系统可以根据指令系统的特性,确定进程运行需要的最少页框数量。

其次,根据进程的特性进行内存分配。一种方法是根据程序大小分配内存,大程序得到的内存大,小程序得到的内存小。另一种方法根据进程的实际运行情况分配内存,局部性好的进程可以分配较少的内存,局部性较差的进程分配较多的内存。此外,随着进程运行情况的变化,进程得到的页框数量也会变化。

还可以根据进程的优先权给进程分配页框数量。一种方法是所有进程获得相等的页框数量,表示优先权相同。另一种方法是建立优先权和页框数量之间的映射关系。

分配给进程的页框数量可以是固定的,也可以是动态变化的。若为每个进程分配的页框数是固定的,那么在进行页置换时,置换算法总是在当前进程的内存页框中选择被淘汰的页,这称为局部置换策略。反之,如果系统允许在所有进程的页框中选择被淘汰的页,这种置换策略称为全局置换策略,某些缺页率高的进程可能通过全局置换策略从其他进程那里得到页框,降低了缺页率,也可能出现不仅自身的缺页率未降低,反而使其他进程的缺页率提高的情况。固定分配和可变分配策略、局部置换和全局置换两种策略在实际系统中组合成以下三种页面分配和置换策略:

1) 固定分配局部置换。

在进程创建时为每个进程分配一定数量的页框,在进程运行期间,进程拥有的页框数不再改变。当进程发生缺页时,系统从该进程在内存中的页面中选择一页换出,然后再调入请求的页面,以保证分配给该进程的内存空间保持不变。

2) 可变分配全局置换

这是在操作系统中被广泛使用的策略。在采用这种策略时,先为系统中的每个进程分配一定数量的页框,同时,操作系统保持一个空闲页框队列。当某进程发生缺页时,由系统从空闲页框队列中取出一个页框分配给该进程,并将欲调入的缺页装入其中。任何产生缺页的进程都可以由系统获得新的页框,以增加本进程在物理内存中的页面数。当系统总空闲页框数小于一个规定的阈值时,操作系统会从内存中选择一些页面调出,以增加系统的空闲页框数,调出的页面可能是系统中任何一个进程的页面。

3）可变分配局部置换

进程创建时,为进程分配一定数目的页框,当进程发生缺页时,只允许从该进程在内存中的页面中选出一页换出,只有当进程频繁发生缺页时,操作系统才会为该进程追加页框,以装入更多的进程页面,直到该进程的缺页率降低到适当程度。反之,若一个进程在运行过程中的缺页率特别低,则可在不引起进程缺页率明显增加的前提下适当减少分配给该进程的页框数。

5. 抖动

在并发环境中,当 CPU 的利用率不高时,往往会装入更多的作业,提高系统的并发度,从而获得更高的 CPU 利用率。然而,在虚拟存储器系统中,随着并发度的提高,每个进程获得的页框数少,缺页率提高,会使 CPU 利用率降低,CPU 将大量时间用于处理缺页异常。如果一个进程的缺页率高到一定程度,使 CPU 花在执行进程上的时间小于缺页处理时间,就称该进程处于抖动状态。若系统中处于抖动状态的进程很多,系统的资源利用率将受到严重影响。

如果系统中出现普遍的抖动现象,应该减少进程数量。采用局部置换策略可防止一个发生抖动的进程从其他进程处获得页框,避免抖动的传播。若某个进程发生抖动,则说明系统分配给该进程的页框数量小于进程实际需要的页框数。下面介绍的工作集方法根据进程执行过程中对内存的动态需求进行页框分配。

6. 工作集

针对分页系统,局部性原理可以理解为：在某段时间内,一个进程对内存的访问一般局限于某个页集合,称为局部页集合。执行过程中进程也会从一个局部页集合转向另一个局部页集合。不同阶段的局部页集合会有交集。如果系统分配给进程的页框数量大于其当前的局部页集合内的页数,进程就会在一段时间内不出现缺页,否则会有不同程度的缺页率。当然进程从一个局部页集合转向另一个局部页集合时总会有瞬间的高缺页率。与局部页集合的大小相比,系统分配给进程的页框数,若过多,则内存的利用率不高；若过少,则导致缺页率上升。为了给进程分配适当的页框数量,操作系统有必要知道进程的局部页集合的大小。

系统通过分析进程过去一段时间内访问页的情况,建立工作集模型来估计进程的一个局部页集合。一个进程的工作集 (t, Δ) 可以定义为：在时刻 t 之前的 Δ 次页访问中,进程访问的所有页。参数 t 说明工作集是随时间变化的集合,而 Δ 称为工作集窗口。Δ 若过小,工作集不能包含一个局部工作集；若过大,则工作集可能会包含多个局部页集合。进程的工作集确定后,就可以参照工作集的大小给进程分配页框数。

若系统中所有进程的工作集包含的页数大于内存容量,那么就说明进程得不到其所需的页框数量,需要减少系统中的进程数量。

3.4 文件管理

文件系统是对文件进行存储、检索、共享和保护等的管理机制,为用户提供一整套方便有效的使用和操作文件的方法。文件管理部分介绍实现文件的存储、文件的按名存取的基本原理,包括相关的数据结构、算法、策略、接口。

3.4.1 文件系统基础

文件系统基础介绍什么是文件、文件的分类、文件的结构、目录文件及其结构等内容,是对文件系统基本概念的综述。

1. 文件概念

文件是由文件名标识的一组信息的集合。文件名是字母或数字组成的字母数字串,其格式和长度因系统而异。操作系统的文件系统使用户无须知道文件存放的物理位置,只要通过文件名就可以实现文件的按名存取;文件系统还可以提供文件的安全、保密和保护措施;提供文件共享功能。

文件可以按各种方法分类。按用途可分为系统文件、库文件和用户文件;按保护级别可分为只读文件、读写文件等;按信息流向可分为输入文件、输出文件和输入输出文件;按存放时限可分为临时文件、永久文件、档案文件;按信息传送的单位可分为字符文件、块设备文件。类 UNIX 操作系统支持普通文件和目录文件。普通文件是一般用户建立的源程序文件、数据文件、目标代码文件及操作系统自身的文件、库文件等,通常存储在外存储设备上。目录文件由目录项构成,是文件系统用于实现文件按名存取的重要数据结构。

2. 文件的逻辑结构

文件的逻辑结构是从用户观点出发所能观察到的文件组织形式,是用户可以直接处理的数据结构,它独立于文件的物理特性,又称为文件的组织。文件的逻辑结构可分为有结构文件和无结构文件,在有结构的文件中,文件由若干个相关记录构成;无结构文件由一系列字符流构成。对有结构文件,根据用户和系统管理的需要,可采用多种方式来组织文件中的记录,形成下述几种文件。

1) 顺序文件

顺序文件是由一系列记录按某种顺序排列所形成的文件。其中的记录通常是定长记录,因而能用较快的速度查找文件中的记录。

2) 索引文件

当记录为可变长度时,通常为之建立一张索引表,并为每个记录设置一个表项,以加快对记录检索的速度。

3) 索引顺序文件

索引顺序文件是上述两种文件构成方式的结合,它为文件建立一张索引表,为每一组记录中的第一个记录设置一个表项。

3. 目录结构

在现代计算机系统中,要存储大量的文件。为了能对这些文件实施有效的管理,必须对它们加以妥善组织,这主要是通过文件目录实现的。文件目录也是一种数据结构,用于标识系统中的文件及其物理地址,供检索时使用。

1) 文件控制块和索引结点

为了对一个文件进行正确的存取,必须为文件设置用于描述和控制文件的数据结构,称之为"文件控制块(FCB)"。文件管理程序通过文件控制块中的信息实现对文件的操作。文件与文件控制块一一对应,文件控制块的有序集合被称为文件目录,即一个文件控制块就是一个文件目录项。通常,一个文件目录也被看做是一个文件,称为目录文件。

文件控制块通常包括文件名、文件地址信息和属性信息。属性信息在不同的文件系统中包括的内容不同,常见属性信息有文件的存取控制信息、文件的建立日期和时间、文件上一次修改的日期和时间、当前使用信息(如当前已经打开该文件的进程数、是否被其他进程锁住等)。

文件的地址信息和属性信息可以直接放在目录项中,也可以被放在称为索引结点的数据结构中,在采用索引结点的文件系统中,目录项中只存放文件的名字和索引结点号。系统根据文件名在目录文件中找到该文件的索引结点号,然后根据索引结点号找到文件的索引结点,从索引结点中获取文件的属性信息和地址信息。文件的索引结点主要包括文件主标识符、文件类型、文件存取权限、文件物理地址。每个索引结点中有若干个地址项用来存放物理地址,这些地址项可以存直接地址或间接地址。

2) 单级目录结构和两级目录结构

目录结构的组织,关系到文件系统的存取速度,也关系到文件的共享性和安全性。文件目录的组织形式分为单级目录、两级目录和树形目录。

单级目录是最简单的目录结构。在整个文件系统中只建立一张目录表,每个文件占一个目录项,用于存放文件名、文件属性信息和文件的物理地址信息。

两级目录是为每个用户建立一个单独的用户文件目录。这些文件目录由用户所有文件的文件控制块组成。此外,在系统中再建立一个主文件目录,在主文件目录中,每个用户目录文件都占一个目录项,其中包括用户名和指向该用户目录文件的指针。

3) 树形目录结构

树形目录又称多级目录,包含三级或者三级以上的目录结构。在树形目录中把主目录称为根目录,数据文件称为树叶。在采用树形目录结构的文件系统中,访问文件需要通过路径名。路径分为绝对路径和相对路径。绝对路径名由从根目录到文件的路径组成。相对路径名由当前目录到文件的路径组成。每个文件的绝对路径名是唯一的,而相对路径名不唯一。

4. 文件共享与保护

多用户操作系统需要提供文件共享和文件保护功能。文件共享可以通过在不同目录中使用指向同一个文件的索引结点,或提供被共享文件的路径来实现。文件保护可以通过划分不同用户类别,为特定用户指定文件的特定访问控制权限来实现。对于会被同时访问的共享文件,需要设计类似读者-作者问题的同步机制,控制进程对文件的访问。

3.4.2 文件系统实现

文件系统的实现包括文件系统的层次构成、文件和目录的实现、空闲盘块的管理等基本内容,介绍文件系统实现原理中基本的数据结构和策略。

1. 文件系统层次结构

文件系统通常由不同的层次构成,如图 3-11 所示。最底层是 I/O 控制层,包括设备驱动程序和中断处理程序,完成在主存和磁盘之间的数据传输。基本文件系统向相应的设备驱动程序发送读/写磁盘物理块的命令,物理块是用磁盘地址(柱面号、磁头号、扇区号)进行编号的。文件组织模块层将逻辑块号(线性编号,如 1~N)转换成物理块地址。逻辑文件系统层管理所有的元数据信息,通过文件目录向文件组织模块层提供其需要的信息以及符号文件名,包括文件控制块。逻辑文件层也负责文件的保护与安全性。

| 应用程序 |
| 逻辑文件系统 |
| 文件组织模块 |
| 基本文件系统 |
| I/O控制层 |
| 设备层 |

图 3-11 文件系统的层次结构

2. 文件实现

文件存储的实现可以采用连续分配方式、链接分配方式、索引分配方式。

1) 连续分配方式

连续分配方式为一个文件分配一组相邻的盘块。采用这种分配方式时,可把逻辑文件中的记录顺序地存储到邻接的物理盘块中,这种分配方式保证了逻辑文件中的记录顺序与存储器中文件占用盘块的顺序是一致的。系统为找到文件的存放地址,在目录项的"文件物理地址"字段中,记录该文件的第一个记录所在的物理盘块号和以盘块数计量的文件长度。连续分配的优点是便于顺序访问文件,顺序访问的速度快。缺点是要求有连续的存储空间,必须知道文件的长度。

2) 链接分配

链接分配方式为文件分配物理上不相邻接的盘块,使文件离散地存放在外存空间。其优点是查找文件无须知道文件的长度,当文件动态增长时,可根据需要动态地为它分配盘块。链接分配方式又分为隐式链接和显式链接两种形式。

采用隐式分配方式,需要在文件目录的每个目录项中存放文件第一个盘块的块号。并且在文件的每个盘块中用几个字节的空间来存储下一个盘块的块号。在采用隐式链接分配的文件系统中要访问一个文件的所有内容,需要先根据文件名搜索到相应的目录项,从目录项中读取文件第一个盘块的块号,然后从第一个盘块中读取文件第一块的内容和第二个盘块的块号,以此类推,从第 n 个盘块中读取文件第 n 块的内容和第 $n+1$ 个盘块的块号,直到读出最后一个盘块的内容。这种方式的一个明显缺点是:随机访问文件的速度很低。

显式链接方式采用一张被称为 FAT 表的数据结构。FAT 表的序号是物理盘块号,从 0 开始,直到 $N-1$,N 为物理盘块总数。在第 i 个表项中存文件的第 i 个盘块的下一个盘块号,每一个文件的第一个盘块号都存放在该文件对应的目录项中。系统查找文件时,先根据文件名搜索目录文件,从目录文件中获取文件第一块的物理块号,以后分别以各物理块号为索引从内存的 FAT 表中获取文件的其他所有物理块号。采用显式链接方式的缺点是必须把整个 FAT 表都放入内存中,当外存空间很大时,该方法不太实用。

3) 索引分配

索引分配方式是为每个文件分配一个索引块(表),再把分配给该文件的所有块号都记录在该索引块中。其典型应用场景是类 UNIX 系统中的多级索引分配,系统为每个文件建立一个称为 i 结点的数据结构,把文件的属性信息和文件在外存的盘块号信息都放在 i 结点中。每个文件的 i 结点号存在目录项中。当系统查找文件时,先根据文件名检索目录,得到该文件对应的目录项,从目录项中得到该文件的 i 结点号,根据 i 结点号找到 i 结点所在的盘块,从中读取该文件的盘块号。为了支持系统管理占用盘块数多的大文件,通常在 i 结点中用一部分字段存放文件的直接地址,即文件所在的盘块号,用另一部分字段存放间接地址,间接地址指向的盘块中存放的是盘块号。间接地址分一次间接地址、二次间接地址、三次间接地址。

3. 目录实现

目录文件由目录项构成,访问文件前必须先打开文件,打开文件时,文件系统利用用户给出的路径名找到相应的目录项,目录项中有查找文件所在盘块需要的信息。目录的实现主要解决两个问题:一个是目录项的结构,另一个是目录项的查找。

1) 目录项的结构

一种结构是设计相同长度的目录项,把文件名、文件属性及文件所在的磁盘块信息全部放在目录项中。这种结构在文件名和文件长度较大时,目录项需要较多的字节数。

另一种在目前的主流文件系统中广泛采用的目录项结构是在目录项中仅存放文件名和 i 结点号,文件的属性和地址信息存放在 i 结点中。当系统查找文件时,先从目录文件中读取文件的 i 结点号,根据 i 结点号找到 i 结点,从 i 结点中读取文件的属性信息和地址信息。

2) 目录项的查找

目录项的查找算法对文件的查找速度有影响。最简单的方式是按文件名匹配的线性查找,在文件数量很大的情况下,可以采用哈希表以及其他一些改进算法,以提高目录查找的速度。

4. 空闲盘块的管理

为文件分配外存空间是文件系统要实现的重要功能之一。实现外存储空间的分配,文件系统需要能记录存储空间使用情况的数据结构以及存储空间的分配、回收的算法。

1) 空闲区表

在采用连续分配方式的文件系统中可采用空闲区表记录空闲区信息。空闲区表的每个表项包含空闲区的起始盘块号和盘块数。为文件分配空闲区时,可采用首次适应算法或循环首次适应算法顺序查找空闲区表,以得到一个足够大的空闲区。回收空闲盘块时,要考虑空闲盘块区的合并。

2）空闲块链

文件系统为了记录磁盘上的空闲空间，将所有的空闲块链接起来，形成空闲块链。系统记录第一个空闲块块号，在每个空闲块中用几个字节记录下一个空闲块的块号。文件系统分配空闲块时，从空闲块链中依次取出空闲盘块进行分配。系统回收空闲盘块时，将回收的盘块插入空闲盘块链中。这种结构的优点是几乎不需要空间开销。但每次分配一个空闲块都要访问一次磁盘，时间开销极大。

空闲块链可以改进为成组空闲块链的方法。其基本思想是对磁盘的全部空闲块分组，每组空闲块的最后一块包含下一组空闲块的盘块号。第一组空闲块的块号存放在系统的一个内存数组 A 中。空闲块的分配和回收从第一组空闲块开始。当用户需要空闲块时，系统先从数组 A 中读取空闲盘块号进行分配。当分配到数组 A 中最后一个盘块时，需要先将该盘块中包含的下一组空闲块的块号读入数组 A，然后再将该块分配给用户。此时数组 A 存放了下一组空闲盘块号，系统可以继续分配 A 中的空闲块。当系统回收空闲盘块时，需要根据成组链接的特点组织回收的空闲盘块，这个过程由回收过程完成。成组链接方法的特点是空间开销小，分配和回收过程访问磁盘次数较少。假定每组空闲块的块数为 n，则在内存中存放一个长度为 n 的数组，就可以连续分配或回收 n 块空闲块才访问一次磁盘。

3）位图

位图法是用一个二进制位来表示外存中一个盘块的使用情况，当该位的值为"0"时表示对应的盘块空闲，该位为"1"时，表示对应的盘块已分配。或者反之，用"1"表示盘块空闲，用"0"表示盘块已分配。所有外存盘块对应的二进制位构成的集合被称为位示图，外存空间有专门用于存放位示图的盘块。为文件分配空闲空间时，先从外存将位示图依次读入内存，然后从中找出标识为空闲状态的盘块进行分配，被分配的盘块对应的二进制位的状态需要被修改为已分配状态。回收盘块时，将被回收盘块对应的二进制位的值修改为空闲标识。

3.4.3 磁盘组织与管理

磁盘存储器是存储文件的主要设备，其容量大，存取速度快。本节介绍磁盘的结构、磁盘调度算法、磁盘格式化、磁盘坏块的恢复等内容。

1. 磁盘的结构

每个磁盘一般包含多张盘片，每张盘片有两个面，每个面有若干个磁道，每个磁道有若干个扇区。一般磁盘的每个盘片有一个磁头，盘片和盘片之间、磁道与磁道之间、扇区与扇区之间都留有空隙。若一个磁盘的盘面数为 6，每个盘面的磁道数为 2^{13}，每个磁道的扇区数为 2^{10}，每个扇区有 2^9 字节，则磁盘容量为 $6 \times 2^{13} \times 2^{10} \times 2^9 = 24\text{GB}$。

盘片高速旋转，磁头沿半径方向直线运动。当磁头停在某个磁道上方时，磁盘旋转一圈的时间内，磁头就可访问该磁道上的所有扇区。若磁盘每分钟旋转 7200 圈，则磁盘的传输速率为 $2^{10} \times 2^9 \times 7200/60 = 60\text{MB/s}$。这是磁盘的极限传输速率，事实上，磁盘的实际传输速率远小于该值。

数据从磁盘读到内存，要经历磁头定位到磁道、等待扇区旋转到磁头下、读取磁盘表面数据、然后通过接口传入内存等几个阶段。磁头定位的时间开销与启动和停止时间、磁头的移动距离和速度有关,往往需要消耗几个甚至几十个毫秒。前三个阶段的时间开销均和机械运动相关,磁盘驱动器中往往内设磁盘高速缓存,以减少读写次数。磁盘连接到主机可以采用不同的方式,如 IDE、SCIS 等,目前主要是 SATA 接口。不同连接方式导致其传输速度各不相同。操作系统可以从不同的方面,采取优化措施,提高磁盘性能。

磁盘的结构、速度、容量、传输方式各不相同,操作系统的驱动程序将磁盘的具体特性封装起来以保证操作系统内核以及应用程序的执行能独立于磁盘的物理结构。文件系统看到的磁盘通常是一个一维的线性地址空间,而普通用户则只能通过文件系统,以按名存取的方式使用磁盘。

2. 磁盘的调度算法

磁盘调度算法是从磁盘请求队列中选择一个进程,使其能进行磁盘访问的算法。磁盘调度的目标是使磁盘的平均寻道时间最少,以减少进程访问磁盘的平均时间。下面介绍一些常用的磁盘调度算法。

1) 先来先服务(First Come First Service,FCFS)

先来先服务调度算法是根据进程提出磁盘访问请求的次序进行磁盘调度,先提出请求的进程先获得磁盘访问权。

2) 最短寻道时间优先(Shortest Seek Time First,SSTF)

该算法从磁盘请求队列中选择要求访问的磁道与当前磁头所在的磁道距离最近的进程,为其分配磁盘访问权。

3) SCAN 算法

SCAN 算法称为扫描算法,又称为电梯调度算法,该算法要求磁头臂沿着一个方向移动,并在途中优先满足其访问的磁道与磁头当前所在磁道距离最近的磁盘请求,直到磁头到达该方向上的最后一个磁道,或者在这个方向上没有别的请求为止,后一种改进在一些资料中被称为 LOOK 调度算法。接着磁头沿反方向移动,同样按前述原则进行磁盘调度。

4) C-SCAN 算法

C-SCAN 调度算法,即循环扫描调度算法,该算法让磁头单方向移动,磁头移动到某个方向的最后一个磁道时,返回相反方向上的最后一个磁道开始扫描。在每次扫描过程中,优先满足要访问的磁道与磁头所在磁道距离最近的磁盘请求。

5) N-step-SCAN 和 FSCAN 调度算法

N-step-SCAN 调度算法是将磁盘请求队列分成若干个长度为 N 的子队列,磁盘调度按 FCFS 处理子队列,而对每个子队列中的磁盘请求采用 SCAN 调度算法,一个队列处理完毕后再处理其他队列。

FSCAN 调度算法是 N-step-SCAN 调度算法的简化。FSCAN 调度算法将磁盘请求队列分成两个子队列,一个队列由当前所有请求磁盘 I/O 的进程组成,对该队列使用 SCAN 算法进行磁盘调度。在对一个队列进行扫描的过程中,将新提出磁盘请求的进程放入另一个等待磁盘调度的队列,使所有的新请求都被推迟到下一次扫描时处理。

3. 磁盘的管理

关于磁盘管理,操作系统需要完成诸如磁盘格式化、修复坏块等工作。磁盘在使用前必须依次进行低级格式化和高级格式化。低级格式化由操作系统提供的低级格式化程序完成，其工作是将磁盘划分成同心的磁道，每个磁道划分成若干扇区。例如，对于 512 字节/扇区的磁盘存储器，磁盘的低级格式化一般将磁道划分成大小为 600 字节的扇区，其中 512 字节用来存放数据，其余字节用来存放控制信息。控制信息包括校验码和一个字节的位模式，位模式利用磁道号、磁头号以及扇区号三者来标识一个扇区的地址。

低级格式化完成之后，需要对磁盘进行分区，在逻辑上，每个分区就像是一个独立的磁盘。分区使一台计算机可以安装多个操作系统。完成对磁盘的分区后，要对每个分区进行高级格式化，以建立一个系统引导块、空闲区表或位图、根目录和一个空文件系统。

当计算机电源打开时，BIOS 最先运行，它读入并跳转到主引导记录，主引导程序判断哪个分区被设置成活动分区，然后执行活动分区的引导程序，由此开始依次执行各种加载程序，搜索文件系统，找到并加载操作系统内核。

磁盘在出厂及使用过程中都可能出现"坏块"，即不能读写的扇区。磁盘控制器和操作系统都可以处理这些坏扇区。操作系统处理坏扇区的方法是：获取坏块列表，并建立重映射表，保证坏扇区不会出现在任何文件中，并且不会出现在空闲区链表或位图中。

3.5 输入输出(I/O)管理

I/O 系统是用于实现数据输入、输出以及数据存储的系统。由于计算机的外设种类繁多、特性各异，操作系统一般使用 I/O 中断、缓存管理、设备驱动等多种技术来进行管理，一方面克服 CPU 与外设速度不匹配引起的问题，使主机与外设并行工作；另一方面为用户提供简单使用设备的接口，以遵循操作系统"提高效率，方便用户"的总体目标。

3.5.1 I/O 管理概述

I/O 管理的 I/O 控制方式确保 CPU 与外设之间尽可能并行工作，以提高系统的性能。I/O 软件层次结构给出 I/O 软件设计的一般原则。

1. I/O 控制方式

为了有效地实现 I/O 操作，必须通过硬件和软件技术对 CPU 和 I/O 设备的职能进行合理分工，以尽量减少 CPU 对 I/O 的干预，把 CPU 从繁杂的 I/O 控制事务中解放出来。按照 I/O 控制器功能的强弱，以及与 CPU 之间连接方式的不同，可以把 I/O 设备的控制方式分为三类：程序查询方式、程序中断方式和直接存储器存取方式(DMA 方式)，它们的主要差别在于 CPU 与外设并行工作的方式和并行工作的程度不同，具体介绍参见 2.7.4 节。

2. I/O 软件层次结构

I/O 系统的复杂性一般都隐藏在操作系统中，终端用户或程序员只需通过一些简单的命令或系统调用就能使用各种外设，而无须了解设备的具体工作细节。对于终端用户，操作系统通过命令行或图形界面方式为终端用户提供直接使用计算机资源的手段，用户通过输入相应的命令或点击键盘、鼠标将 I/O 请求传递给操作系统。对于程序员,操作系统提供了一组关于 I/O 的系统调用(如打开文件、读/写文件、关闭文件等)。当用户程序需要从某个设备输入信息或将结果送到外设时,通过系统调用或库函数调用将 I/O 请求提交给操作系统。

操作系统通常把 I/O 软件组织成 4 个层次:用户空间 I/O 软件、设备无关的软件、设备驱动程序、中断处理程序,如图 3-12 所示。

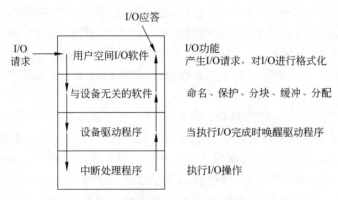

图 3-12　I/O 系统的层次以及每一层的主要功能

I/O 软件的四个层次中,每一层都有明确的功能以及与相邻层的接口,功能和接口随系统不同而有所不同。其中最底层关于中断的处理过程在 3.1.3 节已经介绍,下面主要介绍其他三个部分。

1) 用户空间的 I/O 软件

最初的 I/O 请求是在用户程序中提出来的,例如,C 语言程序中的 printf 函数、scanf 函数等都是一种 I/O 请求。用户空间的 I/O 软件一般指封装了系统调用的 I/O 函数,所有这些库函数的集合就是用户空间 I/O 软件的组成部分。

2) 与设备无关的 I/O 软件

操作系统中与设备无关的 I/O 软件的基本功能是执行适用于所有设备的常用 I/O 功能,向用户层软件提供一个统一的调用接口。

对于 I/O 系统中种类不同的设备,作为程序员,只需要知道如何使用这些资源来完成所需的操作,而无须了解设备的具体细节。例如,程序员访问文件时,不必考虑被访问的是硬盘还是 CD-ROM。

为了提高操作系统的可移植性和易适应性,I/O 软件应负责屏蔽设备的具体细节,向高层软件提供抽象的逻辑设备,并完成逻辑设备与具体物理设备的映射。

与设备无关软件的基本功能是对所有设备执行公共的 I/O 功能,并向用户层提供一个统一的接口,如图 3-13 所示。

3) 设备驱动程序

设备驱动程序(device driver)是 I/O 管理软件中与 I/O 硬件关系最密切的软件。它一般由设备的制造商编写并同设备一同交付。

I/O 设备的种类繁多,从驱动程序开发者的角

| 设备驱动程序统一接口 |
| 缓冲区 |
| 错误报告 |
| 分配和释放设备 |
| 提供与设备无关的块大小 |

图 3-13　与设备无关的 I/O 软件功能

度看,大致分为两大类:块设备(block device)和字符设备(character device)。块设备把信息存储在固定大小的块中,每个块有自己的地址。数据的传输以一个或者多个完整(连续)的块为单位。块设备的基本特征是每个块都能独立于其他块而读写。硬盘、CD-ROM 和 USB 等是最常见的块设备。

字符设备以字符为单位传送或接收一个字符流。字符设备是不可寻址的,像打印机、网络接口、鼠标等都是字符设备。

当然,有些设备不归属为这两大类,例如时钟,它的主要功能是按预先规定好的时间间隔产生中断。不过,块设备和字符设备模型比较有代表性,例如,磁盘的块就是对磁盘物理地址(柱面号、磁头号、扇区号)的一种抽象,文件系统只与抽象的块设备打交道,而把与设备相关的部分留给底层的驱动程序和中断处理程序,这样的抽象为实现操作系统软件的设备无关性打下基础。

设备驱动程序是与设备相关的 I/O 软件部分。每个设备驱动程序只处理一种设备或一类紧密相关的设备。每个设备都有一个相关的 I/O 控制器,I/O 控制器中有各种寄存器,包括控制寄存器、状态寄存器和数据缓冲寄存器等。设备驱动程序通过对这些寄存器进行编程,将相应的命令送控制寄存器,读取状态寄存器中的状态,从数据缓冲寄存器中读取或发送数据等。例如,对于磁盘,磁盘驱动程序知道磁盘控制器有多少寄存器、每个寄存器的用途以及进行磁盘操作所必需的全部参数,包括磁头定位时间、磁盘旋转时间、磁头数、磁道数、扇区数、交错因子等。一个用户的 I/O 请求,通过操作系统最终传递给设备驱动程序。所以,真正的 I/O 执行是由设备驱动程序完成的。例如,对于磁盘操作,磁盘驱动程序将完成如下工作:计算出请求块的物理地址、检查磁盘驱动器的电机是否运转、检测磁头是否定位在正确的柱面上等。

当设备驱动程序启动外设进行某种操作时,一种方式是采用等待外设完成相应的操作,这种方式的效率很低,更有效的方式是主机向外设发出某个命令以后,转去执行其他程序,而当外设完成相应命令后用中断方式通知操作系统。此时调出相应的中断处理程序来对"外设完成任务"的事件进行处理。

为了实现 I/O 进程与设备控制器之间的通信,设备驱动程序应具有以下功能:

(1) 接收由设备无关软件发来的命令和参数,并将命令中的抽象请求转换为具体请求。如将文件系统的磁盘块号转化为磁盘的柱面、磁道号以及扇区。

(2) 检查 I/O 请求的合法性,了解 I/O 设备的状态,传递有关参数,设置设备的工作方式。

(3) 发出 I/O 命令。如果设备空闲,便立即启动 I/O 设备去完成指定的 I/O 操作,否则,将进程的 I/O 请求挂在设备的等待队列上。

(4) 及时响应由控制器发来的中断请求,并根据其中断类型调用响应的中断处理程序进行处理。

3.5.2 I/O 核心子系统

I/O 核心子系统依然是以提高 I/O 性能为目标,包括 I/O 调度、缓冲区管理、设备分配以及 SPOOLing 系统。

1. I/O 调度

在多道程序系统中,同时会有多个访问 I/O 的输入输出请求等待处理,操作系统的 I/O 子系统必须采用一种调度策略,使 I/O 请求能按最佳次序得到响应,这就是 I/O 调度。例如,磁盘调度能减少磁盘请求服务所需的总时间,从而提高系统的效率。

2. 高速缓冲和缓冲区

无论对块设备还是字符设备,当用户进程向操作系统发出使用设备的请求时,都有必要引入缓冲区。例如,若不使用缓冲区,用户进程执行 read 系统调用时会阻塞自己等待字符的到来,每个字符的到来都会引起中断,中断服务程序负责把字符传送给用户进程并将其唤醒运行。即使输入的字符流并不是很多,这种无缓冲的输入方式都会让一个进程多次被唤醒运行从而效率很低。

设想一种改进措施,在用户空间设置一个包含 n 个字符的缓冲区,中断服务程序负责将到来的字符放入该缓冲区中直到缓冲区满为止,然后才唤醒用户进程从缓冲区中读取,这种方案与未设置缓冲区的方案相比,提高了效率;但是有一个潜在的缺点,即对于虚拟内存管理来说,缓冲区所在的页面有可能被调出。针对这一问题的解决方法是在内核空间中设置一个缓冲区(内核空间的代码和数据不轻易被换出),让中断服务程序将字符放到这个缓冲区中,当该缓冲区被填满时,将内核缓冲区的内容复制到用户缓冲区中,这一方法的效率提高很多,这就是单缓冲区的工作方式,如图 3-14 所示。

图 3-14 单缓冲区的工作方式

单缓冲也面临一个问题,当缓冲区填满之后要复制到用户空间的时候又有字符到来,则没有地方放置这些新到来的字符,于是在内核空间再设置第二个缓冲区。当第二个缓冲区填满之后时,就可以将它复制给用户,即使这时又有新字符到来,可以放在第一个缓冲区中。以这样的方式,内核空间的两个缓冲区可以轮流使用,这种模式就称为双缓冲。双缓冲区进一步加快了 I/O 速度,提高了设备利用率。

广泛使用的另一种缓冲区形式是循环缓冲区。缓冲区中包含多个大小相等的缓冲区,每个缓冲区有一个链接指针指向下一个缓冲区,最后一个缓冲区指向第一个缓冲区,这样多个缓冲区构成一个环形。

当多个进程要使用公共缓冲区时,一般使用缓冲池。缓冲池也由多个缓冲区组成,既能用于输入,又能用于输出,被多个进程共享,因此缓冲池称为临界资源,在使用的过程中必须考虑同步问题。

3. 设备分配

在多道程序环境下,系统中的设备为所有进程所共享。为防止各进程对系统资源的无序竞争,系统必须对其统一分配。

1) 设备分配中的数据结构

为了实现对 I/O 设备的管理,需要对各设备进行描述,系统有一张系统设备表(System Device Table,SDT),记录全部设备的情况。为每个设备都配置一张设备控制表(Device Control Table,DCT),用于描述本设备的情况。为每个控制器和通道设置一个控制器控制表(Controller Control Table,COCT)和通道控制表(Channel Control Table,CHCT),描述各自的情况,如图 3-15 所示。

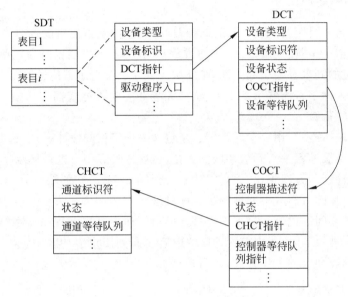

图 3-15 设备管理中的数据结构

这里要说明的是,对于具体的系统,其各数据结构中字段的描述不一定相同,因具体情况而定。

2) 设备分配策略

对于 I/O 系统中的设备,请求为其服务的进程数往往多于设备数,这样就会出现多个进程对某类设备的竞争。为了保证系统有条不紊地工作,系统在进行设备分配时,应考虑以下几个因素。

(1) 设备的固有属性。

按设备自身的使用性质,可以分为独享设备、共享设备以及虚拟设备,因此有三种对应的分配方式。对于独享设备,采用独占式分配方式。对于共享设备,可以同时分配给多个进程,例如磁盘,通过磁盘调度提高设备的利用率。对于虚拟设备,可以通过虚拟技术将一台物理设备变为多台逻辑设备,并对访问该设备的先后次序进行控制。

(2) 设备分配算法。

设备分配算法也可以称为设备调度算法,与进程调度算法类似。一般采用先来先服务算法和优先级高者优先算法。

(3) 设备分配中的安全性。

所谓设备的安全性,是指在设备的分配过程中应该防止因竞争设备而发生死锁。有两种分配方式:一是安全性分配,进程发出 I/O 请求后就阻塞等待;二是不安全性分配,进程发出 I/O 请求后仍继续运行,需要时再发出第二、第三个 I/O 请求,只有当进程请求的设备被某个进程占用后才阻塞。二者的差别是前者安全,后者有潜在的安全隐患。前者 CPU 与 I/O 设备是串行工作方式,后者是并行。

3) 设备分配步骤

设备分配程序是在设备分配数据结构的基础上进行的,对于具有通道的 I/O 系统来说,当某个进程提出 I/O 请求后,分配程序应该按如下步骤进行分配:首先,根据 I/O 请求给出的逻辑设备名,例如 open() 中的第一个参数,设备的独立性将其转换为物理设备名,查找系统设备表,确定是否有设备可用,是否可以安全分配;其次,再到控制器控制表中查找是否有控制器可用;最后在通道控制表中查找是否有通道可用。只有在设备、控制器和通道三者都分配成功时,这次分配才算成功,便可启动 I/O 设备进行数据传送。

4. 假脱机技术(SPOOling)

SPOOLing 的意思是外部设备同时联机操作,又称为假脱机 I/O 操作,是操作系统中采用的一项将独占设备改造为共享设备,或者将一台物理 I/O 设备虚拟为多台逻辑 I/O 设备的技术,常用于低速 I/O 设备与主机交换信息。

假脱机是多道程序设计系统中处理独占 I/O 设备的一种方法。打印机是一种典型的假脱机设备,从技术上来说,任何用户进程都可以打开打印机这一字符设备文件,但是,如果一个进程打开它而长时间不使用它,则其他进程都无法使用。

有一种解决方法就是创建一个特殊的进程,称为打印进程,以及一个特殊的目录,称为假脱机目录(相当于输入井或者输出井)。一个进程要打印一个文件时,将这个文件放在假脱机目录下。由打印进程打印该目录下的文件,而且只有这个进程才能使用打印机字符设备文件,其他用户进程都不能使用,通过这一保护措施,可以解决某些进程不必要的长期占用空打印机的问题。

假脱机不仅仅用于打印机,还可以在其他情况下使用。例如,通过网络传输文件时常常需要一个网络传输进程。要发送一个文件到某个地方,用户并不是马上发送,而是将该文件放在一个网络的假脱机目录下,稍后由网络传输进程将其取出并且发送出去。

通过以上的例子,可以总结成 SPOOLing 系统有如下特点:

(1) 提高了 I/O 速度,从对低速 I/O 设备进行的操作变为对输入井输出井的操作,如同脱机操作一样,提高了 I/O 速度,缓和了 CPU 与低速 I/O 设备速度不匹配的矛盾。

(2) 将独占设备改造为共享设备。在 SPOOLing 系统中,实际上并没有给任何进程直接分配设备,而只是在输入井和输出井中为进程分配一个存储区并建立一个 I/O 请求队列,这样便把独占设备改造为共享设备。

(3) 实现了虚拟设备。多个进程看似同时使用同一独占设备,而对每一个进程而言,都认为自己独占这一设备,而实际上该设备只是虚拟出来的逻辑设备。

第 4 章　计算机网络

4.1　计算机网络体系结构

4.1.1　计算机网络综述

1. 计算机网络的概念、组成与功能

计算机网络是计算机技术与通信技术密切结合的产物，是以能够相互共享资源的方式互联起来的自治计算机系统的集合。网络由若干结点和连接这些结点的链路组成，结点包括计算机网络设备，主要网络设备有交换机、路由器和网关等。网络的最重要功能是数据通信、资源共享和分布处理。

2. 计算机网络的分类

按网络传输技术分类有广播通信信道的广播式网络和点对点通信信道的点对点式网络；按网络覆盖的范围分类有广域网(WAN)、局域网(LAN)、城域网(MAN)和个人区域网(PAN)；按逻辑功能分类有通信子网和资源子网；按从网络的使用者分类有公用网和专用网；按接入方式分类有接入网和 ISP 网络。

3. 计算机网络的标准化工作及相关组织

计算机网络相关的组织与标准包括：国际标准化组织 ISO 制定了 ISO/OSI 的七层参考模型；国际电信联盟 ITU 制定了电话传输数据 V 系列标准、公用数字网的 X 系列标准和综合业务数字网 ISDN 等；美国电子工业协会 EIA 定义了数据通信设备的物理接口和电气特性，如 EIA RS-232、EIA 568/B 标准；电子和电气工程师协会 IEEE 制定了局域网的 IEEE 802 标准。

4.1.2　计算机网络体系结构与参考模型

1. 计算机网络分层

网络分层是将庞大而复杂的网络问题，转化为若干较小的局部问题，以便易于研究和处理。网络协议是为通信双方的数据交换而建立的规则、标准或约定。计算机网络的体系结构是计算机网络的各层及其协议的集合，体系结构是抽象的，是网络及其部件所应完成的功能的精确定义。具体实现是遵循这种体系结构的前提下用何种硬件或软件完成这些功能的问题。

2. 计算机网络协议、接口和服务等概念

通信双方必须高度协调工作才行,实体表示任何一方可发送或接收信息的硬件或软件的进程,两个对等实体间的通信使得本层能够向上一层提供服务。协议则是控制两个对等实体进行通信的规则,协议包括语法、语义和定时关系三个基本要素;服务是由下层向上层通过层间接口提供的,同一系统相邻两层的实体进行交互的地方称为接口,如图 4-1 所示的服务访问点 SAP。

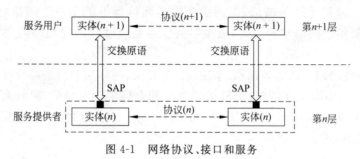

图 4-1 网络协议、接口和服务

3. ISO/OSI 参考模型和 TCP/IP 模型

ISO/OSI 参考模型包括七层：应用层、表示层、会话层、传输层、网络层、数据链路层和物理层,如图 4-2 所示。图中同等层的虚线表示双方遵循的协议,相邻的上下层通过接口进行交互,可以理解为模型中数据流动的途径,涉及各层的数据传输单元、协议、地址信息。

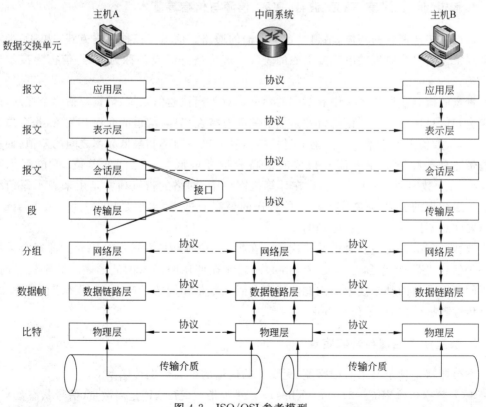

图 4-2 ISO/OSI 参考模型

物理层涉及到通信信道上传输的原始数据位,保证 0 和 1 的传输,所传的数据的单位是比特,该层涉及到机械、电气、功能和规程四个方面的接口特性,以及位于物理层之下的物理传输介质;数据链路层的主要任务是将一个原始的传输设施变成一条逻辑的传输路线,将网络层的数据组装成帧,在两个相邻结点之间传送以及流控;网络层是将传输层产生的数据报封装成分组,确定如何将分组从源主机路由并转发到目标主机;传输层是接收上一层的数据,分割成小的单元,把数据单元传递给网络层,并确保这些数据段都能到达另一端,即确保两个主机中进程之间的通信;会话层允许不同机器上的用户之间建立会话;表示层关注的是所传输信息的语法和语义;应用层的任务是通过应用进程间的交互来完成特定的网络应用。

TCP/IP 模型是四层的体系结构:应用层、传输层、网际层和网络接口层,TCP/IP 对网络接口层并没有具体内容,而 ISO/OSI 的表示层和会话层相对简单,因此大多网络的教材采取折中的办法,即综合 OSI 和 TCP/IP 的优点,采用一种五层模型的结构:应用层、传输层、网络层、数据链路层、物理层。

4.2 物理层

4.2.1 通信基础

1. 信道、信号、带宽、码元、波特、速率、信源与信宿等基本概念

数据是传送消息的实体,信道是数据传输的通路。信道有三种传输方式:单工、半双工和全双工。信号是数据的电气或电磁的表现。产生信息的设备称为信源,信宿为接收信息的设备。

带宽的概念在通信系统中有不同的含义。对于模拟通信系统,带宽包括两个概念,即信道带宽和信号传输带宽。信道带宽是信道的固有特性,只与信道的介质有关,是介质的物理特性,从数值上等于信道中所能通过模拟信号的最高频率和最低频率之间的差值;而信号传输带宽是某种通信业务信号频率的最高分量和最低分量之间的差值,单位都是赫兹(Hz)。对于数字通信系统,特别是在计算机网络中,网络的带宽通常是用来表示通信线路所能传送数据的能力,是数字信道所能传送的最高数据率,单位是比特每秒,或 bps(b/s)。所以要注意不同的场景是有区别的。

波特(baud)是指每秒钟的采样次数。在每一个波特中,发送一个码元。即每个采样发送一份信息,这份信息称为码元(symbol)。码元在使用时间域的波形表示数字信号时,代表不同离散数值的基本波形。因此波特率和码元率是相同的。速率(数据率或比特率)是指每秒传输数据的位数,单位是 bps。

2. 奈奎斯特定理与香农定理

奈奎斯特定理定义了有限带宽、无噪声的信道的最大数据传输率 C。

最大数据传输率 $C=2H\log_2 V$(bps), H 为带宽(Hz),V 是离散量(信号状态数)

香农定理定义了带宽受限且有噪声干扰的信道的极限数据传输率，C 可表达为：

$$C = H\log_2(1 + S/N)\text{（bps）}$$

其中 H 为信道的带宽，S 为信道内所传信号的平均功率，N 为信道内部的高斯噪声功率；

信噪比 S/N 是信号的平均功率和噪声的平均功率之比。信噪比经常以分贝（dB）为单位，两者之间关系如下：

$$\text{信噪比(dB)} = 10\log_{10}(S/N)\text{（dB）}$$

3. 编码与调制

网络中常用的通信信道分为模拟信道与数字信道，相应的数据编码有模拟编码与数字编码。模拟数据编码有幅移键控（调幅 ASK）、频移键控（调频 FSK）、相移键控（调相 PSK），基带信号在许多信道并不能直接传输，必须对基带信号进行调制。对基带数字信号的调制方法有调幅、调频、调相，也可以调幅和调相结合地进行调制，如正交振幅调制 QAM。

基带信号即基本频带信号，计算机输出的代表各种文字的数据信号都属于基带信号。基带信号在网络传输需要编码，数字数据编码主要有 NRZ、NRZI 和自含时钟的曼彻斯特编码、差分曼彻斯特编码。

脉冲编码调制 PCM 是典型的语音数字化技术，发送方通过 PCM 编码器将语音信号变换为数字化语音数据，通过信道传送到接收方，接收方再通过 PCM 解码器将其还原成语音信号。PCM 操作包括采样、量化和编码三个过程。

脉冲编码调制 PCM 技术是为了在电话局之间的中继线上传送多路的电话，可以将多个模拟语音信号数字化并组合到一条数字干线上。根据奈奎斯特定理，对 4kHz 电话信道编码解码器以 8000 次/s 采样（125μs 采样一次），按 128 级进行量化，$C = 2H\log_2 V = 2 \times 4000 \times \log_2 128 = 56\,000\text{bps}$，7 位数据之后插入 1 位信令，即 8000bps。T1 线路是由这样 24 路信道组成，每帧包含 $24 \times 8 = 192$ 位，再加上额外一位用于成帧，因而每 125μs 产生 193 位数据，得到 T1 线路的数据传输速率为 1.544Mbps。由于历史上的原因，PCM 有两个互不兼容的国际标准，即北美的 24 路 PCM（T1）和欧洲的 30 路 PCM（E1）。我国采用的是欧洲的 E1 标准。E1 的速率是 2.048Mbps，而 T1 的速率是 1.544Mbps。

带通信号则是将信号的频率范围搬移到较高的频段以便在信道中传输。

4. 电路交换、报文交换与分组交换

电路交换是面向连接的，由三个阶段组成：建立连接、通信、释放连接。报文交换和分组交换是基于存储转发原理的。报文交换是将整个要传输的信息作为一个报文，经存储转发方式送抵目的地，传输的时延较长。分组交换网以固定大小的"分组"作为数据传输单元。在发送端，先把较长的报文划分成较短的、固定长度的数据段，每一个分组的首部都含有地址等控制信息，分组交换网中的结点根据收到的分组的首部中的地址信息，把分组转发到下一个结点，用这样的存储转发方式，最后分组就能到达最终目的地，接收端收到分组后剥去首部，重组报文。三种交换方式各有特点，应该理解其区别。其示意过程如图 4-3 所示。

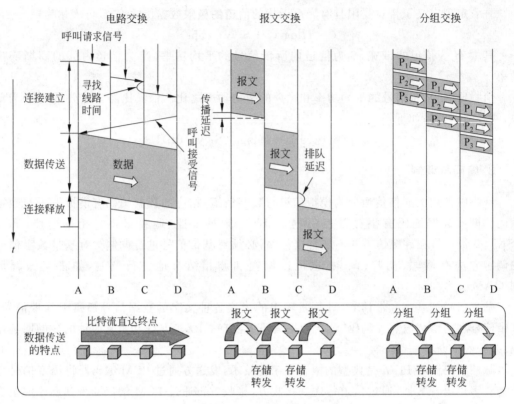

图 4-3 电路交换、报文交换与分组交换的比较

5. 数据报与虚电路

数据报提供简单灵活的、无连接的、尽最大努力交付的数据传输服务。每个分组都有完整的目的地址,故每个分组可以独立选择路由进行转发,各个分组到达目的地不一定按发送顺序。

虚电路(Virtual Circuit,VC)是面向连接的通信方式,需要建立连接、维持通信和释放连接。其连接只是一条逻辑上的连接,分组都沿着这条已经建立的逻辑链路传输,属于同一条虚电路的分组均按照同一路由传送,分组总是按发送顺序到达目的地。

4.2.2 传输介质

1. 双绞线、同轴电缆、光纤与无线传输介质

有线传输介质主要有双绞线、同轴电缆和光纤。

双绞线包括屏蔽双绞线 STP、非屏蔽双绞线 UTP。3 类非屏蔽双绞线为语音级,传输数字信号速率为 10Mbps,5 类及以上非屏蔽双绞线是目前主要传输媒体,速率可以为 10Mbps/100Mbps/1000Mbps,典型应用有 10Base-T、100Base-T 和 1000Base-T。

传统的电话线也是双绞线,早期在线路的两端采用调制解调器进行通信,传输速率低,近年来主要采用 ADSL 技术进行通信。

同轴电缆有 50Ω 细同轴电缆和粗同轴电缆用于计算机网络通信,典型应用有 10BASE-5 和 10BASE-2,同轴电缆采用基带传输,信号从站点发送是双向传输的。此外还有 75Ω 同轴电缆用于 CATV 网。

光纤分多模光纤与单模光纤。每一束光都有不同的模式,具有该特性的光纤称为多模光纤;而光在直径有几个波长大小的光纤中传播,光纤如同一个波导,光按直线传播而不反射,这样的光纤称为单模光纤。

无源光网络 PON(Passive Optical Network)主要有 EPON(Ethernet PON)和 GPON：EPON 是一种以太网无源光网络,GPON(Gigabit PON)是一种吉比特无源光网络。

光纤的应用越来越广泛,目前光纤主要是到大楼 FTTB,光纤进入大楼后就转换为电信号,然后用电缆或双绞线分配到各用户,将来光纤入户 FTTH,光纤一直铺设到用户家庭可能是居民接入网最后的解决方法。

光纤同轴混合网(HFC 网)将原 CATV 网中的同轴电缆主干部分改换为光纤,HFC 网是在目前覆盖面很广的有线电视网 CATV 的基础上开发的一种宽带接入网。HFC 网除可传送 CATV 外,还提供电话、数据和其他宽带交互型业务。

无线通信有短波、微波、红外通信、激光通信和卫星通信等。短波通信主要是靠电离层的反射,但短波信道的通信质量较差。微波在空间主要是直线传播,包括地面微波接力通信。

无线局域网使用的是 ISM(Industrial Scientific Medical)频段。

2. 物理层接口的特性

物理层的主要任务之一是描述了结点与传输媒体的接口特性：机械特性、电气特性、功能特性、过程特性。

4.2.3 物理层设备

1. 中继器

中继器(Repeater)是物理层用于连接两根电缆段的设备,是一种信号再生设备,基带信号在一段线路上传播会发生信号衰减,中继器接收识别出信号并再生信号传到另一段电缆段上,从而延长信号在线缆的传输距离。传统的 10Base5 以太网使用粗同轴电缆,采用总线结构,单段电缆的最大长度为 500m,利用 4 个中继器可以扩展到 5 段,共计 2500m。

2. 集线器

集线器(Hub)也是物理层设备,它将多条线路连接起来,任一条线路上到达的帧都将发送到所有其他线路上,如果两帧同时到达则它们将产生冲突,整个集线器构成了一个冲突域。

集线器是使用电子器件来模拟实际电缆线的工作,因此整个系统仍然像一个传统的以太网那样运行。使用集线器的以太网在逻辑上仍是一个总线网,各工作站使用的还是 CSMA/CD 协议,并共享逻辑上的总线。集线器就是一个多接口的中继器,工作在物理层,其作用是扩大了网络的覆盖范围。

4.3 数据链路层

4.3.1 数据链路层的功能

链路是一条无源的点到点的物理线路段,中间没有任何其他的交换结点,一条链路只是一条通路的一个组成部分。数据链路除了物理线路外,还必须有通信协议来控制这些数据的传输。若把实现这些协议的硬件和软件加到链路上,就构成了数据链路。网络适配器(NIC,网卡)来实现这些协议的硬件和软件,网络适配器包括了数据链路层和物理层这两层的功能。

数据链路层的功能是为网络层提供服务。主要功能包括向网络层提供服务接口、处理传输错误、调节数据流(流控)。

主要的服务是将数据从源结点的网络层传输到物理链路直接相连的目标结点的网络层,在源结点的网络层中有一个实体(进程),它将数据交给数据链路层,要求传输到目标结点。数据链路层的任务是将这些数据传输给目标结点,然后再将这些数据进一步交给目标结点的网络层。

数据链路层通常提供三种服务:无确认的无连接服务、有确认的无连接服务和有确认的面向连接服务。

4.3.2 组帧

数据链路层使用物理层提供的服务传输数据,物理层传输的位流可能出现错误,检测错误是由数据链路层来完成。数据链路层一般是将要传输的数据分解成离散的帧,计算每帧的校验和并封装成帧进行传送。当帧到达目标结点时,重新计算校验和,如果新算的校验和与该帧中包含的校验和不同,则说明传输的帧出现错误,需要采取措施处理错误。

组帧主要有四种方法:
(1) 字节计数法;
(2) 含字节填充的分界符法;
(3) 含位填充的分界标志法;
(4) 物理层编码违例法。

4.3.3 差错控制

1. 检错编码

在传输过程中可能会产生比特差错,"1"可能会变成"0"而"0"也可能变成"1"。在一段时间内,传输错误的比特占所传输比特总数的比率称为误码率。误码率与线路的信噪比有很大的关系。为了保证数据传输的可靠性,在计算机网络传输数据时,必须采用各种差错检测措施。

检错码是在每一个被发送的数据块中包含一些冗余信息,这些信息可以让接收方推断出是否发生了错误。在数据链路层传送的帧中,广泛使用了循环冗余检验 CRC 的检错技术,在数据块后面添加上的冗余码称为帧检验序列 FCS。

2. 纠错编码

纠错码是在每一个被发送的数据块中包含足够的冗余信息,以便接收方推断出被发送的数据中肯定有哪些内容,如海明校验。

4.3.4 流量控制与可靠传输机制

1. 流量控制、可靠传输与滑动窗口机制

在数据链路层中,如果发送方发送帧的速度超过了接收方能够接受这些帧的速度,则会丢弃一些帧,此时需要对发送方的发送速度进行控制,即流量控制。控制方法有两种:一种是基于反馈的流控制,接收方给发送方发送信息,允许发送更多的数据;另一种是基于速率的流控制,通过内置机制限制发送方传输数据的速率。

收发双方依据循环冗余检验 CRC 差错检测技术只能做到无差错接收,即对正确的帧接收,有差错的帧就丢弃而不接收,要做到可靠传输就必须再加上确认和重传机制来完成。

滑动窗口机制是在任何时刻发送方总是维持着一组序列号$\{0 \sim 2^n - 1\}$,序列号需要 n 位二进制数表示,发送窗口 W_s 对应于允许发送的帧,称这些帧落在发送窗口之内,而接收方也维持着一个接收窗口 W_r,对应着一组允许接收的帧。通过发送窗口和接收窗口的不断变化完成帧的发送与接收。滑动窗口有 1 位和多位方式。

发送窗口和接收窗口之间的依存关系:$W_s + W_r \leq 2^n$。

2. 停止-等待协议

假定发送方和接收方总是处于准备就绪状态,处理的时间可以忽略,通信信道不会出错,并且数据流是单向的,首先发送方发送一帧,然后接收方接收该帧并应答,接着发送方发送另一帧,然后接收方接收该帧并发送应答 ACK,等等。该流控方法称为停止-等待协议(停-等协议,stop-and-wait)。在停止-等待协议中,序列号空间为$\{0 \sim 2^n - 1\}$,其发送窗口和接收窗口大小均为 1,即 $W_s = W_r = 1$,发送效率低。

3. 后退 N 帧协议

在后退 N 帧(GBN)协议中,发送方允许传送多帧而无须等待接收方的应答,但未应答确认的帧不能超过某个最大允许数 N。接收窗口尺寸为 1,也就是数据链路层只接收应该递交给网络层的下一帧,不接收其他任何帧。接收方对出现错误的处理方式是丢弃所有后续的帧,且不对这些丢弃的帧发送确认,如果在定时器超时以前,发送方的窗口已经满了,则管道空闲。如果发送方超时,发送方则从出现错误或丢失的那一帧开始按照顺序重传所有未被确认的帧。

确认应答的序号代表本帧以及以前的帧已经正确接收。后退 N 帧协议的最大发送窗口为 N，即 $W_s \leqslant 2^n - 1 = N$，接收窗口为 $W_r = 1$。例如当 $n=3$ 时，则对应的序号空间为 $0 \sim 7$，最大发送窗口 $N=7$，接收窗口为 $W_r = 1$。

后退 N 帧协议发送效率比停止-等待协议高。

4. 选择重传协议

选择重传协议（Selective Repeat, SR）策略与后退 N 帧协议的不同是对接收到的出错帧之后的处理方式不同，SR 对出错帧之后的正确帧则继续缓存起来，发送方超时后，只需重传最早的未被确认的那一帧，待那一帧正确到达接收方时，接收方依次将以前所缓存的帧递交给网络层，或者接收方检测到错误，它发送一个否定的确认 NAK（Negative Acknowlegment），NAK 可以激发重传操作，而不需要等待相应定时器超时，以提高性能。

一般情况为保证协议有效工作，最大的发送窗口和接收窗口的尺寸应该不超过序列号范围的一半，目的是保证新的窗口和老的窗口没有重叠，如对于 $n=3$ 位序列号，其窗口尺寸应该为 4。$W_s = W_r \leqslant 2^n - 1, W_s = W_r = 4$。

发送窗口和接收窗口可以根据发送方和接收方的数据缓冲能力、线路的传输能力和线路的传输质量调节，应满足 $W_s + W_r \leqslant 2^n$。

4.3.5 介质访问控制

1. 信道划分

数据链路层使用的信道主要有两种类型：点对点信道和广播信道。点对点信道使用一对一的通信方式；广播信道使用一对多的广播通信方式，广播信道上连接的主机很多，通信过程比较复杂，必须使用专用的共享信道协议来协调这些主机的数据发送。

复用的概念是线路的传输能力远远超过单一信道所需的传输能力，可以将多条信道复合在一条线路上。在进行通信时线路的两端分别由复用器或组合器（multiplexer）和分用器或分离器（demultiplexer）组成。

多路复用主要有频分多路复用、时分多路复用、波分多路复用和码分多路复用。这类信道划分属于静态信道，用户只要分配了信道就不会和其他用户发生冲突。

1）频分多路复用

频分多路复用（FDM）分割的是带宽频率，不同的用户在同一时刻占用不同带宽的频率资源。用户在分配到某一频率后，在通信过程中自始至终都占有该频率。

2）时分多路复用

时分多路复用（TDM）分割的是时间，所有用户在不同的时间使用相同的频率宽度，每一个时分复用的用户占用固定序号的时隙。

3）波分多路复用

波分多路复用（WDM）分割的是波长，由于光的波长和其频率成倒数关系，实际上波分多路复用也是光的频分多路复用，人们习惯上用波长而不用频率来表示所使用的光载波，故称波分多路复用。随着技术的发展和光纤的大量应用,在一根光纤上复用几十路或更多路数的光载波信号,于是有了密集波分多路复用 DWDM。

4) 码分多路复用

码分多路复用 CDM,更常用的名词是码分多址(Code Division Multiple Access, CDMA)。每个用户可以在同样的时间使用同样的频带进行通信,各用户使用经过特殊挑选的不同码型,因此各用户之间不会造成干扰。

码分多址的原理是每一个比特时间划分为 m 个短的间隔,称为码片(chip)。每个站被指派一个唯一的 m 比特码片序列,如发送比特 1,则发送自己的 m 比特码片序列,如发送比特 0,则发送该码片序列的二进制反码。CDMA 的重要特点是每个站分配的码片序列不仅必须各不相同,并且还必须互相正交,在实用的系统中是使用伪随机码序列。

用数学公式可以很清楚地表示码片序列的正交关系。令向量 S 表示站 S 的码片向量,令 T 表示其他任何站的码片向量。两个不同站的码片序列正交,就是向量 S 和 T 的规格化内积都是 0:

$$S \cdot T \equiv \frac{1}{m}\sum_{i=1}^{m} S_i T_i = 0$$

不仅如此,向量 S 和各码片反码的向量的内积也是 0。另外,任何一个码片向量和该码片向量自己的规格化内积都是 1。

$$S \cdot S = \frac{1}{m}\sum_{i=1}^{m} S_i S_i = \frac{1}{m}\sum_{i=1}^{m} S_i^2 = \frac{1}{m}\sum_{i=1}^{m} (\pm 1)^2 = 1$$

一个码片向量和该码片反码的向量的规格化内积值是 -1。

2. 随机访问

共享信道着重考虑如何使多用户能够合理方便地共享通信介质。一种方式是静态地划分信道,由于用户往往是动态的随机的访问,静态划分信道代价高,不适合局域网。另一种方式是动态介质访问控制,称多点访问(multiple access),信道不是用户通信时固定分配的,根据用户的访问方式可以分为随机访问和轮询访问(受控访问)。

随机访问方式是连接网络的所有用户可以随机地发送信息,即随机访问。如果有两个或多个用户在同一时刻发送信息,那么在共享介质上就产生冲突,使得这些用户的发送都失败。冲突碰撞后再按某种策略延迟发送。以太网是典型的随机访问方式。

1) ALOHA 协议

20 世纪 70 年代夏威夷大学基于无线电广播通信系统,设计了解决信道分配的新方法,称为 ALOHA 系统,其基本思想是解决多个无协调关系的用户竞争单个共享信道使用权问题。

纯 ALOHA 系统中,多个用户共享同一个信道,任何时刻当两用户试图占有信道,就会导致冲突发生,并且分别发送的两帧都会被破坏,即使一个新帧的第一位与前一帧的最后一位发生重叠,也会导致两帧被破坏,稍后都要重传。纯 ALOHA 冲突的概率很大,效率低。

分槽 ALOHA 是将系统分成离散的时槽以便所有用户的帧都必须同步到时槽中,这样就要求全局时钟同步,帧的发送必须等待下一个时槽的开始时刻,从而减少冲突的概率,可以达到的最佳信道利用率为 $1/e$。

2) CSMA 协议

每个站都监听信道是否有载波,即监听是否有传输信号,再采取相应的动作,该协议称为载波监听(检测)协议。CSMA(Carrier Sense Multiple Access)就是载波检测协议。Carrier Sense 表示"载波监听",是指每一个站在发送数据之前先要检测一下总线上是否有其他用户在发送数据,如果没有其他用户发送则可以发送,如果有,则暂时不要发送数据,以免发生碰撞。所谓碰撞就是发生了冲突。因此"碰撞检测"也称为"冲突检测"。Multiple Access 表示"多路访问",许多计算机以多点接入的方式连接在一根总线上。

(1) 1-坚持 CSMA 协议。

当一个站有数据要发送时,它首先监听信道是否有其他的站正在传输数据,如果信道忙的话,该站会等待直至信道空闲;如果信道空闲,它就发送一帧数据。如果有冲突发生,该站等待一段随机的时间,然后再次检测信道和发送。该协议称为 1-坚持 CSMA 协议。该协议坚持在监听信道,一旦前一次传输结束就立即抓住机会发送数据,但如果有两个或多个站同时监听则必然产生冲突。

(2) 非-坚持 CSMA 协议。

当一个站有数据要发送时,它首先监听信道是否有其他的站正在传输数据,如果信道空闲,它就发送一帧数据。但如果信道忙的话,该站并不坚持地对信道进行监听,它会等待一段随机时间,然后再重复同样的算法。该协议有更好的信道利用率,但比 1-坚持 CSMA 协议会有更长的延迟,如果有两个以上的站均等待了一段随机时间,也有可以导致信道的白白浪费一段时间。

(3) p-坚持 CSMA 协议。

当一个站准备好要发送数据时,它会监听信道。如果信道空闲,则它按概率 p 的可能性发送数据。按概率 $1-p$ 延迟到下一个时槽,如果下一个时槽信道还是空闲,则还是以 p 的概率发送,以 $1-p$ 的概率再次延迟。p 的取值在 $0\sim1$ 之间,可以根据网络中站点的多少确定。

3) CSMA/CD 协议

CSMA/CD(CSMA with Collision Detection)协议是带冲突检测的 CSMA 协议。坚持和非坚持协议都可以保证当检测到信道忙时,所有的站都不再发送数据。但如果两个以上的站同时检测到信道是空闲的则会产生冲突,另外由于线路存在信号传播延迟,即使两站不是同时发送也可能产生冲突,冲突后所有的传送数据都是白白浪费信道,所以及早知道冲突的发生是关键,CD 就是冲突检测,一旦检测到冲突,就应该立即停止发送,快速地终止被冲突损坏帧的发送以节省时间和带宽,然后等待一段随机时间后再次发送。CSMA/CD 协议是一边发送,一边接收,检测接收的各比特位是否与自己发送的一致。CSMA/CD 协议模型如图 4-4 所示。

模型由三部分组成:竞争周期、传输周期和空闲周期。在竞争周期 t_0,前面的站完成传送,其他需要发送的站试图发送,如果有两个或两个以上的站同时进行发送的话,则产生冲突时。当检测到冲突时,各站就立即终止发送,并等待一段随机的时间,然后再重新尝试发送。

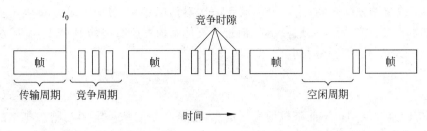

图 4-4 CSMA/CD 协议的竞争、传输和空闲周期

4) CSMA/CA 协议

CSMA/CA(CSMA with Collision Avoidance)是带冲突避免的 CSMA 协议,该协议是要尽量减少碰撞(冲突)发生。CSMA/CA 用于无线网络环境,由于无线环境中存在隐藏站和暴露站问题,发送站点不能监听到线路的情况,也就无法使用冲突检测。

无线局域网不能简单地搬用 CSMA/CD 协议。这里主要有两个原因:CSMA/CD 协议要求一个站点在发送本站数据的同时,还必须不间断地检测信道,但在无线局域网的设备中要实现这种功能就花费过大。即使我们能够实现碰撞检测的功能,并且当我们在发送数据时检测到信道是空闲的,在接收端仍然有可能发生碰撞。故无线局域网不能使用 CSMA/CD,而只能使用改进的 CSMA 协议。改进的办法是把 CSMA 增加一个碰撞避免(Collision Avoidance)功能。

CSMA/CA 协议的原理如图 4-5 所示。源站在发送数据帧之前先发送一个短的控制帧请求发送 RTS(Request To Send)的短帧,它包括源地址、目的地址和本次通信所需的持续时间。源站在发送 RTS 帧之前,必须先监听信道。若信道空闲则等待一段时间 DIFS(Distributed Inter-frame Space)后,就发送 RTS 帧了。若目的站正确收到源站发来的 RTS 帧,且媒体空闲,等待一段时间 SIFS(Short Inter-frame Space)后,就发送一个响应控制帧,叫做允许发送 CTS(Clear To Send)的短帧,它也包括本次通信所需的持续时间。这样源站和目的站周围的站点可以监听到它们要通信,则其他站点在其持续时间内不会发送。源站收到 CTS 帧后,再等待一段时间 SIFS 后,就可以发送其数据帧。若目的站正确收到了源站发来的数据帧,在等待时间 SIFS 后,就向源站发送确认 ACK。

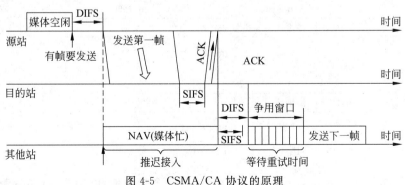

图 4-5 CSMA/CA 协议的原理

SIFS 是最短的帧间间隔,用来分隔属于一次对话的各帧。DIFS 是分布协调功能帧间间隔,用来发送数据帧和管理帧。NAV 向量是其他站根据监听到的 RTS 或 CTS 帧中的持续时间来确定的数据帧传输时间。

3. 轮询访问

轮询访问是网络用户不能随机地发送信息,而是必须服从一定的控制。典型的协议有分散控制的令牌传递协议(token-passing protocol)和集中控制的多点线路探询(polling)。

轮询协议需要有一个站点充当主控站(结点)的角色,主控结点以循环的方式询问其他结点是否有数据传送,如果站点有数据传输,则可以传输一定数量的帧;如果没有数据传送,再询问其他站点。

在令牌传递协议中没有主控站点。一个短的特殊用途的帧作为"令牌"在网络中以固定的次序传输,当某站点收到令牌,如果有数据发送则将令牌暂时扣留,发送固定大小的帧,再将令牌传给下一站点;如果没有数据发送,则将令牌立即传给下一站点。

4.3.6 局域网

1. 局域网的基本概念与体系结构

局域网(LAN)是局部区域网络,其特点是覆盖面积较小,网络传输速度高,传输误码率低。为了使数据链路层能更好地适应多种局域网标准,IEEE 802 委员会就将局域网的数据链路层拆成两个子层:逻辑链路控制 LLC 子层(即 IEEE 802.2 标准)和介质访问控制 MAC 子层。与介质访问控制有关的内容都放在 MAC 子层,而 LLC 子层则与传输媒体无关,不管采用何种协议的局域网对 LLC 子层来说都是透明的。由于 TCP/IP 协议栈经常使用的局域网是以太网(Ethernet),因此现在 IEEE 802 委员会制定的逻辑链路控制子层 LLC 的作用已经不大了。很多厂商生产的适配器上仅装有 MAC 协议而没有 LLC 协议。

2. 以太网与 IEEE 802.3

以太网与 IEEE 802.3 均采用 CSMA/CD 协议,采用曼彻斯特编码发送,使用截断二进制指数后退算法来确定碰撞后重传的时机,其帧结构如图 4-6 所示。

图 4-6 以太网与 IEEE 802.3 帧结构

帧结构中包含两个地址:一个是目的地址,另一个是源地址,均为 48 位。数据字段的长度在 46~1500 字节之间,如果最短数据不足 46 字节则填充到 46 字节,有效的 MAC 帧长度在 64～1518 字节之间。FCS 字段的校验采用循环冗余 CRC 校验,长度为 4 字节。

以太网(采用 DIX Ethernet V2 标准)与 IEEE 802.3 标准只有很小的差别,体现在以太网是 2 字节的类型字段,IEEE 802.3 是 2 字节的长度字段。

对于检查出的无效 MAC 帧就简单地丢弃。无效 MAC 帧包括数据字段的长度与长度字段的值不一致、帧的长度不是整数个字节、用收到的帧检验序列 FCS 查出有差错、数据字段的长度不在 46～1500 字节之间。

经典的以太网传输速度为 10Mbps,最多有 5 个网段,每段最长为 500m,网段和网段由中继器连接,最多有 4 个中继器。网卡、线路和中继器均有延迟,最差情况下往返一次需要大约 $50\mu s$,再加一点安全余量,传统以太网设计为 $51.2\mu s$,即 512bit 或 64B 时,这也是以太网最短帧长。在发送数据帧后至多经过时间 2τ(争用期或碰撞窗口,两倍的端到端往返时延)就可知道发送的数据帧是否冲突。

以太网取 $51.2\mu s$ 为争用期的长度。在争用期内可发送 512bit,以太网在发送数据时,若前 64B 没有发生冲突,则后续的数据就不会发生冲突。如果发生冲突则立即停止发送,要推迟(退避)一个随机时间才能再发。

推迟的随机时间是由截断二进制指数类型退避算法确定:基本退避时间取为争用期 2τ。从整数集合 $[0,1,\cdots,(2^{k-1})]$ 中随机地取出一个数,记为 r。重传所需的时延就是 r 倍的基本退避时间。

参数 k 按下面的公式计算:
$$k=\text{Min}[\text{重传次数},10]$$

当 $k \leqslant 10$ 时,参数 k 等于重传次数;

当重传达 16 次仍不能成功时即放弃该帧传输,并向高层报告。

3. IEEE 802.11

无线局域网的标准是 IEEE 802.11 系列,使用该系列协议的局域网又称 Wi-Fi。IEEE 802.11 是采用 CSMA/CA 协议的。IEEE 802.11 帧共有三种类型:控制帧、数据帧和管理帧。图 4-7 为 IEEE 802.11 数据帧,可以了解 IEEE 802.11 局域网 MAC 帧的特点。MAC 首部,共 30B。帧主体,也就是帧的数据部分,不超过 2312B,这个数值比以太网的最大长度长很多,不过 IEEE 802.11 帧的长度通常都是小于 1500B。帧检验序列 FCS 是尾部,共 4B。IEEE 802.11 数据帧最特殊的地方就是有四个地址字段,其中地址 4 用于自组网络。前三种地址如表 4-1 所示。

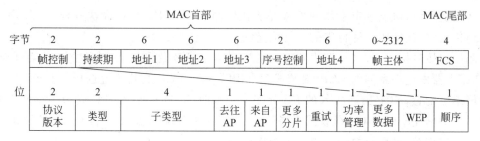

图 4-7 IEEE 802.11 的数据帧

表 4-1　IEEE 802.11 数据帧的地址

去往 AP	来自 AP	地址 1	地址 2	地址 3	地址 4
0	1	目的地址	AP 地址	源地址	—
1	0	AP 地址	源地址	目的地址	—

4.3.7　广域网

1. 广域网的基本概念

广域网的覆盖范围大,也称远程网。广域网是因特网的核心部分,其任务是通过长距离传输数据。连接广域网主干上各结点的链路一般都是高速链路,具有较大的通信容量。用户使用拨号电话线接入 ISP 时,一般都是使用点到点的 PPP 协议,PPP 协议也用于传送从路由器到路由器之间的流量。

2. PPP 协议

现在全世界使用得最多的数据链路层协议是点对点协议 PPP(Point-to-Point Protocol)。PPP 处理错误检测、支持多个协议、允许在连接时刻协商 IP 地址、允许身份认证等。PPP 提供了 3 类功能:

(1) 成帧方法,确定一帧的开始和结束,帧格式支持错误检测,如图 4-8 所示。

字节数	1	1	1	1或2	可变长度	2或4	1
	标志 01111110	地址 11111111	控制 00000011	协议	净荷	校验和	01111110

图 4-8　PPP 帧格式

(2) 链路控制协议 LCP,用于启动线路、检测线路、协商参数及关闭线路。

(3) 网络控制协议 NCP,用于协商网络层选项,并且协商方法与使用的网络层协议独立。

PPP 帧中的标志字段 F=0x7E(符号"0x"表示后面的字符是用十六进制表示,7E 的二进制表示是 01111110)。地址字段 A 只置为 0xFF,地址字段实际上并不起作用。控制字段 C 通常置为 0x03。PPP 是面向字节的,所有的 PPP 帧的长度都是整数字节。当 PPP 用在同步传输链路时,协议规定采用硬件来完成比特填充(和 HDLC 的做法一样)。当 PPP 用在异步传输时,就使用一种特殊的字符填充法。

当用户拨号接入 ISP 时,路由器的调制解调器对拨号做出确认,并建立一条物理连接。PC 向路由器发送一系列的 LCP(封装成多个 PPP 帧),LCP 及其响应选择一些 PPP 参数,进行网络层配置,NCP 给新接入的 PC 分配一个临时的 IP 地址,使 PC 成为因特网上的一个主机。通信完毕时,NCP 释放网络层连接,收回原来分配出去的 IP 地址,接着 LCP 释放数据链路层连接,最后释放的是物理层的连接。

3. HDLC 协议

高级数据链路控制 HDLC 协议是面向位的协议,为确保数据的透明性使用位填充,其帧格式如图 4-9 所示。

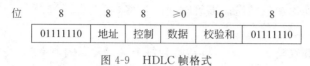

图 4-9 HDLC 帧格式

其中帧的分界符是 01111110,地址字段用于标识一个终端,控制字段用作序列号、确认及查询与结束,数据是传送的内容,校验和采用循环冗余码校验。

HDLC 有 3 种类型的帧:信息帧(I 格式)、管理帧(S 格式)和无序号帧(U 格式),3 种帧的 8 位控制字段如图 4-10 所示。协议使用了一个滑动窗口,其中序列号 Seq 为 3 位,是当前帧的序列号,Next 字段用于确认 Next 之前的帧,Next 值表示期望接收的下一帧。P/F 位中的 P 位 表示主机询问终端,终端发送帧结束时置 F 位。

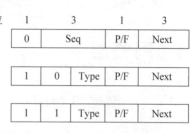

图 4-10 HDLC 3 种帧的控制字段

4.3.8 数据链路层设备

1. 网桥的概念及其基本原理

网桥工作在数据链路层,网桥可以扩展局域网范围或连接多个局域网,扩大了网络的物理范围,可互连不同物理层、不同 MAC 子层和不同速率以太网局域网。它根据 MAC 帧的目的地址对收到的帧进行转发。网桥具有过滤帧的功能,当网桥收到一个帧时,并不是向所有的接口转发此帧,而是先检查此帧的目的 MAC 地址,然后再确定将该帧转发到哪一个端口,所以网桥具有一定的隔离作用。网桥只适合用户数不太多和通信量不太大的局域网,否则有时还会因传播过多的广播风暴而产生网络拥塞。

对于进入的帧在网桥中的转发过程取决于它所在的 LAN 及所去的 LAN。如果目标 LAN 和源 LAN 相同,则丢弃该帧;如果目标 LAN 和源 LAN 不同,则转发该帧;如果目标 LAN 未知,则使用扩散法,即向每个端口转发一份。

目前使用的最多的网桥是透明网桥(transparent bridge)。"透明"是指局域网上的站点并不知道所发送的帧将经过哪几个网桥,因为网桥对各站来说是看不见的。透明网桥是一种即插即用设备。

2. 局域网交换机及其工作原理

以太网交换机是多端口的网桥,每个端口都可以直接与主机相连,并且一般都工作在全双工方式。交换机工作在数据链路层,也叫第二层交换机。MAC 帧格式仍然是 IEEE 802.3 标准规定的,保持最短帧长不变。

交换机的基本原理是当一帧到达时，交换机决定将该帧丢弃还是转发，如果是转发的话，还必须决定将它转发到哪个端口。交换机通过在其内部的散列表（转发表）中查寻帧的目标地址而做出决定。该散列表列出了所有的目标端口和对应站点的 MAC 地址。初始的散列表是空的，交换机都不知道对应的目标地址应该送往何处，交换机使用扩散算法向除输入端口之外的所有其他端口发送。随着时间的推移，交换机通过逆向学习法将会构建起其散列表。

交换机工作在混杂模式，它们可以接收到每个端口发送的所有帧，交换机所用的算法是逆向学习法。通过检查这些帧的源地址，交换机就可以识别端口与地址的对应关系。

交换机使用生成树(spanning tree)算法避免产生回路，生成树算法在 IEEE 802.1D 中被标准化了。

4.4 网络层

4.4.1 网络层功能

1. 异构网络互连

异构网络主要是指两个网络的通信技术和运行协议的不同。实现异构网络互连的基本策略主要包括协议转换和构建虚拟互连网络。协议转换机制采用一类支持异构网络间协议转换的网络中间设备，实现异构网络间数据分组的转换、转发，从理论上讲，这种中间设备可以在除物理层之外的任何一层实现协议转换，例如，支持协议转换的网桥或交换机、多协议路由器和应用网关等。通过构建虚拟互联网络机制的异构网络互连是在现有异构网络基础上，构建一个同构的虚拟互联网络，异构网络均只需分装、转发虚拟互连网络分组，同时引入虚拟互联网中间设备互连异构网络，实现在异构网络间转发统一的虚拟互联网的数据分组。IP 网络就是此类虚拟互联网，Internet 是利用 IP 网络实现的全球最大的互联网络，是典型的网络层实现的网络互联，采用同构的网络层协议——IP 协议与网络寻址——IP 地址，引入网络互连设备——IP 路由器。

除了异构网络互连，还有同构网络互连问题，如两个异地以太网的互连，实现这类同构网络互连典型技术是隧道技术。

2. 路由与转发

网络层的两个重要功能是路由与转发。路由是指收集、计算、维护到达不同网络的路径信息，这些信息存于路由表（也叫转发表）之中，供数据分组转发时使用。转发是指当网络层设备，最典型的就是路由器，在某个接口收到网络层数据分组时，提取该分组的目的地址，检索路由表，匹配最佳路由入口(entry)，通过该入口对应的接口再次封装转发网络层数据分组，发送到相邻的下一跳设备。路由与转发紧密关联，路由为转发更新、维护路由信息，存于路由表，转发需要利用路由表中的这些路由信息正确转发分组。路由器利用路由协议获取、计算、更新路由表中的路由信息，利用网络层数据通信协议，如 IP 协议，构建、转发分组。

3. 拥塞控制

拥塞是指太多主机以太快的速度向网络中发送太多的数据，超出了网络处理能力，导致大量数据分组"拥挤"在网络中间设备（如路由器）队列中等待转发，网络性能显著下降的现象。拥塞的直接后果：

（1）数据分组通过网络的时延显著增加；

（2）由于队列满导致大量分组被丢弃。

拥塞控制就是通过合理调度、规范、调整向网络中发送数据的主机数、发送速度和数据量，以避免拥塞或尽快消除已发生的拥塞。拥塞控制可以在不同层实现，比较典型的是在网络层和传输层进行拥塞控制，例如，ATM 网络是在网络层进行拥塞控制，Internet 是在传输层进行拥塞控制（通过 TCP 协议实现）。拥塞控制策略可以分为拥塞预防与拥塞消除两大类，拥塞预防策略是通过采取一些技术预防拥塞的发生，拥塞消除是利用拥塞检测机制检测网络中是否发生拥塞，然后通过某种方法消除已发生的拥塞。拥塞预防策略可以采用诸如流量整型技术等，规范主机向网络总发送数据的流量，预防或避免拥塞的发生。拥塞消除策略需要基于某种拥塞检测机制，然后再调整主机向网络中发送数据的速度和量，从而逐渐消除拥塞。因此，根据拥塞检测机制的不同，拥塞控制又可以分为基于拥塞状态反馈的拥塞控制方法和无须拥塞状态反馈的拥塞控制方法。网络层的拥塞控制大多采用基于拥塞状态反馈的拥塞控制方法，这类方法尤其适用于虚电路网络，例如 ATM 网络，实现拥塞状态反馈的方法包括警告位、丢弃分组等。无须拥塞状态反馈的拥塞控制方法是在主机（即端系统）中推断网络是否发生拥塞，如果推断网络已发生拥塞，则主动调整向网络中发送数据的速度和数据量，以便消除拥塞。传输层的拥塞控制，如 TCP 协议的拥塞控制，通常采用这类拥塞控制方法，通过是否发生数据段超时来推断网络是否发生拥塞。

4.4.2 路由算法

1. 静态路由与动态路由

网络层确定路由信息的途径可以分为两大类：静态路由和动态路由。静态路由是人工配置的路由，这类路由信息记录到路由表后，在下次被更改之前，一直保持不变，故称为静态路由。因为反映人类智慧，所以静态路由在路由表中的优先级是最高的，即在相同条件下会被首选。动态路由是指路由信息根据网络的"实时"（或当前）状态，周期性动态计算、更新路由信息，使路由信息反映网络状态的动态变化，优化路由选择。动态路由需要路由器运行路由协议动态收集网络状态信息，然后按着某种路由算法计算当前网络状态下到达不同目的网络的最佳路由。

2. 距离-向量路由算法

距离-向量路由算法是一种仅需网络"局部"信息、异步的、迭代的、分散式路由算法。每个路由器周期性向邻居通告形如＜目的网络,距离＞的距离向量，每个路由器当收到邻居的距离向量或检测到本地链路的费用变化时，根据 Bellman-Ford 方程计算经过哪个邻居可以获得到达每个目的网络的最小距离，更新自己的距离向量与路由表，并将更新的距离向量交换给其所有的邻居路由器。经过多次迭代，确定到达每个目的网络的最佳路由。

距离-向量路由算法最典型的问题是容易出现无穷计数问题（count to infinity），尤其网络中存在环路时很容易出现无穷计数问题。消减无穷计数问题的方法主要有毒性逆转（poisoned reverse）、定义最大有效距离（如 RIP 协议定义最大有距离为 15 跳步）、水平分割和阻碍时钟等。

3. 链路状态路由算法

链路状态路由算法是将网络抽象为一个图，然后基于 Dijkstra 算法求最短路径，从而获得最佳路由信息。为了掌握全网拓扑，每个路由器检测、收集直接相连链路费用以及直接相连路由器 ID 等信息，构造链路状态分组，广播扩散给网络中其他所有路由器。每个路由器维护一个链路状态数据库存储收集到的链路状态信息，并基于该数据库中的链路状态信息构建网络拓扑图（实际路由器并不会真正构建这个图），进一步利用 Dijkstra 算法求最短路径，确定最佳路由。

当网络存在环路且链路费用反映动态的链路通信量时，链路状态路由算法会存在振荡或摆动（oscillations）现象，有可能导致某些数据分组在局部存在环路的网络中被"Ping-Pang"转发，送不到目的网络，最终被丢弃（如 IP 分组的 TTL＝0 时）。

4. 层次路由

当网络规模很大时，基于单一抽象网络拓扑图的路由算法不再适用，因为这些算法要在大规模网络上交换网络状态信息，例如链路状态信息、距离-向量信息等，会消耗掉大部分网络带宽，致使网络性能下降。另外，当网络规模跨越了组织边界时，很难满足网络管理自治性的需求，每个组织都可能希望按自己的策略和方法实现自己网络的管理和路由。最有效的解决方案就是层次化路由。为此，将大规模的互联网按组织边界、管理边界、网络技术边界或功能边界划分为多个自治系统（Autonomous System, AS），每个自治系统由一组运行相同路由协议的路由器组成。每个自治系统可以选择不同的自治系统内的路由协议，按照不同的路由算法计算自治系统内的路由，这类路由协议称为自治系统内路由协议；每个自治系统存在一个或多个与其他自治系统互连的路由器，称为网关路由器，负责与其他自治系统交换跨越自治系统的网络可达性信息，采用的路由协议称为自治系统间路由协议。这样，层次路由将大规模互联网的路由划分为两个层：自治系统内路由和自治系统间路由。不同的自治系统可以选择不同的自治系统内路由协议，以性能优先的方式优化到达本自治系统内的路由；自治系统间需遵循统一的自治系统间路由协议，交换自治系统间的路由信息，按政策优先选择路由。

4.4.3 IPv4

1. IPv4 分组

IPv4 是第 4 版 IP 协议，是当前 Internet 网络主要使用的 IP 协议，以下简称 IP 协议。

IP 分组是 IP 协议分组结构,如图 4-11 所示。

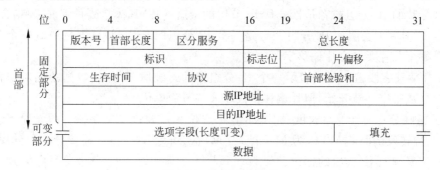

图 4-11　IPv4 分组结构

其中:

(1) 版本号字段占 4 位,给出的是 IP 协议的版本号。

(2) 首部长度字段占 4 位,给出的是 IP 分组首部长度,包括可变长度的选项字段,以 4 字节为单位。4 个比特可表示的最大数值是 15,因此 IP 分组的首部长度的最大值是 60 个字节。

注意,版本号与首部长度两个字段分占一个字节的高 4 位与低 4 位,在实际 IP 分组中对应一个字节。例如,一般情况下,一个 IP 分组首部不包含选项字段(下面如无特殊说明,默认为这种情况),则一个实际 IP 分组的第 1 个字节是 45H(十六进制),表示 IPv4,首部长度为 5×4=20 字节。

(3) 区分服务字段占 8 位,在旧标准中称为服务类型字段,用来指示期望获得哪种类型的服务。只有在网络提供区分服务(DiffServ)时,才使用该字段,目前的 IP 网络中基本不使用,很多实际 IP 分组对应区分服务字段的字节(第 2 个字节)的值为 00H。

(4) 总长度字段占 16 位,给出 IP 分组的总字节数,包括首部和数据部分。16 比特可以表示的最大 IP 分组的总长度为 65 535B,除去最小的 IP 分组首部 20B,最大 IP 分组可以封装 65 535−20=65 515(B)的数据。实际上,IP 分组需要进一步封装到链路层数据帧中进行传输,而几乎没有如此大 MTU 的链路,因此实际网络中不会有这么大的 IP 分组。

(5) 标识字段占 16 位,用于标识一个 IP 分组。IP 协议利用一个计数器,每产生 IP 分组计数器加 1,作为该 IP 分组的标识。该字段容易被误解为是 IP 分组的唯一标识,其实由于 IP 协议产生标识的机制,不同主机产生的 IP 分组完全有可能具有相同的标识,所以单靠标识字段是无法唯一标识一个 IP 分组的。实际上,IP 协议是依靠标识字段、源 IP 地址、目的 IP 地址以及协议等字段共同唯一标识一个 IP 分组。标识字段最重要的用途是在 IP 分组分片和重组过程中,用于标识属于同一源 IP 分组。

(6) 标志位字段占 3 位,结构为:

其中,最高比特位保留,DF 是禁止分片(Don't Fragment)标志,MF 是更多分片标志(More Fragments)标志。DF=0 表示允许路由器将该 IP 分组分片,DF=1 表示禁止路由器将 IP 分组分片。如果路由器在转发一个 DF=1 的 IP 分组时,其总长度超过输出链路的

MTU,路由器不会对该 IP 分组进行分片,路由器会丢弃该分组。MF=0 表示该 IP 分组是一个未被分片的 IP 分组或者是被分片 IP 分组的最后一片,具体是哪种情况,要结合片偏移字段确定。MF=1 表明该 IP 分组一定是一个 IP 分组的分片,并且不是最后一个分片,同样到底是哪个分片要结合片偏移字段确定。

(7) 片偏移字段占 13 位,表示一个 IP 分组分片封装原 IP 分组数据的相对偏移量,即封装的数据从哪个字节开始,但片偏移字段以 8 字节为单位。

IP 分组在分片时涉及总长度、标识、MF 标志位和片偏移 4 个字段。假设原 IP 分组总长度为 L,待转发链路的 MTU 为 M。若 $L>M$,且 DF=0,则可以/需要分片。分片时每个分片的标识复制原 IP 分组的标识;MF 除了最后一个分片为 0 外,其他分片全部为 1。通常分片时分成尽可能少的片,通常除最后一个分片,其他分片均分为 MTU 允许的最大分片。一个最大分片可封装的数据应该是 8 的倍数(片偏移字段取值特点决定的),因此,最大分片可封转的数据为

$$d = \left\lfloor \frac{M-20}{8} \right\rfloor \times 8 \qquad (4\text{-}1)$$

其中,20 是假设 IP 分组首部长度为 20 字节。需要的总片数为

$$n = \left\lceil \frac{L-20}{d} \right\rceil \qquad (4\text{-}2)$$

每片的片偏移字段取值为

$$F_i = \frac{d}{8} \times (i-1), \quad 1 \leqslant i \leqslant n \qquad (4\text{-}3)$$

其中,F_i 为第 i 个分片的片偏移量。每片的总长度字段为

$$L_i = \begin{cases} d+20 & 1 \leqslant i < n \\ L-(n-1)d & i = n \end{cases} \qquad (4\text{-}4)$$

每片的 MF 字段为

$$\text{MF}_i = \begin{cases} 1 & 1 \leqslant i < n \\ 0 & i = n \end{cases} \qquad (4\text{-}5)$$

(8) 生存时间(TTL)字段占 8 位,表示 IP 分组在网络中可以通过的路由器数(或跳步数)。源主机在生成 IP 分组时设置 TTL 初值,每经过路由器转发一次 TTL 减 1,如果 TTL=0,路由器则丢弃该 IP 分组,并向源主机发送 Type=11、Code=0 的 ICMP 报文。

(9) 协议字段占 8 位,指示该 IP 分组封装的是哪个协议的数据包,例如,6 为 TCP,即表示封装的为 TCP 段;17 为 UDP,即封装的是 UDP 数据报。事实上,IP 协议是利用该字段实现复用/解复用。

(10) 首部校验和字段占 16 位,利用校验和实现对 IP 分组首部的差错检测。计算校验和时,该字段置全 0,然后整个首部以 16 比特字对齐,采用反码算数运算(算数加的过程将最高位的进位"卷回"到和的最低位再加)求和,将最后得到的和反码作为首部校验和字段。在接收 IP 数据分组时,将整个首部按同样算法求和,结果为 16 比特 1,表示无差错,只要有一位不为 1,则表示首部有差错,丢弃该分组。首部校验和字段在路由器每次转发分组时需要重新计算后重置,因为 IP 分组首部某些字段在转发过程中会发生改变,如 TTL,所以必须重新计算首部校验和。所以,首部校验和是逐跳计算、逐跳校验。

(11) 源 IP 地址字段占 32 位,是发出 IP 分组的源主机的 IP 地址。

(12) 目的 IP 地址字段占 32 位,是 IP 分组的需要送达的主机的 IP 地址,路由器将依据该地址检索匹配路由表,决策如何转发该 IP 分组。

(13) 选项字段长度可变,在 1~40B,取决于选项内容。选项字段可以携带安全、源选路径、时间戳和路由记录等内容。

(14) 填充字段长度可变,占 0~3B,取值全 0,目的是补齐整个首部,符合 32 位对齐,即保证首部长度是 4 字节的倍数。

2. IPv4 地址与 NAT

IPv4 地址(以下简称 IP 地址)是一个 32 比特的二进制数,用于标识 IP 网络中的一个主机或路由器(更准确地说是标识网络接口),是 Internet 网络的统一寻址机制。IP 地址是分层地址,主要分为 NetID 和 HostID 两部分,即网络域与主机域,如图 4-12 所示。

图 4-12 IPv4 地址基本构成

最早的 IP 地址使用方案是有类地址划分,将 IP 地址空间划分为 A、B、C、D、E 共五类,并规定 A、B、C 三类可以分配给主机使用,D 类地址作为组播地址,E 类地址保留。同时,约定了 A、B、C 三类地址的网络域与主机域分别占用的位数。具体分类是依次从最高比特位逐步"二分",如图 4-13 所示。

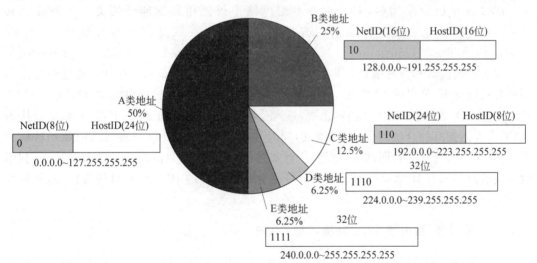

图 4-13 IPv4 地址有类划分

占 IP 地址空间 87.5%的 A、B、C 类地址可以用于标识网络中的主机或路由器,但是并不是所有地址都可用,因为有些地址有特殊用途,不能分配给主机或路由器,列在表 4-2 中。

除此之外,还有一部分地址保留用于内部网络,称为私有地址。这部分地址可以在内网使用,但不能在公共互联网上使用,公共互联网会丢弃目的地址为私有地址的 IP 分组。私有地址空间见表 4-3。

表 4-2 特殊 IP 地址

NetID	HostID	作为 IP 分组源地址	作为 IP 分组目的地址	用　　途
全 0	全 0	可以	不可以	在本网范围内表示本机；在路由表中用于表示默认路由（相当于表示整个 Internet 网络）
全 0	特定值	不可以	可以	表示本网内某个特定主机
全 1	全 1	不可以	可以	本网广播地址（路由器不转发）
特定值	全 0	不可以	不可以	网络地址，表示一个网络
特定值	全 1	不可以	可以	直接广播地址，对特定网络上的所有主机进行广播
127	非全 0 或非全 1 的任何数	可以	可以	用于本地软件环回测试，称为环回地址

表 4-3 私有 IP 地址

私有地址类别	范　　围
A 类	10.0.0.0～10.255.255.255（或 10.0.0.0/8）
B 类	172.16.0.0～172.31.255.255（或 172.16.0.0/12）
C 类	192.168.0.0～192.168.255.255（或 192.168.0.0/16）

　　IPv4 地址已分配殆尽，对于内部专用网络中仅使用私有地址的主机与外部公共 Internet 网络中的主机进行通信的有效解决方案之一就是网络地址转换——NAT (Network Address Translation)。NAT 通常运行在私有网络的边缘路由器（或专门服务器），同时连接内部私有网络和公共互联网，利用公共 IP 地址（非私有地址），通过对进出内部私有网络的 IP 分组的 IP 地址与端口号的替换，支持内部主机与公共互联网通信。NAT 最一般的工作原理是：对于从内网出去，进入公共互联网的 IP 分组，将其源 IP 地址替换为 NAT 服务器拥有的合法的公共 IP 地址，同时替换源端口号，并将替换关系记录到转换表中；对于从公共互联网返回的 IP 分组，依据其目的 IP 地址与目的端口号检索转换表，利用检索到的内部私有 IP 地址与对应的端口号来分别替换目的 IP 地址和目的端口号，并转发到内部网络。

3. 子网划分、路由聚集、子网掩码与 CIDR

　　子网划分就是针对一个较大的 IP 网络（也称为 IP 子网），利用其 HostID 的部分比特位将其分割为相对较小的 IP 网络的过程。通常利用 HostID 的高比特位进行子网划分，利用 n 个比特可以将原 IP 网络划分为 2^n 个等长的子网，称为等长子网划分，如果进一步对其中一个或若干个（小于 2^n）进行子网划分，则可以将最初的 IP 网络划分为多个（大于 2^n）不等长的子网，称为不等长子网划分。划分子网后，原 IP 地址的构成可以进一步分为 NetID、SubID 和 HostID，其中 SubID 所占用的比特位是原网络的 HostID 部分，如图 4-14 所示。每个子网的网络前缀包括 NetID 和 SubID。

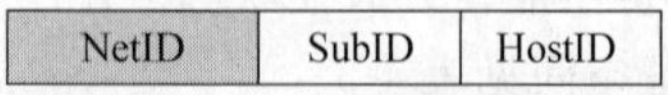

NetID	SubID	HostID

图 4-14 IPv4 地址基本构成（含子网域）

每个子网的网络前缀包括 NetID 和 SubID，子网的网络前缀决定了是哪个子网。相应地，NetID 和 SubID 取特定值，HostID 全 0 的 IP 地址称为子网地址，表示该子网；NetID 和 SubID 取特定值，HostID 全 1 的 IP 地址称为子网广播地址。每个子网中的这两个地址由于其特殊意义，不能分配给主机或路由器，其余地址可以分配给相应子网内的主机或路由器接口，称为可分配 IP 地址。由于子网的存在，不能再单纯依靠判断一个 IP 地址是 A、B、C 哪类地址来推断其网络前缀是 8、16 或 24 位，而需要明确一个子网的网络前缀（NetID 和 SubID）到底是多少位，这样才能准确描述一个子网及其规模。为此，引入一个与 IP 地址等长（32 位）的一个数，即子网掩码，利用子网掩码来描述一个子网的网络前缀，其取值规则为：对应网络前缀的比特位全取 1，对应主机域部分全取 0。通过 IP 地址与子网掩码的按位与运算即可提取出子网地址。

路由聚集是子网划分的逆过程，主要目的是为了提高路由效率。路由聚集是针对一个路由器而言，将若干个（通常是 2 的幂次）具有相同路由出口的子网合并表示为一个大的子网过程，合并后的子网也称为超网。

按有类地址分配和使用 IP 地址会造成很大浪费，按有类地址方式进行路由，效率很低，最有效的解决方案就是提出无类域间路由——CIDR（Classless InterDomain Routing）。CIDR 地址表示为 $a.b.c.d/x$，不必再受有类地址限制（但仍然在有类地址 A、B、C 三类地址范围内），x 等价于子网掩码的作用，即表示网络前缀长度。利用 CIDR 无类地址表示形式可以方便灵活地描述任意规模的子网，对于描述子网划分与路由聚集非常方便。

4. ARP 协议、DHCP 协议与 ICMP 协议

ARP 协议是地址解析协议，用于根据本网内目的主机或默认网关的 IP 地址获取其 MAC 地址。ARP 协议数据分组，直接封装在链路层数据帧中，最典型的是以太网。在解析过程中，ARP 协议通过将其询问报文封装到链路层广播帧（对于以太网，目的 MAC 地址为 ff-ff-ff-ff-ff-ff），以广播方式询问。

DHCP 协议是动态主机配置协议，用于为主机动态分配 IP 地址等相关信息。为此，网络中需要运行 DHCP 服务器，并且配置其可以为其他主机进行动态地址分配的 IP 地址范围等。需要动态获取 IP 地址的主机开机运行时，通过运行 DHCP 协议客户端，发送 DHCP 发现（Discover）报文，发现报文封装到目的地址为 255.255.255.255，源地址为 0.0.0.0 的 IP 分组中。

ICMP 协议是互联网控制报文协议，用于网络层差错报告与网络探测。PING、Traceroute 工具就是基于 ICMP 协议实现的。ICMP 的 type 和 code 取值不同代表不同含义或作用，例如 type＝11，code＝0 的 ICMP 报文表示 TTL＝0 的 IP 分组被丢弃。

4.4.4　IPv6

1. IPv6 的主要特点

IPv6 是第 6 版 IP 协议，是下一代互联网的基础。IPv6 首部包括基本首部和多个可选的选项首部，基本首部为固定的 40 字节长度。IPv6 与 IPv4 相比基本首部去掉了选项字段和校验和字段等,增加了流标签字段,基本首部变得更简洁,有利于快速路由。

2. IPv6 地址

IPv6 地址为 128 位,通常采用冒号分隔的十六进制地址书写形式,并且可以采用压缩方式,对于连续的多部分 0,可以利用连续的两个":"(即"::")代替,但在一个 IPv6 地址中只能用一次。IPv6 地址包括单播地址、组播地址和任播地址三种地址类型。单播地址唯一标识网络中的一个主机或路由器网络接口,可以作为源地址和目的地址;组播地址标识网络中的一组主机,只能用作 IPv6 分组的目的地址,向一个组播地址发送 IP 分组,该组播地址标识的多播组每个成员会收到一个该 IP 分组的一个副本;任播地址也是标识网络中的一组主机,也只能用作 IPv6 分组的目的地址,但当向一个任播地址发送 IP 分组时,只有该任播地址标识的任播组的某个成员收到该 IP 分组。

4.4.5 路由协议

1. 自治系统

自治系统 AS 是在统一技术管理下的一组路由器,这些路由器使用相同的 AS 内部路由选择协议和度量以确定分组在该 AS 内的路由,不同自治系统可以选择不同的 AS 内部路由协议,AS 之间的路由选择协议是各 AS 共同遵守的统一的 AS 之间路由协议。

事实上,一个 AS 可能使用多种内部路由选择协议和度量,但是一个 AS 对其他 AS 表现出的是一个单一的和一致的路由选择策略。

2. 域内路由与域间路由

Internet 域内路由协议(即在一个自治系统内部使用的路由选择协议)称为内部网关协议(Interior Gateway Protocol,IGP),如 RIP 和 OSPF 协议等。

Internet 域间路由协议称为外部网关协议(External Gateway Protocol,EGP),实现跨越不同自治系统交换或通告路由信息。目前 Internet 使用最多的外部网关协议是 BGP4。

3. RIP 路由协议

RIP 是一种分布式的基于距离向量的 IGP 协议;RIP 协议要求自治系统内的每一个路由器都要维护从它自己到其他每一个目的网络的距离向量;RIP 协议中的"距离"也称为"跳数"(hop count),从一路由器到直接连接的网络的距离定义为 1,RIP 允许一条路径最多只能包含 15 跳,16 跳表示网络不可达;RIP 不能在两个网络之间同时使用多条路由;交换的信息是当前本路由器所知道的全部信息,即自己的路由表,通常每隔 30 秒交换一次路由信息;RIP 协议由于采用距离向量路由算法,所以有可能产生无穷计数问题,但是由于 RIP 协议规定 16 跳表示网络不可达,所以无穷计数问题不会需要太长时间便会消除。

4. OSPF 路由协议

OSPF 协议的全称是开放最短路径优先协议,"开放"表示 OSPF 协议不受任何一家商业公司控制,而是公共的;"最短路径优先"是因为 OSPF 使用 Dijkstra 最短路径算法,是 IGP 协议。

OSPF 收集与本路由器相邻的所有路由器的链路状态,构造链路状态分组,向本自治系统中所有路由器洪泛,"链路状态"信息包括本路由器与哪些路由器相邻,以及该链路的"度量"(metric),只有当链路状态发生变化时,路由器洪泛链路状态信息。每个路由器将收集到的链路状态信息存储到一个链路状态数据库中,该数据库逻辑上就是全网的拓扑结构,在全网范围内是一致的(称为链路状态数据库的同步),每一个链路状态都带有一个 32 位的序号,序号越大状态就越新。OSPF 的链路状态数据库能较快地进行更新,使各个路由器能及时更新其路由表。OSPF 还规定每隔一段时间,如 30 分钟,要刷新一次数据库中的链路状态,OSPF 的更新过程收敛得快是其重要优点。

为了使 OSPF 能够用于大规模自治系统网络,OSPF 可以将一个自治系统进一步划分为若干个区域,每个区域都有一个 32 位的区域标识符(用点分十进制表示),通常区域也不能太大,在一个区域内的路由器最好不超过 200 个。划分区域的好处就是将洪泛法交换链路状态信息的范围局限于每一个区域而不是整个自治系统,减少整个网络交换链路状态信息的通信量。因此,在一个区域内部的路由器只知道本区域的完整网络拓扑,而不知道其他区域的网络拓扑。OSPF 使用层次结构的区域划分,上层的区域叫做主干区域(backbone area),主干区域的标识符规定为 0.0.0.0,主干区域的作用是用来连通其他下层区域。

OSPF 直接用 IP 数据报传送报文,所有在 OSPF 路由器之间交换的分组都具有鉴别的功能。OSPF 对不同的链路可根据 IP 分组的不同服务类型 TOS 而设置成不同的代价,因此,OSPF 对于不同类型的业务可计算出不同的路由。如果到同一个目的网络有多条相同代价的路径,那么可以将通信量分配给这几条路径,称为多路径间的负载平衡。

OSPF 支持变长子网划分和无类编址 CIDR。由于一个路由器的链路状态只涉及到与相邻路由器的连通状态,因而与整个互联网的规模并无直接关系。因此当互联网规模很大时,OSPF 协议要比距离向量协议 RIP 好得多。OSPF 没有"坏消息传播得慢"的问题,据统计,其响应网络变化的时间小于 100ms。另外,多点接入的局域网可以采用指定路由器的方法,使广播的信息量大大减少,指定路由器代表该局域网上所有的链路向连接到该网络上的各路由器发送状态信息。

5. BGP 协议

BGP 是不同自治系统的路由器之间交换路由信息的协议。BGP 较新版本是 BGP-4 (BGP 第 4 个版本),简写为 BGP。因特网的规模太大,使得自治系统之间路由选择非常困难,比较合理的做法是在 AS 之间交换网络"可达性"信息。自治系统之间的路由选择是"策略"或"政策"优先的,因此,边界网关协议 BGP 只能是力求寻找一条能够到达目的网络且比较好的路由(不能兜圈子),而并非要寻找一条最佳路由。

每一个自治系统选择至少一个路由器(通常是 BGP 边界路由器)与其他自治系统交换路由信息,分属两个自治系统、负责发布自治系统间路由信息的两个路由器(边界路由器)称为对等路由器。BGP 在 TCP 协议之上建立 BGP 会话(session),利用 BGP 会话交换路由信息。BGP 会话包括:外部会话 eBGP,连接分属两个不同自治系统的对等路由器,在自治系统间交换跨自治系统的路由可达性信息;内部会话 iBGP,连接同一自治系统内的路由器,在自治系统内交换(发布)到达其他自治系统的网络可达性信息。BGP协议交换路由信息数量级是自治系统数的量级,要比这些自治系统中的网络数少很多。每一个自治系统的边界路由器的数目是很少的,使得自治系统之间的路由选择不致过于复杂。

BGP 支持 CIDR,BGP 的路由信息包括目的网络前缀、下一跳路由器,以及到达该目的网络所要经过的各个自治系统序列。在 BGP 刚刚运行时,BGP 的对等路由器之间交换整个 BGP 路由表,之后只需要更新有变化的部分。

BGP 会话交换 4 种类型的报文:
(1) 打开(OPEN)报文,用来与相邻的另一个 BGP 发言人建立关系。
(2) 更新(UPDATE)报文,用来发送某一路由的信息,以及列出要撤销的多条路由。
(3) 保活(KEEPALIVE)报文,用来确认打开报文和周期性地证实邻站关系。
(4) 通知(NOTIFICATION)报文,用来发送检测到的差错。

4.4.6 IP 组播

1. 组播的概念

IP 组播也称为 IP 多播。IP 多播是利用多播 IP 地址标识一个多播组,当向一个多播 IP 地址发送分组时,网络将向包含多播组成员的网络复制、转发该 IP 分组,确保每个多播组成员都接收到该 IP 分组的一个副本。多播传输采用"网内复制",即路由器根据多播路由决策是否需要复制多播分组,并向包含多播组成员的网络转发一个多播分组的副本。多播传输可以保证同一个多播分组(副本)在每个链路上最多只转发一次。IP 多播在支持链路层多播的局域网(如以太网)上映射为局域网多播。

2. IP 组播地址

IPv4 多播使用多播地址,即 D 类地址,地址范围在 224.0.0.0~239.255.255.255,多播地址只用于目的地址,而不能用于源地址。

4.4.7 移动 IP

1. 移动 IP 的概念

移动 IP 技术允许计算机移动到外地并接入外地网络时,仍然可以使用归属网络分配的永久 IP 地址通信。移动 IP 采用间接路由技术,对于其他通信方,移动主机的移动与否是透明的。

2. 移动 IP 通信过程

移动主机接入外部网络后,首先发现外代理,申请一个转交地址(Care-of Address,COA),然后通过外代理向家代理注册在外网获取的转交地址等信息,注册结束后,移动主机即可利用永久地址进行通信。当一个通信方需要给移动主机发送数据时,利用移动主机的永久地址作为目的地址,发送 IP 分组,该 IP 分组被路由到家网(归属网络),家代理将该

IP 分组封装到一个新的 IP 分组之中,新 IP 分组的目的 IP 地址是移动主机在外网获取的 COA 地址,新 IP 分组路由到外网,外代理将新 IP 分组中封装的源 IP 分组提取出来,转发给移动主机;移动主机如果需要给通信方发送数据,则直接向通信方发送 IP 分组。

4.4.8 网络层设备

1. 路由器组成和功能

路由器是一种具有多个输入端口和多个输出端口的专用计算机,其主要任务是获取与维护路由信息以及转发分组。路由器从功能体系结构角度可以分为输入端口、输出端口、交换结构与路由处理器。

(1) 路由处理器就是路由器的 CPU,负责执行路由器的各种指令,包括路由协议的运行、路由计算以及路由表的更新维护等。

(2) 输入端口负责从物理接口接收信号,还原数据帧,提取 IP 分组(或其他网络层协议分组),根据 IP 分组的目的 IP 地址检索路由表,决策需要将该 IP 分组交换到哪个输出端口,最后交给交换结构进行交换。输入端口需要有缓存,排队待交换的 IP 分组,如果输入端口接收 IP 分组的速度比交换结构交换 IP 分组的速度快,则可能导致缓存溢出,造成 IP 分组被丢弃,此时已发生拥塞现象。

(3) 输出端口也要开辟缓存,排队交换到指定端口待发送的 IP 分组。当输出端口发送某 IP 分组时,重新封装该 IP 分组到对应接口网络的数据链路层的数据帧中,然后通过物理层发送出去。输出端口的缓存也可能由于交换过来的 IP 分组速度大于该输出端口发送 IP 分组的速度,导致缓存溢出,造成 IP 分组丢弃。输出端口通常执行 FCFS(先到先服务)的调度策略,当然,也可以执行其他调度策略,例如按优先级调度、按 IP 分组的 TOS 类型调度等。

(4) 交换结构完成将输入端口的 IP 分组交换到指定的输出端口。主要包括基于内存交换、基于总线交换和基于高级的交叉"网络"交换三种交换结构类型。交换结构的性能在很大程度上决定了路由器的性能。在上述三种交换结构中,基于内存交换的交换结构性能最低,相应的路由器通常价格也最便宜,基于"网络"交换的交换结构性能最好,通常这类路由器价格也比较昂贵。

2. 路由表与路由转发

"路由"与"转发"是路由器两项最重要的基本功能。通过静态(人工方式)或者动态(运行路由协议)获取的路由信息被保存在路由表中,供数据转发时使用。路由表是以路由项来存储路由信息的,每个路由项也称为一个"入口"(entry),每个路由项包括很多字段,表示不同信息。其中比较重要的字段包括目的网络、子网掩码、下一跳地址和接口等,其中目的网络与子网掩码也可以合并到目的网络字段中采用 CIDR 地址形式表示。目的网络与子网掩码准确描述一个目的网络;下一跳表示到达该目的网络的路径的下一个邻居结点的接口 IP 地址,可能是下一个路由器与本路由器相连的接口的 IP 地址,也可能是直连网络,如果是直连网络,则下一跳取值为空;接口是转发 IP 分组到达该目的网络时,应从哪个接口将 IP 分组发出去。在路由表中经常会有一些比较特殊的路由项,例如,默认路由(或缺省路由),该路由项对应的目的网络和子网掩码分别是 0.0.0.0 和 0.0.0.0,或者 0.0.0.0/0;特定主机路由,目的网络是特定主机的 IP 地址,而子网掩码是 255.255.255.255,或者为 a.b.c.d/32。

路由器在收到 IP 分组时,会利用 IP 分组的目的 IP 地址检索匹配路由表,如果路由表中没有匹配成功的路由项,则通过默认路由对应的接口转发该 IP 分组,也就是说,在路由表匹配过程中,至少会有默认路由会被匹配"成功";如果除默认路由外,有一条路由项匹配成功,则选择该路由项对应的接口,转发该 IP 分组;如果除默认路由外,有多条路由项匹配成功,则选择网络前缀匹配成功位数最长的路由项,通过该路由项指定的接口转发该 IP 分组,这就是路由转发过程的"最长前缀匹配原则"。

4.5 传输层

4.5.1 传输层提供的服务

1. 传输层的功能

传输层为应用进程之间提供端到端的逻辑通信;传输层通常还对收到的报文进行差错检测;某些传输层协议进行端到端的数据传输可控性控制;传输层协议要针对应用层实现复用与解复用(multiplexing/demultiplexing)的功能;Internet 网络的传输层有两种不同的传输协议:面向连接的 TCP 和无连接的 UDP。

2. 传输层寻址与端口

传输层为了支持运行在不同主机、不同操作系统上的应用进程之间互相通信,必须用统一的寻址方法对 TCP/IP 体系的应用进程进行标志。解决方法就是在传输层使用协议端口号(protocol port number),或通常简称为端口(port),在全网范围内利用"IP 地址+端口号"唯一标识一个通信端点,IP 地址唯一标识进程运行在哪个主机上,同一主机上传输层协议端口号唯一对应一个应用进程。

端口号为 16 位整数,其中 0~1023 为熟知端口;1024~49 151 为登记端口号,为没有熟知端口号的应用程序使用,必须在 IANA 登记,以防止重复;49 152~65 535 为客户端口号或短暂端口号,留给客户进程选择暂时使用。

3. 无连接服务与面向连接服务

传输层提供无连接与面向连接两类服务,其中无连接服务指数据传输之前无须与对端进行任何信息交换,即"握手",直接构造数据分组,直接发送出去;面向连接服务是指在数据传输之前,需要交换一些控制信息,建立连接(逻辑连接),然后在传输数据,数据传输结束后还需要再拆除连接。Internet 网络提供无连接服务的传输层协议是 UDP 协议,提供面向连接服务的传输层协议是 TCP 协议。

4.5.2 UDP 协议

1. UDP 数据报

UDP 数据报结构如图 4-15 所示。

2. UDP 校验

UDP 校验和的计算采用与 IP 首部校验和计算的相同算法。UDP 校验和的计算包括三部分：UDP 伪首部、UDP 首部和应用层数据，如图 4-16 所示。

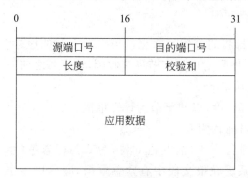

图 4-15　UDP 数据报结构

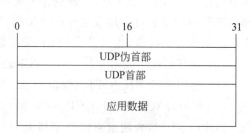

图 4-16　UDP 校验和计算的三个部分

其中，UDP 伪首部结构如图 4-17 所示。

图 4-17　UDP 伪首部结构

其中，源 IP 地址、目的 IP 地址和协议号均是封装对应 UDP 数据报的 IP 分组的对应字段；UDP 长度字段是该 UDP 数据报的字段，也就是说该字段会参与计算两次。对于 UDP 协议，协议号的值为 17。

4.5.3 TCP 协议

1. TCP 段

TCP 数据段的结构如图 4-18 所示。
其中：
（1）源端口号与目的端口号字段分别占 16 位，标识发送该数据段的源端口和目的端口。
（2）序号字段与确认序号字段分别占 32 位。TCP 的序号是对每个应用层数据的每个

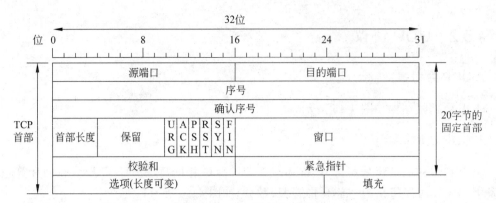

图 4-18 TCP 数据段结构

字节进行编号,因此每个 TCP 段的序号是该段所封装的应用层数据的第一个字节的序号。确认序号是期望从对方接收数据的字节序号,即该序号对应的字节尚未收到,该序号之前的字节已全部正确接收,也就是说,TCP 采用累积确认机制。

(3) 首部长度字段占 4 位,指出 TCP 段的首部长度,以 4 字节为计算单位。

(4) 保留字段字段占 6 位,保留为今后使用,目前置为 0。

(5) URG、ACK、PSH、RST、SYN 和 FIN 字段各占 1 位,共占 6 位,为 6 为标志位(字段)。URG=1 时,表明紧急指针字段有效,通知系统此报文段中有紧急数据,应尽快传送(相当于高优先级的数据);ACK=1 时,标识确认号字段才有效,当 ACK=0 时,确认号无效;TCP 协议收到 PSH=1 的段时,就尽快地交付接收应用进程,而不再等到整个缓存都填满后再向上交付;当 RST=1 时,表明 TCP 连接中出现严重差错(如由于主机崩溃或其他原因),必须释放连接,然后再重新建立传输连接;SYN=1 时,表示这是一个建立新连接请求控制段或者是同意建立新连接的确认段;FIN 用来释放一个 TCP 连接,当 FIN=1 时,表明该 TCP 段的发送端的数据已发送完毕,并请求释放 TCP 连接。

(6) 窗口字段占 16 位,用于向对方通告接收窗口大小(单位为字节),其值是本端接收对方数据的缓存剩余空间,用于实现 TCP 协议的流量控制。

(7) 校验和字段占 16 位,校验和字段检验的范围类似于 UDP 协议,包括 TCP 伪首部、TCP 首部和应用层数据 3 部分。

(8) 紧急指针字段 16 位,指出在本报文段中紧急数据共有多少个字节(紧急数据放在本报文段数据的最前面)。

(9) 选项字段长度可变。TCP 最初只规定了一种选项,即最大段长度 MSS(Maxmium Segment Size),用于通告对方 TCP:"我的缓存能接收的数据段的最大长度是 MSS 个字节"。注意 MSS 只计数应用层数据字节数,不包括段首部。其他选项还包括:窗口扩大选项(占 3 字节),其中一个字节表示移位值 S,新的窗口值等于 TCP 首部中的窗口位数增大到(16+S),相当于把窗口值向左移动 S 位后获得实际的窗口大小;时间戳选项(占 10 字节),其中最主要的字段时间戳值字段(4 字节)和时间戳回送回答字段(4 字节);选择确认(SACK)选项,TCP 默认采用累积确认机制,如果要使用选择确认,那么在建立 TCP 连接时,就要在 TCP 首部的选项中加上"允许 SACK"的选项,而双方必须都事先商定好,基本不用。

(10) 填充字段,长度为 0~3 个字节,取值全 0,为了使整个首部长度是 4 字节的整数倍。

2. TCP 连接管理

TCP 连接管理包括连接建立与连接拆除。TCP 连接建立通过"三次握手"过程。假设 A 主机发起与 B 主机建立 TCP 连接,则建立过程为:

(1) A 的 TCP 向 B 发出连接请求段,其首部中的同步位 SYN=1,并选择初始序号 seq=x,表明传送数据时的第一个数据字节的序号是 x。(第一次握手)

(2) B 的 TCP 收到连接请求段后,如同意,则发回确认。B 在确认段中应使 SYN=1,ACK=1,其确认序号 ack_seq=$x+1$,自己选择的初始序号 seq=y。(第二次握手)

(3) A 收到此确认段后向 B 给出确认,其中 ACK=1,SYN=0,seq=$x+1$,ack_seq=$y+1$。(第三次握手)

注意:第一次握手和第二次握手段不携带数据,第三次握手段可以携带数据,也就是说,A 给 B 发送数据的第一个字节序号为($x+1$),同理,B 给 A 发送的数据的第一个字节的序号为($y+1$),即 SYN=1 的段会空耗一个序号。

释放连接为 4 次握手过程(对称断连):

(1) A 向 B 发送释放连接控制段,其中首部的 FIN=1,序号 seq=u,等待 B 的确认。

(2) B 向 A 发送确认段,ACK=1,确认序号 ack_seq=$u+1$,序号 seq=v。

(3) B 向 A 发送释放连接控制段,FIN=1,seq=w,ack_seq=$u+1$。

(4) A 向 B 发送确认段,ACK=1,seq=$u+1$,ack_seq=$w+1$。B 收到该确认段,可以马上释放连接;A 在发出该确认段后,延迟一段时间即释放连接。

3. TCP 可靠数据传输

TCP 协议的可靠数据传输是基于滑动窗口协议,但是发送窗口大小动态变化。因为 TCP 的发送窗口取决于流量控制的接收端通告的窗口大小和实现拥塞控制的拥塞控制大小,这两个窗口在一个 TCP 建立后,在通信过程中一直动态变化。假设某时刻流量控制(接收端通告的接收窗口)大小为 W_R,拥塞控制窗口为 W_C,则此刻 TCP 的发送窗口 W_S=min(W_R,W_C)。

TCP 协议的可靠数据传输实现机制包括差错编码、确认、序号、重发、计时器等。序号是每个字节编号;确认序号为期望接收字节序号,TCP 通常采用累积确认;计时器超时时间采用自适应算法设置超时时间;重发数据段主要针对两类事件:计时器超时和三次重复确认。

4. TCP 流量控制与拥塞控制

TCP 的流量控制目的是确保接收数据缓存不溢出,为此,接收端(接收端与发送端是相对的,因为 TCP 协议是全双工的)在给发送端发送数据段(ACK=1)或单纯确认段时,通告剩余接收缓存空间作为接收窗口,发送端在接下来发送数据段时,控制未确认段的应用层数据总量不超过最近一次接收端通告的接收窗口大小,从而确保接收端不会发生缓存溢出。

TCP 的拥塞控制是从端到端的角度,推测网络是否发生拥塞,如果推断网络发生拥塞,则立即将数据发送速率降下来，以便缓解网络拥塞。TCP 的拥塞控制采用的也是窗口机制，通过调节窗口的大小实现对发送数据速率的调整。窗口调整的基本策略是网络未发生拥塞时，逐渐"加性"增大窗口大小，当网络拥塞时"乘性"快速减小窗口大小，即 AIMD。通常 TCP 刚一建立连接时，可用网络带宽较大，可以较快的速度传输数据，所以窗口增长可以快些，当窗口增长到一定程度后，为了避免过快出现拥塞，使其尽可能长时间运行在较大窗口状态，则将窗口增长速度降下来。于是，TCP 拥塞控制窗口的调节，分为慢启动阶段和拥塞避免阶段，慢启动阶段窗口从一个 MSS 快速增长，达到某个阈值后转为拥塞避免阶段；拥塞避免阶段的窗口增长放慢。

TCP 拥塞控制算法描述如下：

```
SlowStartPhase()
{
  CongWin=1;           //MSS
  while (CongWin<Threshold && 无数据丢失)
  {
    for each ACK
      CongWin++;
  }
  if(CongWin>=Threshold) then
    CongestionAvoidancePhase();
  if(数据丢失) then
      DataLoss();
}
CongestionAvoidancePhase()
{
  while (无数据丢失)
  {
    for each ACK
      CongWin=CongWin+MSS/CongWin;
  }
    DataLoss();
}
DataLoss()
{
  if(超时) then
  {
    Threshold=CongWin/2;
    CongWin=1;
    SlowStartPhase();
  }
  if(3次重复确认) then
  {
      if(TCP Tahoe 算法) then
      {
```

```
        Threshold=CongWin/2;
        CongWin=1;
        SlowStartPhase();
    }
    if(TCP Reno 算法) then
    {
        Threshold=CongWin/2;
        CongWin=CongWin/2;
        CongestionAvoidancePhase();
    }
  }
}
```

从算法描述来看，在慢启动阶段，每收到一个确认段，拥塞窗口大小增加 1 个 MSS。通常 RTT 相对较大，在一个 RTT 时间之内可以将窗口允许的所有段数发送出去，并且当忽略段传输时延时，在慢启动阶段，每经过 1 个 RTT，拥塞窗口大小增加 1 倍。拥塞避免阶段则将所有窗口内的段全部发送，且全部得到确认后，拥塞窗口才增加 1 个 MSS。

4.6 应用层

4.6.1 网络应用模型

1. 客户/服务器模型

客户/服务器(C/S)应用模型是网络应用的最基本的应用模型。C/S 网络应用在通信过程中，先运行被动等待访问的是服务器，后运行主动与服务器发起通信的是客户。概括地说，在 C/S 应用中，主动发起通信的一端就是客户，被动接收通信的一端就是服务器。

2. P2P 模型

P2P 应用模型中，通信双方没有明确的客户与服务器之分，任何一方都可以主动发起通信，任何一方也都可以被动接收通信，所以称为对等模式。需要注意的是，网络中所有应用通信的基础是客户/服务器模式，所以 P2P 应用也是以 C/S 为基础，只不过每个对等端(Peer)都是一个客户与服务器的结合而已。

4.6.2 DNS 系统

1. 层次域名空间

因特网采用了层次树状结构的命名方法。任何一个连接在因特网上的主机或路由器，都可以设置一个唯一的层次结构的名字，即域名。域名的结构由标号序列组成，各标号之间用点隔开：

….三级域名.二级域名.顶级域名

各标号分别代表不同级别的域名,如图 4-19 所示。

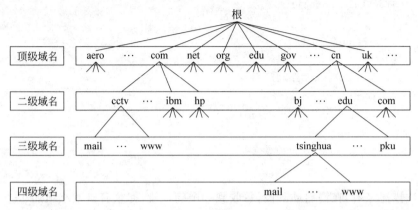

图 4-19　域名结构

(1) 国家顶级域名 nTLD：如.cn 表示中国,.us 表示美国,.uk 表示英国,等等。

(2) 通用顶级域名 gTLD：最早的顶级域名是.com(公司和企业)、.net(网络服务机构)、.org(非赢利性组织)、.edu(美国专用的教育机构)、.gov(美国专用的政府部门)、.mil(美国专用的军事部门)、.int(国际组织)。

(3) 基础结构域名(infrastructure domain)：这种顶级域名只有一个,即 arpa,用于反向域名解析,因此又称为反向域名。

2. 域名服务器

一个服务器所负责管辖的(或有权限的)范围叫做区(zone)。每一个区设置相应的权限域名服务器,用来保存该区中的所有主机的域名到 IP 地址的映射。DNS 服务器的管辖范围不是以"域"为单位,而是以"区"为单位。主要包括根域名服务器、顶级域名服务器、权限域名服务器、本地域名服务器共 4 类。

(1) 根域名服务器是最重要的域名服务器。所有的根域名服务器都知道所有的顶级域名服务器的域名和 IP 地址。不管是哪一个本地域名服务器,若要对因特网上任何一个域名进行解析,只要自己无法解析,就首先求助于根域名服务器。在因特网上共有 13 个不同 IP 地址的根域名服务器,它们的名字是用一个英文字母命名的,从 a 一直到 m(前 13 个字母)。如 a.rootservers.net、b.rootservers.net、……、m.rootservers.net。

(2) 顶级域名服务器(即 TLD 服务器)。这些域名服务器负责管理在该顶级域名服务器注册的所有二级域名。

(3) 权限域名服务器,负责一个区的域名服务器,保存该区中的所有主机的域名到 IP 地址的映射。

(4) 本地域名服务器,也称为默认域名服务器。本地域名服务器对域名系统非常重要。当一个主机发出 DNS 查询请求时,这个查询请求报文就发送给本地域名服务器。每一个因特网服务提供者 ISP,或一个大学,甚至一个大学里的系,都可以拥有一个本地域名服务器。

3. 域名解析过程

域名解析分为递归解析和迭代解析。主机向本地域名服务器的查询一般都是采用递归查询。如果主机所询问的本地域名服务器不知道被查询域名的 IP 地址，那么本地域名服务器就以 DNS 客户的身份，向某根域名服务器继续发出查询请求报文。

本地域名服务器向根域名服务器的查询通常是采用迭代查询。当根域名服务器收到本地域名服务器的迭代查询请求报文时，要么给出所要查询的 IP 地址，要么告诉本地域名服务器："你下一步应当向哪一个域名服务器进行查询"。然后让本地域名服务器进行后续的查询。

提供递归查询服务的域名服务器，可以代替查询主机或其他域名服务器，进行进一步的查询，并将最终解析结果发送给查询主机或服务器；提供迭代查询的服务器，不会代替查询主机或其他域名服务器，进行进一步的查询，只是将下一步要查询的服务器告知查询主机或服务器（当然，如果该服务器拥有最终解析结果，则直接响应解析结果）。迭代查询过程如图 4-20 所示，递归查询过程如图 4-21 所示。

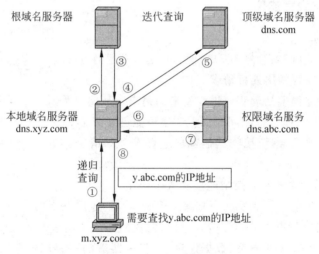

图 4-20　迭代查询过程

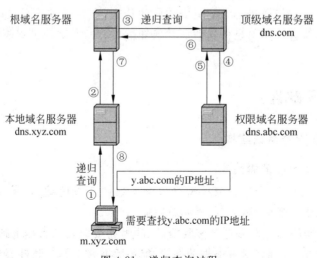

图 4-21　递归查询过程

4.6.3 FTP

1. FTP 协议的工作原理

文件传送协议（File Transfer Protocol,FTP）是因特网上使用得最广泛的文件传送协议。FTP 提供交互式的访问，允许客户指明文件的类型与格式，并允许文件具有存取权限。FTP 屏蔽了各计算机系统的细节，因而适合在异构网络中的任意计算机之间传送文件。

文件传送协议 FTP 只提供文件传送的一些基本的服务，它使用 TCP 可靠的传输服务。FTP 的主要功能是减少或消除在不同操作系统下处理文件的不兼容性。FTP 采用 C/S 方式实现客户与服务器之间的双向文件传输。一个 FTP 服务器进程可同时为多个客户进程提供服务。FTP 的服务器进程由两大部分组成：一个主进程，负责接收新的请求；另外有若干个从属进程，负责处理单个请求。

2. 控制连接与数据连接

FTP 主进程的工作步骤：
(1) 打开熟知端口（端口号为 21），使客户进程能够连接上。
(2) 等待客户进程发出连接请求。
(3) 启动从属进程来处理客户进程发来的请求。从属进程对客户进程的请求处理完毕后即终止，但从属进程在运行期间根据需要还可能创建其他一些子进程。
(4) 回到等待状态，继续接收其他客户进程发来的请求。主进程与从属进程的处理是并发进行的。

FTP 应用涉及两个连接：控制连接和数据连接。
(1) 控制连接在整个会话期间一直保持打开，FTP 客户发出的传送请求通过控制连接发送给服务器端的控制进程的熟知端口（21），但控制连接不用来传送文件。
(2) 实际用于传输文件的是"数据连接"。服务器端的控制进程在接收到 FTP 客户发送来的文件传输请求后就创建"数据传送进程"和"数据连接"，用来连接客户端和服务器端的数据传送进程。数据传送进程实际完成文件的传送，在传送完毕后关闭"数据传送连接"并结束运行。服务器进程用自己传送数据的熟知端口（20）与客户进程所提供的端口号码建立数据传送连接。

4.6.4 电子邮件

1. 电子邮件系统的组成结构

电子邮件的最主要的组成构件：
(1) 用户代理 UA（User Agent），用户与电子邮件系统的接口，是电子邮件客户端软件。用户代理的功能：撰写、显示、处理和通信。
(2) 邮件服务器的功能是发送和接收邮件，同时还要向发信人报告邮件传送的情况（已交付、被拒绝、丢失等）。邮件服务器按照客户-服务器方式工作。邮件服务器需要使用发送和读取两个不同的协议。应当注意，一个邮件服务器既可以作为客户，也可以作为服务器。

(3) 简单邮件传输协议 SMTP。

电子邮件的组成：电子邮件由信封(envelope)和内容(content)两部分组成。

电子邮件(TCP/IP 体系)地址的格式：收件人邮箱名@邮箱所在主机的域名，其中符号"@"读作"at"，表示"在"的意思。例如，电子邮件地址 xiexiren@tsinghua.org.cn。

2. 电子邮件格式与 MIME

一个电子邮件分为信封和内容两大部分。

RFC 822 只规定了邮件内容中的首部(header)格式，而对邮件的主体(body)部分则让用户自由撰写。用户写好首部后，邮件系统将自动地将信封所需的信息提取出来并写在信封上。所以用户不需要填写电子邮件信封上的信息。

邮件内容首部包括一些关键字，后面加上冒号。最重要的关键字是：To 和 Subject。

"To:"后面填入一个或多个收件人的电子邮件地址。用户只需打开地址簿，点击收件人名字，收件人的电子邮件地址就会自动地填入到合适的位置。

"Subject:"是邮件的主题。它反映了邮件的主要内容，便于用户查找邮件。

"Cc:"表示应给某某人发送一个邮件副本。

"From"和"Date"表示发信人的电子邮件地址和发信日期。"Reply-To"是对方回信所用的地址。

MIME 的特点：

(1) MIME 并没有改动 SMTP 或取代它。

(2) MIME 的意图是继续使用目前的 RFC 822 格式，但增加了邮件主体的结构，并定义了传送非 ASCII 码的编码规则。

MIME 主要包括 3 个部分

(1) 5 个新的邮件首部字段，它们可包含在 RFC 822 首部中。这些字段提供了有关邮件主体的信息。

- MIME-Version：标志 MIME 的版本。现在的版本号是 1.0。若无此行，则为英文文本。
- Content-Description：这是可读字符串，说明此邮件是什么。和邮件的主题差不多。
- Content-Id：邮件的唯一标识符。
- Content-Transfer-Encoding：在传送时邮件的主体是如何编码的。最简单的编码就是 7 位 ASCII 码，而每行不能超过 1000 个字符。MIME 对这种由 ASCII 码构成的邮件主体不进行任何转换。另一种编码称为 quoted-printable，这种编码方法适用于当所传送的数据中只有少量的非 ASCII 码。对于任意的二进制文件，可用 base64 编码。
- Content-Type：说明邮件的性质。MIME 标准规定 Content-Type 说明必须含有两个标识符，即内容类型(type)和子类型(subtype)，中间用"/"分开。MIME 标准定义了 7 个基本内容类型和 15 种子类型。

(2) 定义了许多邮件内容的格式，对多媒体电子邮件的表示方法进行了标准化。

(3) 定义了传送编码，可对任何内容格式进行转换，而不会被邮件系统改变。

3. SMTP 协议与 POP3 协议

SMTP 规定在两个相互通信的 SMTP 进程之间应如何交换信息。SMTP 使用客户服务器方式,因此负责发送邮件的 SMTP 进程就是 SMTP 客户,而负责接收邮件的 SMTP 进程就是 SMTP 服务器。

SMTP 规定了 14 条命令和 21 种应答信息。每条命令由 4 个字母组成,而每一种应答信息一般只有一行信息,由一个 3 位数字的代码开始,后面附上(也可不附上)很简单的文字说明。

SMTP 通信的 3 个阶段:

(1) 连接建立:连接是在发送主机的 SMTP 客户和接收主机的 SMTP 服务器之间建立的。

(2) 邮件传送。

(3) 连接释放:邮件发送完毕后,SMTP 应释放 TCP 连接。

SMTP 有以下缺点:

(1) SMTP 不能传送可执行文件或其他的二进制对象。SMTP 限于传送 7 位的 ASCII 码。许多其他非英语国家的文字(如中文、俄文,甚至带重音符号的法文或德文)就无法传送。

(2) SMTP 服务器会拒绝超过一定长度的邮件。

基于万维网的电子邮件,用户主机向邮件服务器(发送邮件用户邮箱所在服务器)发送邮件使用 HTTP 协议;两个邮件服务器之间的传送使用 SMTP;用户从邮箱(所在邮件服务器)接收邮件使用 HTTP 协议。

邮局协议 POP 是一个非常简单、功能有限的邮件读取协议,现在使用的是它的第三个版本 POP3。POP 也使用客户/服务器的工作方式。在接收邮件的用户 PC 中必须运行 POP 客户程序,而在用户所连接的 ISP 的邮件服务器中则运行 POP 服务器程序。

注意:不要将邮件读取协议 POP 与邮件传送协议 SMTP 弄混。发信人的用户代理向源邮件服务器发送邮件,以及源邮件服务器向目的邮件服务器发送邮件,都是使用 SMTP 协议;而 POP 协议则是用户从目的邮件服务器(或邮箱)上读取邮件所使用的协议。

4.6.5 WWW

1. WWW 的概念与组成结构

万维网(World Wide Web,WWW)是一个大规模的、联机式的信息储藏所。万维网用链接的方法能非常方便地从因特网上的一个站点访问另一个站点,从而主动地按需获取丰富的信息。

万维网以客户服务器方式工作。浏览器就是在用户计算机上的万维网客户程序。万维网文档所驻留的计算机则运行服务器程序,因此这个计算机也称为万维网服务器。客户程序向服务器程序发出请求,服务器程序向客户程序送回客户所要的万维网文档。在一个客户程序主窗口上显示出的万维网文档称为页面(page)。

万维网使用统一资源定位符(Uniform Resource Locator,URL)来标志万维网上的各种文档。使每一个文档在整个因特网的范围内具有唯一的标识符 URL。

2. HTTP 协议

在万维网客户程序与万维网服务器程序之间进行交互所使用的协议,是超文本传送协议(HyperText Transfer Protocol,HTTP)。HTTP 是一个应用层协议,它使用 TCP 连接进行可靠的传送。HTTP 是面向事务的(transaction-oriented)应用层协议,它是万维网上能够可靠地交换文件(包括文本、声音、图像等各种多媒体文件)的重要基础。

HTTP 的主要特点:

(1) HTTP 是面向事务的客户/服务器协议。

(2) HTTP 协议是无状态的(stateless)。

(3) HTTP 协议本身也是无连接的,虽然它使用了面向连接的 TCP 向上提供的服务。

(4) HTTP/1.0 协议使用非持续连接(nonpersistent connection)。每传输一个对象都需要利用一个 RTT 建立 TCP 连接,用一个 RTT 申请并传输回对象,即平均用两个 RTT 获取一个对象。

(5) HTTP/1.1 协议默认情况下使用持续连接(persistent connection),即利用同一个 TCP 连接传输多个对象。持续连接的两种工作方式:

- 非流水线方式:客户在收到前一个响应后才能发出下一个请求。与非持续连接相比,除了建立 TCP 连接所需的一个 RTT 时间,每获取一个对象只需一个 RTT 时间。
- 流水线方式:客户在收到 HTTP 的响应报文之前就能够接着发送新的请求报文。一个接一个的请求报文到达服务器后,服务器就可连续发回响应报文。使用流水线方式时,获取一个对象平均时间少于一个 RTT 时间。

HTTP 有两类报文:请求报文——从客户向服务器发送请求报文,如图 4-22 所示;响应报文——从服务器到客户的回答,如图 4-23 所示。

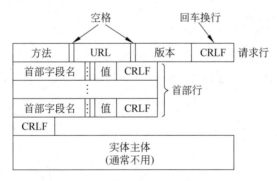

图 4-22　HTTP 请求报文结构

"方法"实际上就是命令,表示该请求报文希望服务器做什么,请求报文的类型就是由所采用的方法决定的。主要方法包括:

(1) OPTION——请求一些选项的信息。

(2) GET——请求读取由 URL 所标志的信息,是最常见的方法。

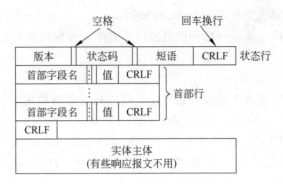

图 4-23 HTTP 响应报文结构

(3) HEAD——请求读取由 URL 所标志的信息的首部。

(4) POST——给服务器添加信息(例如,注释)。

(5) PUT——在指明的 URL 下存储一个文档。

Cookie 用于万维网站点跟踪用户。当用户首次访问支持 Cookie 网站时,网站会在响应报文中为用户分配一个 Cookie 值作为该用户的 ID,用户浏览器会将该信息存储在本地的 Cookie 文件中。以后再次访问该网站时,浏览器会自动将该用户的 Cookie 值加到 HTTP 请求报文中,从而让服务器能够识别是哪个用户,并且可以跟踪该用户在该网站的访问过程。Cookie 可以用于:

(1) 用户标识及身份鉴别;

(2) 个性化推荐服务;

(3) 构建虚拟购物车;

(4) 会话跟踪与管理。

下篇

历年典型真题详解

第 5 章　数 据 结 构

一、单项选择题

下列每题给出的四个选项中,只有一个选项是最符合题目要求的。

1. 已知两个长度分别为 m 和 n 的升序链表,若将它们合并为一个长度为 $m+n$ 的降序链表,则最坏情况下的时间复杂度是(　　)。

　　A. $O(n)$　　　B. $O(m\times n)$　　　C. $O(\min(m,n))$　　D. $O(\max(m,n))$

【出处】　2013 年第 1 题
【答案】　D
【考点】　线性表——线性表的应用,时间复杂度的估计
【解析】
该题考查有序链表的合并过程及时间复杂度分析。

将两个有序链表合并为一个有序链表的过程是归并过程。归并的结果通常有两种:一种是归并后的结果链表不改变原链表的序,另一种是归并后的结果链表改变原链表的序。

该题要求将两个升序链表合并成一个降序链表,改变了原链表中的序,所以必须处理从表头至表尾的全部元素,从两个表头中选择较小者插入到结果链表的表头,直到完成两个链表的合并。这就是题目中所说的"最坏情况"。

扫描长度为 n 的链表的时间复杂度为 $O(n)$,对题目中所给的两个链表进行扫描并插入到结果链表中的时间复杂度为:

$$O(n)+O(m)=O(n+m)=O(\max(m,n))$$

故整个合并过程的时间复杂度为 $O(\max(m,n))$。

除上述方法外,还可以有其他的处理方式。例如,先分别逆转所给的两个链表再进行合并。无论采用哪种策略,其时间复杂度仍为 $O(\max(m,n))$。

2. 若元素 a,b,c,d,e,f 依次进栈,允许进栈、退栈操作交替进行,但不允许连续 3 次进行退栈操作,则不可能得到的出栈序列是(　　)。

　　A. d,c,e,b,f,a　　B. c,b,d,a,e,f　　C. b,c,a,e,f,d　　D. a,f,e,d,c,b

【出处】　2010 年第 1 题
【答案】　D
【考点】　栈、队列和数组——栈和队列的应用
【解析】
该题考查栈的基本概念和基本操作。

若不限定进栈、退栈的附加条件,则题目中所给的各选项中的出栈序列都是可得

到的。但题目中增加了"不允许连续三次进行退栈操作"的条件后,有的选项则不再满足要求。

为了描述进栈、退栈的情况,用 I(x) 表示元素 x 进栈,用 O(x) 表示元素 x 退栈。则为得到各选项中的出栈序列,执行的操作序列及栈的变化情况分别如下。

(1) 对应于选项 A 的操作序列及栈的变化状态如下。

(2) 对应于选项 B 的操作序列及栈的变化状态如下。

(3) 对应于选项 C 的操作序列及栈的变化状态如下。

(4) 对应于选项 D 的操作序列及栈的变化状态如下。

显然,最后一个操作序列中含有连续 3 次的退栈操作,实际上,它含有 5 次连续的退栈操作。所以,在添加了附加条件后,选项 D 中的出栈序列是得不到的。

3. 已知操作符包括'+'、'−'、'∗'、'/'、'('和')'。将中缀表达式 $a+b-a*((c+d)/e-f)+g$ 转换为等价的后缀表达式 $ab+acd+e/f-*-g+$ 时,用栈来存放暂时还不能确定运算次序的操作符。若栈初始时为空,则转换过程中同时保存在栈中的操作符的最大个数是(　　)。

　　A. 5　　　　B. 7　　　　C. 8　　　　D. 11

【出处】 2012年第2题
【答案】 A
【考点】 栈、队列和数组——栈和队列的应用
【解析】

该题考查将中缀表达式转换为等价的后缀表达式过程中栈的作用及变化情况。

在把中缀表达式转换为等价后缀表达式的过程中,依次扫描表达式中的每个符号,把暂时还不能确定运算次序的操作符及左括号保存在栈中,把遇到的操作数直接输出到后缀表达式中。

根据算术表达式的计算规则,可以确定操作符的优先级,转换过程的算法示意如下:

Step1:扫描表达式的下一个符号送入 c;
Step2:if(c=='表达式结束符') 转 Step5; else 转 Step3;
Step3:if(c 是操作数) 则直接输出,转 Step1;
　　　 else if(c 是操作符) 转 Step4;
Step4:if(栈空) 则 c 入栈,转 Step1;
　　　 else
　　　　　 switch(c)
　　　　　　　 case c 的优先级==栈顶操作符 op_{top} 的优先级: //栈顶为'('且 c 为')'
　　　　　　　　　 op_{top} 出栈,转 Step1;
　　　　　　　 case c 的优先级>栈顶操作符 op_{top} 的优先级:
　　　　　　　　　 c 进栈,转 Step1;
　　　　　　　 case c 的优先级<栈顶操作符 op_{top} 的优先级:
　　　　　　　　　 op_{top} 出栈并输出,转 Step4;
Step5:若栈非空,依次出栈并输出,算法结束;

转换过程中,栈的变化情况如题 3 表所示。

题 3 表　栈的变化

扫描字符	待处理表达式	栈中内容	当前已输出的符号串
a	+b−a*((c+d)/e−f)+g	NULL	a
+	b−a*((c+d)/e−f)+g	+	a
b	−a*((c+d)/e−f)+g	+	a b
−	a*((c+d)/e−f)+g	NULL	a b+
		−	a b+
a	*((c+d)/e−f)+g	−	a b+a
*	((c+d)/e−f)+g	− *	a b+a
(	(c+d)/e−f)+g	− *(	a b+a
(	c+d)/e−f)+g	− *((	a b+a
c	+d)/e−f)+g	− *((	a b+a c
+	d)/e−f)+g	− *((+	a b+a c

续表

扫描字符	待处理表达式	栈中内容	当前已输出的符号串
d	)/e−f)+g	−*((+	a b+a c d
)	/e−f)+g	−*((	a b+a c d+
		−*(	a b+a c d+
/	e−f)+g	−*(/	a b+a c d+
e	−f)+g	−*(/	a b+a c d+e
−	f)+g	−*(	a b+a c d+e/
		−*(−	a b+a c d+e/
f	)+g	−*(−	a b+a c d+e/f
)	+g	−*(	a b+a c d+e/f−
		−*	a b+a c d+e/f−
		−	a b+a c d+e/f−*
+	g	NULL	a b+a c d+e/f−*−
		+	a b+a c d+e/f−*−
g	NULL	+	a b+a c d+e/f−*−g
结束	NULL	NULL	a b+a c d+e/f−*−g+

从题 3 表可知,同时保存在栈中的操作符的最大个数是 5。

有的算法在实现过程中,为了便于处理,要先在栈底压入表达式的起始符号"♯"。此时,栈中所占的单元数需要 6 个。因为该题中给出了"用栈来存放暂时还不能确定运算次序的操作符"这个条件,所以可不考虑"♯"所占的单元数。

4. 某队列允许在其两端进行入队操作,但仅允许在一端进行出队操作。若元素 a,b,c,d,e 依次入此队列后再进行出队操作,则不可能得到的出队序列是( )。

    A. b,a,c,d,e   B. d,b,a,c,e   C. d,b,c,a,e   D. e,c,b,a,d

【出处】 2010 年第 2 题
【答案】 C
【考点】 栈、队列和数组——栈和队列的应用
【解析】
该题考查队列的基本概念和基本操作。

仅在线性表的双端进行插入、删除操作的线性表是受限的线性表。仅允许在一端进行插入、在另一端进行删除的线性表称为队列;仅允许在两端进行插入、删除的线性表称为双端队列;该题给出的是"允许在两端进行入队操作,但仅允许在一端进行出队操作"的线性表,这是一种输出受限的双端队列。

为简单起见,以 1、2 分别代表队列的两端,以 I(1,x) 表示元素 x 从队列 1 端入队,以 I(2,x) 表示元素 x 从队列 2 端入队。题目中所给的队列是输出受限的双端队列,不失一般性,假定仅允许在 1 端出队列,以 O(1,x) 表示元素 x 出队。

选项 A、B 和 D 中的出队序列，均可对应至少一种操作序列。

对应于选项 A 的一种操作序列（不唯一）如下：

I(1,a),I(1,b),I(2,c),I(2,d),I(2,e),O(1,b),O(1,a),O(1,c),O(1,d),O(1,e)

对应于该操作序列中的入队操作部分，队列状态变化的示意如下所示。

对应于选项 B 的一种操作序列（不唯一）如下：

I(1,a),I(1,b),I(2,c),I(1,d),I(2,e),O(1,d),O(1,b),O(1,a),O(1,c),O(1,e)

对应于该操作序列的入队操作部分，队列状态变化的示意如下所示。

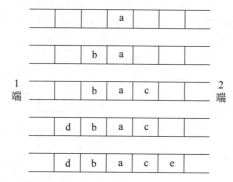

对应于选项 D 的一种操作序列（不唯一）如下：

I(1,a),I(1,b),I(1,c),I(2,d),I(1,e),O(1,e),O(1,c),O(1,b),O(1,a),O(1,d)

对应于该操作序列的入队操作部分，队列状态变化的示意如下所示。

下面来证明，无论哪种操作序列，都得不到选项 C 中的出队序列。

选项 C 对应的出队序列中，第 1 个出队元素是 d。这表示元素 a、b、c、d 均已入队。现在我们考虑 d 之前的 3 个元素的入队情况。

题目中所给的队列允许在两端进行入队操作,所以元素 a、b、c 可以在队列的任一端入队。入队完成后,队列的状态有以下 4 种可能情况:

b、c在a的同侧入队			c	b	a	
b、c在a的同侧入队			a	b	c	
b、c在a的异侧入队			b	a	c	
b、c在a的异侧入队			c	a	b	

1端　　　　　　　　　　　　　　　2端

元素 d 仍可在队列的两端入队,入队后,可得以下共 8 种队列状态:

d在1端入队

	d	c	b	a	
	d	a	b	c	
	d	b	a	c	
	d	c	a	b	

1端　　　　　　　　　　　　　　　2端

d在2端入队

	c	b	a	d	
	a	b	c	d	
	b	a	c	d	
	c	a	b	d	

1端　　　　　　　　　　　　　　　2端

对应以上这 8 种队列状态,均不能得到以"d,b,c"开头的出队序列,即不可能得到"d,b,c,a,e"的出队序列。

综上所述,选项 C 中的出队序列是得不到的。

5. 已知循环队列存储在一维数组 $A[0..n-1]$ 中,且队列非空时 front 和 rear 分别指向队头元素和队尾元素。若初始时队列为空,且要求第 1 个进入队列的元素存储在 $A[0]$ 处,则初始时 front 和 rear 的值分别是(　　)。

　　A. 0,0　　　　B. 0,$n-1$　　　　C. $n-1$,0　　　　D. $n-1$,$n-1$

【出处】　2011 年第 3 题

【答案】　B

【考点】　栈、队列和数组——栈和队列的应用

【解析】

该题考查循环队列的基本概念和基本操作。

循环队列中分别使用队头 front、队尾 rear 标记队列的两端,或指向元素本身,或指向其旁边的空闲位置。组合起来,共有 4 种表示方式。一般情况下,将 front 指向队头元素,rear

指向队尾元素的下一个空闲位置。这个位置也就是元素入队的位置。题中所给的条件是，front 和 rear 均指向元素本身。

根据队列的定义，元素在队头出队，在队尾入队。

出队时，front=(front+1)％n；入队时，rear=(rear+1)％n。根据题意，第 1 个进入队列的元素存储在 A[0]处，此时，front 和 rear 的当前值均为 0。第 1 个元素入队列，front 的值没有变化，故入队前 front=0，即指向数组的第 1 个位置。

入队只改变队尾 rear 的值(加 1)，所以第 1 个元素入队列前 rear 的值，应该是其当前值减 1(模 n)，即 rear=(rear 的当前值−1+n)％n=(0−1+n)％n=n−1，即指向数组的最后一个位置。

因此，正确答案为 B。

6. 已知一棵完全二叉树的第 6 层(设根为第 1 层)有 8 个叶结点，则该完全二叉树的结点个数最多是(　　)。

　　A. 39　　　　B. 52　　　　C. 111　　　　D. 119

【出处】 2009 年第 5 题

【答案】 C

【考点】 树与二叉树——二叉树的定义及主要特性

【解析】

一棵深度为 $k(k \geq 1)$ 且有 2^k-1 个结点的二叉树称为满二叉树。可以对满二叉树中的结点进行连续编号：对二叉树中的每个结点，按层自上而下，同层中自左至右，从 1 开始连续编号。显然，一棵深度为 k 的满二叉树中的结点编号为 $1 \sim (2^k-1)$。

深度为 k，有 n 个结点的二叉树，当其每个结点的编号均与满二叉树中编号为 $1 \sim n$ 的结点一一对应时，称之为完全二叉树。

由完全二叉树的定义可知，叶结点只能出现在最后两层中。

题目所给的树在"第 6 层有 8 个叶结点"，因为完全二叉树中叶结点可能出现在最后两层中，所以第 6 层既可能是指树的最后一层(树共有 6 层)，也可能是指树的倒数第二层(树共有 7 层)。而题目中要求含"结点个数最多"，显然，对于完全二叉树来说，7 层的树所含的结点个数要多于 6 层的树所含的结点个数，所以该题中对应到的完全二叉树应该有 7 层。

前 6 层的结点总数 N 为

$$N = \sum_{i=1}^{6}(\text{第 } i \text{ 层上的最大结点数}) = \sum_{i=1}^{6} 2^{i-1}$$
$$= 2^0 + 2^1 + 2^2 + 2^3 + 2^4 + 2^5 = 2^6 - 1 = 63$$

除掉 8 个叶结点外，第 6 层还有 (2^5-8) 个分支结点，其中每一个结点都有 2 个子结点(位于第 7 层中)，所以第 7 层还有 $(2^5-8) \times 2$ 个叶结点，故该完全二叉树总的结点数 M 为：

$$M = 63 + (2^5-8) \times 2 = 111$$

注：有些教材中，将不含有度为 1 的结点的二叉树称为满二叉树，即除叶结点外，所有分支结点的度均为 2。该题解析中的满二叉树没有采用这样的定义。

7. 若一棵二叉树的前序遍历序列和后序遍历序列分别为 1,2,3,4 和 4,3,2,1，则该二叉树的中序遍历序列不会是(　　)。

　　A. 1,2,3,4　　B. 2,3,4,1　　C. 3,2,4,1　　D. 4,3,2,1

【出处】 2011年第5题
【答案】 C
【考点】 树与二叉树——二叉树的遍历
【解析】
该题考查二叉树的三种遍历方法及由两种遍历序列构造二叉树的过程。

已知一棵二叉树的前序序列和中序序列,或已知其后序序列和中序序列,都能唯一确定该二叉树。而由一棵二叉树的前序序列和后序序列并不能唯一确定这棵二叉树。

因此,该题的解法可以用题目中所给的前序序列与选项中的中序序列来构造二叉树,再来验证这棵二叉树的后序序列是否是4,3,2,1。

前序序列为1,2,3,4时,采用选项A、B、D所给出的中序序列,均能得到后序序列为4,3,2,1的二叉树。这3棵二叉树依次为

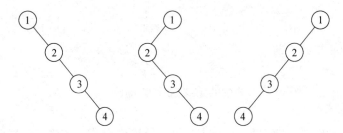

而当前序序列为1,2,3,4、中序序列为3,2,4,1时,所确定的二叉树的后序序列为3,4,2,1,对应的二叉树为

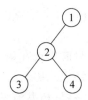

与题目中所给的后序序列4,3,2,1不一致。

所以答案为C。

8. 若X是后序线索二叉树中的叶结点,且X存在左兄弟结点Y,则X的右线索指向的是( )。

  A. X的父结点   B. 以Y为根的子树的最左下结点

  C. X的左兄弟结点Y   D. 以Y为根的子树的最右下结点

【出处】 2013年第5题
【答案】 A
【考点】 树与二叉树——线索二叉树的基本概念和构造
【解析】
该题考查线索二叉树的基本概念。

对二叉树T进行后序遍历的过程是:先后序遍历T的左子树,再后序遍历T的右子树,最后访问T的根。对T进行后序线索化时,若某结点无左子结点,则它的左线索指向后序遍历序列中其直接前驱结点;若某结点无右子结点,则它的右线索指向后序遍历序列中其

直接后继结点。

由题意可知,结点 X 是叶结点,X 的右线索应指向其后序遍历序列的直接后继结点。选项 B、C 和 D 中的结点均在以 Y 为根的(子)树 T_1 中,Y 为 X 的左兄弟结点,故树 T_1 位于 X 的左侧。由遍历规则知,T_1 中的全部结点均应在 X 之前被遍历。这三个选项均被排除。

因 X 是叶结点且为其父结点 Z 的右子结点,所以 Z 的右子树中只有 X 一个结点,即 X 是 Z 的右子树的最右下结点。X、Y、Z 结点的相互关系如下图所示。

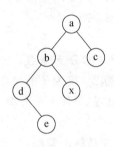

后序遍历 X 后,意味着 Z 的右子树全部遍历完成,接下来应遍历 Z。故 X 的后继是它的父结点 Z。所以答案为 A。

9. 若对如下的二叉树进行中序线索化,则结点 x 的左、右线索指向的结点分别是(　　)。

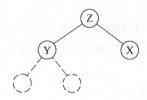

A. e、c　　　　B. e、a　　　　C. d、c　　　　D. b、a

【出处】　2014 年第 4 题
【答案】　D
【考点】　树与二叉树——线索二叉树的基本概念和构造
【解析】
该题考查中序线索树的基本概念。

中序线索树中,结点的定义为 | lchild | lTag | data | rTag | rchild |,其中:

$$lTag = \begin{cases} 0, & lchild 域指向结点的左孩子结点 \\ 1, & lchild 域指向结点的中序遍历前驱 \end{cases}$$

$$rTag = \begin{cases} 0, & rchild 域指向结点的右孩子结点 \\ 1, & rchild 域指向结点的中序遍历后继 \end{cases}$$

在题目所给的二叉树中,结点 x 是叶结点,其 lchild 及 rchild 域分别指向中序遍历前驱和后继。所给树的中序遍历序列为:d,e,b,x,a,c,x 的直接前驱和直接后继分别是 b 和 a,所以答案是 D。

10. 已知三叉树 T 中 6 个叶结点的权分别是 2,3,4,5,6,7,T 的带权(外部)路径长度最小是(　　)。

A. 27　　　　B. 46　　　　C. 54　　　　D. 56

【出处】　2013 年第 4 题

【答案】 B
【考点】 树与二叉树——树与二叉树的应用
【解析】
该题考查哈夫曼树的扩展应用。

假设树中所含各叶结点都带有权值。结点 u 的带权路径长度是指从根结点到 u 的路径长度与结点权值的乘积。树的带权(外部)路径长度(WPL)是所有叶结点的带权路径长度之和。

由题意知,三叉树 T 共有 6 个叶结点。具有 6 个叶结点的三叉树的树形有多种,因为要使树的 WPL 最小,可采用构造哈夫曼树的策略,得到如下所示的三叉树 T_1:

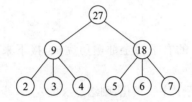

树 T_1 的 WPL=(2+3+4+5+6+7)×2=54。这是简单套用构造哈夫曼树的策略而产生的一种常见错误。

上述得到的树 T_1 中存在度小于 3 的分支结点。实际上,T_1 中共有 3 个分支结点,其中,2 个结点的度为 3,1 个结点的度为 2。度为 2 的结点比度为 3 的结点的层更高。如果将度为 2 的结点与度为 3 的结点交换位置,可使某个叶结点提升一层,从根到它的路径长度变短,从而树的 WPL 进一步减小。

基于这样的思路,仍采用构造哈夫曼树的策略,可重新构造一棵带 6 个叶结点的三叉树 T 如下:

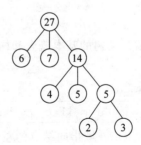

树 T 的 WPL=(2+3)×3+(4+5)×2+(6+7)×1=46。
所以答案为 B。

实际上,当叶结点数为奇数($2^k+1,k\geqslant 1$)时,不会出现该题所给的情况。当叶结点数为偶数($2^k,k\geqslant 1$)时,必须添加 1 个权值为 0 的叶(虚)结点,才能保证所构造的三叉树的 WPL 最小。

上面构造的树 T 中,最底层的两个叶结点 2 和 3,即有一个"隐藏"起来的权值为 0 的叶结点为其兄弟结点。

11. 在一棵度为 4 的树 T 中,有 20 个度为 4 的结点,10 个度为 3 的结点,1 个度为 2 的结点,10 个度为 1 的结点,则树 T 的叶结点个数是(　　)。
  A. 41   B. 82   C. 113   D. 122

【出处】 2010年第5题
【答案】 B
【考点】 树与二叉树——树的基本概念
【解析】
该题考查树的基本概念。

树中叶结点的个数与树中度不为1的结点个数相关。具体来说,假设 m 叉树中度为 0、度为 1、…、度为 m 的结点个数分别为 n_0、n_1、…、n_m,则树中叶结点的个数 n_0 为

$$n_0 = 1 + \sum_{i=2}^{m}(i-1)n_i$$
$$= 1 + (2-1)\times n_2 + (3-1)\times n_3 + \cdots + (m-1)\times n_m \qquad (1)$$

下面证明公式(1)。

设 m 叉树中结点总数为 n,

$$n = \sum_{i=0}^{m} n_i \qquad (2)$$

设树中的总边数为 B,

$$B = n - 1 \qquad (3)$$

对于一个度为 d 的结点,有 d 个子结点,对应有 d 条边,n_d 个结点共对应 $d \times n_d$ 条边,故

$$B = \sum_{i=1}^{m} i \times n_i \qquad (4)$$

由式(2)、(3)、(4)可得

$$\sum_{i=1}^{m} i \times n_i = \sum_{i=0}^{m} n_i - 1$$

$$n_0 = \sum_{i=1}^{m}(i-1)\times n_i + 1$$

式(1)得证。

具体到该题中的树 T,根据式(1)可计算叶结点的个数 n_0,得到

$$n_0 = (4-1)\times 20 + (3-1)\times 10 + (2-1)\times 1 + 1 = 82$$

12. 将森林转换为对应的二叉树,在二叉树中,结点 u 是结点 v 的父结点的父结点,则在原来的森林中,u 和 v 可能具有的关系是(　　)。

　　Ⅰ. 父子关系　　　Ⅱ. 兄弟关系　　　Ⅲ. u 的父结点与 v 的父结点是兄弟关系
　　A. 只有Ⅱ　　B. Ⅰ和Ⅱ　　C. Ⅰ和Ⅲ　　D. Ⅰ、Ⅱ和Ⅲ

【出处】 2009年第6题
【答案】 B
【考点】 树与二叉树——森林与二叉树的转换
【解析】
该题考查树、森林与二叉树的转换过程,及在相互转换的过程中,结点关系的变化。
使用一个具体的示例树来说明该题的求解。
假设给定树 T 如题 12 图-a 所示,将其转换为对应的二叉树 T_1 如题 12 图-b 所示。

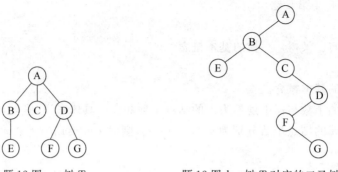

题 12 图-a　树 T　　　　题 12 图-b　树 T 对应的二叉树 T_1

在 T_1 中寻找满足题目要求的结点对,例如(A,C),其中结点 A 是结点 C 的父结点(结点 B)的父结点。还原到树 T 中可知,两结点 A、C 之间存在父子关系。(D,G)也是具有这样关系的结点对。

再看 T_1 中的另一个结点对(B,D),其中结点 B 是结点 D 的父结点(结点 C)的父结点。还原到树 T 中可知,两结点 B、D 之间存在兄弟关系。

故题目中,给定的Ⅰ和Ⅱ中的两种关系都是可能存在的。

设在任一棵二叉树中,结点 u 是结点 v 的父结点(p)的父结点。分以下 4 种情况讨论:

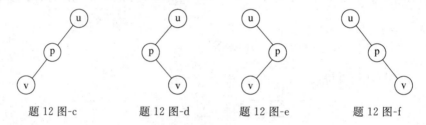

题 12 图-c　　　题 12 图-d　　　题 12 图-e　　　题 12 图-f

(1) p 是 u 的左子结点,v 是 p 的左子结点,如题 12 图-c 所示。

将二叉树还原为森林时,结点 v 为结点 p 的第 1 个孩子,结点 p 为结点 u 的第 1 个孩子。故结点 v 是结点 u 的"孙子结点"(结点 u 与结点 v 是祖孙关系),如题 12 图-c' 所示。

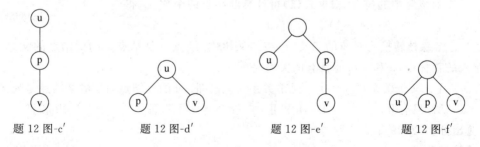

题 12 图-c'　　　题 12 图-d'　　　题 12 图-e'　　　题 12 图-f'

(2) p 是 u 的左子结点,v 是 p 的右子结点,如题 12 图-d 所示。

将二叉树还原为森林时,结点 p 为结点 u 的第 1 个孩子,结点 v 为结点 u 的第 2 个孩子(结点 u 与结点 v 是"父子关系"),如题 12 图-d' 所示。

(3) p 是 u 的右子结点,v 是 p 的左子结点,如题 12 图-e 所示。

将二叉树还原为森林时,结点 v 为结点 p 的第 1 个孩子,结点 p 为结点 u 的右兄弟,结点 u 与结点 v 是"叔侄"关系,如题 12 图-e' 所示。

(4) p是u的右子结点,v是p的右子结点,如题12图-f所示。

将二叉树还原为森林时,结点p是结点u的右兄弟,结点v是结点p的右兄弟,结点u与结点v是"兄弟关系",如题12图-f′所示。

故题目中所给Ⅲ中的关系不存在。正确答案为B。

13. 将森林F转换为对应的二叉树T,F中叶结点的个数等于(　　)。

　　A. T中叶结点的个数　　　　　　B. T中度为1的结点个数
　　C. T中左孩子指针为空的结点个数　　D. T中右孩子指针为空的结点个数

【出处】　2014年第5题
【答案】　C
【考点】　树与二叉树——森林与二叉树的转换
【解析】

该题考查森林与二叉树转换的特性。

将森林F转换为对应的二叉树T时,设F中的结点v对应到T中的结点u,分以下情况讨论:

- 若F中的v是叶结点且有右兄弟,则在T中u的右孩子指针域不为空,故它不是T中的叶结点。选项A、选项D均不正确。
- 若F中的结点v有孩子(不是叶结点)但没有右兄弟,则在T中左孩子指针域不为空,而右孩子指针域为空,度为1,即T中度为1的结点不全是由F中的叶结点转换而来的。选项B不正确。
- F中的叶结点v没有子结点,故在T中其对应结点u的左孩子指针为空。

综上所述,正确答案为C。

14. 在任意一棵非空二叉排序树T_1中,删除某结点v之后形成二叉排序树T_2,再将v插入T_2形成二叉排序树T_3。下列关于T_1与T_3的叙述中,正确的是(　　)。

　　Ⅰ. 若v是T_1的叶结点,则T_1与T_3不同
　　Ⅱ. 若v是T_1的叶结点,则T_1与T_3相同
　　Ⅲ. 若v不是T_1的叶结点,则T_1与T_3不同
　　Ⅳ. 若v不是T_1的叶结点,则T_1与T_3相同

　　A. 仅Ⅰ、Ⅲ　　　　B. 仅Ⅰ、Ⅳ　　　　C. 仅Ⅱ、Ⅲ　　　　D. 仅Ⅱ、Ⅳ

【出处】　2013年第6题
【答案】　C
【考点】　树与二叉树——二叉排序树
【解析】

该题考查二叉排序树的基本操作。

该题所给的4种情况可以根据被删结点v是否为叶结点而分为不同的两组。每组内的情况也分为非此即彼的两种。

设给定二叉排序树T_1,当被删结点v是T_1的叶结点时,不失一般性,设v是其父结点(若存在,设为p)的左子结点。删除v后,除p的左指针被修改为NULL外,其他的结点都不受影响。再次插入结点v,根据二叉排序树的插入规则可知,结点v仍插入到p的左子结点处。故得到的二叉排序树T_3与T_1相同。当v是其父结点(若存在,设为p)的右子结

时,情况与此类似。

当被删结点 v 不是 T_1 的叶结点时,删除 v 后再次插入 v 时,根据二叉排序树的插入规则,新插入的结点一定是树的叶结点,即结点 v 是 T_3 的叶结点。显然,与 T_1 不同。

所以正确答案为 C。

15. 对于下列关键字序列,不可能构成某二叉排序树中一条查找路径的序列是(　　)。

　　A. 95,22,91,24,94,71　　　　　　B. 92,20,91,34,88,35
　　C. 21,89,77,29,36,38　　　　　　D. 12,25,71,68,33,34

【出处】 2011 年第 7 题
【答案】 A
【考点】 树与二叉树——二叉排序树
【解析】
该题考查二叉排序树的查找过程及查找序列的特性。

二叉排序树中的每个非空结点表示一个记录(或仅表示记录中的关键字),它或者是一棵空树;或者是具有下列性质的二叉树:

(1) 若它的左子树不为空,则左子树上所有结点的关键字值均小于(或大于)树根结点的关键字值;

(2) 若它的右子树不为空,则右子树上所有结点的关键字值均大于(或小于)该结点的关键字值;

(3) 它的左、右子树分别是二叉排序树。

由于二叉排序树中各结点的值满足特殊的大小关系(简记为"左小右大"或"左大右小"),因此在二叉排序树中进行查找的过程即是沿从根到某个叶结点的一条路径的比较过程。在这条路径上,如果其中某个结点的关键字值与查找目标相等,则查找成功;若从根到叶的路径上所有结点的关键字值都与查找目标不相等,则查找失败。

对于每个选项中的查找序列,从前向后依次扫描各关键字,第一个关键字为二叉树的根。后一个关键字 u 若小于前一个关键字 v,则 u 是 v 的左子结点,否则 u 是 v 的右子结点。根据这个规则,可以将一个查找序列对应到二叉树中的一条路径上,并检查是否满足二叉排序树的要求。

将题目中所给 4 个选项对应到"左小右大"的二叉排序树中的路径如题 15 图所示。

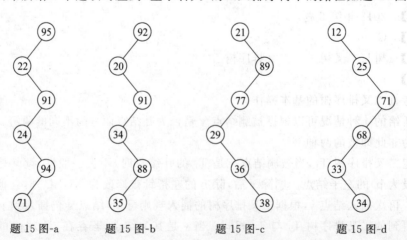

题 15 图-a　　　题 15 图-b　　　题 15 图-c　　　题 15 图-d

在题 15 图-a 中,结点 94 位于结点 91 的左子树中,不满足二叉排序树的要求。故选项 A 所给的序列不可能构成二叉排序树中的一条查找序列。

在题 15 图-b、题 15 图-c 和题 15 图-d 中,各结点的大小均满足二叉排序树的定义。

综上所述,正确答案为 A。

16. 在下图所示的平衡二叉树中,插入关键字 48 后得到一棵新平衡二叉树。在新平衡二叉树中,关键字 37 所在结点的左、右子结点中保存的关键字分别是(　　)。

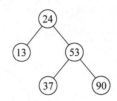

  A. 13,48　　　　 B. 24,48　　　　 C. 24,53　　　　 D. 24,90

【出处】　2010 年第 4 题

【答案】　C

【考点】　树与二叉树——平衡二叉树

【解析】

该题考查平衡二叉树的基本概念及基本操作。

平衡二叉树(AVL 树)是一棵满足平衡关系的二叉排序树。二叉树中结点的左子树高减去其右子树高之差为该结点的平衡因子。所有结点的平衡因子的绝对值不大于 1 的二叉排序树,即为 AVL 树。

在一棵 AVL 树中插入一个结点的过程如下:

(1) 按照二叉排序树的插入规则插入新结点。

(2) 若新结点的插入导致树失去平衡,则通过旋转进行调整,使得二叉树重新恢复平衡。

为使失去平衡的 AVL 树恢复平衡而进行的旋转共分两类共四种。其中单向旋转有两种(LL 和 RR),双向旋转有两种(RL 和 LR)。实际上,双向旋转是连续两次的单向旋转。

为直观起见,对应本题中所给的平衡二叉树,将平衡因子标注在各结点的旁边。插入之前各结点的平衡因子如题 16 图-a 所示。

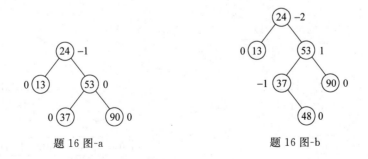

题 16 图-a　　　　　　　　题 16 图-b

插入关键字 48 后得到的二叉排序树如题 16 图-b 所示。

因为结点 24 的平衡因子变为 -2,树已失去平衡,故需要进行调整。找到从插入结点(48)到根(24)的路径上第一个失去平衡的结点 24。新结点插入在结点 24 的右子树(R)的左子树(L)中,所以要进行 RL 旋转,即双向旋转,先进行右旋转后进行左旋转。右旋转的子树的根是 53,经过右旋转后,得到的二叉树如题 16 图-c 所示。

左旋转的子树的根是 24,经过左旋转后,得到最终的恢复平衡的二叉树如题 16 图-d 所示。

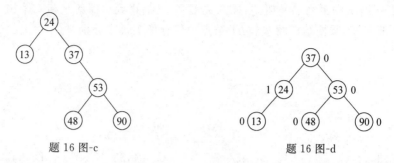

题 16 图-c 题 16 图-d

所以,正确的选项为 C。

17. 5 个字符有如下 4 种编码方案,不是前缀编码的是( )。

A. 01,0000,0001,001,1
B. 011,000,001,010,1
C. 000,001,010,011,100
D. 0,100,110,1110,1100

【出处】 2014 年第 6 题
【答案】 D
【考点】 树与二叉树——哈夫曼树和哈夫曼编码
【解析】

该题考查前缀编码的概念。采用变长编码机制时,必须保证任一字符的编码都不是另一个字符的编码的前缀,具有这种特性的编码称为前缀编码。不是前缀编码的变长编码在译码时会出现不确定的情况,可能得到不同的译码结果。

在选项 D 中,第三个编码 110 是第五个编码 1100 的前缀。

借助于二叉树可以判断是否是前缀编码。4 个选项中所给编码对应的编码树如题 17 图-a 至题 17 图-d 所示。可以看出,在题 17 图-d 所示的树中有两个字符的编码位于同一条从根到叶的路径上,形成前缀关系。

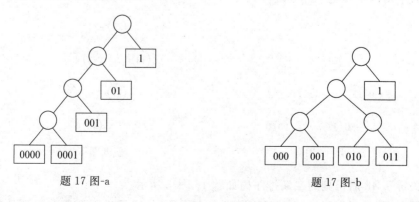

题 17 图-a 题 17 图-b

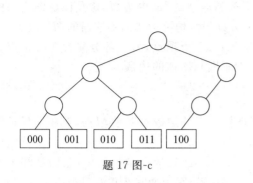

题 17 图-c

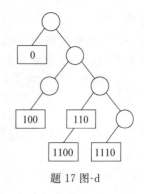

题 17 图-d

18. 下列选项给出的是从根分别到达两个叶结点路径上的权值序列,能属于同一棵哈夫曼树的是( )。

    A. 24,10,5 和 24,10,7　　　　　　B. 24,10,5 和 24,12,7

    C. 24,10,10 和 24,14,11　　　　　D. 24,10,5 和 24,14,6

【出处】 2015 年第 3 题

【答案】 D

【考点】 树与二叉树——哈夫曼树和哈夫曼编码

【解析】

该题考查哈夫曼树的特性。

哈夫曼树中任一分支结点的权值等于其左、右两个孩子结点中权值之和。在本题所给的 4 个选项中,根结点中的权均为 24。

选项 A 中,根的两个孩子结点中的权不能均为 10(它们的权值之和得不到 24)。而对于值为 10 的结点,权分别为 5 和 7 的两个结点不能同时为它的孩子结点(权值之和是 12 不是 10)。选项 B 中,权分别为 10 和 12 的两个结点不能同时成为根的孩子结点(权值之和是 22 不是 24)。选项 C 中,权值为 10 的结点不能是权值为 10 结点的孩子结点。选项 D 是正确的,满足权值关系的一棵哈夫曼树如题 18 图所示。

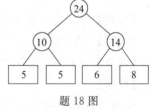

题 18 图

19. 若无向图 $G=(V,E)$ 中含有 7 个顶点,要保证图 G 在任何情况下都是连通的,则需要的边数最少是( )。

    A. 6　　　　B. 15　　　　C. 16　　　　D. 21

【出处】 2010 年第 7 题

【答案】 C

【考点】 图——图的基本概念

【解析】

该题考查图的基本概念及图的连通性。

对无向图 $G=(V,E)$,若图中任意两个顶点是连通的(有路径可达),则称图 G 是连通的。含 n 个顶点的无向图连通的最少边数为 $n-1$。这意味着,如果图中所含的边数少于 $n-1$,则图必不连通。即 $n-1$ 条边是保证图连通的必要条件,但并不意味着图中有 $n-1$ 条边就一定连通。

该题中要求的是"保证图 G 在任何情况下都是连通的"最少边数，这是保证图连通的充分条件，或者说，给定的边数达不到这个"最少边数"时，均可构造出不连通的图。

先将图中的 n 个顶点分为两部分，一部分含 $n-1$ 个顶点，另一部分只含 1 个顶点。将这 $n-1$ 个点构成一个完全图（成为图 G 的完全子图），所需的边数 M 是

$$M = \frac{(n-1)(n-2)}{2}$$

此时，图 G 依然是不连通的。这表明，当图中包含的边数不多于 M 时，都不能保证图一定是连通的。

在此基础上再添加 1 条边，由于图中的 $n-1$ 个点已构成完全（子）图，它们之间不能再添加任何的边，新添加的这条边必定连接的是完全（子）图中的某个点和另外那个孤立点，从而此图变为连通图。由此得到保证含 n 个顶点的图在任何情况下都连通的最少边数是

$$N = \frac{(n-1)(n-2)}{2} + 1$$

当 $n=7$ 时，得

$$N = \frac{(7-1)(7-2)}{2} + 1 = \frac{6 \times 5}{2} + 1 = 16$$

正确答案是 C。

20. 下列关于最小（代价）生成树的叙述中，正确的是（　　）。
　　Ⅰ．最小（代价）生成树的代价唯一
　　Ⅱ．所有权值最小的边一定会出现在所有的最小（代价）生成树中
　　Ⅲ．使用普里姆（Prim）算法从不同顶点开始得到的最小（代价）生成树一定相同
　　Ⅳ．使用普里姆算法和克鲁斯卡尔（Kruskal）算法得到的最小（代价）生成树总不相同
　　A. 仅Ⅰ　　　　B. 仅Ⅱ　　　　C. 仅Ⅰ、Ⅲ　　　　D. 仅Ⅱ、Ⅳ

【出处】 2012 年第 8 题

【答案】 A

【考点】 图——最小（代价）生成树

【解析】
该题考查最小（代价）生成树的基本概念及其求解算法。
根据最小（代价）生成树的定义及性质，来分析该题所给各选项的正确性。

（1）根据定义，最小（代价）生成树是代价最小的那棵生成树，这个值一定是唯一的。所以选项Ⅰ成立。

（2）因为图中可能存在权值相等的多条边，故最小权值的边并不一定出现在最小（代价）生成树中，更不一定出现在所有的最小（代价）生成树中。

考虑下面题 20 图-a 中含 4 条边的图 G：

　　题 20 图-a　图 G　　　　　　题 20 图-b　图 G_1

图 G 的 4 条边的权值均为 3,任选其中的 3 条边均可构成图 G 的一棵最小(代价)生成树,这棵树中没有包含图中的第 4 条边。或者说,具有最小权值的某条边一定不含在某棵最小(代价)生成树中。

所以选项 II 不成立。

(3) 使用普里姆算法求最小(代价)生成树时,当候选边数多于一条时,可能会得到不同的最小(代价)生成树。仍以题 20 图-a 中的图 G 为例。使用普里姆算法,从顶点 A 开始,求得的最小(代价)生成树可能包含边(A,B)、(A,C)和(B,D)。选择另一个开始顶点 B,求得的最小(代价)生成树可能包含边(B,D)、(D,C)和(A,C)。两棵最小(代价)生成树是不同的。

所以选项 III 不成立。

(4) 考虑题 20 图-b 中含 3 条边的图 G_1。

G_1 中不包含回路,且为连通的。分别采用两个算法(普里姆和克鲁斯卡尔)得到的最小(代价)生成树是一样的,即图本身。

所以选项 IV 不成立。

综上所述,正确的选项为 A。

21. 求下面带权图的最小(代价)生成树时,可能是克鲁斯卡尔(Kruskal)算法第 2 次选中但不是普里姆(Prim)算法(从 v_4 开始)第 2 次选中的边是( )。

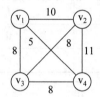

A.(v_1,v_3)   B.(v_1,v_4)   C.(v_2,v_3)   D.(v_3,v_4)

【出处】 2015 年第 6 题

【答案】 C

【考点】 图的应用——最小(代价)生成树

【解析】

该题同时考查求最小生成树的两个算法。

使用普里姆算法,从 v_4 开始时求得的 MST 中的第一条边是(v_1,v_4)。求第二条边时的候选集是{(v_1,v_3)和(v_3,v_4)}。使用克鲁斯卡尔算法时,求得的 MST 中的第一条边也是(v_1,v_4),求第二条边时的候选集是{(v_1,v_3)、(v_2,v_3)和(v_3,v_4)}。比较两个候选集,相差的边只有(v_2,v_3)。答案是 C。

22. 对如下有向带权图,若采用迪杰斯特拉(Dijkstra)算法求从源点 a 到其他各顶点的最短路径,则得到的第一条最短路径的目标顶点是 b,第二条最短路径的目标顶点是 c,后续得到的其余各最短路径的目标顶点依次是( )。

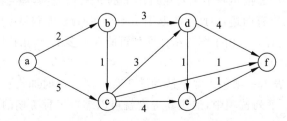

A. d,e,f   B. e,d,f   C. f,d,e   D. f,e,d

【出处】 2012年第7题
【答案】 C
【考点】 图——最短路径
【解析】
该题考查求图的最短路径的迪杰斯特拉(Dijkstra)算法的基本过程。

迪杰斯特拉(Dijkstra)算法是求带权有向图从源点到其他各顶点的最短路径,算法用到了贪心策略,是按照从源点到其他各顶点最短路径长度不减的顺序依次求出各最短路径,从而确定最短路径的目标顶点。

具体到本题中,按照迪杰斯特拉(Dijkstra)算法策略,从源点 a 到其他各顶点的最短路径,依长度不减的次序,得到对应的目标顶点依次为 b,c,f,d,e,各路径长度分别为 2,3,4,5,7。如下表所示。

源点	中间顶点	目标顶点	最短路径长度
a	—	b	2
a	b	c	3
a	b,c	f	4
a	b	d	5
a	b,c	e	7

选项 C 满足要求。

23. 若用邻接矩阵存储有向图,矩阵中主对角线以下的元素均为零,则关于该图拓扑序列的结论是( )。

A. 存在,且唯一   B. 存在,且不唯一
C. 存在,可能不唯一   D. 无法确定是否存在

【出处】 2012年第6题
【答案】 C
【考点】 图——拓扑排序
【解析】
该题考查图的有向无环图的存储特性及拓扑排序的基本概念。
对有向图 $G=(V,E)$,图 G 的邻接矩阵 $A_{n \times n}$ 中元素 a_{ij} 的定义如下:

$$a_{ij} = \begin{cases} 1, & <v_i,v_j> \in E \\ 0, & <v_i,v_j> \notin E \end{cases}$$

题目中所给有向图的邻接矩阵中主对角线以下的元素均为零,即当 $i>j$ 时,$a_{ij}=0$,这意味着,从顶点 v_i 到 v_j 没有有向边,由此可推断图中不存在回路,即题目中所给的图为有向无环图,其拓扑排序序列一定存在。由于图的拓扑序列可能存在多个,故拓扑序列可能不唯一。

选项 C 是正确的。

24. 下列 AOE 网表示一项包含 8 个活动的工程。通过同时加快若干活动的进度,可以缩短整个工程的工期。下列选项中,加快其进度就可以缩短工程工期的是( )。

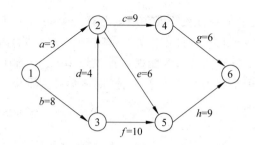

  A. c 和 e B. d 和 c C. f 和 d D. f 和 h

【出处】 2013 年第 9 题

【答案】 C

【考点】 图——关键路径

【解析】

该题考查图的关键路径的基本概念。

AOE 网的关键路径是从源点(开始事件)到汇点(终端事件)的路径中路径长度最长的路径,关键路径上的活动都是关键活动。AOE 网中关键活动的时间延迟会影响整个工程的进度,减少哪一个关键活动的时间能缩短整个工程工期?显然,只有提高位于所有关键路径的公共关键活动的完成时间才会达到缩短整个工程工期的目的。而题目中要求的目标是通过同时加快若干活动的进度,来缩短整个工程的工期,当存在多条关键路径时,应该在不同的关键路径上选取若干关键活动,使得这些关键活动的并集能包含在所有的关键路径上。

图中的关键路径共有 3 条,分别是 1→3→2→4→6、1→3→5→6 和 1→3→2→5→6 这 3 条关键路径,其路径长度均为 27,对应的关键活动分别为 $b,d,c,g;b,f,h$ 和 b,d,e,h。因此要同时加快这 3 条关键路径上的不同关键活动的进度,才能够达到缩短整个工程工期的目的。选项 A 和选项 B 中,均只能缩短 2 条关键路径的长度,不能缩短 1→3→5→6 的路径长度。选项 C 的 2 个活动分别位于这 3 条关键路径上,同时加快它们的进度,3 条关键路径的长度均能缩短,即整个工程的工期缩短。选项 D 中,2 个活动分别在 2 条关键路径上,加快它们的进度,不能缩短 1→3→2→4→6 的路径长度。

故正确的选项是 C。

25. 为提高散列(Hash)表的查找效率,可以采取的正确措施是( )。

Ⅰ. 增大装填(载)因子

Ⅱ. 设计冲突(碰撞)少的散列函数

Ⅲ. 处理冲突(碰撞)时避免产生聚集(堆积)现象

  A. 仅Ⅰ   B. 仅Ⅱ   C. 仅Ⅰ、Ⅱ   D. 仅Ⅱ、Ⅲ

【出处】 2011 年第 9 题

【答案】 D

【考点】 查找——散列表

【解析】

该题考查散列表的基本概念。

散列表的查找效率与散列存储中解决冲突(碰撞)的方法有关,常见的有两类解决冲突(碰撞)的方法:开地址法和链表地址法,这两类方法有的会产生堆积(聚集)现象。这些解决冲突(碰撞)的方法中关于平均查找长度在理论上有一个共同的特征,即平均查找长度只依赖于散列表的装填(负载)因子,这种依赖关系是随着装填(负载)因子的增大,散列表的查找效率会降低。所以,Ⅰ中描述的方法不能提高查找效率;Ⅱ中描述的方法可行且正确;Ⅲ的描述也是正确的,其原因是因为处理冲突(碰撞)时避免产生聚集(堆积)现象,从而减少了因为堆积增加的查找长度。

故选项 D 是正确的。

26. 设有一棵 3 阶 B 树,如下图所示。删除关键字 78 得到一棵新 B 树,其最右叶结点所含的关键字是(　　)。

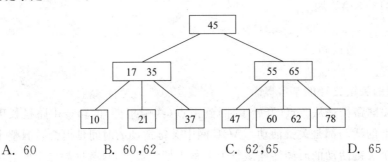

A. 60　　　　　B. 60,62　　　　　C. 62,65　　　　　D. 65

【出处】 2012 年第 9 题
【答案】 D
【考点】 查找——B 树的基本操作
【解析】

该题考查 B 树的基本操作。

根据 3 阶 B 树的定义,结点中所含关键字最多为 2 个,最少为 1 个。题目中要删除的结点 78 位于 B 树的叶结点中,故直接删除。因删除关键字后此结点内的关键字个数为 0,低于最低限,所以需要进行结点中关键字的调整。

因为其兄弟结点中有两个关键字,可"借"一个关键字过来。根据规则,左兄弟结点中的最大关键字(62)"上升"到父结点中,而父结点中位于"相关"两子树之间的关键字(65)"下降"到 78 所在的结点中。删除后的 B 树如题 26 图所示。

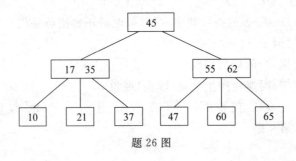

题 26 图

正确的选项是 D。

27. 已知字符串 s 为"abaabaabacacaabaabcc",模式串 t 为"abaabc"。采用 KMP 算法进行匹配,第一次出现"失配"($s[i] \neq t[j]$)时,$i=j=5$,则下次开始匹配时,i 和 j 的值分别是(　　)。

A. $i=1, j=0$　　　B. $i=5, j=0$　　　C. $i=5, j=2$　　　D. $i=6, j=2$

【出处】 2015年第8题
【答案】 C
【考点】 查找——字符串模式匹配
【解析】
该题考查字符串模式匹配的KMP算法。

设主串为s,模串为t。串的模式匹配问题是在主串s中查找与模串t相同的子串的最早出现位置。采用朴素的字符串比较算法,当主串和模串中所含字符数分别为m和n时,最坏情况下,算法的时间复杂度为$O(m*n)$。

KMP算法为模串定义了next函数值,通过对模串的分析,记录模串中各位的next值,当主串和模串出现不匹配的情况时,模串右移的位置由当前不匹配位的next值确定,可以尽最大可能利用已经匹配成功的子串的结果,避免了其仅右移一位的情况,提高了匹配效率。

对于模串"abaabc",其next函数值为

位置	012345
模串	abaabc
next值	011223

题目条件是:出现"失配"($s[i] \neq t[j]$)时,$i=j=5$。$s[5]$为a,$t[5]$为c。此时,模串向右滑动3个位置,主串的指针不变。$i=5,j=2$。

	0	1	2	3	4	5	6	7	8	9
主串位置						↓				
主串	a	b	a	a	b	a	a	b	a	c
第一次失配	a	b	a	a	b	c				
模串位置						↑				
右移						a	b	a	a	b	c
模串位置			↑							

答案是C。

28. 对一组数据(2,12,16,88,5,10)进行排序,前三趟排序过程如下:
第一趟排序结果:2,12,16,5,10,88
第二趟排序结果:2,12,5,10,16,88
第三趟排序结果:2,5,10,12,16,88
则采用的排序方法可能是( )。
  A. 起泡排序   B. 希尔排序   C. 归并排序   D. 基数排序

【出处】 2010年第11题
【答案】 A
【考点】 排序——内部排序算法

【解析】
此题考查对选项中所给的4种排序方法的全面理解。对于起泡排序,每一趟排序均能确定一个最大(或最小)的排序码并放到目标位置,因此三趟排序后,三个最大(或最小)的排序码已排好。而对于希尔排序,从三趟排序结果中找不出希尔方法使用的增量序列;对于归并排序,第一趟归并的结果应该是2,12,16,88,5,10;对于基数排序,第一趟分配收集的结果应该是10,2,12,5,16,88。

综上所述,正确答案是A。

29. 用希尔排序方法对一个数据序列进行排序时,若第1趟排序结果为9,1,4,13,7,8,20,23,15,则该趟排序采用的增量(间隔)可能是( )。
  A. 2   B. 3   C. 4   D. 5

【出处】 2014年第10题
【答案】 B
【考点】 排序——希尔排序
【解析】
该题考查对希尔排序的理解。在希尔排序中,将相隔增量整数倍的元素组成一组,并使用插入排序在组内进行排序。一趟排序后,各组内元素已有序。

若增量为2,则元素分为两组:9,4,7,20,15 和 1,13,8,23。显然两个组内元素均无序。

若增量为4,则元素分为四组:9,7,15;1,8;4,20 和 13,23,第一组无序。

若增量为5,则元素分为五组:9,8;1,20;4,23;13,15 和 7,第一组无序。

以上分析排除了选项A、C和D。下面验证选项B符合要求。

若增量为3,则元素分为三组:9,13,20;1,7,23 和 4,8,15。三个组内的元素均有序。

综上所述,答案是B。

30. 下列选项中,不可能是快速排序第2趟排序结果的是( )。
  A. 2,3,5,4,6,7,9   B. 2,7,5,6,4,3,9
  C. 3,2,5,4,7,6,9   D. 4,2,3,5,7,6,9

【出处】 2014年第11题
【答案】 C
【考点】 排序——快速排序
【解析】
该题考查对快速排序的理解。

每趟快速排序后,枢轴将位于其最终的排序位置上,且枢轴之前的所有值均小于它,其后的所有值均大于它。

当进行了2趟快速排序后,序列中至少有2个元素充当过枢轴,即至少有2个元素已经到达其排序的最终位置。

选项A和B中,元素2和9可以充当枢轴。选项D中,元素5和9可以充当枢轴。选项C中,3的后面有2,2的前面有3,它们均不能作为枢轴。同理,5和4及7和6都不能作为枢轴。只有元素9满足枢轴的要求,枢轴的个数不足。

故答案是C。

31. 已知小根堆为8,15,10,21,34,16,12,删除关键字8之后需重建堆,在此过程中,关键字之间的比较次数是( )。

　　　　A. 1　　　　　B. 2　　　　　C. 3　　　　　D. 4

【出处】 2015年第10题
【答案】 C
【考点】 排序——堆排序
【解析】
　　此题考查对堆排序的理解。题目中所给的小根堆如下：

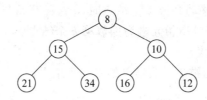

　　删除关键字8之后，元素12调整到堆顶。12的两个孩子结点相比较(1次)，较小者为10,12与较小的孩子结点相比较(2次)，两者交换，10成为堆顶。12再与其孩子结点16进行比较(3次)，不需要交换。堆调整完毕。故正确答案为C。

32. 对给定的关键字序列 110,119,007,911,114,120,122 进行基数排序，则第2趟分配收集后得到的关键字序列是( )。

　　　　A. 007,110,119,114,911,120,122　　　　B. 007,110,119,114,911,122,120
　　　　C. 007,110,911,114,119,120,122　　　　D. 110,120,911,122,114,007,119

【出处】 2013年第11题
【答案】 C
【考点】 排序——基数排序
【解析】
　　该题主要考查对基数排序过程的理解。
　　基数排序方法是一种最低位优先的分配排序算法，第1趟排序按最低位(个位)进行排序，分配收集的结果为：
　　　　　　　　110,120,911,122,114,007,119
　　第2趟按十位进行排序，分配收集的结果为：
　　　　　　　　007,110,911,114,119,120,122
　　故正确答案为C。

二、综合应用题

1. 已知一个带有表头结点的单链表，结点结构为 | data | link | ，假设该链表只给出了头指针 list。在不改变链表的前提下，请设计一个尽可能高效的算法，找到链表中倒数第 k 个位置上的结点(k 为正整数)。若查找成功，算法输出该结点的 data 域的值，并返回1；否则只返回0。
　　要求：
　　(1) 描述算法的基本设计思想；
　　(2) 描述算法的详细实现步骤；

(3) 根据设计思想和实现步骤,采用程序设计语言描述算法(使用 C 或 C++ 或 Java 语言实现),关键之处给出简要注释。

【出处】 2009 年第 42 题
【考点】 线性表——线性表的应用
【答案】
(1) 算法的基本设计思想。

对链表进行一趟扫描。设立 p 和 q 两个指针,初始时分别指向头结点的下一个结点。p 指针沿链表移动;当 p 指针移动到第 k 个结点时,q 指针开始与 p 指针同步移动;当 p 移动到链表最后一个结点时,q 指针所指元素为倒数第 k 个结点。

(2) 算法的详细实现步骤。

① count=0,p 和 q 指向链表表头结点的下一个结点;

② 若 p 为空,转步骤⑤;

③ 若 count 等于 k,则 q 指向下一个结点;否则,count=count+1;

④ p 指向下一个结点,转步骤②;

⑤ 若 count 等于 k,则查找成功,输出该结点的 data 域的值,返回 1;否则,查找失败,输出 0;

⑥ 算法结束。

(3) 算法实现。

```
typedef struct LNode  {
    int data;
    struct LNode * link;
} * LinkList;
SearchN (LinkList list, int k)
{   LinkList p, q;
    int count=0;              //计数器赋初值
    p=q=list->link;           //p 和 q 指向链表表头结点的下一个结点
    while (p!=NULL)
    {   if(count<k)
            count++;          //计数器+1
        else
            q=q->link;        //q 移到下一个结点
        p=p->link;            //p 移到下一个结点
    }
    if(count<k)               //如果 k>链表的长度
        return (0);           //查找失败
    else
    {
        printf("%d", q->data); //查找成功
        return (1);
    }
}
```

【解析】

该题要求综合运用数据结构的基本原理和方法进行问题分析和求解,使用高级程序设计语言设计与实现算法,考查线性表应用及算法的效率分析。

从算法设计的角度来看该题并不难,关键点在于要"设计一个尽可能高效的算法"。算法设计要从时间和空间两个方面来考虑效率,因此,任何递归算法都不能满足题目的效率要求。

求解该题的常规算法是对链表进行两遍扫描,第一遍扫描求出链表长度 n,第二遍扫描即可确定谁是倒数第 k 个元素。这种常规算法的时间复杂度为 $O(n)$。

比两遍扫描算法更高效的算法是仅进行一遍扫描就能得到正确结果。尽管一遍扫描算法的时间复杂度也是 $O(n)$,与采用两遍扫描的算法在时间复杂度上是同数量级的,但采用一遍扫描的算法效率显然要优于两遍扫描算法的效率。

在实现一遍扫描算法的过程中,如果使用大小与 k 有关的辅助数组,会使算法的空间复杂度达到 $O(k)$。答案中选择的算法是基于一遍扫描,且没有使用更多的辅助空间,算法的空间复杂度为 $O(1)$,因此是一个相对更高效的算法。

2. 一个长度为 $L(L \geqslant 1)$ 的升序序列 S,处在第 $\lceil L/2 \rceil$ 个位置的数称为 S 的中位数。例如,若序列 $S_1 = (11,13,15,17,19)$,则 S_1 的中位数是 15。两个序列的中位数是含它们所有元素的升序序列的中位数。例如,若 $S_2 = (2,4,6,8,20)$,则 S_1 和 S_2 的中位数是 11。现有两个等长升序序列 A 和 B,试设计一个在时间和空间两方面都尽可能高效的算法,找出两个序列 A 和 B 的中位数。要求:

(1) 给出算法的基本设计思想。
(2) 根据设计思想,采用 C 或 C++ 或 Java 语言描述算法,关键之处给出注释。
(3) 说明你所设计算法的时间复杂度和空间复杂度。

【出处】　2011 年第 42 题
【考点】　线性表——线性表的应用
【答案】

(1) 算法的基本设计思想。

分别求两个升序序列 A、B 的中位数,设为 a 和 b。若 $a=b$,则 a 或 b 即为所求的中位数;否则,舍弃 a、b 中较小者所在序列之较小一半,同时舍弃较大者所在序列之较大一半,要求两次舍弃的元素个数相同。在保留的两个升序序列中,重复上述过程,直到两个序列中均只含一个元素时为止,则较小者即为所求的中位数。

(2) 算法实现。

```
int M_Search (int A[], int B[], int n)
{   int start1, end1, mid1, start2, end2, mid2;
    start1=0;   end1=n-1;
    start2=0;   end2=n-1;
    while (start1 !=end1||start2 !=end2)
    {   mid1= (start1+end1)/2;
        mid2= (start2+end2)/2;
        if(A[mid1]==B[mid2])
            return A[mid1];
```

```
        if(A[mid1]<B[mid2])
        {   //分别考虑奇数和偶数,保持两个子数组元素个数相等
            if((start1+end1) % 2==0)
            {   //若元素为奇数个
                start1=mid1;              //舍弃 A 中间点以前的部分且保留中间点
                end2=mid2;                //舍弃 B 中间点以后的部分且保留中间点
            }
            else
            {   //若元素为偶数个
                start1=mid1+1;            //舍弃 A 的前半部分
                end2=mid2;                //舍弃 B 的后半部分
            }
        }
        else
        {   if((start1+end1) % 2==0)
            {   //若元素为奇数个
                end1=mid1;                //舍弃 A 中间点以后的部分且保留中间点
                start2=mid2;              //舍弃 B 中间点以前的部分且保留中间点
            }
            else
            {   //若元素为偶数个
                end1=mid1;                //舍弃 A 的后半部分
                start2=mid2+1;            //舍弃 B 的前半部分
            }
        }
    }
    return A[start1]<B[start2] ? A[start1] : B[start2];
}
```

(3) 上述所给算法的时间、空间复杂度分别是 $O(\log_2 n)$ 和 $O(1)$。

【解析】

该题要求综合运用数据结构的基本原理和方法进行问题分析和求解,使用高级程序设计语言设计与实现算法,考查线性表查找与合并算法的应用及效率分析。

该题要对一组数据有序排列后,求位于"中间位置"的元素。如果这些数据已有序排列在一个序列中,则只通过一次下标计算,即可求得中位数。题目中所给的数据分属于两个有序序列,其中位数的位置不能再通过简单计算确定。

该题可以有多种思路,例如,将两个有序序列归并为一个有序序列后再求其中位数,即可求解。但题目中要求"设计一个在时间和空间两方面都尽可能高效的算法",这是解题的关键。显然,仅用归并过程求解不能满足要求。答案中给出的算法是借鉴了折半查找算法的思想。

由于要处理的序列是升序序列,所以该题的处理过程也可借鉴对有序表进行 2 路归并的思想,程序如下:

```
int M_Search(int A[ ], int B[ ], int n)        //采用 2 路归并的思想实现
```

```
{   int i, j, k;
    i=j=k=0;
    while(i<n && j<n)
    {   k++;
        if(A[i]<B[j])
        {   i++;
            if(k==n)
                return A[i-1];
        }
        else
        {   j++;
            if(k==n)
                return B[j-1];
        }
    }
}
```

这种算法没有增加辅助空间,空间复杂度也是 $O(1)$;但时间复杂度为 $O(n)$,比答案中给出的算法效率要低。

如果采用对所有元素进行排序后再查找中位数的算法,则没有充分理解题意,设计的算法效率会更低。

3. 二叉树的带权路径长度(WPL)是二叉树中所有叶结点的带权路径长度之和。给定一棵二叉树 T,采用二叉链表存储,结点结构为 | left | weight | right |,其中叶结点的 weight 域保存该结点的非负权值。设 root 为指向 T 的根结点的指针,请设计求 T 的 WPL 的算法。

要求:

(1) 给出算法的基本设计思想;

(2) 使用 C 或 C++ 语言,给出二叉树结点的数据类型定义;

(3) 根据设计思想,采用 C 或 C++ 语言描述算法,关键之处给出注释。

【出处】 2014 年第 41 题

【考点】 树与二叉树——树与二叉树的应用

【答案】

【答案一】

(1) 算法的设计思想。

该题可采用递归算法实现。根据定义:

二叉树的 WPL 值=树中全部叶结点的带权路径长度之和
　　　　　　　=根结点左子树中全部叶结点的带权路径长度之和
　　　　　　　　＋根结点右子树中全部叶结点的带权路径长度之和

叶结点的带权路径长度=该结点的 weight 域的值×该结点的深度

设根结点的深度为 0,若某结点的深度为 d 时,则其孩子结点的深度为 d＋1。

(2) 算法中使用的二叉树结点的数据类型定义如下:

```
typedef struct node
```

```
{   int         weight;
    struct node  * left, * right;
} BTree;
```

(3) 算法实现。

```
int WPL(BTree * root)                    //根据 WPL 的定义采用递归算法实现
{   return WPL1(root, 0);
}
int WPL1(BTree * root, int d)            //d 为结点深度
{   if(root->left==NULL && root->right==NULL)
        return (root->weight * d);
    else
        return (WPL1 (root->left, d+1)+WPL1 (root->right, d+1));
}
```

【答案二】

(1) 算法的设计思想如下：

若借用非叶结点的 weight 域保存其孩子结点中 weight 域值的和，则树的 WPL 等于树中所有非叶结点 weight 域值之和。

采用后序遍历策略，在遍历二叉树 T 时递归计算每个非叶结点的 weight 域的值，则树 T 的 WPL 等于根结点左子树的 WPL 加上右子树的 WPL，再加上根结点中 weight 域的值。

(2) 算法中使用的二叉树结点的数据类型定义同【答案一】。

(3) 算法实现。

```
int WPL(BTree * root)                    //基于递归的后序遍历算法实现
{   int w_l, w_r;
    if(root->left==NULL && root->right==NULL)
        return 0;
    else
    {   w_l=WPL(root->left);             //计算左子树的 WPL
        w_r=WPL(root->right);            //计算右子树的 WPL
        root->weight=root->left->weight+root->right->weight;
                                         //填写非叶结点的 weight 域
        return (w_l+w_r+root->weight);   //返回 WPL 值
    }
}
```

【解析】

该题考查二叉树的带权路径长度概念。

最直接的方法是根据定义实现程序。

计算二叉树的 WPL 时，可以依据定义，采用递归方式，分别计算二叉树左子树中全部叶结点的带权路径长度之和及右子树中全部叶结点的带权路径长度之和，再求和即得结果。

求某个叶结点的带权路径长度时,还需要知道该叶结点到根的路径长度,即该叶结点的深度。故递归的 WPL1 方法中还带有一个深度参数。

还可以有另外一种实现方式。

分析二叉树 WPL 值的定义可知,若树中分支结点的权值等于其两个孩子结点权值之和,则除根结点外所有结点的权值之和即为树的 WPL 值。

二叉树的每个结点都定义了 weight 域,叶结点的 weight 域保存其权值,分支结点的 weight 域可用来保存其两个孩子结点中 weight 域值之和。从叶结点开始逐层向上计算到根结点,将结点的两个孩子结点的权值相加得到该结点的权值。采用后序遍历策略可以实现相加过程。

4. 某网络中的路由器运行 OSPF 路由协议,题 42 表是路由器 R1 维护的主要链路状态信息(LSI),题 42 图是根据题 42 表及 R1 的接口名构造出来的网络拓扑。

题 42 表　R1 所维护的 LSI

		R1 的 LSI	R2 的 LSI	R3 的 LSI	R4 的 LSI	备　注
Router ID		10.1.1.1	10.1.1.2	10.1.1.5	10.1.1.6	标识路由器的 IP 地址
Link1	ID	10.1.1.2	10.1.1.1	10.1.1.6	10.1.1.5	所连路由器的 Router ID
	IP	10.1.1.1	10.1.1.2	10.1.1.5	10.1.1.6	Link1 的本地 IP 地址
	Metric	3	3	6	6	Link1 的费用
Link2	ID	10.1.1.5	10.1.1.6	10.1.1.1	10.1.1.2	所连路由器的 Router ID
	IP	10.1.1.9	10.1.1.13	10.1.1.10	10.1.1.14	Link2 的本地 IP 地址
	Metric	2	4	2	4	Link2 的费用
Net1	Prefix	192.1.1.0/24	192.1.6.0/24	192.1.5.0/24	192.1.7.0/24	直连网络 Net1 的网络前缀
	Metric	1	1	1	1	到达直连网络 Net1 的费用

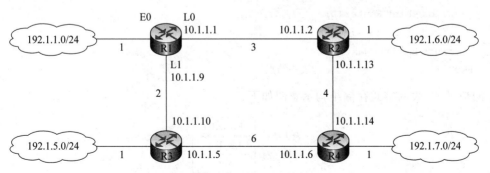

题 42 图　R1 构造的网络拓扑

请回答下列问题。

(1) 该题中的网络可抽象为数据结构中的哪种逻辑结构？

(2) 针对题 42 表中的内容，设计合理的链式存储结构，以保存题 42 表中的链路状态信息(LSI)。要求给出链式存储结构的数据类型定义，并画出对应题 42 表的链式存储结构示意图(示意图中可仅以 ID 标识结点)。

(3) 按照迪杰斯特拉(Dijkstra)算法的策略，依次给出 R1 到达题 42 图中子网 192.1.x.x 的最短路径及费用。

【出处】 2014 年第 42 题

【考点】 图——最短路径、网络——OSPF 路由协议

【答案】

(1) 该题中的网络可抽象为图结构。

(2) 链式存储结构的数据类型定义如下：

```
typedef struct
{   unsigned int ID;
    unsigned int IP;
} LinkNode;                  //Link 的结构
typedef struct
{   unsigned int Prefix;
    unsigned int Mask;
} NetNode;                   //Net 的结构
typedef struct Node
{   int Flag;                //Flag=1: Link;Flag=2: Net union
    {   LinkNode Lnode;
        NetNode Nnode;
    } LinkORNet;
    unsigned int Metric;
    struct Node * Next;
} ArcNode;                   //弧结点
```

弧结点的两种基本形态

Flag=1	Next
ID	
IP	
Metric	

Flag=2	Next
Prefix	
Mask	
Metric	

```
typedef struct HNode
{   unsigned int RouterID;
    ArcNode * LN_link;
    struct HNode * Next;
} HNODE;                     //表头结点
```

对应题 42 表的链式存储结构示意图如下：

表头结点
结构示意

RouterID
LN_link
Next

(3) 计算结果如下表所示：

	目的网络	最短路径	代价(费用)
步骤1	192.1.1.0/24	直接到达	1
步骤2	192.1.5.0/24	R1→R3→192.1.5.0/24	3
步骤3	192.1.6.0/24	R1→R2→192.1.6.0/24	4
步骤4	192.1.7.0/24	R1→R2→R4→192.1.7.0/24	8

【解析】

该题综合考查了数据结构与网络两门课程中有关联关系的知识点,题型新颖。既要求考生了解并掌握相关课程的内容,又要求考生具备抽象概括能力及分析问题、解决问题的能力。

题目中给出的是路由器维护的主要链路状态信息表及由表得到的具体网络拓扑图,需要考生将其抽象为数据结构中的图结构。在此基础上给出其存储结构并解决相关问题。

题目要求采用链式存储方式,细节并没有严格限制。所以设计存储结构时可以多元化。各链表的表头结点既可以单独设置,也可以保存在一个一维数组中。另外,可以针对Link和Net,定义两种不同的弧结点,同时在表头结点中定义两种指针,分别指向由这两种类型的结点构成的链表。在弧结点中,各直连网络IP地址的前缀长度,可以保存在单独定义的域中,也可以与网络地址保存在同一个域中。

题42图中子网192.1.x.x共有4个,分别是192.1.1.0/24、192.1.5.0/24、192.1.6.0/24和192.1.7.0/24。求R1到达子网192.1.x.x的最短路径及费用,实际上就是求以R1为源点的单源最短路径。题目要求按照迪杰斯特拉算法的策略来计算最短路径,所以最短路径结果必须是按照路径长度不减的次序给出。

5. 已知散列函数为:$H(key)=(key×3) \bmod 7$,散列表的存储空间是一个下标从0开始的一维数组,采用线性探测再散列法处理冲突。

(1) 已知关键字序列为(7,8,30,11,18,9,14),若要求装填(载)因子为0.7,请画出所构造的散列表。

(2) 分别计算等概率情况下查找成功和查找不成功的平均查找长度。

【出处】 2010年第41题

【考点】 查找——散列表

【答案】

(1) 构造的散列表如下:

地址	0	1	2	3	4	5	6	7	8	9
关键字	7	14		8		11	30	18	9	

(2) 查找成功的平均查找长度:$ASL_{成功}=(1×4+2×1+3×2)/7=12/7$。

查找不成功的平均查找长度:$ASL_{不成功}=(3+2+1+2+1+5+4)/7=18/7$。

【解析】

该题考查散列表的冲突处理、查找及效率分析。

(1) 确定散列表的长度。由题目可知,散列表中要存储的关键字个数为7,且装填(载)

因子为 0.7，根据装填因子 α 的定义

$$\alpha = \frac{\text{表中存储的记录数}}{\text{散列表长度}}$$

故散列表长度应为 10。

根据散列函数 H(key)＝(key×3) mod 7，可依次计算各个关键字对应的散列地址，如题 5 表-a 中前两行所示。

题 5 表-a

关键字	7	8	30	11	18	9	14
散列地址	0	3	6	5	5	6	0
实际存储地址	0	3	6	5	7	8	1

由于前 4 个关键字 7,8,30,11 的散列地址均无冲突，可以直接存入散列表。

第 5 个关键字 18 的散列地址为 5，与关键字 11 发生冲突，需要按照线性探测再散列法处理冲突，即依次考查后续的地址 6、7、8、…是否空闲。由于散列地址为 6 的位置已经保存了关键字 30，所以应再考查"下一个"散列地址 7，此时该地址对应的空间空闲，故关键字 18 实际存储的散列地址为 7。

同理可知，第 6 个关键字 9 的散列地址为 6，由于发生冲突，需要保存在地址 8 中；第 7 个关键字 14 的散列地址为 0，由于发生冲突，需要保存在地址 1 中。

根据上述计算，各关键字的实际存储地址列在题 5 表-a 的最后一行，由此可得到散列表如题 5 表-b 所示。

题 5 表-b

地址	0	1	2	3	4	5	6	7	8	9
关键字	7	14		8		11	30	18	9	

（2）要计算散列表中查找成功/不成功的平均查找长度，必须首先明确概念，同时必须清楚在散列表中进行查找的完整过程。

散列表在查找成功的平均查找长度为：

$$ASL_{成功} = \sum_{i=1}^{n} P_i C_i$$

其中，n 是存储结构中记录的总数，P_i 为查找第 i 个元素的概率，C_i 为找到第 i 个元素所需要的散列表中关键字与待查关键字的比较次数。

类似地，可定义查找不成功的平均查找长度。

在散列表上进行查找的过程与建立散列表的过程基本一致。对于给定的待查关键字 target，首先要根据建立散列表时的散列函数求出散列地址，若散列表中此位置上没有记录（为空），则查找不成功；否则进行比较，若该位置存储的关键字 key 与 target 相等，则查找成功；否则根据建立散列表时处理冲突的方法寻找并查看"下一个"地址，直到散列表中某个位置为"空"或者散列表中该位置所填记录的关键字等于 target 时为止。

在查找关键字 7,8,30,11 时，根据计算所得的散列地址，分别只需进行一次比较即可查

找成功,所以,上述 4 个关键字查找成功的探查次数均为 1。

在如题 5 表-b 所示的散列表中查找关键字 18,由散列函数可知其散列地址为 5,第 1 次探查时比较地址 5 中的记录(关键字 11),不等于 18,一次比较没有成功,需要按照线性探测利用散列法探查关键字 18 可能存储的"下一个"散列地址。第 2 次探查时比较"下一个"地址(为 6)的记录(关键字 30),还不是 18,二次比较没有成功,应继续探查可能的"下一个"散列地址。第 3 次将探查散列地址为 7 的记录,由题 5 表-b 可知,该位置保存的记录即是 18,查找成功。因此可知,查找关键字 18 的记录要进行的探查次数为 3 次。

同理可知,查找第 6 个关键字 9 时需要的探查次数为 3 次;查找第 7 个关键字 14 时需要的探查次数为 2 次。

根据上述计算,可以得到题 5 表-c。

题 5 表-c

关键字	7	8	30	11	18	9	14
散列地址	0	3	6	5	5	6	0
实际存储地址	0	3	6	5	7	8	1
查找成功的探查次数	1	1	1	1	3	3	2

在等概率情况下可直接根据题 5 表-c 中的数据计算查找成功的平均长度。查找长度为 1 的关键字有 4 个,查找长度为 2 的关键字有 1 个,查找长度为 3 的关键字有 2 个,所以查找成功的平均查找长度:$ASL_{成功}=(1\times4+2\times1+3\times2)/7=12/7$。

要计算查找不成功的平均查找长度,关键是要确定任意关键字 target 查找失败时关键字的比较次数。根据散列函数可以知道,任意关键字 target 散列地址只能是 0~6,因此只要考查散列地址为 0~6 时查找失败的比较次数即可。当查找目标与散列表中的关键字不相等时,并不意味着查找失败,只有当查找过程中遇到散列表中的一个空位置时,才真正意味着查找失败。

例如,对于散列地址为 0 的关键字(例如,21),第 1 次探查时,与散列地址为 0 的记录(关键字 7)进行比较,因为 7 不是待查记录,要按处理冲突的方法探查"下一个"散列地址;第 2 次探查散列地址为 1 的记录(关键字 14),还不是待查记录,继续探查"下一个"散列地址;第 3 次探查的散列地址为 2,此时,该散列地址中没有记录,查找失败。由此可知,查找散列地址为 0 的关键字时,确认查找不成功要进行的比较次数为 3 次。

同理可知,确认散列地址为 1 的关键字(例如,5)查找不成功的比较次数为 2 次。

散列地址为 2 的关键字(例如,3)由于该地址空闲,所以查找不成功的比较次数为 1 次。

由此,可计算出各散列地址对应的查找不成功的比较次数,如题 5 表-d 所示。

题 5 表-d

散列地址	0	1	2	3	4	5	6
查找不成功的比较次数	3	2	1	2	1	5	4

综上所述,查找不成功的平均查找长度:$ASL_{不成功}=(3+2+1+2+1+5+4)/7=18/7$。

6. 已知有 6 个顶点(顶点编号为 0~5)的有向带权图 G,其邻接矩阵 A 为上三角矩阵,按行为主序(行优先)保存在如下的一维数组中。

| 4 | 6 | ∞ | ∞ | ∞ | 5 | ∞ | ∞ | ∞ | 4 | 3 | ∞ | ∞ | 3 | 3 |

要求:
(1) 写出图 G 的邻接矩阵 A。
(2) 画出有向带权图 G。
(3) 求图 G 的关键路径,并计算该关键路径的长度。

【出处】 2011 年第 41 题
【考点】 栈、队列和数组——特殊矩阵的压缩存储,图——关键路径
【答案】
(1) 图 G 的邻接矩阵 A 如下:

$$A = \begin{bmatrix} 0 & 4 & 6 & \infty & \infty & \infty \\ \infty & 0 & 5 & \infty & \infty & \infty \\ \infty & \infty & 0 & 4 & 3 & \infty \\ \infty & \infty & \infty & 0 & \infty & 3 \\ \infty & \infty & \infty & \infty & 0 & 3 \\ \infty & \infty & \infty & \infty & \infty & 0 \end{bmatrix}$$

(2) 图 G 如下:

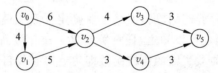

(3) 下图中双线箭头所标识的 4 个活动组成图 G 的关键路径。

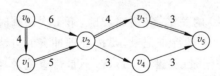

图 G 的关键路径的长度为 16。

【解析】
该题考查图的压缩存储方式和关键路径的求解方法。题目中有 3 个要求:(1)求出邻接矩阵;(2)画出有向带权图;(3)求出关键路径的长度。这 3 个要求具有相关性,实质是引导考生按照这样的步骤逐步解题。

(1) 对含 6 个顶点(顶点编号为 $v_0 \sim v_5$)的有向带权图 G 采用邻接矩阵保存,需要的矩阵大小为 6×6,题目中给出的是矩阵 A 的压缩存储形式,按行主序(行优先)存储。通常 n 阶上三角矩阵需占用 $n(n+1)/2$ 个元素空间,包括要存储主对角线上的元素,据此,该题 6×6 的矩阵压缩后应占用 21 个数组单元,但题目实际给出的上三角矩阵只含有 15 个元素,因此,给出的一维数组中实际上不包括矩阵主对角线上的元素(因为邻接矩阵主对角线上的元素为 0 或 ∞,不需要保存),各行的元素数量分别是 5,4,3,2,1。

根据有向带权图的特点,该题中矩阵 A 的主对角线上各个元素的值均应为 0,下三角部分各个元素应为 ∞。由此可得到邻接矩阵 A。

(2) 根据(1)中得到的邻接矩阵即可得到有向带权图 G。

(3) AOE 网的关键路径是从源点(开始事件)到汇点(结束事件)的路径中长度最长的路径,设 $\mathrm{Length}(v_i,v_j)$ 代表从 v_i 到 v_j 的路径长度(从 v_i 到 v_j 的路径上边的权值之和),$\mathrm{MaxLength}(v_i,v_j)$ 代表从 v_i 到 v_j 的最大的路径长度,显然,

$$\mathrm{MaxLength}(v_0,v_i) = \max_{v_j \text{是} v_i \text{的直接前驱}} (\mathrm{MaxLength}(v_0,v_j) + \mathrm{Length}(v_j,v_i))$$

按照上述的求解思路,可以求出从 v_0 到 v_1、v_2、v_3、v_4、v_5 的最长路径长度依次为 $4,9,13,12,16$;因此从 v_0 开始出发达到 v_1、v_2、v_3、v_4、v_5 的最长路径依次为

$$v_0,v_1;$$
$$v_0,v_1,v_2;$$
$$v_0,v_1,v_2,v_3;$$
$$v_0,v_1,v_2,v_4;$$
$$v_0,v_1,v_2,v_3,v_5;$$

故题中所求的关键路径长度为 16。

本题还可以采用另一个思路求解:首先确定图中各个事件的最早、允许的最迟开始时间,计算各个活动的最早、允许的最迟开始时间;然后根据各个活动的时间余量确定关键活动,最后由关键活动即可求出关键路径。

在 AOE 网中,顶点表示事件,弧表示活动,权表示活动的持续时间。AOE 网是一个有向无环图,只有一个入度为 0 的点即源点和一个出度为 0 的点即汇点。关键路径是从源点到汇点的路径中路径长度最长的路径。这里的路径长度是指路径上各活动持续时间(权值)之和,而不是路径上弧的数量。

假设开始事件是 v_0,从 v_0 到 v_i 的最长路径长度称为事件 v_i 的最早发生时间,这个时间决定了所有以 v_i 为尾的弧所表示的活动的最早开始时间。用 $e(i)$ 表示活动 a_i 的最早开始时间,用 $l(i)$ 表示活动允许的最迟开始时间,$l(i)-e(i)$ 为完成活动 a_i 的时间余量,当时间余量为 0,即 $l(i)=e(i)$ 时,该活动就是关键活动。由多个关键活动相连可得到关键路径。

为了计算活动 a_i 的 $e(i)$ 和 $l(i)$,要先计算事件的最早开始时间 $\mathrm{ve}(j)$ 和允许的最迟开始时间 $\mathrm{vl}(j)$。设活动 a_i 由弧 $<j,k>$ 表示,其持续时间记为 $\mathrm{dut}(<j,k>)$,则事件与活动的最早开始时间及允许的最迟开始时间之间有如下关系:

$$e(i) = \mathrm{ve}(j)$$
$$l(i) = \mathrm{vl}(k) - \mathrm{dut}(<v_j,v_k>)$$

求 $\mathrm{ve}(j)$ 和 $\mathrm{vl}(j)$ 需分两步进行:

(1) 从 $\mathrm{ve}(0)=0$ 开始按拓扑次序向前递推:

$$\mathrm{ve}(j) = \max_i \{\mathrm{ve}(i) + \mathrm{dut}(<v_i,v_j>)\} \quad <v_i,v_j> \in T, j=1,2,\cdots,n-1$$

其中,T 是所有以 v_j 为头的弧的集合。

(2) 从 $\mathrm{vl}(n-1)=\mathrm{ve}(n-1)$ 起按逆拓扑次序向后递推:

$$\mathrm{vl}(i) = \min_j \{\mathrm{vl}(j) - \mathrm{dut}(<v_i,v_j>)\} \quad <v_i,v_j> \in S, i=n-2,\cdots,1,0$$

其中,S 是所有以 v_i 为尾的弧的集合。

在图 G 中,开始事件为 v_0,完成事件为 v_5,通过计算可得各事件的最早开始时间及允许的最迟开始时间,如题 6 表-a 所示。

题 6 表-a

事件	事件最早开始时间 ve(i)	事件允许的最迟开始时间 vl(i)
v_0	0	0
v_1	4	4
v_2	9	9
v_3	13	13
v_4	12	13
v_5	16	16

由题 6 表-a 可得各活动的最早开始时间和允许的最迟开始时间,如题 6 表-b 所示。

题 6 表-b

活动	活动的最早开始时间 $e(i)$	活动允许的最迟开始时间 $l(i)$	活动余量 $l-e$
$v_0 \to v_1$	0	0	0
$v_0 \to v_2$	0	3	3
$v_1 \to v_2$	4	4	0
$v_2 \to v_3$	9	9	0
$v_2 \to v_4$	9	10	1
$v_3 \to v_5$	13	13	0
$v_4 \to v_5$	12	13	1

因此可以得到,关键路径上的关键活动为 $v_0 \to v_1$、$v_1 \to v_2$、$v_2 \to v_3$、$v_3 \to v_5$,关键路径长度为 16。

第 6 章   计算机组成原理

一、单项选择题

1. 下列选项中,能缩短程序执行时间的措施是(　　)。
    Ⅰ. 提高 CPU 时钟频率   Ⅱ. 优化数据通路结构   Ⅲ. 对程序进行编译优化
    A. 仅Ⅰ和Ⅱ   B. 仅Ⅰ和Ⅲ   C. 仅Ⅱ和Ⅲ   D. Ⅰ、Ⅱ和Ⅲ

【出处】 2010 年第 12 题
【答案】 D
【考点】 计算机系统概述——计算机性能指标
【解析】

该题主要考查考生对影响 CPU 执行时间的各种因素的理解。

当不考虑其他因素(如执行操作系统时间,等待 I/O 操作完成的时间等)时,程序执行时间可简单地用程序在 CPU 上的执行时间(用户 CPU 时间)衡量:

$$用户 CPU 时间 = 执行的指令数 \times CPI \times 时钟周期$$
$$= 执行的指令数 \times CPI / CPU 时钟频率$$

其中,执行的指令数与指令集体系结构(ISA)和编译器的优化能力有关;CPI 受执行指令的数据通路结构(如单周期 CPU、多周期 CPU、流水线 CPU 等)的影响;CPU 的时钟频率则与数据通路结构、芯片的制造工艺等因素有关。

显然,程序的执行时间与执行的指令数和 CPI 成正比,而与 CPU 时钟频率成反比。

在该题给出的三个措施中,"提高 CPU 时钟频率"显然能缩短程序的执行时间;"优化数据通路结构"有助于减少 CPI,因而能缩短程序的执行时间;"对程序进行编译优化"有助于减少执行的指令数,因而也能缩短程序的执行时间。故答案为 D。

2. 假定基准程序 A 在某计算机上的运行时间为 100 秒,其中 90 秒为 CPU 时间,其余为 I/O 时间。若 CPU 速度提高 50%,I/O 速度不变,则运行基准程序 A 所耗费的时间是(　　)。
    A. 55 秒   B. 60 秒   C. 65 秒   D. 70 秒

【出处】 2012 年第 12 题
【答案】 D
【考点】 计算机系统概述——计算机性能指标
【解析】

该题主要考查考生对影响 CPU 执行时间的各种因素的理解。

依题意，程序 A 在计算机上的执行时间＝CPU 时间＋I/O 时间。当 CPU 速度提高 50％后，CPU 时间缩短为 90/1.5＝60 秒，故 A 的运行时间变为 60＋(100－90)＝70 秒。

该题容易出现的错误是将"CPU 速度提高 50％"理解为"CPU 时间缩短 50％"，此时很可能选择 A。

3. 一个 C 语言程序在一台 32 位机器上运行。程序中定义了三个变量 x,y 和 z，其中 x 和 z 为 int 型，y 为 short 型。当 x＝127,y＝－9 时，执行赋值语句 z＝x＋y 后，x、y 和 z 的值分别是（　　）。

  A. x＝0000007FH,y＝FFF9H,z＝00000076H
  B. x＝0000007FH,y＝FFF9H,z＝FFFF0076H
  C. x＝0000007FH,y＝FFF7H,z＝FFFF0076H
  D. x＝0000007FH,y＝FFF7H,z＝00000076H

【出处】　2009 年第 12 题
【答案】　D
【考点】　数据的表示和运算——定点数的表示和运算
【解析】
该题综合考查考生对带符号整数的表示及加法、位扩展运算,高级语言中的变量与机器数之间的关系等概念的理解及运用能力。

计算机内部只能用 0 和 1 表示数据,因此一个变量 x 有两个属性：一个是值,一个是机器内部的 0/1 编码形式,通常将前者称为真值,后者称为机器数。带符号整数的机器数用补码表示。

对于两个 n 位带符号整数加运算,在机器中直接将相应的两个机器数按无符号整数做模 2^n 加法,并生成标志位（如溢出标志 OF、符号标志 SF、进位/借位标志 CF 等）。

将一个 n 位的带符号整数扩展到 $2n$ 位时,需要进行"符号扩展"运算,即在高位补 n 位符号。

该题中,C 语言程序在 32 位机器上运行,因此程序中的 int 型和 short 型变量分别用 32 位和 16 位补码表示。因为 x 为 int 型,且值为 127,所以 x 的机器数为 0000 007FH。因为 y 为 short 型,且值为－9,所以 y 的机器数为 FFF7H。要计算 z,首先应将 y 的机器数符号扩展为 32 位,即 FFFF FFF7H,故 z 的机器数为（0000 007FH＋FFFF FFF7H）mod 2^{32} ＝0000 0076H,取模后进位位被丢弃。

还有一种更简单的方法：32 位 int 型变量 z＝x＋y 的真值为 127＋(－9)＝116,结果可用 32 位补码表示为 0000 0076H。

综上所述,答案为 D。

4. 某字长为 8 位的计算机中,已知整型变量 x,y 的机器数分别为 [x]补＝1 1110100, [y]补＝1 0110000。若整型变量 z＝2＊x＋y/2,则 z 的机器数为（　　）。

  A. 1 1000000　　　　B. 0 0100100　　　　C. 1 0101010　　　　D. 溢出

【出处】　2013 年第 14 题
【答案】　A
【考点】　数据的表示和运算——定点数的表示和运算

【解析】

该题主要考查考生对机器数与真值的关系、带符号整数的补码表示及基本运算等概念的理解和运用能力。

带符号整数的机器数用补码表示,也即带符号整数 x 的机器数就是[x]$_补$。

根据移位操作与乘/除运算的关系可知,若 x 是带符号整数,则 x/2 的机器数可通过对 [x]$_补$ 算术右移一位得到,2*x 的机器数可通过对[x]$_补$ 算术左移一位得到。算术右移操作过程:低位移出,高位补符,若移出的是非 0 数,则有效位丢失。算术左移操作过程:高位移出,低位补 0,若移出的位与右移后新的符号位不同,则发生溢出。

对于两个带符号整数加运算,在机器中直接将相应的两个机器数按无符号整数相加,并生成标志位(如溢出标志 OF、符号标志 SF、进位/借位标志 CF 等)。溢出标志 OF 根据如下判断规则生成:若两个机器数的最高位相同,但与结果的最高位不同,则结果溢出。

该题中,[x]$_补$=1 1110100,故 2*x 的机器数为 1 1101000,[y]$_补$=1 0110000,故 y/2 的机器数为 1 1011000。在算术左移和算术右移过程中没有发生溢出和有效位丢失,因而,z 的机器数就是将 2*x 和 y/2 各自的机器数相加,即 1 1101000+1 1011000=1 1000000。两个相加的机器数的最高位都是 1,而结果的最高位也是 1,根据溢出判断规则可知,相加结果不溢出。

综上所述,答案为 A。

5. 假定编译器规定 int 和 short 类型长度分别为 32 位和 16 位,执行下列 C 语言语句:

unsigned short x=65530;
unsigned int y=x;

得到 y 的机器数为(   )。

  A. 0000 7FFAH B. 0000 FFFAH C. FFFF 7FFAH D. FFFF FFFAH

【出处】 2012 年第 13 题

【答案】 B

【考点】 数据的表示和运算——定点数的表示和运算

【解析】

该题主要考查考生对无符号数位扩展运算的理解与运用能力。

计算机中的数值数据分为带符号的数和无符号的数。因为无符号的数只能是整数,通常用"无符号数"表示无符号整数。

要得到无符号数的机器数,只需将其转换为二进制表示即可。

要将 n 位无符号数扩展为 2n 位,需进行"零扩展"运算,即在其机器数的高位补 n 位 0。与之对应的是带符号整数的"符号扩展"运算,它在其机器数的高位补 n 位符号位。

该题中,因为 x 是 16 位无符号数 65 530=65 535−5,故它的机器数为 FFFFH−0005H=FFFAH。y 是 32 位无符号数,它的机器数是将 x 的机器数零扩展为 32 位得到,结果为 0000 FFFAH。故答案为 B。

6. 假定有 4 个整数用 8 位补码分别表示为 r_1=FEH,r_2=F2H,r_3=90H,r_4=F8H。若将运算结果存放在一个 8 位寄存器中,则下列运算会发生溢出的是(   )。

  A. $r_1 \times r_2$ B. $r_2 \times r_3$ C. $r_1 \times r_4$ D. $r_2 \times r_4$

【出处】 2010年第13题
【答案】 B
【考点】 数据的表示和运算——定点数据表示和运算
【解析】
该题主要考查考生对补码乘法运算规则、溢出判断方法等概念的理解和运用能力。

已知补码 $X=x_{n-1}x_{n-2}\cdots x_1 x_0$，$Y=y_{n-1}y_{n-2}\cdots y_1 y_0$，$Z=X\times Y=z_{n-1}z_{n-2}\cdots z_1 z_0$。为得到 Z，需进行两种运算：补码乘法和"位截断"运算，即首先通过补码乘法运算得到 $2n$ 位的乘积 $Z'=z_{2n-1}z_{2n-2}\cdots z_n z_{n-1}z_{n-2}\cdots z_1 z_0$，然后通过位截断运算将 Z' 转换为 Z。所谓"位截断"运算，是将一个 m 位数的高 n 位丢弃，仅保留其低 $m-n$ 位的过程，这里 $m>n$。

位截断操作可能导致结果 Z 溢出。结果 Z 不溢出的判断条件为：
$$z_i = 0,\quad (n-1 \leqslant i \leqslant 2n-1)$$
或
$$z_i = 1,\quad (n-1 \leqslant i \leqslant 2n-1)$$
即 Z' 的高 n 位全为 0 或全为 1，并且与 Z 的最高位相同。

该题中，4 个选项的乘积分别为 001CH、0620H、0010H 和 0070H，按照上面的判断条件可知，只有 0620H 被截断为 8 位时未满足不溢出的条件，因此会发生溢出，其余 3 个乘积在位截断后不溢出。故答案为 B。

该题可用更简便的方法求解。依题意可知，4 个选项中有且仅有一个会发生溢出，它只能发生在乘积绝对值最大的选项上。对于负整数来说，其绝对值是模减去它的补码，因此，补码越大，对应的绝对值越小。该题中 4 个 8 位补码 $r_1 \sim r_4$ 对应的带符号整数都是负数，因此，可以直接通过比较补码的大小来确定其绝对值的大小。比较 $r_1 \sim r_4$ 的补码可知，$r_1 > r_4 > r_2 > r_3$，故 $|r_3| > |r_2| > |r_4| > |r_1|$，在给出的 4 个选项中，$r_2 \times r_3$ 的绝对值最大，因而可以判断出 $r_2 \times r_3$ 会发生溢出。

7. 某机器有一个标志寄存器，其中有进位/借位标志 CF、零标志 ZF、符号标志 SF 和溢出标志 OF，条件转移指令 bgt(无符号整数比较大于时转移)的转移条件是(　　)。

  A. CF+OF=1 B. $\overline{SF}$+ZF=1 C. $\overline{CF+ZF}$=1 D. $\overline{CF+SF}$=1

【出处】 2011年第17题
【答案】 C
【考点】 数据的表示和运算——算术逻辑单元 ALU
【解析】
该题考查考生对算术逻辑单元 ALU 中标志位的理解和运用能力。

算术逻辑单元 ALU 中的运算包括算术运算和逻辑运算，算术运算又包括带符号整数运算和无符号数运算。ALU 部件执行算术运算后，除了输出运算结果外，还输出一组状态标志信息，如进位/借位标志 CF、零标志 ZF、符号标志 SF 和溢出标志 OF。

进位/借位标志 CF 表示运算过程中是否产生了进位/借位。若加(减)法运算有进(借)位，则 CF=1，否则 CF=0。CF 标志仅在无符号数运算中有意义。

零标志 ZF 表示运算结果是否为 0。若结果为 0，则 ZF=1，否则 ZF=0。ZF 标志在无符号数运算和带符号整数运算中均有意义。

符号标志 SF 仅在带符号整数运算中有意义，表示运算结果是否为负数。若结果为负，则 SF=1,否则 SF=0。

溢出标志 OF 表示运算结果是否溢出。若溢出,则 OF=1,否则 OF=0。OF 标志仅在带符号整数运算中有意义。

比较两个无符号数的大小,一般通过无符号数减法运算并判断标志信息来完成。若结果为零,即 ZF=1,则被减数等于减数;若结果不为零且没有借位,即 ZF=0 且 CF=0,则被减数大于减数;若结果不为零且有借位,即 ZF=0 且 CF=1,则被减数小于减数。

该题中用 $\overline{CF+ZF}=1$ 等价地表示条件"ZF=0 且 CF=0",故答案为 C。

该题也可用排除法进行分析判断。因为 SF 和 OF 标志仅在带符号整数运算中有意义,所以能立即排除选项 A、B、D。

8. 假定变量 i、f 和 d 的数据类型分别为 int、float 和 double(int 用补码表示,float 和 double 分别用 IEEE 754 单精度和双精度浮点数格式表示),已知 $i=785$,$f=1.5678e3$,$d=1.5e100$。若在 32 位机器中执行下列关系表达式,则结果为"真"的是(　　)。

  Ⅰ. i==(int)(float) i   Ⅱ. f==(float)(int) f
  Ⅲ. f==(float)(double) f   Ⅳ. (d+f)-d==f
  A. 仅Ⅰ和Ⅱ   B. 仅Ⅰ和Ⅲ   C. 仅Ⅱ和Ⅲ   D. 仅Ⅲ和Ⅳ

【出处】　2010 年第 14 题
【答案】　B
【考点】　数据的表示和运算——浮点数的表示和运算
【解析】

该题主要考查考生对数据表示方法的理解及其在程序设计中的运用能力。

计算机中每种数据类型都有表示范围和精度两个属性,int 型变量的表示范围和精度均由计算机字长决定;float 和 double 型变量分别用 IEEE 754 单精度和双精度浮点数格式表示,它们的表示范围由浮点数阶码和尾数的位数决定,精度由尾数的位数以及浮点数是否是规格化数决定。

当数据在 int、float 和 double 等类型之间进行强制类型转换时,程序将得到以下转换结果(假定 int 为 32 位):

① 从 int 转换为 float 时,因为 float 表示范围大,故不会发生溢出;但因为 int 的有效位为 32 位,float 的有效位为 24 位,故可能发生舍入。

② 从 int 或 float 转换为 double 时,因为 double 的表示范围大,且有效位为 53 位,故不会发生溢出和舍入,能被精确转换。

③ 从 double 转换为 float 时,因为 float 表示范围和有效位均小于 double,故可能发生溢出和舍入。

④ 从 float 或 double 转换为 int 时,因为 int 的表示范围小,故可能发生溢出;又因为 int 没有小数部分,所以 float 或 double 的小数部分(若有的话)会被丢弃。

该题中,表达式Ⅰ先将变量 i 从 int 型转换为 float 型,然后从 float 型转回 int 型,这两次转换都有可能发生舍入。但由于 $i=785=11\ 0001\ 0001B$,有效位实际只有 10 位,且没有小数部分,因而在转换为 float 型时不会发生舍入,而且在从 float 型转回 int 型时,也不会发生小数部分的丢弃。因此表达式Ⅰ为真。

表达式Ⅱ先将变量 f 从 float 型转换为 int 型,然后从 int 型转回 float 型,两次转换也都有可能发生舍入。由于变量 $f=1.5678e3$,其小数部分的有效位不为 0,转换为 int 型时小数部分被丢弃,造成精度损失,因此表达式 Ⅱ 为假。

表达式 Ⅲ 先将变量 f 从 float 型转换为 double 型,然后从 double 型转回 float 型。因为 float 型数据能够精确转换为 double 型数据,因此,不管变量 f 的值是多少,在把它从 double 型转换为 float 型时,都能精确转换。因此表达式 Ⅲ 为真。

表达式 Ⅳ 中等式左边的操作应先将变量 f 从 float 型转换为 double 型,然后再执行浮点数加法运算,最后进行浮点数减法运算。显然,将 f 从 float 型转换成 double 型时是精确转换,而在进行浮点数加法运算($d+f$)时,出现了"大数吃小数"现象,使得($d+f$)的结果为 d,从而等号左边结果为 0,而右边为 f,因此表达式 Ⅳ 为假。

所谓"大数吃小数"现象是指,两个浮点数进行加减运算时,若它们阶码差的绝对值大于 24(单精度时)或 53(双精度时),对阶后阶码小的那个浮点数的尾数会变为全 0,此时它在运算过程中相当于 0,即小数被大数"吃掉"。

9. float 类型(即 IEEE 754 单精度浮点数格式)能表示的最大正整数是( )。
  A. $2^{126}-2^{103}$ B. $2^{127}-2^{104}$ C. $2^{127}-2^{103}$ D. $2^{128}-2^{104}$

【出处】 2012 年第 14 题
【答案】 D
【考点】 数据的表示和运算——浮点数的表示和运算
【解析】
该题主要考查考生对 IEEE 754 标准中单精度浮点数格式的理解。

现代计算机中,浮点数一般用 IEEE 754 标准表示。按照这种标准,浮点数有 32 位(单精度)、64 位(双精度)和扩展精度三种表示形式。其中,单精度浮点数由 1 位符号位 S、8 位阶码 E 和 23 位尾数 M 组成。符号位 S 表示尾数 M 的符号;尾数 M 是定点小数,用原码表示;阶码 E 是定点整数,用移码表示。

IEEE 754 标准将阶码为全 0 或全 1 的浮点数定义为特殊的值,例如,单精度浮点数中的特殊值如下表所示:

值	符号	阶码	尾数
正零	0	0	0
负零	1	0	0
正无穷大	0	255	0
负无穷大	1	255	0
无定义数(非数)	0 或 1	255	≠0
非规格化正数	0	0	≠0
非规格化负数	1	0	≠0

当阶码为其他值(非全 0 或非全 1)时则为规格化非零数。

IEEE 754 标准规定单精度浮点数阶码 E 的偏置常数为 127,尾数 M 用原码表示,其值形如 $\pm 1.xxxx\cdots xxxx$,小数点后有 23 位。由于小数点前 1 位总是 1,因而可被省略,M 仅存储小数点后的 23 位,即 M 实际上有 24 位有效数字。

该题询问考生 float 类型(即 IEEE 754 单精度浮点数格式)能表示的最大正整数是多少,此时符号位 S 应为 0、尾数 M 和阶码 E 应取最大值,即该数的机器数应为 0 1111 1110 1111 1111 1111 1111 111,如下图所示。

31	30 23	22 0
S	E	M
0	1111 1110	1111 1111 1111 1111 1111 111

注意:此时 E 不能取全 1。按照 IEEE 754 标准对规格化的约定,尾数 M 的真值为 $+1.1111\ 1111\ 1111\ 1111\ 1111\ 111B = +(10.0B - 0.0000\ 0000\ 0000\ 0000\ 0000\ 001B) = 2 - 2^{-23}$;而阶码 E 的真值为 $1111\ 1110B - 127 = 127$。

综上所述,所能表示的最大正整数为 $(2 - 2^{-23}) \times 2^{127} = 2^{128} - 2^{104}$。故答案为 D。

10. 某计算机存储器按字节编址,采用小端方式存放数据。假定编译器规定 int 和 short 型长度分别为 32 位和 16 位,并且数据按边界对齐存储。某 C 语言程序段如下:

```
struct {
    int    a;
    char   b;
    short  c;
} record;
record.a=273;
```

若 record 变量的首地址为 0xC008,则地址 0xC008 中内容及 record.c 的地址分别为( )。

A. 0x00、0xC00D   B. 0x00、0xC00E   C. 0x11、0xC00D   D. 0x11、0xC00E

【出处】 2012 年第 15 题
【答案】 D
【考点】 数据的表示和运算——定点数的表示和运算
【解析】

该题主要考查考生对高级语言程序中变量在内存的存储方式(大端/小端、按边界对齐存放等)的理解和运用能力。

目前通用计算机大多采用字节编址,而一个变量的长度可能不正好是一个字节。例如,变量长度可能为 16 位、32 位或 64 位,此时,若需要将变量分配在内存,那么,就需要确定变量中的每个字节按什么排列顺序存放在连续的多个地址中。多字节数据在存储器中有两种存放方式:大端(Big Endian)和小端(Little Endian)方式。大端方式将数据的最高有效字节(MSB)存放在低地址单元,最低有效字节(LSB)存放在高地址单元。小端方式正好相反,即数据的 MSB 存放在高地址单元,而 LSB 存放在低地址单元。

如题 10 图所示,在按字节编址的系统中,按大端方式将 32 位数据 1122 3344H 存入字地址为 0200H 的四个存储单元时,它的最高有效字节 11H 被放在地址为 0200H 的单元,最低有效字节 44H 被放在地址为 0203H 的单元。按小端方式,存放位置正好相反,如下图所示:

		0200H	0201H	0202H	0203H	
大端方式	…	11H	22H	33H	44H	…
		0200H	0201H	0202H	0203H	
小端方式	…	44H	33H	22H	11H	…

题 10 图

高级语言程序中需要处理各类简单变量和复合变量，编译器在编译时为这些变量分配存储空间。简单变量可被分配在寄存器或存储器中，而复合变量由多个简单变量或复合变量组合而成，因此只能分配在存储器中。例如，C 语言程序中的"结构"(struct)型变量，肯定被分配在存储器中。编译器按地址递增的顺序为复合变量中的各个分量分配存储空间。不管是简单变量还是复合变量，如果被分配在存储器中，指令总是按照单个简单变量（如数组元素、结构分量等）来访问内存，因此指令需要确定单个简单变量的存储地址。为加快访存速度，指令和数据通常按边界对齐的方式存放在存储器中，即使 16 位变量的地址为 2 的倍数，32 位变量的地址为 4 的倍数等。题 10 图中的 32 位数据就是按边界对齐存放的。这一工作通常由编译器完成。

在该题中，因为 273 的机器数为 0000 0111H，因此 int 型变量 record.a 的 MSB 为 00H，LSB 为 11H，按小端方式存放时，地址 C008H 中应是 11H；因为 record.c 为 short 型变量，故其地址应为 2 的倍数，即其地址为 0xC008＋4＋1＋1＝0xC00E。综上可知，结构变量 record 各分量在存储器中的存放情况如下图所示：

地址	C008H	C009H	C00AH	C00BH	C00CH	C00DH	C00EH	C00FH
数据	11H	01H	00H	00H				
变量	record.a				record.b		record.c	

故答案为 D。

该题也可采用排除法：record.c 是 short 型变量，按边界对齐时，其地址必须能被 2 整除，即为偶数，故可排除选项 A、C；record.a 是 int 型变量，按小端方式存放时，地址为 0xC008 的单元存放它的最低有效字节，若其内容为 00H，则意味着 record.a 应是 256 的倍数，故可排除选项 A、B。

11. 下列命中组合情况中，一次访存过程中不可能发生的是（　　）。
    A. TLB 未命中、Cache 未命中、Page 未命中
    B. TLB 未命中、Cache 命中、Page 命中
    C. TLB 命中、Cache 未命中、Page 命中
    D. TLB 命中、Cache 命中、Page 未命中

【出处】　2010 年第 17 题
【答案】　D
【考点】　存储器层次结构——高速缓存和虚拟存储器工作原理
【解析】
该题考查考生对 CPU 访存过程的理解。
在含有 Cache 和虚拟存储管理的存储系统中，一次访存过程包含两个阶段，其大致过程

如下。

① 将逻辑(虚拟)地址转换为物理(主存)地址。先根据逻辑地址中的虚页号查找 TLB (快表)。若 TLB 命中,即该页的页表项在 TLB 中,从中取出对应的页框号,并与页内偏移量拼接形成物理地址;否则,TLB 缺失,即该页的页表项不在 TLB 中,此时,根据页表基址寄存器内容和虚页号找到主存中的页表项,并判断其有效位是否为 1。若为 1,则说明该页在主存中,取出对应的页框号,并与页内偏移量拼接形成物理地址,同时将该页表项装入 TLB;否则,说明该页未调入主存,即发生"缺页"异常。"缺页"异常处理程序将包含该页的磁盘块送入主存,然后 CPU 重新开始访存。

② 根据物理地址访问存储器。对于读指令、读数据和写数据三种不同的访存操作,其访问过程在细节上稍有差异。三种操作的大致过程如下:首先根据物理地址访问 Cache,若 Cache 命中,则在 Cache 中读写所需信息;否则 Cache 缺失,此时,将物理地址所在的主存块调入 Cache,并在 Cache 中读写所需信息。

由上述过程可以得出以下结论:

若 TLB 未命中,则需要访问主存中的页表(慢表),此时,可能会发生缺页(Page 未命中),也可能不缺页(Page 命中)。在 Page 未命中时,信息肯定不在 Cache 中,即肯定 Cache 未命中;在 Page 命中时,信息可能在 Cache 中,也可能不在 Cache 中。因而,选项 A 和 B 中的情况都是可能发生的。

若 TLB 命中,则说明一定可以将逻辑地址转换为物理地址,因而肯定不会发生缺页,即一定是 Page 命中,此时,用转换得到的物理地址访问 Cache,有可能 Cache 命中,也可能 Cache 未命中。因而,选项 C 中的情况可能发生,而选项 D 中的情况肯定不会发生。因此,答案是 D。

12. 某计算机主存地址空间大小为 256MB,按字节编址。虚拟地址空间大小为 4GB,采用页式存储管理,页面大小为 4KB,TLB(快表)采用全相联映射,有 4 个页表项,内容如下表所示。

有效位	标记	页框号	…
0	FF180H	0002H	…
1	3FFF1H	0035H	…
0	02FF3H	0351H	…
1	03FFFH	0153H	…

则对虚拟地址 03FF F180H 进行虚实地址变换的结果是(　　)。

  A. 015 3180H   B. 003 5180H   C. TLB 缺失   D. 缺页

【出处】 2013 年第 16 题
【答案】 A
【考点】 存储器层次结构——虚拟存储器
【解析】 该题考查考生对虚拟存储管理中的分页机制、TLB 结构以及地址转换等概念的理解和运用能力。

虚拟存储管理通常采用分页机制实现,即将虚拟地址空间划分成若干页面,而主存物理地址空间被划分成大小相同的页框。虚拟地址空间的大小和编址单位决定了虚拟地址的位数,虚拟地址也称为逻辑地址、虚地址。主存地址空间的大小和编址单位决定了物理地址的位数,物理地址也称为主存地址、实地址。

在采用虚拟存储管理的计算机系统中,CPU 执行指令时,指令给出的是一个虚拟地址,访问主存之前需要先将其转换为物理地址。在进行地址转换的过程中需要用到页表,通过查询相应的页表项获得虚拟地址所在页对应的页框号。

为快速进行地址转换,应尽量减少页表项查询时间,因而,将最活跃的页表项放到 TLB 中。当 TLB 较小时,通常采用全相联映射。在全相联 TLB 中,每一行的标记字段保存的就是该行对应页表项所属页的虚页号,每一行的有效位说明该行中的页表项是否有效(1:有效,0:无效)。

该题中,主存地址空间大小为 256MB 且按字节编址,因此物理地址位数为 28 位;同理,虚拟地址位数为 32 位。因为页大小为 4KB,故页内偏移量为 12 位;虚页号位数为 32-12=20。因为虚拟地址 03FF F180H 中高 20 位为 03FFFH,与 TLB 表中第 4 行的标记相同且该行有效位为 1,因此 TLB 命中,取出页框号 0153H,与页内偏移量 180H 合并后,得到物理地址 015 3180H。故答案为 A。

13. 下列给出的指令系统特点中,有利于实现指令流水线的是(   )。
Ⅰ. 指令格式规整且长度一致　　　　Ⅱ. 指令和数据按边界对齐存放
Ⅲ. 只有 Load/Store 指令才能对操作数进行存储访问
A. 仅Ⅰ、Ⅱ　　　B. 仅Ⅱ、Ⅲ　　　C. 仅Ⅰ、Ⅲ　　　D. Ⅰ、Ⅱ、Ⅲ

【出处】 2011 年第 18 题
【答案】 D
【考点】 中央处理器——指令流水线
【解析】
该题考查考生对指令系统的特点及其是否适合流水线实现等概念的理解。

一条指令的执行过程可被分成若干个阶段,如果将各个阶段看成相应的流水段,则指令的执行过程就构成了一条指令流水线。指令流水线方式通过使不同指令执行阶段在空间和时间上的重叠执行来提高程序执行时的指令吞吐率。

如果指令系统具有规整和简单等特征,将有助于指令流水线的实现。

该题中,对于特点Ⅰ,"指令长度一致",使得每条指令的取指操作所用时间一致;"指令格式规整"说明每条指令的操作码字段在指令中的位置一致,有助于简化指令译码逻辑。这些都有利于指令流水线的实现。

对于特点Ⅱ,"指令和数据按边界对齐存放",有助于加快访存速度,从而缩小各流水段执行时间的差距,使流水线更加规整,因而也有利于实现指令流水线。

对于特点Ⅲ,"只有 Load/Store 指令才能对操作数进行存储访问",易于使流水段划分保持一致,因而也有利于实现指令流水线。

故答案为 D。

14. 假定不采用 Cache 和指令预取技术,且机器处于"开中断"状态,则在下列有关指令执行的叙述中,错误的是(   )。

A. 每个指令周期中 CPU 都至少访问内存一次

B. 每个指令周期一定大于或等于一个 CPU 时钟周期

C. 空操作指令的指令周期中任何寄存器的内容都不会被改变

D. 当前程序在每条指令执行结束时都可能被外部中断打断

【出处】 2011 年第 19 题

【答案】 C

【考点】 中央处理器——指令执行过程

【解析】

该题考查考生对指令执行过程、指令周期等概念的理解。

CPU 执行指令的过程可分为取指令和执行指令两个阶段。在取指令阶段,CPU 根据 PC 的内容,从存储器中读出指令,同时使 PC 更新为下条指令的地址。在执行阶段,CPU 对指令译码,并根据指令译码结果完成源操作数地址计算、取操作数、数据运算、结果地址计算和保存结果等不同操作。因此,在执行指令过程中,可能会发生一次或多次访存操作,例如,取指令、取存储器操作数、写结果到存储器等都需要进行访存操作。但是,在采用 Cache 机制的系统中,每次访存操作不一定都要访问内存(主存),很多情况下,指令和数据都可以在 Cache 中获得,在 Cache 采用回写(Write Back)方式时,某个写操作也可能不需要访问主存。

外部设备通过中断请求信号向 CPU 发出中断请求。CPU 每执行完一条指令,就会去检测是否有外部设备发来中断请求。若有,且机器在"开中断"状态(即允许 CPU 响应中断),则 CPU 会中断当前程序的执行,转去执行相应的中断服务程序。

一个指令周期包括取出一条指令并执行指令所用的全部时间,其中包括指令执行结束时 CPU 对中断请求的检测时间。指令周期通常用 CPU 时钟周期来度量,即完成某条指令的执行所需的时钟周期数就是该指令的指令周期。因此,CPU 时钟周期是计算机中最小的时间度量单位。在指令执行过程中,如果需要访问主存,则一次主存访问大约需要几十至几百个 CPU 时钟周期。

该题中,对于选项 A,因为在不采用 Cache 和指令预取技术时,每条指令执行前,必须要从内存取指令,因此取指令至少要访问一次内存,故其结论正确;对于选项 B,显然内存的访问时间大于一个 CPU 时钟周期,因此选项 B 是正确的;对于选项 C,虽然空操作指令不会改变通用寄存器和标志寄存器的值,但它会改变 PC 的值,使之指向下一条指令,因此选项 C 是错误的;对于选项 D,因为每条指令执行结束时 CPU 都会去检测是否有中断请求,若有中断请求且在"开中断"状态,则 CPU 会响应中断请求而中断当前程序的执行,因此选项 D 正确。

综上所述,答案为 C。

15. 下列选项中,不会引起指令流水线阻塞的是( )。

A. 数据旁路(转发)   B. 数据相关   C. 条件转移   D. 资源冲突

【出处】 2010 年第 19 题

【答案】 A

【考点】 中央处理器——指令流水线

【解析】

该题考查考生对指令流水线基本概念的理解。

在指令流水线上执行的指令之间可能存在数据相关、控制相关和结构相关（资源冲突），使指令在流水线上的执行可能产生错误结果，这种现象称为流水线冒险。流水线冒险分为数据冒险、控制冒险和结构冒险。

数据相关是指在指令流水线中，前面指令的执行结果是后面指令所用的操作数，并且，当后面指令用到前面指令结果时，前面指令结果还没有产生。在发生数据相关时，若不采用数据旁路（转发）技术，则会引起流水线阻塞。

数据旁路也称为数据转发，它是消除数据冒险的有效手段。它通过将数据通路中生成的中间结果直接转发到 ALU 的输入端来提前获得所需要的操作数，因而会消除部分数据冒险。

资源冲突是指在指令流水线中，同一个部件同时被不同的指令所用，它是一种硬件资源竞争现象，显然，在这种情况下，指令流水线会被阻塞。

条件转移是指"条件转移指令"执行过程中，在满足条件的情况下，指令执行顺序发生改变的情况。在执行"条件转移指令"过程中，判断"条件是否满足"的操作最快只能在"取指阶段"随后的"译码阶段"完成，因此，当检测到条件满足时，下条指令已被取出，而此时应该取出的是转移目标指令，因而会发生流水线冒险，通常称其为分支冒险，它是控制冒险中的一种情况。

插入气泡、数据旁路（转发）、部件冗余、指令 Cache 和数据 Cache 分离、分支预测等都是消除流水线冒险的有效手段。

该题中，对于选项 A，因为采用数据旁路技术只会消除部分数据冒险，因而肯定不是引起流水线阻塞的原因。对于其他三个选项中的情况，它们都有可能导致指令流水线阻塞。故答案为 A。

16. 在系统总线的数据线上，不可能传输的是（　　）。

  A. 指令　　　B. 操作数　　　C. 握手（应答）信号　　　D. 中断类型号

【出处】　2011 年第 20 题

【答案】　C

【考点】　总线——总线概述

【解析】

该题考查考生对总线基本概念的理解。

系统总线上传输的信息可分为数据信息、地址信息和控制信息，传输这些信息的信号线也相应地被称为数据线、地址线和控制线。

该题中，对于选项 A 和 B，因为指令和操作数都存放在主存单元中，在执行指令过程中需要从主存单元读指令或读写操作数，因而需要通过总线中的数据线来传输指令和操作数；对于选项 C，因为握手（应答）信号用于实现异步通信，只能在系统总线的控制线上传输，因而它不会被发送到数据线上；对于选项 D，因为中断类型号来自 CPU 外部的 I/O 接口，且需要送入 CPU 处理，因此只能在数据线上传输。故答案为 C。

17. 某磁盘的转速为 10 000 转/分，平均寻道时间是 6ms，磁盘传输速率是 20MB/s，磁盘控制器延迟为 0.2ms，读取一个 4KB 的扇区所需的平均时间约为（　　）。

A. 9ms   B. 9.4ms   C. 12ms   D. 12.4ms

【出处】 2013年第21题
【答案】 B
【考点】 输入输出系统——外部设备——硬盘存储器
【解析】
该题考查考生对磁盘存储器读写过程以及磁盘平均存取时间的理解和运用能力。

读写一个磁盘扇区的过程如下：磁盘控制器根据CPU送来的控制命令和欲读写数据的地址标识,对磁盘驱动器进行控制,以驱动磁头进行寻道；当磁头移动到指定柱面后,磁盘驱动器再启动磁盘旋转,直到磁头位于指定扇区开始处；最后磁头读写该扇区。因此,读写一个扇区的平均时间包括：磁盘控制器延迟、平均寻道时间、平均旋转等待时间(即平均查找时间)以及读/写一个扇区数据的时间。如果从一个磁盘读写请求开始算起,则还应包括读写请求的排队时间。这样,读写一个扇区的平均时间＝平均排队延迟＋磁盘控制器延迟＋平均寻道时间＋平均旋转等待时间＋读写扇区数据时间。通常情况下(特别是对于慢速磁盘),寻道时间和旋转等待时间比其他时间长得多,而且平均存取时间本身是估计值,因此有些教材给出的磁盘平均存取时间计算公式中只包含平均寻道时间和平均旋转等待时间。

该题中,平均旋转等待时间可通过磁盘转速求得,为 $1/2×60×1000/10\ 000=3$(ms),读扇区数据的时间为 $1000×4KB/20MB≈0.2$(ms)。读取一个扇区所需的平均时间大约为 $0.2+6+3+0.2=9.4$(ms)。故答案为B。

在求解该题时,如果不理解磁盘平均存取时间计算公式的内涵而直接硬套有些教材中公式的话,则得到的结果为9ms。显然,9.4ms更符合试题要求。

18. 某同步总线的时钟频率为100MHz,宽度为32位,地址/数据线复用,每传输一个地址或数据占用一个时钟周期。若该总线支持突发(猝发)传输方式,则一次"主存写"总线事务传输128位数据所需要的时间至少是(   )。

A. 20ns   B. 40ns   C. 50ns   D. 80ns

【出处】 2012年第19题
【答案】 C
【考点】 总线——总线操作和定时
【解析】
该题考查考生对同步总线突发传输方式的理解和运用能力。

同步总线由时钟信号定时,时钟周期与时钟频率互为倒数。总线宽度就是总线中数据线的条数,地址和数据线复用说明数据和地址都是用同一组信号线传送的,因此,在执行"主存写"总线事务时,不能同时传送数据和地址。同步总线支持突发传输方式,说明在一个总线事务中,只要开始时发送一个首地址,然后就可以连续传送多个数据。

在采用地址线和数据线复用的情况下,一次"主存写"突发总线事务的传送过程为：首先,总线主设备送地址和命令；主存接收到地址和命令后开始对地址译码,同时,在总线上开始连续传输多个数据信息,直到全部数据都被传输到主存为止。

该题中,"主存写"总线事务要求一次突发传输128位,因而需要连续传输 128位/32位＝4个数据；因为地址/数据线复用,所以第一个时钟周期不能同时传输地址和数据；已知每传输一个地址或数据占用一个时钟周期。综上可知,最快的方式是：第一个时钟周期传输地址,随后的 4 个时钟周期传输 4 个 32 位数据,共 5 个时钟周期。时钟周期为 1/100M= 10(ns),因此所需要的时间至少是 5×10ns=50ns,故答案为 C。

19. 某计算机处理器主频为 50MHz,采用定时查询方式控制设备 A 的 I/O,查询程序运行一次所用的时钟周期数至少为 500。在设备 A 工作期间,为保证数据不丢失,每秒需对其查询至少 200 次,则 CPU 用于设备 A 的 I/O 的时间占整个 CPU 时间的百分比至少是(　　)。

A. 0.02%　　　　B. 0.05%　　　　C. 0.20%　　　　D. 0.50%

【出处】　2011 年第 22 题

【答案】　C

【考点】　输入输出系统——I/O 方式

【解析】

该题考查考生对程序直接控制 I/O(查询 I/O)方式的理解和运用能力。

程序直接控制方式是最简单的 I/O 方式,分为无条件传送方式和有条件传送方式两种。

无条件传送方式主要用于简单外设的 I/O 控制,这种外设接口无须任何定时信号和检测状态位,CPU 只要按照一定的速度定时执行查询程序,就可完成设备与主机的信息交换(如定时采样)。因为查询程序无须查询状态,所以通常其执行时间是确定的,因此无条件传送方式也称为同步传送方式。开关、继电器、机械式传感器等就属于这类设备。

有条件传送方式用于一些较复杂的 I/O 接口。此类接口中往往有多个控制、状态和数据寄存器,对设备的控制必须在一定的状态条件下才能进行。查询程序根据外设和 I/O 接口的状态来控制 I/O。根据查询被启动的方式的不同,有独占查询方式和定时查询方式两种。定时查询指周期性查询接口状态,一旦进入查询,则总是一直等到条件满足,才进行数据的交换,传送完成后返回。在独占查询方式下,一旦设备被启动,CPU 就一直执行查询程序,直到完成所有数据交换。因为条件传送方式下的查询程序中需要查询状态,所以其执行时间是不确定的,如果第一次查询就满足条件,则无须等待,其执行时间最短,因此,条件传送方式也称为异步传送方式。

该题中,已知每秒至少查询 200 次,因此,每秒钟 CPU 至少需执行 200 次查询程序,每次执行查询程序至少用 500 个时钟周期,因此,每秒钟 CPU 用于设备 A 的时间至少是 $200 \times 500 = 10^5$ 个时钟周期,因此,CPU 用于设备 A 的 I/O 的时间占整个 CPU 时间的百分比至少是 $10^5/50M = 0.2\%$,故答案为 C。

20. 下列选项中,能引起外部中断的事件是(　　)。

A. 键盘输入　　B. 除数为 0　　C. 浮点运算下溢　　D. 访存缺页

【出处】　2009 年第 22 题

【答案】　A

【考点】　输入输出系统——I/O 方式

【解析】

该题主要考查考生对外部中断概念的理解。

有关中断和异常的概念,不同教材或体系结构有不同的含义。例如,Intel 8086/8088 微处理器中用中断指代所有的意外事件,分为内中断和外中断,从 Intel 80286 开始,则统一把内中断称为异常,而把外中断称为中断。PowerPC 用异常来指代意外事件,用中断表示指令执行时控制流的改变。MIPS 系统和一些经典的国外教材中,根据意外事件来自处理器内部还是外部来区分,指令执行过程中由指令本身引起的来自处理器内部的意外事件称为内部异常,由外部设备通过"中断请求"信号向 CPU 请求的意外事件称为外部中断。

"除数为 0"和"浮点运算下溢"都是在执行运算类指令过程中发生的事件。

在整数除法指令和浮点数除法指令中,"除数为 0"的处理方式可能不同。若执行整数除法指令时发生除数为 0,则一定会引起内部异常;若执行浮点数除法时发生除数为 0,则可能不作为异常处理,而是直接用一个特殊的值表示。例如,若浮点数除法指令实现一个正(或负)有限数除以 0 的操作,则结果为"+∞"(或 −∞),若用浮点数除法指令执行 0/0,则结果为"NaN"。

在执行浮点数运算指令时,若发生"浮点运算下溢",则结果可能直接用"0"表示,也可能作为一种异常事件,由用户对其进行相应的处理。

该题中,对于选项 A,因为"键盘输入"会导致键盘接口通过中断控制器向 CPU 发中断请求信号,以调出键盘中断处理程序,完成从键盘缓冲读取按键信息的操作,因而键盘输入是引起外部中断的事件;对于选项 B 和 C,不管计算机选择进行怎样的处理,"除数为 0"和"浮点运算下溢"都不是引起外部中断的事件;对于选项 D,因为"访存缺页"是在执行某指令过程中产生的,当取指令或存取数据时,若指令或数据不在内存,则发生"访存缺页",所以它是内部异常事件。综上所述,答案为 A。

21. 单级中断系统中,中断服务程序内的执行顺序是( )。
　　Ⅰ. 保护现场　　　　Ⅱ. 开中断　　　　Ⅲ. 关中断　　　　Ⅳ. 保存断点
　　Ⅴ. 中断事件处理　　Ⅵ. 恢复现场　　　Ⅶ. 中断返回
　　A. Ⅰ→Ⅴ→Ⅵ→Ⅲ→Ⅶ　　　　　　　　　B. Ⅲ→Ⅰ→Ⅴ→Ⅶ
　　C. Ⅲ→Ⅳ→Ⅴ→Ⅵ→Ⅶ　　　　　　　　D. Ⅳ→Ⅰ→Ⅴ→Ⅵ→Ⅶ

【出处】 2010 年第 21 题
【答案】 A
【考点】 输入输出系统——中断基本概念
【解析】
该题考查考生对中断处理过程(即中断服务程序内的执行顺序)的理解。

中断系统包括单级(单重)中断系统和多级(多重)中断系统。在单级中断的中断处理过程中系统处于"禁止中断"状态,即不允许响应新的中断请求,因此在中断响应开始时,硬件首先将中断允许触发器清 0(关中断),直到中断处理结束才开中断,返回到原断点处继续执行。在多级中断的中断处理过程中,若发生了新的中断请求,则可以中止正在执行的中断处理,转到新的中断服务程序执行。因此,多级中断的中断处理过程中应该开中断,允许响应新的中断请求。

单级中断系统的中断服务程序流程为:保护现场→中断事件处理→恢复现场→开中断→中断返回。多级中断系统的中断服务程序流程为:保护现场→开中断→中断事件处理→关中断→恢复现场→开中断→中断返回。

在 4 个选项中,只有选项 A 符合单级中断服务程序流程,故答案为 A。

22. 下列选项中,在 I/O 总线的数据线上传输的信息包括( )。
　　Ⅰ. I/O 接口中的命令字　　Ⅱ. I/O 接口中的状态字　　Ⅲ. 中断类型号

A. 仅Ⅰ、Ⅱ　　　　B. 仅Ⅰ、Ⅲ　　　　C. 仅Ⅱ、Ⅲ　　　　D. Ⅰ、Ⅱ、Ⅲ

【出处】　2012年第21题
【答案】　D
【考点】　输入输出系统——I/O接口
【解析】
该题主要考查考生对I/O接口、I/O总线、I/O端口和中断查询等概念的理解。

I/O接口是各类外设控制器(如显示控制器、硬盘控制器、中断控制器、DMA控制器)及其I/O连接器(如USB插口、网线插口、并口)的总称,它是I/O子系统中重要的组成部分,I/O设备通过I/O接口连接到主机。I/O接口可以以插卡的方式插在扩充卡上,如外接的网卡、显卡、声卡等,也可以直接集成在主板上。

I/O接口不管以哪种形式出现,它都会提供两组对外的连接接口:一组是与I/O设备的连接接口(即I/O连接器),以插口的方式连接I/O电缆或以无线接口方式与某种I/O设备相连;另一组是与I/O总线的连接接口,例如,I/O接口可连接到PCI-Express、AGP、PCI等I/O总线上。

I/O接口中有控制端口、状态端口和数据端口,分别用来存放与CPU交换的命令字、状态字和各类数据信息。CPU通过执行"写I/O端口"指令向控制端口和数据端口写入信息,或通过"读I/O端口"指令从状态端口和数据端口读取信息。在CPU启动执行这些I/O端口访问指令后,将会由相应的部件通过I/O总线中的数据线来传送命令字、状态字和数据信息。

中断控制器也是一种I/O接口,它将外设发送来的中断请求信号与设置在其中的中断屏蔽字进行相应的逻辑运算,通过中断判优线路产生中断类型号。在CPU查询中断时,中断控制器通过I/O总线的数据线将中断类型号送给CPU。

综上所述,答案为D。

23. 程序P在机器M上的执行时间是20秒,编译优化后,P执行的指令数减少到原来的70%,而CPI增加到原来的1.2倍,则P在M上的执行时间是(　　)。

A. 8.4秒　　　　B. 11.7秒　　　　C. 14.0秒　　　　D. 16.8秒

【出处】　2014年第12题
【答案】　D
【考点】　计算机系统概述——计算机性能指标
【解析】
该题主要考查考生对程序的指令条数、CPI与执行时间关系的理解和运用能力。
程序P优化前后在同一台机器M上执行,设M的时钟周期为T,依题意知:

程序P	指令条数	CPI	执行时间
编译优化前	x	y	20s
编译优化后	$x \times 70\%$	$y \times 1.2$	?

即$20s = x \times y \times T$,编译优化后执行时间为$x \times 70\% \times y \times 1.2 \times T = 20s \times 70\% \times 1.2 = 16.8s$。故答案为D。

24. float 型数据通常用 IEEE 754 单精度浮点格式表示。假定两个 float 型变量 x 和 y 分别存放在 32 位寄存器 f1 和 f2 中,若(f1)＝CC90 0000H,(f2)＝B0C0 0000H,则 x 和 y 之间的关系为(　　)。

  A. $x<y$ 且符号相同　　　　　　B. $x<y$ 且符号不同

  C. $x>y$ 且符号相同　　　　　　D. $x>y$ 且符号不同

【出处】　2014 年第 14 题

【答案】　A

【考点】　数据的表示和运算——浮点数的表示和运算

【解析】

该题主要考查考生对 IEEE 754 单精度浮点数表示的理解和运用能力。

将寄存器 f1 和 f2 中的内容用二进制形式展开如下：

  (f1)＝CC90 0000H＝1 100 1100 1 001 0000 0000 0000 0000 0000B

  (f2)＝B0C0 0000H＝1 011 0000 1 100 0000 0000 0000 0000 0000B

根据 IEEE 754 单精度浮点数表示格式可知：

$$x=-1.001\times 2^{153-127}=-1.001\times 2^{26}$$

$$y=-1.1\times 2^{97-127}=-1.1\times 2^{-30}$$

故答案为 A。

该题也可以使用简单的方法进行分析判断。根据 IEEE 754 单精度浮点数表示格式可知：第 31 位为符号位,两者皆为 1,故 x 和 y 符号相同,且都为负数；第 23～30 位为阶码,采用偏置常数为 127 的移码表示,因此,x 和 y 两个数的阶(指数)大小比较结果与其阶的编码的大小比较结果一致,因为 100 1100 1＞011 0000 1,因此,x 的阶大于 y 的阶。由于 x 和 y 都为负数,阶大的数其值反而小,所以 $x<y$。故答案为 A。

25. 某计算机使用 4 体交叉编址存储器,假定在存储器总线上出现的主存地址(十进制)序列为 8005,8006,8007,8008,8001,8002,8003,8004,8000,则可能发生访存冲突的地址对是(　　)。

  A. 8004 和 8008　　　　　　　　B. 8002 和 8007

  C. 8001 和 8008　　　　　　　　D. 8000 和 8004

【出处】　2015 年第 18 题

【答案】　D

【考点】　存储器层次结构——主存储器与 CPU 的连接

【解析】

该题主要考查考生对多体交叉存储器工作方式的理解和运用能力。

在 4 体交叉编址存储器中,若主存地址为 x,x mod 4 的值就对应着 x 地址单元所在的体号。因此,8005、8006、8007、8008、8001、8002、8003、8004 和 8000 地址单元所在的体号分别是:1、2、3、0、1、2、3、0 和 0。

对于顺序轮流启动方式,若连续访问的 4 个地址在 4 个不同的体中就不会发生访存冲突;若连续访问的 4 个地址中有在同一个体中的存储单元,就会发生访存冲突。

用一个 4 个地址大小的窗口,依次滑动过上述主存地址序列,出现在窗口中的 4 个地址,若存在两个以上位于同一个体中,就出现访存冲突。显然,连续访问的 8004 和 8000 同在第 0 体中，是访存冲突地址对。故答案为 D。

26. 假定编译器将赋值语句"x＝x＋3;"转换为指令"add xaddr,3"，其中，xaddr 是 x 对应的存储单元地址。若执行该指令的计算机采用页式虚拟存储管理方式，并配有相应的 TLB，且 Cache 使用直写（Write Through）方式，则完成该指令功能需要访问主存的次数至少是（　　）。

　　　　A. 0　　　　　B. 1　　　　　C. 2　　　　　D. 3

【出处】　2015 年第 16 题

【答案】　B

【考点】　存储器层次结构——存储器的层次化结构

【解析】

该题主要考查考生对存储器层次化结构中数据访问过程的理解和运用能力。

指令"add xaddr,3"的功能可以表示为（xaddr）＋3 → xaddr，完成该指令功能需要访存三次：一次是取指令，一次是读地址 xaddr 所在处的 x，一次是将结果写入地址 xaddr 所在处。

对于取指令和读数据操作，首先，需要把指令或数据所在的逻辑地址转换为主存物理地址。由于配有 TLB，所以最好的情况是 TLB 命中，可直接从 TLB 中的页表项中得到物理页号而无须访问主存中的页表；然后，根据得到的主存物理地址访问主存，最好的情况是 Cache 命中，直接从 Cache 中读取指令和数据，此时也无须访问主存。因此，指令执行过程中，取指令和读数据操作，最好的情况下，访问主存次数为 0。

对于写主存操作，最好的情况也是 TLB 命中、Cache 命中，但是，因为 Cache 使用直写（Write Through）方式，所以，写 Cache 的同时要写主存，因此访问主存次数为 1。

综上所述，完成该指令功能需要访问主存的次数至少是一次。故答案为 B。

27. 某计算机有 16 个通用寄存器，采用 32 位定长指令字，操作码字段（含寻址方式位）为 8 位，Store 指令的源操作数和目的操作数分别采用寄存器直接寻址和基址寻址方式。若基址寄存器可使用任一通用寄存器，且偏移量用补码表示，则 Store 指令中偏移量的取值范围是（　　）。

　　　　A. －32 768～＋32 767　　　　　B. －32 767～＋32 768
　　　　C. －65 536～＋65 535　　　　　D. －65 535～＋65 536

【出处】　2014 年第 17 题

【答案】　A

【考点】　指令系统——指令格式，数据的表示和运算——数制与编码

【解析】

该题主要考查考生对指令格式和补码表示范围的理解与运用能力。

依题意 Store 指令包含操作码字段 OP 和 3 个地址码字段 R、B 和 D，格式如下：

8 位	4 位	4 位	16 位
OP	R	B	D

在 3 个地址码字段中，R 为源操作数所在的通用寄存器的编号，B 和 D 分别表示目的操

作数所在存储区的首地址所在的基址寄存器编号和偏移量。因为有 16 个通用寄存器,且基址寄存器可使用任一通用寄存器,所以 R 和 B 都是 4 位。因为指令长度为 32 位,OP 为 8 位,所以 D 的位数为 32-8-4-4=16。16 位补码的表示范围为 -32 768～+32 767。故答案为 A。

28. 某同步总线采用数据线和地址线复用方式,其中地址/数据线有 32 根,总线时钟频率为 66MHz,每个时钟周期传送两次数据(上升沿和下降沿各传送一次数据),该总线的最大数据传输率(总线带宽)是( )。

  A. 132MB/s   B. 264MB/s   C. 528MB/s   D. 1056MB/s

【出处】 2014 年第 19 题
【答案】 C
【考点】 总线——总线概述
【解析】
该题主要考查考生对总线性能指标的理解和运用能力。

总线带宽指总线的最大数据传输率,即总线在进行数据传输时单位时间内最多可传输的数据量,不考虑其他如总线裁决、地址传送等操作所用的时间。

对于同步总线,其总线带宽的计算公式为
$$B = W \times F/N$$
其中,W 为总线宽度,即总线能同时并行传送的数据位数,通常以字节为单位;F 为总线的时钟频率;N 为完成一次数据传送所用的时钟周期数。

依题意知,$W = 32b, F = 66MHz, N = 0.5$,因此,总线带宽为 $32b \times 66MHz/0.5 = 528MB/s$。故答案为 C。

29. 若设备中断请求的响应和处理时间为 100ns,每 400ns 发出一次中断请求,中断响应所允许的最长延迟时间为 50ns,则在该设备持续工作过程中,CPU 用于该设备的 I/O 时间占整个 CPU 时间的百分比至少是( )。

  A. 12.5%   B. 25%   C. 37.5%   D. 50%

【出处】 2014 年第 22 题
【答案】 B
【考点】 输入输出系统——I/O 方式
【解析】
该题主要考查考生对程序中断 I/O 方式的理解和运用能力。

在程序中断 I/O 方式中,CPU 可以与外设并行工作。如下图所示,CPU 启动设备工作后,被调度转去运行其他进程;设备完成数据的传送后,向 CPU 发出一次中断请求;CPU 在一条指令执行结束后查看是否有中断请求信号,若有则暂停当前进程运行,响应中断请求,CPU 通过执行一条中断隐指令和中断服务程序来响应和处理中断。

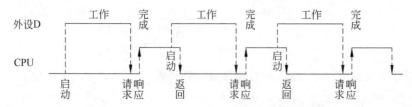

设备发出中断请求后,CPU 并不一定能立即响应。根据题意,最长响应延迟时间+中断响应和处理时间为 50ns+100ns=150ns,小于两次中断请求的间隔时间 400ns,因此,在该设备持续工作过程中,两次中断请求之间的时间间隔就是进行一次 I/O 的时间。在一次 I/O 时间内,CPU 用于 I/O 的时间至少包括中断响应和处理的时间。因此 CPU 用于该设备的 I/O 时间占整个 CPU 时间的百分比至少是 100ns/400ns=25%。故答案为 B。

30. 在采用中断 I/O 方式控制打印输出的情况下,CPU 和打印控制接口中的 I/O 端口之间交换的信息不可能是(   )。

　　A. 打印字符　　　B. 主存地址　　　C. 设备状态　　　D. 控制命令

【出处】　2015 年第 21 题

【答案】　B

【考点】　输入输出(I/O)系统——I/O 接口

【解析】

该题主要考查考生对中断 I/O 方式和 I/O 接口工作机理的理解和运用能力。

I/O 接口(如题中的打印控制接口)中包含数据缓冲寄存器、状态寄存器、控制寄存器等多个不同的寄存器,这些程序可访问的寄存器统称为 I/O 端口,因此有数据端口、状态端口和控制端口。

在采用中断 I/O 方式控制打印输出时,CPU 首先读取状态端口中的设备状态(如打印机忙)和接口状态(如数据端口为空)进行判断,在状态满足的情况下,将打印字符从 CPU 寄存器送入数据端口,并将"启动打印"等控制命令送到控制端口,然后就被调度去执行其他进程;打印机启动后,从数据端口取出打印字符进行打印操作。打印机在进行打印操作时,CPU 与打印机并行工作。当打印机完成一个字符的打印后,就会向 CPU 发中断请求,CPU 暂停正在执行的其他进程,调出"字符打印"中断服务程序来处理。

状态端口用于保存外设各类就绪和错误等信息,如打印机忙、打印机发生缺纸等。CPU 送来的控制命令存放在控制端口中,如 CPU 发出的"启动打印"命令。

在中断 I/O 方式下,外设与主存没有直接的信息交换,所以,CPU 和 I/O 端口之间不需要交换主存地址信息,故答案为 B。

如果输入输出采用 DMA 方式,则因为外设与主存之间直接数据交换,数据传送不是由 CPU 控制而是由 DMA 控制器控制,因此,DMA 控制器中设置了主存地址寄存器。在启动 DMA 传送前,CPU 需要将主存地址信息存入 DMA 控制器的主存地址寄存器中,即 CPU 和 DMA 控制器中的 I/O 端口之间交换的信息有主存地址信息。

二、综合应用题

1. 某计算机字长为 16 位,主存地址空间大小为 128KB,按字编址。采用单字长指令格式,指令各字段定义如下:

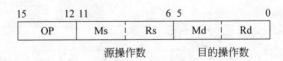

转移指令采用相对寻址方式,相对偏移量用补码表示。寻址方式定义如下:

Ms/Md	寻址方式	助记符	含 义
000B	寄存器直接	Rn	操作数=(Rn)
001B	寄存器间接	(Rn)	操作数=((Rn))
010B	寄存器间接、自增	(Rn)+	操作数=((Rn)),(Rn)+1→Rn
011B	相对	D(Rn)	转移目标地址=(PC)+(Rn)

注：(x)表示存储器地址 x 或寄存器 x 的内容。

请回答下列问题：

(1) 该指令系统最多可有多少条指令？该计算机最多有多少个通用寄存器？存储器地址寄存器(MAR)和存储器数据寄存器(MDR)至少各需要多少位？

(2) 转移指令的目标地址范围是多少？

(3) 若操作码 0010B 表示加法操作(助记符为 add)，寄存器 R4 和 R5 的编号分别为 100B 和 101B，R4 的内容为 1234H，R5 的内容为 5678H，地址 1234H 中的内容为 5678H，地址 5678H 中的内容为 1234H，则汇编语句"add (R4),(R5)+"(逗号前为源操作数，逗号后为目的操作数)对应的机器码是什么(用十六进制表示)？该指令执行后，哪些通用寄存器和存储单元的内容会改变？改变后的内容是什么？

【出处】 2010 年第 43 题

【考点】 指令系统——指令的基本格式和指令系统的寻址方式
中央处理器(CPU)——数据通路的功能和基本结构
数据的表示和运算——定点数的表示和运算

【答案】

(1) 该指令系统最多可有 16 条指令；最多有 8 个通用寄存器；因为地址空间大小为 128KB，按字编址，故共有 64K 个存储单元，地址位数为 16 位，所以 MAR 至少为 16 位；因为字长为 16 位，所以 MDR 至少为 16 位。

(2) 因为地址位数和字长都为 16 位，所以 PC 和通用寄存器的位数均为 16 位，故转移目标地址位数为 16 位，因此能在整个存储空间进行转移，即转移目标地址范围为 0000H～FFFFH。

(3) 对于汇编语句"add (R4),(R5)+"，"add"操作用 0010B 表示；(R4)的寻址方式字段为 001B，R4 的编号为 100B；(R5)+的寻址方式字段为 010B，R5 的编号为 101B，所以，对应的机器码为：0010 001 100 010 101B，用十六进制表示为 2315H。

"add (R4),(R5)+"指令执行后，R5 和存储单元 5678H 的内容会改变。执行后，R5 的内容从 5678H 变为 5679H。因为((R4))=5678H，((R5))=1234H，5678H+1234H=68ACH，所以存储单元 5678H 中的内容从 1234H 变为 68ACH。

【解析】

该题主要综合考查考生对数据的表示和运算、指令系统和数据通路等概念的理解及运用能力。

冯•诺依曼结构计算机的指令中包含操作码和地址码两部分，其中，操作码规定了指令要完成的操作的类型，通常占一个字段；地址码规定了操作数或操作数地址，因为某条指令可能实现单目或双目运算，也可能实现数据的传送或执行流的控制，因此，指令中可能有多个地址码字段。

从操作数存放的物理位置来说，操作数可能会直接在指令中给出，也可能存放在寄存器或存储单元中；从算法角度来说，操作数可能是某个数组元素、某个结构分量、栈顶元素等。因此，对于指令中操作数的访问，指令中可以明显地对每个操作数的访问分别给出相应的寻址方式，CISC通常采用该方式；也可以将所有操作数的寻址方式隐含在操作码中，RISC通常采用该方式。

指令的长度可以是定长的，也可以是变长的。简单的指令系统通常采用定长指令字。

MAR（存储器地址寄存器）、MDR（存储器数据寄存器）、PC和通用寄存器都是CPU数据通路的重要组成部分。

MAR用来存放要访问的主存单元的地址，其位数就是主存地址的位数，而主存地址位数至少是：

$$\lceil \log_2(主存地址空间大小/主存编址单位) \rceil$$

通常MAR的位数等于机器字长。

MDR用来存放要访问的主存单元的内容，其位数应等于主存编址单位的整数倍，通常MDR的位数也等于机器字长。

PC用来存放将要执行指令的地址，用户可以通过转移指令等对其进行改变，因此，是一种用户可见的寄存器，其位数通常等于主存地址位数，但在有些情况下也可以少于主存地址位数。例如，当指令系统采用定长指令字，并且指令在主存中按边界对齐存放时，指令地址的最低几位可能总是0，此时PC的位数可以少于主存地址位数。

通用寄存器用来保存操作数、基地址和变址值等，其位数等于机器字长。用户可通过指令访问通用寄存器，因此通用寄存器是用户可见的寄存器。因为通用寄存器有多个，因此需要对其进行编号，通用寄存器的个数确定了指令中寄存器字段的位数。

第(1)小题主要考查考生对指令格式和数据通路的理解和运用能力。

按照题目给出的指令格式可知：描述操作码的OP字段有4位，因此该指令系统最多有$2^4 = 16$条指令；地址码字段中描述通用寄存器的Rs和Rd字段都是3位，因此该机最多有$2^3 = 8$个通用寄存器；主存地址空间大小为128KB，按字编址，因此主存地址为$\log_2(128KB/2B) = 16$位，所以MAR至少为16位；MDR的位数至少是主存编址单位的长度，即16位。

第(2)小题主要考查考生对相对寻址方式的理解和运用能力。

转移指令分为条件转移指令和无条件转移指令。通常，条件转移指令采用相对转移方式，而无条件转移指令大多采用绝对转移方式。

对于相对转移方式，其转移目标地址的基地址总是当前PC（其值通常是转移指令下条指令的地址），即转移目标地址＝(PC)＋偏移量。为了实现向后转移（如循环），偏移量必须是带符号整数，即偏移量需用补码表示。需要注意的是，若公式中的(PC)是当前转移指令的地址，则还必须加上当前转移指令所占单元数。换句话说，若公式是转移目标地址＝(PC)＋偏移量，则说明公式中的(PC)是转移指令下条指令地址；若公式是转移目标地址＝(PC)＋n＋偏移量，则说明公式中的(PC)是转移指令地址，且转移指令占n个存储单元。此外，对于偏移量也有不同的理解，指令中给出的偏移量可以是相对偏移的指令条数，也可以是相对偏移的单元数。在定长指令字（设指令占n个单元）的情况下，指令中给出的偏移量

(OFFSET)通常是指令条数,此时,相对偏移单元数=n×OFFSET。

该题中,需要回答的是转移指令的目标地址范围,而不是相对于转移指令向前或向后的跳转范围,因而需要搞清楚转移目标地址的取值范围。已知转移目标地址=(PC)+(Rn),其中,PC 和通用寄存器 Rn 的位数都是 16 位,因而转移目标地址范围为 0000H~FFFFH。

第(3)小题综合考查考生对指令格式、寻址方式和补码表示及加法运算方法的运用能力。

对于汇编语句"add(R4),(R5)+",加法操作"add"的操作码为 0010B,即 OP 字段为 0010B;源操作数(R4)采用寄存器间接寻址方式,因而 Ms=001B、Rs=100B;目的操作数 (R5)+采用寄存器间接自增寻址方式,因而 Md=010B、Rd=101B。综上可知,该语句对应的机器码为:0010 001 100 010 101B,用十六进制表示为 2315H。

依题意,指令"add (R4),(R5)+"的语义为:
$$((R5))+((R4)) \rightarrow (R5); \quad (R5)+1 \rightarrow R5$$
即 R5 的内容所指的内存单元的内容与 R4 的内容所指的内存单元的内容相加,结果存放到 R5 的内容所指的内存单元中;并且使得 R5 的内容加 1。

由题意知,R5 的内容所指的内存单元的内容就是存储单元 5678H 中的内容 1234H,即 (R5)=5678H,((R5))=1234H;R4 的内容所指的内存单元的内容就是存储单元 1234H 中的内容 5678H,即((R4))=5678H。

因为 1234H+5678H=68ACH,5678H+1=5679H,所以指令执行后,内存单元 5678H 中的内容从 1234H 改变为 68ACH,而 R5 的内容变为 5679H。

2. 某计算机的主存地址空间大小为 256MB,按字节编址。指令 Cache 和数据 Cache 分离,均有 8 个 Cache 行,每个 Cache 行大小为 64B,数据 Cache 采用直接映射方式。现有两个功能相同的程序 A 和 B,其伪代码如下所示:

```
程序 A:
    int a[256][256];
    …
    int sum_array1()
    {
        int i, j, sum=0;
        for(i=0; i<256; i++)
            for(j=0; j<256; j++)
                sum+=a[i][j];
        return sum;
    }
```

```
程序 B:
    int a[256][256];
    …
    int sum_array2()
    {
        int i, j, sum=0;
        for(j=0; j<256; j++)
            for(i=0; i<256; i++)
                sum+=a[i][j];
        return sum;
    }
```

假定 int 类型数据用 32 位补码表示,程序编译时 i,j,sum 均分配在寄存器中,数组 a 按行优先方式存放,其首地址为 320(十进制数)。请回答下列问题,要求说明理由或给出计算过程。

(1) 若不考虑用于 Cache 一致性维护和替换算法的控制位,则数据 Cache 的总容量为多少?

(2) 数组元素 a[0][31] 和 a[1][1] 各自所在的主存块对应的 Cache 行号分别是多少（Cache 行号从 0 开始）？

(3) 程序 A 和 B 的数据访问命中率各是多少？哪个程序的执行时间更短？

【出处】 2010 年第 44 题

【考点】 存储器层次结构——高速缓冲存储器（Cache）

【答案】

(1) 数据 Cache 的总容量为：4256 位（532 字节）。

(2) a[0][31] 所在主存块映射到 Cache 第 6 行，a[1][1] 所在主存块映射到 Cache 第 5 行。

(3) 程序 A 的数据访问命中率为 93.75%。

程序 B 的数据访问命中率为 0。

根据上述计算出的命中率，得知程序 B 每次取数都要访问主存，所以程序 A 的执行比程序 B 快得多。

【解析】

该题综合考查考生对 Cache 机制的理解和运用能力。

很多时候"Cache 容量"这个概念仅描述了有多少数据能够同时被放入 Cache 中，此时它可被表示为"Cache 行数×Cache 行大小"，每个 Cache 行用于存放一个主存块，因此 Cache 行大小就是主存块大小。事实上，除了数据以外，Cache 中还有很多控制信息，用于实现 Cache 一致性、信息查找和替换等操作。例如，有效位（Valid Bit）、标记（Tag）、用于替换操作的 LRU 位等。对于采用回写（Write Back）策略的数据 Cache，还要为每个 Cache 行设置"脏"位（Dirty Bit），以表示其中的数据是否已被修改。通常，用"数据区容量"表示 Cache 中能够同时容纳的数据信息的总量，而用"Cache 总容量"表示 Cache 中能够同时容纳的数据信息和控制信息的总量。

不同控制信息的位数不同，有效位和"脏"位都只有 1 位，而标记的位数则与主存地址位数、映射方式和主存块大小有关。

映射方式指明了一个主存块可以存放在哪个或哪些 Cache 行中，有直接映射、全相联映射和组相联映射三种方式。直接映射方式下，每个主存块只能被存放在一个特定的 Cache 行中；全相联映射方式下，一个主存块可被存放在任一 Cache 行中；组相联映射则是前两者的结合，Cache 行被分为若干组，每个主存块只能被存放在一个特定的组中，但可放在该组内的任何一个 Cache 行中，假设一个组有 n 个 Cache 行，则被称为 n 路组相联，此时 n 被称为相联度。

主存块号 M 到 Cache 行号或 Cache 组号 L 的映射关系如下：

$$L = M \bmod N$$

其中，N 为 Cache 行数或 Cache 组数。对于直接映射策略，N 就是 Cache 行数；对于全相联映射，N 就是 1；对于 n 路组相联映射，N 就是 Cache 组数，$N=$Cache 行数$/n$。

因此，映射方式实际上反映了 Cache 的分组情况，直接映射方式下，相当于每一行就是一组，组数就是 Cache 行数；全相联映射方式下，相当于所有行都在同一组，组数为 1。

CPU 根据主存地址访问 Cache 时，首先将主存地址划分成三个字段：标记、组号、块内偏移。直接映射方式下，组号实际上是 Cache 行号（也称为 Cache 行索引）；全相联方式下，无需指定组号,故组号是空字段,也即只有标记和块内偏移两个字段。

一般来说,主存地址位数计算公式如下:

$$主存地址位数=标记位数+Cache 索引位数+块内偏移地址位数$$

其中,Cache 索引用于 CPU 直接定位相应的 Cache 行或 Cache 组。若采用直接映射,则 Cache 索引就是行索引,此时 Cache 索引位数=$\lceil \log_2(Cache 行数) \rceil$;若采用组相联映射,则 Cache 索引就是组索引,此时 Cache 索引位数=$\lceil \log_2(Cache 组数) \rceil$;若采用全相联映射,则 Cache 索引位数为 0。块内偏移地址位数=$\lceil \log_2(主存块大小) \rceil$。

第(1)小题主要考查考生对 Cache 基本工作原理的理解和运用能力。

该题中,题干明确指出"不考虑用于 Cache 一致性维护和替换算法控制位",显然控制信息仅需考虑有效位和标记位。主存地址位数为 $\log_2(256MB/1B)=28$ 位,直接映射 Cache 的行索引占 $\log_2 8=3$ 位,块内偏移地址位数为 $\log_2 64=6$ 位,故标记占 $28-6-3=19$ 位。

综上可知,每个 Cache 行有 1 位有效位、19 位标记和 64 字节(512 位)数据。在不考虑用于 Cache 一致性维护和替换算法控制位的情况下,数据 Cache 的总容量为 $8\times(1+19+512)=4256$(位)$=532$(字节)。

第(2)小题主要考查考生对 Cache 映射策略的理解和运用能力。

该题中,Cache 行大小为 64B,即主存块大小是 64B;数组 a 的元素为 int 类型,大小为 4B,每个主存块正好能容纳 16 个元素;数组 a 的起始地址为 320,正好是块号为 $320/64=5$ 的主存块的首地址,因为数组 a 采用按行优先存放,故数组元素 $a[i][j](0\leqslant i,j\leqslant 255)$ 位于块号为 $5+\lfloor(i\times 256+j)/16\rfloor$ 的主存块中。由此可知,$a[0][31]$ 所在主存块的块号为 $5+\lfloor(0\times 256+31)/16\rfloor=6$。因为数据 Cache 采用直接映射策略,故主存块号 6 所映射到的 Cache 行号为 6 mod 8=6。类似地,$a[1][1]$ 所在主存块号为 $5+\lfloor(1\times 256+1)/16\rfloor=21$,所映射到的 Cache 行号为 21 mod 8=5。

题 2 图描述了数组 a 在主存的存放位置及其与 Cache 之间的映射关系。

第(3)小题主要考查考生对数据 Cache 命中率的理解和运用能力。

Cache 命中率是衡量 Cache 性能的重要指标,其定义为:

$$命中率=(命中次数/访问次数)\times 100\%$$

若将上式右边的"命中次数"改为"缺失次数",则可得到以下公式。

$$缺失率=(缺失次数/访问次数)\times 100\%$$

由于访问次数=命中次数+缺失次数,故命中率+缺失率=100%。

该题中,假设编译时 i,j,sum 均分配在寄存器中,故访问数据 Cache 的命中率仅与数组 a 的访问情况有关。

(1) 程序 A 的数据访问命中率。

由于程序 A 中数组访问顺序与存放顺序相同,故依次访问的数组元素位于相邻单元。程序共访问数组元素 $256\times 256=64K$ 次。数组占 $64K\times 4B/64B=4K$ 个主存块,首地址 320 正好位于一个主存块的边界,因此每块第一个数组元素缺失,其他都命中,共缺失 4K 次,故数据访问的命中率为 $(64K-4K)/64K=93.75\%$。

(2) 程序 B 的数据访问命中率。

程序 B 中数组访问顺序与存放顺序不同,数组按行优先方式存放,但按列优先访问。同一列中依次访问的数组元素分布在相隔 1024(即 256×4)的单元处,它们不在同一个主存

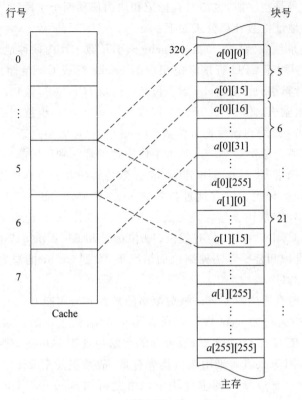

题 2 图

块,但会被映射到 Cache 的同一行,因此每个数组元素的访问都不命中,均需将所在的主存块调入 Cache 中(调入的块中只有当前数组元素被使用,其他均不被使用)。因此数据 Cache 的缺失次数为 $256 \times 256 = 64K$,故数据访问的命中率为 $(64K - 64K)/64K = 0$。

因为程序 A 和 B 的代码基本相同,仅是内、外循环变量不同,因而可以认为它们执行的指令类型以及每种类型的指令数完全相同,执行时间的差异仅与数据访问时间的差异有关。根据上述计算出的命中率可知,程序 B 每次访问数组元素都要访问主存,而程序 A 访问主存的次数少得多,所以程序 A 的执行时间比程序 B 短。

3. 假定在一个 8 位字长的计算机中运行如下类 C 程序段:

```
unsigned int x=134;
unsigned int y=246;
int m=x;
int n=y;
unsigned int z1=x-y;
unsigned int z2=x+y;
int k1=m-n;
int k2=m+n;
```

若编译器编译时将 8 个 8 位寄存器 R1~R8 分别分配给变量 x、y、m、n、z_1、z_2、k_1 和 k_2。请回答下列问题。(提示:带符号整数用补码表示)

(1) 执行上述程序段后,寄存器 R1、R5 和 R6 的内容分别是什么?(用十六进制表示)

(2) 执行上述程序段后,变量 m 和 $k1$ 的值分别是多少?(用十进制表示)

(3) 上述程序段涉及带符号整数加/减、无符号整数加/减运算,这四种运算能否利用同一个加法器及辅助电路实现?简述理由。

(4) 计算机内部如何判断带符号整数加/减运算的结果是否发生溢出?上述程序段中,哪些带符号整数运算语句的执行结果会发生溢出?

【出处】 2011 年第 43 题

【考点】 数据的表示和运算——定点数的表示和运算
数据的表示和运算——算术逻辑单元 ALU——串行加法器和并行加法器

【答案】

(1) $134=128+6=1000\ 0110B$,所以 x 的机器数为 $1000\ 0110B$,故 R1 的内容为 86H。$246=255-9=1111\ 0110B$,所以 y 的机器数为 $1111\ 0110B$。$x-y$:$1000\ 0110+0000\ 1010=(0)\ 1001\ 0000$,括号中为加法器的进位,故 R5 的内容为 90H。

$x+y$:$1000\ 0110+1111\ 0110=(1)\ 0111\ 1100$,括号中为加法器的进位,故 R6 的内容为 7CH。

(2) m 的机器数与 x 的机器数相同,皆为 $86H=1000\ 0110B$,解释为带符号整数 m(用补码表示)时,其值为 $-111\ 1010B=-122$。

$m-n$ 的机器数与 $x-y$ 的机器数相同,皆为 $90H=1001\ 0000B$,解释为带符号整数 $k1$(用补码表示)时,其值为 $-111\ 0000B=-112$。

(3) 能。n 位加法器实现的是模 2^n 无符号整数加法运算。对于无符号整数 a 和 b,$a+b$ 可以直接用加法器实现,而 $a-b$ 可用 a 加 b 的补数实现,即 $a-b=a+[-b]_{补}(mod\ 2^n)$,所以 n 位无符号整数加/减运算都可在 n 位加法器中实现。由于带符号整数用补码表示,补码加/减运算公式为:$[a+b]_{补}=[a]_{补}+[b]_{补}(mod\ 2^n)$,$[a-b]_{补}=[a]_{补}+[-b]_{补}(mod\ 2^n)$,所以 n 位带符号整数加/减运算都可在 n 位加法器中实现。

(4) 带符号整数加/减运算的溢出判断规则为:若加法器的两个输入端(加数)的符号相同,且不同于输出端(和)的符号,则结果溢出。最后一条语句执行时会发生溢出。因为 $1000\ 0110+1111\ 0110=(1)\ 0111\ 1100$,括号中为加法器的进位,根据上述溢出判断规则,可知结果溢出。

【解析】

该题主要考查考生对整数的表示及运算等概念的理解和运用能力。

计算机中处理的整数分为无符号整数和带符号整数,高级语言程序中通常用 unsigned int 和 unsigned short 等表示无符号整数,而用 int 和 short 等表示带符号整数。无符号整数的机器数就是对应的二进制编码表示,而带符号整数的机器数是其补码表示。

高级语言程序被转换为机器级目标代码后,在高级语言程序中出现的变量或常量被分配到寄存器或内存单元中,有些常量也可能以立即数的形式直接出现在指令中。不管这些变量或常量在指令中,还是在寄存器或内存单元中,它们都是以机器数的形式出现的。在执行相应的运算指令时,运算部件对这些变量或常量的机器数进行运算,所有机器数都只是一个 0/1 序列,它们在特定的数字逻辑电路中进行相应的运算得到新的机器数以及相应的标志位(如溢出标志 OF、符号标志 SF、零标志 ZF、进位/借位标志 CF 等)。机器数的值是什么取决于将机器数作为什么类型来解释。例如,对于一个 8 位的机器数 $1000\ 0000$,当被解释为无符号整数时,其值为 128;当被解释为带符号整数时,其值为 −128。

n 位加法器实现的是模 2^n 无符号整数加法运算。

假设两个无符号整数 a 和 b 的机器数分别为 A 和 B,则 $a+b$ 可以直接在加法器中执行 $A+B$ 实现,而 $a-b$ 可用 A 加 b 的补数实现,b 的补数可通过对 B "各位取反、末位加 1" 得到。

假设两个带符号整数 a 和 b 的机器数分别为 A 和 B,则 $A=[a]_{补}$,$B=[b]_{补}$。带符号整数加、减运算公式分别为(式中 $[-b]_{补}$ 可通过对 B "各位取反、末位加 1" 得到):

$$[a+b]_{补}=[a]_{补}+[b]_{补} \pmod{2^n}$$
$$[a-b]_{补}=[a]_{补}+[-b]_{补} \pmod{2^n}$$

综上可知,无符号整数的加、减运算和带符号整数的加、减运算都可在同一个加法器中实现,在"求反"等辅助电路的配合下,把对应的机器数和加、减控制信号送到加法器就可进行相应的运算。

题 3 图是一个实现 n 位无符号整数的加、减运算和 n 位带符号整数的加、减运算的运算部件。

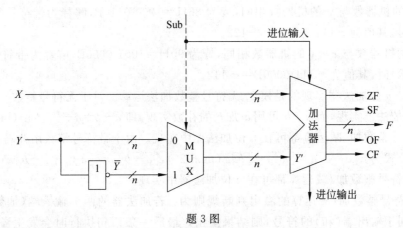

题 3 图

题 3 图中运算部件的核心部分是 n 位加法器,加法器的输出结果除了 n 位的和(或差) F 外,还包括溢出标志 OF、符号标志 SF、零标志 ZF、进位/借位标志 CF。溢出标志 OF 的生成方式有两种:

(1) 若加法器的两个输入端 X 和 Y' 的最高位相同,且不同于输出端 F 的符号位,则结果溢出(OF=1)。

(2) 若加法器的次高位进位和最高位的进位不同,则结果溢出(OF=1)。

执行无符号整数加、减运算时,输入端 X 和 Y 分别是 A 和 B。若是加法运算,则 Sub 控制端为 0,加法器的输入端 Y' 是 B,此时溢出标志、符号标志和零标志都没有意义,当进位标志为 1,则说明相加结果超过了 n 位无符号整数范围,即结果溢出。若是减法运算,则 Sub 控制端为 1,加法器的输入端 Y' 是 B 的反码,此时,溢出标志和符号标志没有意义。

执行带符号整数加、减运算时,输入端 X 和 Y 应分别是 $A=[a]_{补}$,$B=[b]_{补}$,此时进位/借位标志 CF 没有意义,而两数大小关系可通过两数做减法后得到的 ZF、OF 和 SF 的组合逻辑表达式的值来判断。若是加法运算,则 Sub 控制端为 0,加法器的输入端 Y' 是 B。若是减法运算,则 Sub 控制端为 1,加法器的输入端 Y' 是 B 的反码。

第(1)小题主要考查考生对无符号整数的表示和运算方法的理解与运用能力。

寄存器 R1 的内容是 unsigned int 型变量 x 的机器数。因 $x=134=128+6=1000\ 0110B=86H$,故它的机器数为 86H,R1 的内容为 86H。

寄存器 R5 的内容是 unsigned int 型变量 $z_1=x-y$ 的机器数,x 和 y 也是 unsigned int 型变量。因 $y=246=255-9=1111\ 0110B$,$x-y=x+[-y]_{补}\pmod{2^n}=1000\ 0110B+0000\ 1010B=(0)1001\ 0000B=90H$,括号中的 0 为加法器的进位,故 R5 的内容(变量 z_1 的机器数)为 90H。

寄存器 R6 的内容是 unsigned int 变量 $z_2=x+y$ 的机器数。$x+y=1000\ 0110B+1111\ 0110B\pmod{2^n}=(1)0111\ 1100B=(1)7CH$,括号中的 1 为加法器的进位,取模后 1 被丢弃,故 R6 的内容(变量 z_2 的机器数)为 7CH。

第(2)小题主要考查考生对带符号整数的表示和运算方法的理解与运用能力。

变量 m 和 k_1 都是带符号整数。m 的机器数与 x 的机器数相同,皆为 $86H=1000\ 0110B$,当被解释为带符号整数 m(用补码表示)时,变量 m 的真值为 $-111\ 1010B=-122$。而变量 k_1 的机器数与 $z_2=x-y$ 的机器数相同,皆为 $90H=1001\ 0000B$,当被解释为带符号整数 k_1(用补码表示)时,其真值为 $-111\ 0000B=-112$。

第(3)小题考查考生对加法器的理解程度。

根据之前对无符号整数的加、减运算和带符号整数的加、减运算实现电路的描述,可以得出结论:带符号整数加/减、无符号整数加/减这四种运算完全能利用同一个加法器及辅助电路实现。

第(4)小题考查考生对加法器的溢出标志生成方法的理解与运用能力。

该题中只有最后两条语句实现带符号整数运算。已知 m 的机器数 $[m]_{补}=1000\ 0110B$,n 的机器数与 y 的机器数相同,即 $[n]_{补}=1111\ 0110B$,其反码是 $0000\ 1001B$。

对于倒数第二条语句,需计算 $m-n$,即在题 3 图给出的运算部件中,加法器输入端 X 是 $1000\ 0110$,输入端 Y' 是 $0000\ 1001$,sub 为 1。加法器两个输入端的最高位不同,根据上述溢出判断规则,可知其运算结果肯定不会发生溢出。

对于最后一条语句,需要计算 $m+n$,在加法器中执行如下运算:$1000\ 0110+1111\ 0110=(1)0111\ 1100$,括号中为加法器的进位,取模后被丢弃。此时,加法器两个输入端的最高位相同,且不同于结果的最高位。根据上述溢出判断规则,可知结果溢出。

4. 某计算机存储器按字节编址,虚拟(逻辑)地址空间大小为 16MB,主存(物理)地址空间大小为 1MB,页面大小为 4KB;Cache 采用直接映射方式,共 8 行;主存与 Cache 之间交换的块大小为 32B。系统运行到某一时刻时,页表的部分内容和 Cache 的部分内容分别如题 4-a 图、题 4-b 图所示,图中页框号及标记字段的内容为十六进制形式。

请回答下列问题。

(1) 虚拟地址共有几位,哪几位表示虚页号?物理地址共有几位,哪几位表示页框号(物理页号)?

(2) 使用物理地址访问 Cache 时,物理地址应划分成哪几个字段?要求说明每个字段的位数及在物理地址中的位置。

虚页号	有效位	页框号	…
0	1	06	…
1	1	04	…
2	1	15	…
3	1	02	…
4	0	—	…
5	1	2B	…
6	0	—	…
7	1	32	…

题 4-a 图 页表的部分内容

行号	有效位	标记	…
0	1	020	…
1	0	—	…
2	1	01D	…
3	1	105	…
4	1	064	…
5	1	14D	…
6	0	—	…
7	1	27A	…

题 4-b 图 Cache 的部分内容

(3) 虚拟地址 001C60H 所在的页面是否在主存中？若在主存中，则该虚拟地址对应的物理地址是什么？访问该地址时是否 Cache 命中？要求说明理由。

(4) 假定为该机配置一个 4 路组相联的 TLB，该 TLB 共可存放 8 个页表项，若其当前内容（十六进制）如题 4-c 图所示，则此时虚拟地址 024BACH 所在的页面是否在主存中？要求说明理由。

组号	有效位	标记	页框号	有效位	标记	页框号	有效位	标记	页框号	有效位	标记	页框号
0	0	—	—	1	001	15	0	—	—	1	012	1F
1	1	013	2D	0	—	—	1	008	7E	0	—	—

题 4-c 图 TLB 的部分内容

【出处】 2011 年第 44 题

【考点】 存储器层次结构——高速缓冲存储器（Cache）

存储器层次结构——虚拟存储器——页式虚拟存储器、TLB（快表）

【答案】

(1) 虚拟地址为 24 位，其中高 12 位为虚页号。

物理地址为 20 位，其中高 8 位为物理页号。

(2) 20 位物理地址中，最低 5 位为块内地址，中间 3 位为 Cache 行号，高 12 位为标志位。

(3) 在主存中。理由：

虚拟地址 001C60H＝0000 0000 0001 1100 0110 0000B，故虚页号为 0000 0000 0001B，查看 0000 0000 0001B＝001H 处的页表项，由于对应的有效位为 1，故虚拟地址 001C60H 所在的页面在主存中。

页表 001H 处的页框号（物理页号）为 04H＝0000 0100B，与页内偏移 1100 0110 0000B 拼接成物理地址：0000 0100 1100 0110 0000B＝04C60H。

对于物理地址 0000 0100 1100 0110 0000B，所在主存块只可能映射到 Cache 第 3 行（即第 011B 行）；由于该行的有效位＝1、标记（值为 105H）≠04CH（物理地址高 12 位），故访问该地址时 Cache 不命中。

(4) 虚拟地址 024BACH＝0000 0010 0100 1011 1010 1100B，故虚页号为 0000 0010 0100B；由于 TLB 只有 8/4＝2 个组，故虚页号中高 11 位为 TLB 标记，最低 1 位为 TLB 组号，它们的值分别为 0000 0010 010B（即 012H）和 0B，因此，该虚拟地址所对应物理页面只可能映射

到 TLB 的第 0 组。由于组 0 中存在有效位＝1、标记＝012H 的项,所以访问 TLB 命中,即虚拟地址 024BACH 所在的页面在主存中。

【解析】

该题主要考查考生对存储器层次化结构涉及的若干概念的理解和综合运用能力。

存储系统的功能是存放程序和数据,而程序由一条条指令组成。计算机中的存储系统大多采用层次化的多级存储器结构,根据各类存储部件的容量、速度和位价格的不同,将它们配置在系统的不同位置。容量越小、速度越快的存储部件越靠近 CPU,容量越大、速度越慢的存储部件越远离 CPU。因此,存储部件离 CPU 由近到远的顺序是通用寄存器—Cache—主存—磁盘。

CPU 执行指令过程中涉及到三类存储器访问操作:取指令、读数据和写数据。取指令操作将指令从存储单元读到 CPU 的指令寄存器中;读数据操作将数据从存储单元读到 CPU 的通用寄存器;写数据操作将数据从 CPU 的通用寄存器写到存储单元中。存储器访问操作通常简称为访存操作,在层次化结构存储系统中,CPU 给出的访存地址通常是虚拟(逻辑)地址,因而访存操作过程中的"存储单元"寻址并不是简单地由 CPU 根据主存单元地址直接访问主存来实现,而是首先进行虚实地址转换,在不发生缺页的情况下得到主存物理地址,然后根据主存物理地址访问 Cache,在 Cache 不命中的情况下才需要访问主存。

对于直接映射 Cache,判断是否命中的过程如下:首先,根据主存地址中的索引字段找到对应的 Cache 行;然后将主存地址中的标记字段与该 Cache 行的标记进行比较,若不匹配,则不命中,否则检查该 Cache 行的有效位,为 1 则命中,为 0 则不命中。

为了加快虚实地址转换,在存储系统中还引入了 TLB(快表),将最近访问过的页表项缓存到 TLB 中,CPU 可以直接在 TLB 中找到对应的页框号,而无须访问主存中的页表,从而大大提高了地址转换的速度。

第(1)小题考查考生对页式虚拟存储器的理解与运用能力。

该题中,存储器按字节编址,虚拟地址空间大小为 16MB,故虚拟地址位数为 $\log_2(16MB/1B)=24$ 位;物理地址空间大小为 1MB,故物理地址位数为 $\log_2(1MB/1B)=20$ 位;页面大小为 4KB,故表示页内偏移需用 $\log_2(4KB/1B)=12$ 位,虚拟地址的高 $24-12=12$ 位为虚页号,物理地址的高 $20-12=8$ 位为物理页号。

第(2)小题考查考生对 Cache 机制中主存地址划分概念的理解与运用能力。

该题中,物理地址为 20 位,主存块大小为 32B,故最低 $\log_2 32=5$ 位为块内地址;Cache 采用直接映射,共 8 行,故中间 $\log_2 8=3$ 位为行索引,指出所需信息所在的 Cache 行号;高 $20-3-5=12$ 位为标记位。

第(3)小题考查考生对层次化存储系统中 CPU 访存过程的理解与运用能力。

该题中 24 位虚拟地址 001C60H 的高 12 位为虚页号 001H,低 12 位 C60H 为页内偏移。从题 4-a 图中可以看出,对应页表项的有效位为 1,故虚拟地址 001C60H 所在的页面在主存中。

从题 4-a 图中还可以看出,虚页号为 $001H=1$ 的页表项中记录的页框号为 04H,表明该页被映射到块号为 04H 的页框中,将页框号 04H 与 12 位页内偏移 C60H 拼接在一起,得到物理地址 04C60H＝0000 0100 1100 0110 0000B。

根据第(2)小题得到的主存地址划分结果可知,该地址的高 12 位 04CH 为标记,中间 3

位 011 是 Cache 行号,因此,该地址所在主存块被映射到 Cache 第 3(011B)行。由于该行的有效位为 1、标记 105H≠04CH,故访问该地址时 Cache 不命中。

第(4)小题考查考生对 TLB(快表)的理解与运用能力。

虚拟地址 024BACH 的高 12 位为虚页号 024H。由于 TLB 只有 8/4=2 个组,故虚页号中高 11 位为 TLB 标记,最低 1 位为 TLB 组号,它们的值分别为 0000 0010 010B(012H) 和 0B,因此,该虚拟地址所在页面的页表项只可能被存放到 TLB 的第 0 组中。

从题 4-c 图中可看出,TLB 第 0 组中存在有效位=1、标记=012H 的项,所以访问 TLB 命中,说明虚拟地址 024BACH 所在的页面在主存中,该页被存放在页框号为 1FH 的一块主存区域中。

5. 某程序中有如下循环代码段 P:"for (i=0; i<N; i++) sum+=A[i];",假设编译时变量 sum 和 i 分别分配在寄存器 R1 和 R2 中,常量 N 在寄存器 R6 中,数组 A 的首地址在寄存器 R3 中。程序段 P 起始地址为 0804 8100H,对应的汇编代码和机器代码如题 44 表所示。

题 44 表

编号	地址	机器代码	汇编代码	注 释
1	08048100H	00022080H	loop: sll R4,R2,2	(R2)<<2→R4
2	08048104H	00832020H	add R4,R4,R3	(R4)+(R3)→R4
3	08048108H	8C850000H	load R5,0(R4)	((R4)+0)→R5
4	0804810CH	00250820H	add R1,R1,R5	(R1)+(R5)→R1
5	08048110H	20420001H	addi R2,R2,1	(R2)+1→R2
6	08048114H	1446FFFAH	bne R2,R6,loop	if(R2)!=(R6) goto loop

执行上述代码的计算机 M 采用 32 位定长指令字,其中分支指令 bne 采用如下格式。

31　　　26	25　　21	20　　16	15　　　　　　　　　0
OP	Rs	Rd	OFFSET

OP 为操作码;Rs 和 Rd 为寄存器编号;OFFSET 为偏移量,用补码表示。请回答下列问题,并说明理由。

(1) M 的存储器编址单位是什么?

(2) 已知 sll 指令实现左移功能,数组 A 中每个元素占多少位?

(3) 题 44 表中 bne 指令的 OFFSET 字段的值是多少?已知 bne 指令采用相对寻址方式,当前 PC 内容为 bne 指令地址,通过分析题 44 表中指令地址和 bne 指令内容,推断出 bne 指令的转移目标地址计算公式。

(4) 若 M 采用如下"按序发射、按序完成"的 5 级指令流水线:IF(取指)、ID(译码及取数)、EXE(执行)、MEM(访存)、WB(写回寄存器),且硬件不采取任何转发措施,分支指令的执行均引起 3 个时钟周期的阻塞,则 P 中哪些指令的执行会由于数据相关而发生流水线阻塞?哪条指令的执行会发生控制冒险?为什么指令 1 的执行不会因为与指令 5 的数据相关而发生阻塞?

【出处】 2014 年第 44 题
【考点】 指令系统——指令的基本格式
指令系统——指令的寻址方式
中央处理器(CPU)——指令流水线
【答案】
（1）因为每条指令长度为 32 位，占 4 个单元，所以存储器编址单位是字节。

（2）数组 A 中每个元素的地址通过下标左移两位（即乘 4）再加数组首址得到，故每个数组元素占 4 个字节，即 32 位。

（3）OFFSET=FFFAH，值为 −6。指令 bne 所在地址为 0804 8114H，转移目标地址为 0804 8100H，因为 0804 8100H=0804 8114H+4+(−6)×4，所以，指令 bne 的转移目标地址计算公式为：(PC)+4+OFFSET×4。

（4）由于数据相关而发生阻塞的指令为第 2、3、4、6 条，因为第 2、3、4、6 条指令都与各自的前一条指令发生数据相关。第 6 条指令会发生控制冒险。当前循环的第 5 条指令与下次循环的第 1 条指令虽有数据相关，但由于第 6 条指令后面有 3 个时钟周期的阻塞，因而消除了该数据相关。

【解析】
该题主要考查考生对机器代码的存储、指令格式、相对寻址方式以及指令流水线执行过程的理解及运用能力。

第(1)小题主要考查考生对指令长度以及存储器编址方式的理解。

已知计算机 M 采用 32 位定长指令字，即每条指令长度为 32 位，从题 44 表的"地址"列可以看出，每条指令占 4 个单元，故编址单位是字节。

第(2)小题主要考查考生对数组元素的地址计算、乘运算和左移运算的关系等内容的理解和运用能力。

sll 指令实现将 R2 内容左移两位（即乘 4）送 R4 的功能，R2 中存放数组下标变量 i，即 sll 指令执行后，R4 中内容为 4∗i；其后续指令（指令 2）实现将 R3 和 R4 两个寄存器内容相加，R3 中存放的是数组 A 的首地址。因此，指令 1 和指令 2 用于计算数组 A 中每个元素 A[i] 的地址，且 A[i] 的地址为 A 的首地址+4∗i，故每个数组元素占 4 个单元。因为 4×8b=32b，因此 A 中每个数组元素占 32 位。

第(3)小题主要考查考生对条件转移指令的功能、指令格式、相对寻址方式的理解和运用能力。

对于本小题，可参考综合题 1(2010 年第 43 题)中第(2)小题的解析。

根据题中给出的 bne 指令格式可知，机器代码 1446FFFAH 中，FFFAH 为 OFFSET 字段，用补码表示，因而其值为 −6。

根据题意可知，当前 PC 的内容是指令 bne 的地址，即 (PC)=0804 8114H，其下条指令地址为 (PC)+4=0804 8118H，转移目标地址为 0804 8100H。因为 0804 8100H=0804 8118H+(−6)×4，故转移目标地址计算公式为：(PC)+4+OFFSET×4。

可以看出，指令 bne 中 OFFSET 字段表示的偏移量用来指出转移目标地址所在指令与转移指令的下条指令之间的指令条数。这里偏移量为 −6，表示跳转到从 bne 指令下一条指令开始向低地址方向的第 6 条指令处执行。

第(4)小题主要考查考生对指令流水线中数据冒险(数据相关)和控制冒险的理解以及运用能力。

数据冒险(data hazards)也称为数据相关(data dependencies)。引起数据冒险的原因在于后面指令用到前面指令结果时前面指令结果还没产生。对于采用"按序发射、按序完成"的 5 级指令流水线：IF(取指)、ID(译码及取数)、EXE(执行)、MEM(访存)、WB(写回寄存器)且不采取任何转发措施的情况,存在的数据冒险如下：

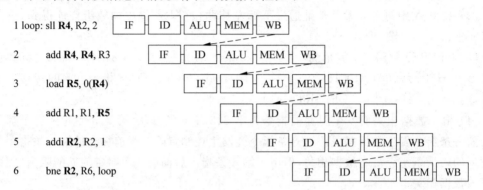

可以看出：第 1 条指令与第 2 条指令关于寄存器 R4、第 2 条指令与第 3 条指令关于寄存器 R4、第 3 条指令与第 4 条指令关于寄存器 R5、第 5 条指令与第 6 条指令关于寄存器 R2 存在数据相关问题,所以第 2、3、4、6 条指令的执行会由于数据相关而发生流水线阻塞。

由于发生了指令执行顺序改变而引起的流水线阻塞称为控制冒险。各类转移指令(包括调用、返回指令等)的执行,以及异常和中断的出现都会改变指令执行顺序,因而都可能会引发控制冒险。

该题第 6 条指令是分支指令,它会改变指令执行的顺序,故会发生控制冒险。

当前循环的第 5 条指令与下次循环的第 1 条指令虽有关于 R2 的数据相关,但由于第 6 条 bne 指令是分支指令,所以它的执行有 3 个时钟周期的阻塞,因而消除了该数据相关。

6. 假设对于题 44 中的计算机 M 和程序段 P 的机器代码,M 采用页式虚拟存储管理；P 开始执行时,(R1)=(R2)=0,(R6)=1000,其机器代码已调入主存但不在 Cache 中；数组 A 未调入主存,且所有数组元素在同一页,并存储在磁盘同一个扇区。请回答下列问题,并说明理由。

(1) P 执行结束时,R2 的内容是多少？

(2) M 的指令 Cache 和数据 Cache 分离。若指令 Cache 共有 16 行,Cache 和主存交换的块大小为 32 字节,则其数据区的容量是多少？若仅考虑程序段 P 的执行,则指令 Cache 的命中率为多少？

(3) P 在执行过程中,哪条指令的执行可能发生溢出异常？哪条指令的执行可能产生缺页异常？对于数组 A 的访问,需要读磁盘和 TLB 至少各多少次？

【出处】 2014 年第 45 题
【考点】 存储器层次结构——高速缓冲存储器
存储器层次结构——虚拟存储器
中央处理器——指令执行过程

【答案】

(1) 由于(R6)=1000,故 (R2)=1000。

(2) 指令 Cache 数据区的容量：16×32B=512B。

P 共有 6 条指令,占 24 字节,小于主存块大小(32B),其起始地址为 0804 8100H,因而所有指令都在同一个主存块中。读取第一条指令时,发生 Cache 缺失,故将 P 所在主存块调入 Cache 某一行,以后每次读取指令时,都能在指令 Cache 中命中。因此,P 在 1000 次循环执行过程中,共发生 1 次指令访问缺失,故指令 Cache 的命中率为(1000×6−1)/(1000×6)=99.98%。

(3) P 执行过程中,指令 4(或 add R1,R1,R5)的执行可能发生溢出异常。load 指令(或指令 3)的执行可能会产生缺页异常。因为 load 指令需要读取数组 A 的内容,当数组 A 不在主存时,发生缺页异常。第一次执行 load 指令时,因为数组 A 未调入主存,故访问 TLB 缺失,并发生缺页,需要从磁盘上读取数组 A,因为数组 A 所在页在同一个磁盘扇区中,所以在不考虑页面置换的情况下,只要读取磁盘 1 次。缺页异常处理结束后,重新执行 load 指令;load 指令的随后 1000 次执行中,每次都能在 TLB 中命中,因而无须访问内存页表项和磁盘,所以,P 在 1000 次循环执行过程中,对于数组 A,需要读取 TLB 共 1001 次。

【解析】

该题考查考生对指令执行过程中访存操作的理解及运用能力。

指令执行过程中需要读取存储器中的指令,对于 Load 和 Store 指令还需要读取存储器中的数据或向存储器写入数据。在取指令或读写数据的过程中,首先,需要进行逻辑地址向物理地址的转换,因此,需要访问 TLB,若 TLB 命中,则直接得到物理地址;若 TLB 缺失,则需要访问在内存的页表,若对应页表项中有效位(存在位)为 0,则发生缺页异常,此时,需要调出缺页异常处理程序来执行,在缺页异常处理程序中读取磁盘上的页面到主存。

第(1)小题主要考查考生对机器代码执行过程的理解。

从题 44 表中 bne 指令的注释可知,当 R2 与 R6 的内容相等时,P 执行结束。P 开始执行时,(R6)=1000,在 P 执行过程中,R6 的内容没有改变,故 P 执行结束时,(R2)=(R6)=1000。

第(2)小题主要考查考生对高速缓存工作原理的理解及运用能力。

由题意知,指令 Cache 共有 16 行,Cache 和主存交换的块大小为 32 字节,所以指令 Cache 的数据区容量为 16×32B=512B。

程序 P 共有 6 条指令,占 24 字节,小于主存块大小(32B);P 开始执行时已调入主存,其起始地址为 0804 8100H,因而所有指令都在同一个主存块且第一条指令位于一个主存块的开始处。因此,读取第一条指令时,会发生 Cache 缺失,故将 P 所在主存块调入 Cache 某一行,以后每次读取指令时,都能在指令 Cache 中命中。

已知变量 i 和 N 分别分配在 R2 和 R6 中,P 开始执行时,(R2)=0,(R6)=1000,根据题 44 中 for 语句的含义,可知 P 执行了 1000 次循环,共访问指令 1000×6=6000 次,其中仅第一次发生 Cache 缺失,故在 P 执行过程中,指令 Cache 的命中率为 (6000−1)/6000=99.98%。

第(3)小题主要考查考生对溢出、缺页等异常事件的判断和处理过程的理解及运用能力。

算术运算类指令的执行结果可能会发生溢出,因此该题中有可能发生溢出异常的指令有第1、2、4和5条指令。但是,因为R2中的值最多为1000,因此第1条(sll)指令、第2条(add)指令和第5条(addi)指令肯定不会有结果溢出。第4条(add)指令是对数组A中元素的累加,其累加值有可能超出其表示范围,故可能发生溢出异常。

访存指令在执行过程中,若访问的数据未调入主存,则发生缺页异常。从题44表知,load指令需要访问存储器读取数组A中某元素的内容,因为数组A未调入主存,所以第一次执行load指令时,访问TLB缺失,从而进一步访问主存中的页表,此时发生缺页异常。

缺页异常处理时,将数组A从磁盘读取到主存,更新主存页表和TLB。因为数组A所在页在同一个磁盘扇区中,所以在不考虑页面置换的情况下,只要读取磁盘一次。

缺页异常处理结束后,返回load指令继续执行。因为所有数组元素都在同一页中,所以数组A只有一个页表项,因此,在load指令的随后1000次执行中,每次都能在TLB中命中,因而无须再访问内存页表项和磁盘。综上所述,P在1000次循环执行过程中,对于数组A,需要读取TLB共1001次,而磁盘仅需读一次。

7. 某16位计算机的主存按字节编址,存取单位为16位;采用16位定长指令字格式;CPU采用单总线结构,主要部分如下图所示。图中R0~R3为通用寄存器;T为暂存器;SR为移位寄存器,可实现直送(mov)、左移一位(left)和右移一位(right)3种操作,控制信号为SRop,SR的输出由信号SRout控制;ALU可实现直送A(mova)、A加B(add)、A减B(sub)、A与B(and)、A或B(or)、非A(not)、A加1(inc)7种操作,控制信号为ALUop。

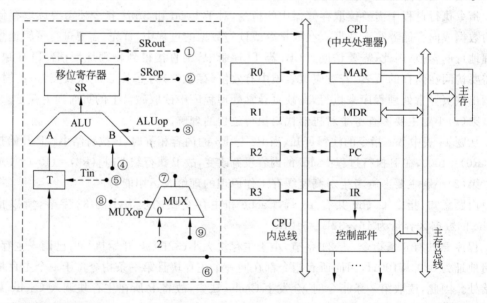

请回答下列问题。
(1) 图中哪些寄存器是程序员可见的?为何要设置暂存器T?
(2) 控制信号ALUop和SRop的位数至少各是多少?
(3) 控制信号SRout所控制部件的名称或作用是什么?
(4) 端点①~⑨中,哪些端点须连接到控制部件的输出端?
(5) 为完善单总线数据通路,需要在端点①~⑨中相应的端点之间添加必要的连线。写出连线的起点和终点,以正确表示数据的流动方向。
(6) 为什么二路选择器MUX的一个输入端是2?

【出处】 2015年第43题
【考点】 中央处理器——CPU的功能和基本结构
中央处理器——数据通路的功能和基本结构
【答案及解析】
该题主要考查考生对CPU中数据通路和控制部件功能和基本结构的理解以及运用能力。

第(1)小题主要考查考生对数据通路中各类寄存器功能的理解和运用能力。

程序员可见的寄存器是指那些通过程序可以读取或修改其值的寄存器。显然，在算术运算类指令中，通用寄存器(R0~R3)既可以存放源操作数，也可以存放运算的结果，因此，通用寄存器(R0~R3)是程序员可见寄存器。转移类指令执行时会读取和修改PC中的内容，所以PC也是程序员可见寄存器。

因为CPU采用单总线结构，ALU的A、B端口的输入来自于同一个总线，若无暂存器T，A、B端口总是同时从总线上获得两个相同的数据，使ALU难以完成对两个不同数据的运算操作。设置一个暂存器T后，两个不同数据可以在两个时钟周期分别传送，在第一个时钟周期，总线传送过来的数据暂存到T中，通过T传给A端口，在第二个时钟周期，总线传送过来的数据直接送到B端口。

第(2)小题主要考查考生对信号编码和译码的理解和运用能力。

若对m个操作进行编码所需的位数为n，则m和n的关系满足公式：$\lceil \log_2 m \rceil = n$。因为ALU共有7种操作，故其操作控制信号ALUop至少需要3位；移位寄存器有3种操作，故其操作控制信号SRop至少需要两位。

第(3)小题主要考查考生对总线的理解和运用能力。

总线是一种多部件共享的信息传输线路，各部件输出端必须通过三态门连接到总线。输出信息到总线时，打开三态门；部件不输出信息到总线时，必须使三态门的输出端呈高阻态。若部件到总线的输出端不使用三态门进行控制，则各部件始终对总线输出非0即1的信号，从而使得总线不能正确传输信息。

信号SRout所控制的部件在移位寄存器与总线之间，该部件是一个三态门，用于控制移位器与总线之间数据通路的连接与断开。

第(4)小题主要考查考生对控制部件功能的理解和运用能力。

在图中，通用寄存器(R0~R3)、暂存器T、ALU、多路选择器(MUX)等部件之间流动的信息是数据信号，表示某一部件的运算结果或存放的内容，以实线表示，箭头指示了数据流动的方向。控制这些部件的信号是控制信号，如控制ALU操作的操作选择信号ALUop。控制信号以虚线表示，箭头指示了被控制的部件。控制信号由控制部件根据对当前执行指令的操作码(IR中的操作码)译码产生，送到数据通路中通用寄存器(R0~R3)、暂存器T、ALU、多路选择器(MUX)等部件的控制端。每一条指令对应着一组控制信号，这组控制信号控制着数据通路中数据在各部件之间的有序流动和运算，从而实现指令要求的功能。

图中端口①、②、③、⑤、⑧对应的信号是控制信号，须连接到控制部件输出端。

第(5)小题主要考查考生对数据通路结构的理解和运用能力。

根据(4)中的叙述，9个端点中只有④、⑥、⑦和⑨对应的信号是数据信号，从图中部件可以看出④和⑨表示输入信号，⑥和⑦表示输出信号，所以合适的连接是：连线1，⑥→⑨；

连线 2，⑦→④。此时，ALU 的 B 输入端可以接收来自于总线的数据，也可以接收多路选择器 MUX 输入端的数据"2"。

第(6)小题主要考查考生对数据通路结构的理解和运用能力。

因为每条指令的长度为 16 位，按字节编址，所以每条指令占用两个内存单元，顺序执行时，下条指令地址为(PC)+2。MUX 的一个输入端为 2，可便于执行(PC)+2 操作。

8. 题 43 中描述的计算机，其部分指令执行过程的控制信号如题 44-a 图所示。

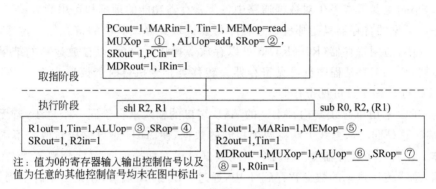

题 44-a 图　部分指令的控制信号

该机指令格式如题 44-b 图所示，支持寄存器直接和寄存器间接两种寻址方式，寻址方式位分别为 0 和 1，通用寄存器 R0～R3 的编号分别为 0、1、2 和 3。

```
           指令操作码      目的操作数   源操作数1   源操作数2
              OP         Md   Rd   Ms1  Rs1   Ms2  Rs2

其中：Md、Ms1、Ms2 为寻址方式位，Rd、Rs1、Rs2 为寄存器编号。
三地址指令：         源操作数1 OP 源操作数2→目的操作数地址
二地址指令(末3位均为0)：     OP 源操作数1→目的操作数地址
单地址指令(末6位均为0)：     OP 目的操作数→目的操作数地址
```

题 44-b 图　指令格式

请回答下列问题。

(1) 该机的指令系统最多可定义多少条指令？

(2) 假定 inc、shl 和 sub 指令的操作码分别为 01H、02H 和 03H，则以下指令对应的机器代码各是什么？

　① inc R1　　　　　　　　;(R1)+1→R1
　② shl R2,R1　　　　　　 ;(R1)<<1→R2
　③ sub R3,(R1),R2　　　　;((R1))−(R2)→R3

(3) 假设寄存器 X 的输入和输出控制信号分别记为 Xin 和 Xout，其值为 1 表示有效，为 0 表示无效(例如，PCout=1 表示 PC 内容送总线)；存储器控制信号为 MEMop，用于控制存储器的读(read)和写(write)操作。写出题 44-a 图中标号①～⑧处的控制信号或控制信号取值。

(4) 指令"sub R1,R3,(R2)"和"inc R1"的执行阶段至少各需要多少个时钟周期？

【出处】 2015年第44题

【考点】 指令系统——指令格式

指令系统——指令的寻址方式

中央处理器——指令的执行过程

中央处理器——控制器的功能和工作原理

【答案及解析】

该题主要考查考生对指令从编码到寻址方式、再到底层硬件执行步骤和时序控制等一系列细节的理解以及综合运用能力。

第(1)小题主要考查考生对指令格式的理解和运用能力。

从题44知指令长度为16位;在题45-b图的指令格式中,Md、Ms1、Ms2为寻址方式位,各占一位,Rd、Rs1、Rs2为寄存器编号,各占两位;OP操作码字段长度为:$16-1\times3-2\times3=7$位。因为二地址和三地址指令中未用的地址码字段为0,所以可判断没有使用操作码扩展技术。定长的7位操作码最多可定义$2^7=128$条指令。

第(2)小题主要考查考生对指令编码与指令的寻址方式的理解和运用能力。

书写指令的机器代码,首先要明确指令的类型是三地址指令、二地址指令,还是单地址指令;其次明确数据的寻址方式是寄存器直接还是寄存器间接寻址;最后对照指令格式填入相应字段的编码。

① inc R1   ;(R1)+1→R1

该指令是单地址指令,指令中的后6位为0;目的操作数采用寄存器直接寻址。因为OP=01H=000 0001B,Md=0B,Rd=01B,所以,机器码为0000001 0 01 0 00 0 00,即0240H。

② shl R2,R1   ;(R1)<<1→R2

该指令是二地址指令,指令中的后3位为0;源操作数和目的操作数都采用寄存器直接寻址。因为OP=02H=000 0010B,Md=0B,Rd=10B,Ms1=0B,Rs1=01B,所以,机器码为0000010 0 10 0 01 0 00,即0488H。

③ sub R3,(R1),R2   ;((R1))-(R2)→R3

该指令是三地址指令,源操作数1采用寄存器间接寻址,源操作数2和目的操作数都采用寄存器直接寻址。因为OP=03H=000 0011B,Md=0B,Rd=11B,Ms1=1B,Rs1=01B,Ms2=0B,Rs1=10B,所以,机器码为0000011 0 11 1 01 0 10,即06EAH。

第(3)小题主要考查考生对指令执行步骤、指令执行时序控制的理解和运用能力。

CPU内总线是多个部件共享的数据传输线,所以每次总线传输,最多只能有一个部件发送数据,但可以有多个部件接收数据,即通过总线每传送一个数据至少需要一个时钟周期,总线成为了系统的瓶颈。

指令执行过程分为取指令和执行两个阶段,所有指令的取指阶段都一样,其功能为:((PC))→IR,(PC)+2→PC,实现功能需3个步骤,需要3个时钟周期。

① PC内容通过总线传送至MAR,向存储器发"读"命令,存储器执行读操作;同时,PC内容通过总线传送至T,ALU进行加(add)运算,执行(PC)+2,结果送SR;SR执行直送(mov)操作。控制信号取值为:PCout=1,MARin=1,Tin=1,MEMop=read,MUXop=0,ALUop=add,SRop=mov,未列出的其他寄存器输入输出控制信号(如R0out)的值

全为0。

② SR 内容通过总线传送至 PC。控制信号取值为：SRout=1，PCin=1。未列出的其他寄存器输入输出控制信号（如 R0out）的值全为 0，未列出的非寄存器输入输出控制信号（MUXop、ALUop、SRop、MEMop）取值均为任意。

③ 此时，存储器已完成读操作，即指令已被送到 MDR。因此，只要将 MDR 内容通过总线传送至 IR 即可。控制信号取值为：MDRout=1，IRin=1。未列出的其他寄存器输入输出控制信号（如 R0out）的值全为 0，未列出的非寄存器输入输出控制信号（MUXop、ALUop、SRop、MEMop）取值均为任意。

"shl R2,R1"指令完成"(R1)<<1→R2"功能，因此，其执行阶段有两个步骤，需要两个时钟周期。

① R1 内容通过总线传送至 T，ALU 执行直送 A(mova)操作，结果送 SR；SR 执行左移一位(left)操作。控制信号取值为：R1out=1，Tin=1，ALUop=mova，SRop=left。未列出的其他寄存器输入输出控制信号（如 R0out）的值全为 0，未列出的非寄存器输入输出控制信号（MUXop、MEMop）取值为任意。

② SR 内容通过总线传送至 R2。控制信号取值为：SRout=1，R2in=1。未列出的其他寄存器输入输出控制信号（如 R0out）的值全为 0，未列出的非寄存器输入输出控制信号（MUXop、ALUop、SRop、MEMop）取值均为任意。

"sub R0,R2,(R1)"指令完成"(R2)−((R1))→R0"功能，所以其执行阶段有 4 个步骤，需要 4 个时钟周期。

① R1 内容通过总线传送至 MAR，向存储器发"读"命令，存储器执行读操作。控制信号取值为：R1out=1，MARin=1，MEMop=read。未列出的其他寄存器输入输出控制信号（如 R0out）的值全为 0，未列出的非寄存器输入输出控制信号（MUXop、ALUop、SRop）取值均为任意。

② R2 内容通过总线传送至 T。控制信号取值为：R2out=1，Tin=1。未列出的其他寄存器输入输出控制信号（如 R0out）的值全为 0，未列出的非寄存器输入输出控制信号（MUXop、ALUop、SRop、MEMop）取值均为任意。

③ 此时，存储器已完成读操作，即数据已被送到 MDR。因此，只要将 MDR 内容通过总线传送至 ALU 的 B 端，ALU 执行减(sub)运算，结果送 SR；SR 执行直送(mov)操作。控制信号取值为：MDRout=1，MUXop=1，ALUop=sub，SRop=mov。未列出的其他寄存器输入输出控制信号（如 R0out）的值全为 0，未列出的非寄存器输入输出控制信号（MEMop）取值为任意。

④ SR 内容通过总线传送至 R0。控制信号取值为：SRout=1，R0in=1。未列出的其他寄存器输入输出控制信号（如 R0out）的值全为 0，未列出的非寄存器输入输出控制信号（MUXop、ALUop、SRop、MEMop）取值均为任意。

综上所述，各标号处的控制信号或控制信号取值如下：
① 0；② mov；③ mova；④ left；⑤ read；⑥ sub；⑦ mov；⑧ SRout。

第(4)小题主要考查考生对指令执行时序控制原理的理解和运用能力。

指令"sub R1,R3,(R2)"与"sub R0,R2,(R1)"有相同的操作和操作数寻址方式，因此指令执行步骤类似，其指令执行阶段至少包含 4 个时钟周期。

指令"inc R1"完成的功能为"(R1)+1→R1",其执行阶段有两个步骤。

① R1 内容通过总线传送至 T,ALU 执行 A 加 1(inc)操作,结果送 SR;SR 执行直送(mov)操作。

② SR 内容通过总线传送至 R1。

因此,指令"inc R1"的执行阶段至少包含两个时钟周期。

第 7 章 　　操 作 系 统

一、单项选择题

1. 下列选项中,不可能在用户态发生的事件是(　　)。
   A. 系统调用　　　　B. 外部中断　　　　C. 进程切换　　　　D. 缺页

【出处】　2012 年第 23 题
【答案】　C
【考点】　进程的运行环境——系统态、用户态
【解析】
　　该题考查学生对系统态、用户态、系统调用、中断、缺页以及相关处理过程的理解。为了保证操作系统程序不被应用程序破坏,现代操作系统为计算机设置了系统态和用户态两种状态。操作系统内核运行在系统态,可以执行特权指令。而用户进程通常运行在用户态,此时,只能执行非特权指令。用户进程只能通过系统调用陷入系统态,访问系统资源。

　　系统调用是操作系统向应用程序提供的接口。系统调用发生在用户态,相应的系统调用实现例程属于操作系统内核,执行在系统态。

　　进程切换程序是操作系统内核的一部分,必须在系统态下运行。进程切换是在某种导致进程切换的条件被激发并且操作系统获得 CPU 控制权之后发生的。进程切换过程中,必须由操作系统内核完成保存进程 CPU 上下文等工作,因此,进程切换是在系统态而不是用户态发生的。导致进程发生切换的条件可能是:当前进程的时间片用完、当前进程由于等待 I/O 或某事件的发生而阻塞、当前进程执行结束、中断返回等。

　　外部中断和缺页都是异步事件,可随时发生,与处理机状态无关。

2. 中断处理和子程序调用都需要压栈以保护现场,中断处理一定会保存而子程序调用不需要保存其内容的是(　　)。
   A. 程序计数器　　　　　　　　　　B. 程序状态字寄存器
   C. 通用数据寄存器　　　　　　　　D. 通用地址寄存器

【出处】　2012 年第 24 题
【答案】　B
【考点】　操作系统运行环境——中断的处理过程
【解析】
　　该题重点考查考生对中断处理过程的理解。
　　当系统有中断信号产生时,CPU 立即响应并开始执行中断处理程序。中断处理

程序执行完后,返回程序断点处继续执行。为了保证程序的正确执行,在中断处理前后必须保存和恢复被中断的程序现场。需要保存和恢复的现场信息包括程序计数器、通用寄存器以及程序状态字寄存器等关键寄存器的内容。

一般子程序被调用时,不需要保存程序状态字寄存器的内容,只需要将局部变量、参数以及返回地址压入堆栈。

程序状态字一般包括条件码、中断允许/禁止位、内核/用户态位。程序状态字的内容在进入中断处理程序时可能会发生改变,而在子程序调用时不会发生改变。所以为了能够恢复现场,进入中断处理程序前必须保存程序状态字,而且一般由硬件保存。

3. 有两个并发执行的进程 P1 和 P2,共享初值为 1 的变量 x。P1 对 x 加 1,P2 对 x 减 1。加 1 和减 1 操作的指令序列分别如下所示。

```
//加 1 操作
load R1,x    //取 x 到寄存器 R1 中
inc  R1
store x,R1   //将 R1 的内容存入 x
```

```
//减 1 操作
load R2,x
dec  R2
store x,R2
```

两个操作完成后,x 的值(   )。

  A. 可能为 -1 或 3   B. 只能为 1

  C. 可能为 0、1 或 2   D. 可能为 -1、0、1 或 2

【出处】 2011 年第 32 题

【答案】 C

【考点】 进程管理——同步与互斥

【解析】

该题考查进程并发执行的基本概念。

P1 进程执行加 1 操作之前,如果 P2 的减 1 操作已将 x 的值减为 0,则加 1 操作完成后,x 的值为 1;如果 P2 的减 1 操作还未将 x 的值减为 0,则加 1 操作完成后,x 的值为 2。所以加 1 操作结束后 x 的值只能为 1 或 2;同理减 1 操作结束后 x 的值只能为 0 或 1。

4. 设与某资源关联的信号量初值为 3,当前值为 1。若 M 表示该资源的可用个数,N 表示等待该资源的进程数,则 M、N 分别是(   )。

  A. 0、1   B. 1、0   C. 1、2   D. 2、0

【出处】 2010 年第 25 题

【答案】 B

【考点】 进程管理——同步与互斥——信号量机制

【解析】

该题考查考生对信号量取值含义及其变化的理解。

在操作系统中,广泛使用信号量机制实现进程的同步。信号量初值表示在初始情况下,系统中与信号量对应的可用资源数量。信号量当前取值大于 0 时,则该值表示当前与信号量对应的可用资源数量。当信号量值小于 0 时说明请求资源的进程数量大于可用资源量,存在该资源的等待进程,等待进程的数量等于信号量的绝对值。

题中与某资源对应的信号量初值为 3,说明初始情况下,与信号量对应的资源可用量为

3. 而信号量当前值为 1,说明当前系统中可用的资源个数 M 为 1。只有当信号量取值小于 0,进程申请资源而系统中却无可用资源时,才可能存在等待该资源的进程。由于该题中当前可用资源量为 1,故该题中不存在等待该资源的进程,因此,表示等待该资源进程数的 N 为 0。

5. 在支持多线程的系统中,进程 P 创建的若干个线程不能共享的是( )。

    A. 进程 P 的代码段   B. 进程 P 中打开的文件
    C. 进程 P 的全局变量   D. 进程 P 中某线程的栈指针

【出处】 2011 年第 25 题
【答案】 D
【考点】 进程管理——线程概念与多线程模型
【解析】
    该题的考查点是进程和线程的资源共享问题。在支持多线程的系统中,一个进程可以包含多个并发执行的线程。系统按进程分配除 CPU 以外的所有资源(内存、外设、文件等),而程序则依赖于线程运行,也就是说,系统按线程分配 CPU 资源,进程只作为除 CPU 以外的系统资源分配单位。

    在进程建立时,同时也为该进程建立第一个线程,用于运行程序(即进程至少包含一个线程),以后在适当的时候可以创建多个线程。同一个进程的所有线程都共享同一个地址空间,这意味着它们也共享全局变量。除了共享地址空间外,所有线程还共享打开的文件集、子进程以及相关信号等。

    尽管一个进程中的线程共享该进程的资源,但是每个线程还拥有自己独占的资源。线程是 CPU 分配的独立单位,当一个线程未执行完而放弃 CPU 时,系统必须为该线程保存当前的运行环境,以备将来恢复运行。栈用于程序执行过程中保存子程序调用的断点、局部变量等,属于线程自身的资源,不能被其他线程共享。类似的资源还包括 CPU 的寄存器、程序计数器等。

6. 下列选项中,满足短任务优先且不会发生饥饿现象的调度算法是( )。

    A. 先来先服务   B. 高响应比优先
    C. 时间片轮转   D. 非抢占式短任务优先

【出处】 2011 年第 23 题
【答案】 B
【考点】 进程管理——处理机调度——进程调度算法
【解析】
    该题考查考生对进程调度中可能导致的饥饿现象及其产生原因的理解。
    进程调度的功能是决定为哪个进程分配 CPU。饥饿是进程由于长时间不能获得所需资源而无限等待的状态。
    先来先服务调度算法按照进程到达的先后次序分配 CPU,不会导致饥饿现象,但没有考虑短任务优先。
    高响应比优先的调度算法是把响应比作一种动态优先权,优先把 CPU 分配给响应比高的进程。进程的响应比=(进程等待时间+进程需要的服务时间)/进程需要的服务时间=(进程等待时间/进程需要的服务时间)+1。采用该调度算法时,对于等待时间相同,需要服务时间较少的进程,其响应比较高,将优先获得 CPU,因此该算法满足短任务优先的要求。而对于需要服务时间相同的进程,随着等待时间的增加,其响应比也随之增加,因此,需要服务时间较长的进程在等待一定长度的时间后,由于其具有较高的响应比,也将优先获得 CPU,不会造成进程饥饿。

时间片轮转调度算法是系统为每个进程分配一个时间片,进程按照进入就绪队列的先后次序轮流在 CPU 上执行固定的时间片。所有进程都有均等的机会得到运行,不会存在饥饿现象,但该算法没有为短任务提供优先执行的机会。

抢占式调度策略是指当前正在运行的进程可能被暂停执行,进入就绪队列,CPU 可以被系统分配给其他进程。非抢占式调度是指一旦进程获得 CPU 处于执行状态,就一直执行到进程结束,除非因为进程本身由于某种原因(如,请求 I/O)而自我阻塞。短任务优先调度算法的思想是优先把 CPU 分配给短任务,采用该调度算法时,若系统中不断有短进程(短任务)进入就绪队列,长进程(长任务)可能会因无限等待 CPU 而进入饥饿状态,因此,非抢占式短任务优先调度也可能导致长任务饥饿。

7. 若某单处理器多进程系统中有多个就绪态进程,则下列关于处理机调度的叙述中,错误的是( )。

  A. 在进程结束时能进行处理机调度

  B. 创建新进程后能进行处理机调度

  C. 在进程处于临界区时不能进行处理机调度

  D. 在系统调用完成并返回用户态时能进行处理机调度

【出处】 2012 年第 30 题

【答案】 C

【考点】 进程管理——处理机调度——调度时机

【解析】

该题考查考生对处理机(进程)调度的时机的理解。

当进程正常运行时,发生处理机调度的主要原因有两种情况:第一种情况,正在运行的进程因正常/异常结束或被阻塞而放弃处理机;第二种情况,在支持抢占式调度的系统中,如果有更高优先级的进程进入就绪状态,也会引起进程调度。

选项 A 属于第一种情况,进程结束时处理机变为空闲,操作系统就可以把处理机交给另外一个合适的进程来运行。选项 B 属于第二种情况,新创建的进程其优先级可能比正在运行的进程优先级高,在支持抢占式调度的系统中,则可能发生调度。选项 D 属于第二种情况,当一个系统调用执行完成后,等待 I/O 的进程从阻塞态变为就绪态,如果其优先级高于正在运行进程的优先级,则也可能发生调度。选项 C,当进程处于临界区时进程可能发生阻塞或运行时间片到,放弃 CPU,引起 CPU 调度。

8. 在虚拟内存管理中,地址变换机构将逻辑地址变换为物理地址,形成该逻辑地址的阶段是( )。

  A. 编辑   B. 编译   C. 链接   D. 装载

【出处】 2011 年第 30 题

【答案】 C

【考点】 内存管理——内存管理的基本概念

【解析】
该题考查考生对虚拟内存管理中的逻辑地址的理解。

应用程序的处理过程是：用户先编辑源程序；然后，相关语言的编译程序将源程序编译成若干目标模块；链接程序再将这些目标模块以及所需的库函数链接在一起，形成一个完整的装入模块，最后，装入程序将它们装入内存运行。

对程序员来说，在源程序中，数据存放的地址由符号表示，这样的地址被称为符号地址（或名地址），它们所形成的地址空间称为符号名空间（或名空间）。源程序经编译后形成目标代码程序，其编址一般从0号单元开始，并给所有的符号名顺序分配所对应的地址单元，由于编译源程序时无法确定目标代码在执行时所驻留的实际内存地址，所以为符号名分配的地址单元称为相对地址。

很多语言的程序可以由若干模块组成，用户可以对其分别编译从而形成多个目标模块，每个模块都是从0开始编址。当链接程序将各个目标模块链接在一起形成一个完整的可执行程序时，各个模块的相对地址被依次编址从而形成统一的从某一地址开始的逻辑地址。

当装入程序将可执行代码装入物理内存后，其逻辑地址与内存的物理地址一般是不同的，必须通过地址转换将其逻辑地址转换为内存的物理地址。

9. 某计算机采用二级页表的分页存储管理方式，按字节编址，页大小为 2^{10} 字节，页表项大小为2字节，逻辑地址结构为 | 页目录号 | 页号 | 页内偏移量 |，逻辑地址空间大小为 2^{16} 页，则表示整个逻辑地址空间的页目录表中包含表项的个数至少是（　　）。
　　A. 64　　　　　B. 128　　　　　C. 256　　　　　D. 512
【出处】　2010年第29题
【答案】　B
【考点】　内存管理——分页存储管理
【解析】
该题考查考生对二级页表机制中的一级页表（页目录表）与二级页表中的存放内容、页表存放方式、一级页表与二级页表及进程页面在数量上的关系等知识点的理解。

在使用二级页表的存储系统中，页目录表中存放每个二级页表所在的页框号。二级页表的每个目录项存放进程页对应的页框号。页目录表中包含的表项数量等于二级页表的数量，页目录表在物理内存中必须连续存放。所有二级页表的表项总数量等于进程页面数量，每个进程页面在二级页表中有一个相应的页表项，用来存放进程页面在内存中的页框号等信息。欲求页目录表中包含的表项个数，应先求出题中给出的 2^{16} 页需要多少个二级页表。因此，求解步骤如下：

① 每个二级页表中的页表项数量=页大小/页表项大小=1KB/2B=512。
② 页目录中的表项个数=二级页表个数=进程逻辑地址空间中的页面数量/每页能存放的页表项的数量=$2^{16}/512$=128。

10. 在缺页处理过程中，操作系统执行的操作可能是（　　）。
　　Ⅰ. 修改页表　　　Ⅱ. 磁盘 I/O　　　Ⅲ. 分配页框
　　A. 仅Ⅰ、Ⅱ　　　B. 仅Ⅱ　　　　C. 仅Ⅲ　　　　D. Ⅰ、Ⅱ和Ⅲ
【出处】　2011年第28题
【答案】　D

【考点】 内存管理——请求分页管理方式

【解析】

该题考查考生对基于分页的虚拟存储管理中缺页中断处理过程的理解。

基于分页的虚拟存储管理系统中,操作系统和用户进程可能只有一部分页面驻留内存。CPU访存时,对于一个给定的虚拟地址,首先检查快表(TLB),如果需要的页表项在快表中,则从该表项中获取相应的页框号并形成物理地址。如果在快表中没有找到需要的页表项,则需要根据页号检索进程在内存中的页表。若内存页表中相应表项的存在位为1,说明该页在内存中,则从内存页表中检索得到相应的页框号,形成物理地址,同时,更新快表。若内存页表中相应表项的存在位为0,说明欲访问的页不在内存中,此时硬件产生一个缺页异常信号,由操作系统开始进行缺页中断处理。

在缺页中断处理过程中,要将外存中的页面调入内存,因此,必须为调入的页面分配空闲页框。若内存中有空闲页框,操作系统直接分配一个页框,以装入从外存调入的页面。若内存中没有空闲页框,操作系统执行页面置换算法,淘汰一个或多个内存页面,将原来由被淘汰页占据的内存页框分配给需要从外存调入的页面,将外存页面调入内存需要启动磁盘I/O。缺页中断处理程序在完成前述操作后,还需要修改页表,以使缺页中断处理完成后,因缺页而未能执行完的指令在重新执行时能够访问到调入内存的页。对页表的修改包括将相应页表项的存在位置1,将页框号填入页表项、修改访问位等。

11. 当系统发生抖动(thrashing)时,可以采取的有效措施是( )。

    Ⅰ. 撤销部分进程

    Ⅱ. 增加磁盘交换区的容量

    Ⅲ. 提高用户进程的优先级

    A. 仅Ⅰ   B. 仅Ⅱ   C. 仅Ⅲ   D. Ⅰ、Ⅱ

【出处】 2011年第29题

【答案】 A

【考点】 内存管理——虚拟内存管理——抖动

【解析】

该题考查抖动的概念、抖动产生的原因以及根据抖动产生的原因分析得到消除抖动的有效方法的能力。

内存中驻留的进程数被称为系统的并发度,当系统并发度太高时,每个进程驻留在内存中的页面数太少,系统会频繁发生缺页中断,使得CPU将大量时间用于处理缺页中断,这种现象称为抖动。当系统发生抖动时,若撤销部分进程,降低系统并发度,便可以将原来由被撤销进程占用的内存分配给驻留在内存中的其他进程,使得这些进程能够将更多的页面驻留在内存中,从而降低进程的缺页率,减少缺页中断次数,有效解决抖动问题。

增加磁盘交换区的容量和提高用户进程的优先级都与增加驻留内存的进程页面数量以降低缺页率无关,无法消除系统产生抖动的原因。因此该题只有选项A是正确的。

12. 若一个用户进程通过read系统调用读取一个磁盘文件中的数据,则下列关于此过程的叙述中,正确的是( )。

    Ⅰ. 若该文件的数据不在内存,则该进程进入睡眠等待状态

    Ⅱ. 请求read系统调用会导致CPU从用户态切换到核心态

Ⅲ. read 系统调用的参数应包含文件的名称
A. 仅Ⅰ、Ⅱ　　　　B. 仅Ⅰ、Ⅲ　　　　C. 仅Ⅱ、Ⅲ　　　　D. Ⅰ、Ⅱ和Ⅲ

【出处】 2012 年第 28 题
【答案】 A
【考点】 文件管理——文件系统实现
【解析】
　　该题考查考生对文件读取操作实现的理解。操作系统为用户提供了通用的文件访问接口，即系统调用。为实现对磁盘文件的读取，需要的主要系统调用如下：
　　open()——需要以文件名作参数，建立进程和文件之间的联系，将文件控制块调入内存。open()返回一个句柄，可以用该句柄直接查找到内存的文件控制块内容，方便文件的读写等操作。
　　read()——在打开文件之后调用，使用 open() 返回的句柄指定文件，而不用文件名。该系统调用在读取的过程中，如果发现要读取的数据已经在内存，则立即返回给调用者。如果不在内存，则要启动 I/O 设备，因为 I/O 操作比较费时，调用进程就要进入睡眠等待状态。
　　close()——关闭文件。在文件不再使用时，用户通过该系统调用释放文件占用的内存空间。
　　任何一个系统调用的执行都会从用户态切换到核心态，因此，Ⅰ、Ⅱ项是正确的，Ⅲ项是错误的，选项 A 正确。

13. 设文件索引结点中有 7 个地址项，其中 4 个地址项是直接地址索引，2 个地址项是一级间接地址索引，1 个地址项是二级间接地址索引，每个地址项大小为 4 字节。若磁盘索引块和磁盘数据块大小均为 256 字节，则可表示的单个文件最大长度是（　　）。
　　A. 33KB　　　　B. 519KB　　　　C. 1057KB　　　　D. 16 513KB

【出处】 2010 年第 30 题
【答案】 C
【考点】 文件管理——文件系统实现——外存分配方式
【解析】
　　该题考查考生对文件外存分配方式中的混合索引分配方式，以及混合索引方式与单个文件长度之间关系的理解。
　　混合索引分配方式是同时采用直接地址、一级索引分配、二级索引分配，甚至三级索引分配相结合的一种文件外存分配方式。磁盘数据块的内容是文件数据，磁盘索引块中存放磁盘块号（可能是下一级索引块的磁盘块号，也可能是磁盘数据块的块号）。索引结点中的直接地址项用于存放文件的磁盘数据块号，一级间接地址项存放一级磁盘索引块的磁盘块号，一级磁盘索引块中存放文件的磁盘数据块号。索引结点中的二级间接地址项中也存放磁盘索引块的磁盘块号，在该磁盘索引块中存放二级磁盘索引块的磁盘块号，在二级磁盘索引块中存放文件的磁盘数据块号，如题 13 图所示。三级间接地址项及多次间接索引项、索引块的含义以此类推。
　　使用这种分配方式时，文件系统中单个文件的最大长度与索引结点支持的用于存放磁盘块号的直接地址项、一级间接地址项、二级间接地址项、三级间接地址项的数量有关。

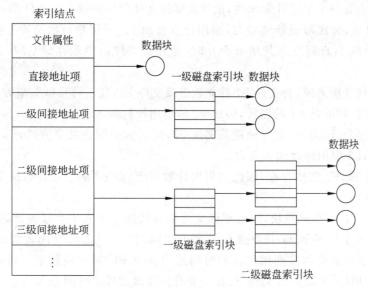

题 13 图　混合索引示意图

磁盘索引块和磁盘数据块的大小在该题中均为 256 字节,每个地址项大小为 4 字节,每个磁盘索引块中能存放 256/4＝64 个磁盘块号。4 个直接地址项,可存放 4 个磁盘数据块号,两个一级磁盘索引块共可存放 2×64 个磁盘数据块号。一个二级间接地址项通过其一级索引块指向的二级索引块中共可存放 64^2 个磁盘数据块号。故该文件系统的每个索引结点支持的文件磁盘数据块号的总数为:$4+2\times64+64^2=4228$ 个,即可寻址 4228 个磁盘数据块,题中给出每个磁盘数据块大小为 256 字节,因此文件系统中单个文件的最大长度为 $(256\times4228/1024)KB=1057KB$。

14. 设文件 F1 的当前引用计数值为 1,先分别建立一个符号链接(软链接)文件 F2 和一个硬链接文件 F3,然后删除 F1,其执行的伪代码如下:

```
ln -s F1 F2        //建立符号链接
ln F1 F3           //建立硬链接
rm F1              //删除 F1
```

此时,F2 和 F3 的引用计数值分别为(　　)。
　　　A. 0、1　　　　B. 1、1　　　　C. 1、2　　　　D. 2、1

【出处】　2009 年第 31 题
【答案】　B
【考点】　文件管理——文件系统基础——文件共享
【解析】

该题的考查点为文件共享。操作系统中允许一个文件同时属于多个目录,而其物理存储仅有一处,这种从多个目录都可到达该文件的多对一的关系称为文件链接。在 UNIX/Linux 系统中,两个或者多个用户可以通过文件链接达到共享同一个文件的目的。文件的共享方式主要有两种:一是基于索引结点的共享方式,即硬链接,二是利用符号链实现文件共享,即软链接。

索引结点中有一个引用计数属性,记录共享该文件的用户数。当文件第一次被创建时,计数值为1,以后,每次形成新链接时,引用计数就加1。当用户每次删除文件或解除链接时,就把该计数减1,直到发现其结果为0时,才释放文件的物理存储空间,从而删除这个文件。

题中对于软链接来说,为文件 F1 建立软链接文件 F2,属于符号链共享方式,F2 是一个新建文件,其中存放的是 F1 的路径,因此 F2 的引用计数为 1。

对于硬链接而言,为 F1 建立硬链接文件 F3,属于索引结点共享方式,F3 与 F1 实际上指向同一文件,F3 引用计数加 1 变为 2。

当删除 F1 后,F2 依然存在,因此其引用计数不变,而 F3 的引用计数减 1 变为 1,因此选项 B 正确。

15. 某文件占 10 个磁盘块,现要把该文件磁盘块逐个读入主存缓冲区,并送用户区进行分析。假设一个缓冲区与一个磁盘块大小相同,把一个磁盘块读入缓冲区的时间为 $100\mu s$,将缓冲区的数据传送到用户区的时间是 $50\mu s$,CPU 对一块数据进行分析的时间为 $50\mu s$。在单缓冲区和双缓冲区结构下,读入并分析完该文件的时间分别是(　　)。

　　A. $1500\mu s$、$1000\mu s$　　　　　　B. $1550\mu s$、$1100\mu s$
　　C. $1550\mu s$、$1550\mu s$　　　　　　D. $2000\mu s$、$2000\mu s$

【出处】 2011 年第 31 题
【答案】 B
【考点】 输入输出(I/O)管理——缓存的作用
【解析】

该题考查学生对 I/O 缓存在提高系统性能方面所起作用的理解,正确解答该题的关键在于,考生需正确地了解 I/O 过程中的并行关系。

由于对同一个缓冲区的读操作和写操作不能同时进行,因此,使用单缓冲时,必须在 CPU 将第 $n-1$ 个数据块从缓冲区全部送入用户工作区之后,才能开始将第 n 个磁盘数据块读入缓冲区。在使用单缓冲时,只有对第 $n-1$ 块数据的分析与将第 n 块磁盘数据读入缓冲区的过程是可以并行的,将第 $n-1$ 块数据从缓冲区送入用户区与将第 n 块磁盘数据读入缓冲区的过程是不能并行的。

而在使用双缓冲时,只要将第 $n-1$ 个数据块从磁盘读入 1 个缓冲区后,就可以开始将第 n 个磁盘块数据读入第 2 个缓冲区。将第 n 个磁盘块数据读入缓冲的过程与将第 $n-1$ 个数据块从缓冲区送入用户区以及对第 $n-1$ 个数据块的分析过程是并行的,可见增加缓冲区可提高 I/O 与 CPU 并行工作的程度。

该题中,在 I/O 与 CPU 完全串行工作的情况下,处理一个数据块的时间 T 为

$T =$ 一个磁盘块数据读入缓冲区的时间
　　 $+$ 缓冲区的数据传送到用户区的时间
　　 $+$ CPU 对一块数据进行分析的时间
　 $= 100\mu s + 50\mu s + 50\mu s$
　 $= 200\mu s$

读入并分析完题中文件的 10 个数据块需要的时间为:$200\mu s \times 10 = 2000\mu s$。

在使用单缓冲的情况下,将磁盘数据读入缓冲区与 CPU 分析数据过程的并行时

间=min(把一个磁盘块数据读入缓冲区的时间,CPU 对一块数据进行分析的时间)=min(100μs,50μs)=50μs(如题 15-a 图所示)。读入第 2~10 块磁盘块到缓冲区的过程与 CPU 分析第 1~9 块数据的过程共有 50μs×9=450μs 的并行时间,即处理完题中文件的 10 个数据块,CPU 分析数据与将磁盘数据读入缓冲区的并行时间共为 450μs。综上所述,使用单缓冲时,考虑因并行减少的数据处理时间,读入并分析完题中 10 个数据块需要的时间为 2000μs−450μs=1550μs。

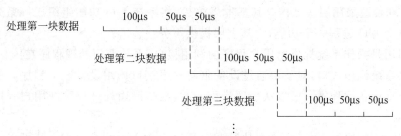

题 15-a 图 单缓冲的并行情况

在使用双缓冲的情况下,若不考虑 I/O 与 CPU 速率的差异,将磁盘块数据读入缓冲区的过程与将数据块从缓冲区送入用户区以及对数据块的分析过程是并行的,并行时间=min(将缓冲区的数据传送到用户区的时间+CPU 对一块数据进行分析的时间,把一个磁盘块读入缓冲区的时间)=min(50μs+50μs,100μs)=100μs(如题 15-b 图所示)。将第 2~10 块磁盘数据读到缓冲区的过程与 CPU 将第 1~9 块数据从缓冲区传送到用户区并分析数据的过程共有 100μs×9=900μs 的并行时间,因此读入并分析完题中文件的 10 个数据块需要的时间为 2000μs−900μs=1100μs。

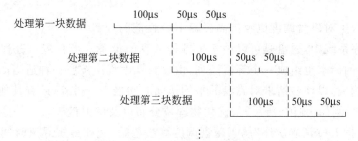

题 15-b 图 双缓冲的并行情况

此题也可以根据如题 15 图使用单缓冲的并行情况及使用双缓冲的并行情况计算题目要求的结果。在使用单缓冲时,读入并分析完题中文件的 10 个数据块需要的时间为 200μs+150μs×9=1550μs。在使用双缓冲时,需要的时间为 200μs+100μs×9=1100μs。

求解此题正确答案的关键是正确分析在使用单缓冲和双缓冲的情况下 I/O 与 CPU 分别在哪个时间段是并行工作的。

16. 用户程序发出磁盘 I/O 请求后,系统的正确处理流程是(　　)。
    A. 用户程序→系统调用处理程序→中断处理程序→设备驱动程序
    B. 用户程序→系统调用处理程序→设备驱动程序→中断处理程序
    C. 用户程序→设备驱动程序→系统调用处理程序→中断处理程序

D. 用户程序→设备驱动程序→中断处理程序→系统调用处理程序

【出处】 2011年第26题
【答案】 B
【考点】 输入输出管理——I/O软件层次结构
【解析】

该题考查考生对I/O软件层次结构的理解。

I/O实现普遍采用层次结构。其基本思想是,将系统I/O功能组织成一系列层次。每一层完成整个I/O过程一个功能,为其上层提供服务。

系统调用是操作系统提供给用户程序的调用接口,系统调用处理程序在内核中实现,它对上层提供系统调用接口,对下层通过设备驱动程序接口调用设备驱动程序。驱动程序是直接控制外部设备的程序。所以从处理流程上看,系统调用处理程序在用户程序和设备驱动程序之间。

通过中断方式执行I/O时,先要执行驱动程序启动I/O设备,CPU就可以去执行其他的计算。当I/O完成后,外部设备向CPU发出中断信号,CPU再去执行中断处理程序。所以驱动程序的执行在中断处理程序之前。结合前面的分析,选B。

17. 下列选项中,不能改善磁盘设备I/O性能的是(　　)。

　　A. 重排I/O请求次序　　　　　B. 在一个磁盘上设置多个分区
　　C. 预读和滞后写　　　　　　　D. 优化文件物理块的分布

【出处】 2012年第32题
【答案】 B
【考点】 输入输出管理——磁盘设备I/O调度和性能
【解析】

该题考查考生对磁盘调度以及提高磁盘I/O性能的理解。

在多道程序系统中,磁盘是可以被多个进程共享的设备。当有多个进程都请求访问磁盘时,访问磁盘的请求也组成一个等待队列,由磁盘调度程序按照一种适当的调度算法来安排这些请求的响应,以使各请求对磁盘的平均访问时间最少。另外,还有其他一些影响磁盘I/O性能的因素,例如,预读、滞后写、优化物理块分布以及虚拟盘等。

选项A"重排I/O请求次序"属于磁盘调度算法范畴,例如最短寻道时间优先可以减少寻道时间。选项C,通过设置缓冲区来实现"预读和滞后写",也就是说将预读和滞后写的数据都先写入缓冲区,从而有效减少磁盘I/O次数。选项D"优化物理块分布"可以减少磁头的移动距离,从而提高磁盘的访问速度。选项B"在一个磁盘上设置多个分区",操作系统可以将每个分区作为一个独立的磁盘来使用,但不会影响磁盘的性能。

18. 用户程序发出磁盘I/O请求后,系统的处理流程是:用户程序→系统调用处理程序→设备驱动程序→中断处理程序。其中,计算数据所在磁盘的柱面号、磁头号、扇区号的程序是(　　)。

　　A. 用户程序　　　　　　　　　B. 系统调用处理程序
　　C. 设备驱动程序　　　　　　　D. 中断处理程序

【出处】 2013年第25题
【答案】 C

【考点】 输入输出管理——I/O 软件层次结构——设备驱动程序
【解析】
该题考查考生对 I/O 软件层次结构及设备驱动程序功能的理解。

用户程序与设备的控制细节无关,它将所有的设备都看成逻辑资源,为用户进程提供各类 I/O 函数,允许用户进程以设备标识符及一些简单的函数接口使用设备,如打开、关闭、读、写等函数。

系统调用处理程序及与设备无关的 I/O 软件层的基本功能是执行适用于所有设备的通用 I/O 功能,包括:将设备名与设备驱动程序进行映射;对用户是否允许使用设备的权限进行检查;建立缓冲区以暂存输入输出的数据;进行错误报告。

设备驱动程序包括所有与设备相关的代码,其功能是从上一层与设备无关的软件中接受抽象的 I/O 请求,将其转化为具体设备控制器相关的指令序列,并执行对物理设备的具体操作。当用户进程试图从磁盘中读一个数据块时,与设备无关的 I/O 软件层首先在数据块缓冲区中查找此数据块。若未找到,则调用设备驱动程序向硬件发出磁盘 I/O 请求,由磁盘驱动程序根据磁盘块号计算该块所在的物理地址(柱面号、磁头号、扇区号),然后,通过磁盘控制器读出一个磁盘块。

当磁盘操作结束时,硬件发出一个中断,它将激活中断处理程序。中断处理程序则从设备获取返回的状态,并唤醒睡眠的进程来结束此次 I/O 请求,使用户进程继续执行。

19. 假定下列指令已装入指令寄存器,则执行时不可能导致 CPU 从用户态变为内核态(系统态)的是(   )。

  A. DIV R0,R1   ;(R0)/(R1)→R0
  B. INT n   ;产生软中断
  C. NOT R0   ;寄存器 R0 的内容取非
  D. MOV R0,addr   ;把地址 addr 处的内存数据放入寄存器 R0 中

【出处】 2015 年第 31 题
【答案】 C
【考点】 操作系统运行环境——内核态和用户态
【解析】
该题考查学生对指令执行过程中 CPU 状态发生转换的认识。

在多道程序环境下,如果正在 CPU 上执行的进程被中断、异常或者系统调用打断,CPU 保护现场后从用户态切换到内核态,并执行相应的内核处理程序,完成处理后再返回到用户态。

整除指令中若除数为零,则产生异常,CPU 切换到内核态执行除零异常处理程序。
INT 指令是一条软中断指令,会导致 CPU 状态从用户态切换到内核态。
MOV 指令执行期间,如果 addr 地址所在页面不在内存,则会发生缺页异常,从而导致 CPU 进入内核态执行缺页异常处理程序。

20. 下列关于管道(Pipe)通信的叙述中,正确的是(   )。

  A. 一个管道可实现双向数据传输
  B. 管道的容量仅受磁盘容量大小限制
  C. 进程对管道进行读操作和写操作都可能被阻塞

D. 一个管道只能有一个读进程或一个写进程对其操作

【出处】 2014年第31题

【答案】 C

【考点】 进程间通信——管道

【解析】

该题考查学生对管道通信方式的理解。

管道（pipeline）是连接读写进程的一个特殊文件，也被称为管道文件。管道文件存在于外存，能用于进程间大量的信息通信。向管道提供输入的发送进程以字符流的形式将大量的数据送入管道（写）；接受管道输出的接收进程，从管道中接收数据（读）。管道是单向的，发送者进程只能写入信息，接收者进程只能接收信息，先写入的信息必定先读出。为了协调发送进程和接收进程的通信，管道机制需要提供以下功能：

① 互斥功能。当一个进程正在对管道执行读写操作时，另一个进程必须等待。

② 同步功能。当写进程向管道中写入数据的数量超过管道文件的容量时，写进程必须阻塞等待，直到读进程将管道内的数据取走，再唤醒写进程。当管道为空时，读进程阻塞等待，直到写进程向管道写入数据后，再唤醒读进程。

③ 确定通信双方是否存在。只有确定了对方已存在时才能进行通信。如果对方已经不存在，就没有再发送或接收消息的必要。

由以上对管道通信机制的阐述中可知，管道是单向的。管道文件只使用 i 结点的直接地址项，因此访问的空间大小有限，远小于文件系统能支持的单个文件的最大长度，可见影响管道文件大小的主要因素是文件系统为管道设计的数据结构而不是磁盘大小。

21. 现有一个容量为 10GB 的磁盘分区，磁盘空间以簇（Cluster）为单位进行分配，簇的大小为 4KB，若采用位图法管理该分区的空闲空间，即用一位（bit）标识一个簇是否被分配，则存放该位图所需簇的个数为（　　）。

A. 80　　　　B. 320　　　　C. 80K　　　　D. 320K

【出处】 2014年第27题

【答案】 A

【考点】 文件实现——用位图法管理磁盘块

【解析】

该题考查学生簇的概念、磁盘中簇的组织方式，重点考查学生对使用位图记录簇块分配情况的数据结构应用方法的理解。

创建文件以及文件增长时为文件分配外存空间是文件系统要实现的重要功能之一。为实现外存储空间的分配，文件系统需要能记录存储空间使用情况（哪些磁盘块是空闲可用的，哪些磁盘块是被占用的）的数据结构。位图法用一个二进制位来表示外存中一个磁盘块的使用情况，当该位的值为"0"时表示对应的磁盘块空闲，该位为"1"时，表示对应的磁盘块已分配。或者反之，用"1"表示磁盘块空闲，用"0"表示磁盘块已分配。所有外存盘块对应的二进制位构成的集合被称为位图，外存空间有专门用于存放位图的磁盘块。

磁盘块也被称为簇块，每个簇块由 2^n 个相邻的扇区构成。文件系统以簇块为单位为文件分配磁盘空间，管理磁盘空闲块的位图中的每一位对应一个簇块，以标记簇块的分配情况。位图需要占用多少个簇块，取决于磁盘中需要被标记的簇块的数量以及每个簇块能存放多少个二进制位。

该题中,磁盘空间大小为 10GB,每个簇块的大小为 4KB,因此,需要用位图标识其分配情况的簇块数量为:10GB/4KB。每个簇块中能存放的二进制位数为 4K×8bit。

题中所要求的存放位图需要的簇块数 = $\left\lceil \dfrac{10\text{G}/4\text{K}}{4\text{K} \times 8\text{bit}} \right\rceil = 80$。

二、综合应用题

1. 假设计算机系统采用 CSCAN(循环扫描)磁盘调度策略,使用 2KB 的内存空间记录 16 384 个磁盘块的空闲状态。

(1) 请说明在上述条件下如何进行磁盘块空闲状态的管理。

(2) 设某单面磁盘旋转速度为每分钟 6000 转,每个磁道有 100 个扇区,相邻磁道间的平均移动时间为 1ms。若在某时刻,磁头位于 100 号磁道处,并沿着磁道号增大的方向移动(如下图所示),磁道号请求队列为 50、90、30、120,对请求队列中的每个磁道需读取 1 个随机分布的扇区,则读完这 4 个扇区总共需要多少时间? 要求给出计算过程。

(3) 如果将磁盘替换为随机访问的 Flash 半导体存储器(如 U 盘、SSD 等),是否有比 CSCAN 更高效的磁盘调度策略? 若有,给出磁盘调度策略的名称并说明理由;若无,说明理由。

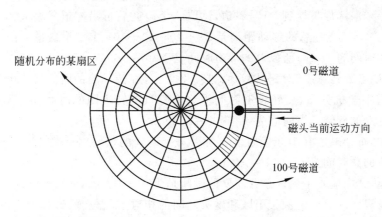

【出处】 2010 年第 45 题
【考点】 设备管理——I/O 调度核心子系统
【答案】

(1) 用位图表示磁盘的空闲状态。每一位表示一个磁盘块的空闲状态,共需要 16 384/32=512 个字=512×4 个字节=2KB,正好可放在系统提供的内存中。

(2) 采用 CSCAN 调度算法,访问磁道的顺序为 120、30、50、90,则移动磁道长度为 20+90+20+40=170,总的移动磁道时间为 170×1ms=170ms。

由于转速为 6000r/m,则平均旋转延迟为 60/(6000×2)=5ms,总的旋转延迟时间=5ms×4=20ms。

由于转速为 6000r/m,则读取一个磁道上一个扇区的平均读取时间为 10ms/100=0.1ms,总的读取扇区的时间=0.1ms×4=0.4ms。

读取上述磁道上所有扇区所花的总时间=170ms+20ms+0.4ms=190.4ms。

【解析】

管理磁盘空闲块的方法有很多,如空闲块链、位图法、索引表、连续空闲块计数等,它们面临的主要问题:一是当磁盘的空闲块数量很大时,管理这些空闲块的数据结构往往也需要占用大量的存储空间;二是系统中空闲块的分配和回收较为频繁,要求管理磁盘空闲块的方法具有较高的执行效率。

题中第(1)问中的上述条件指的是"使用 2KB 的内存空间记录 16 384 个磁盘块的空闲状态"。使用内存空间记录磁盘块的空闲状态是位图法的特征,其优点是分配/回收空闲块效率高,缺点是其内存开销与所管理空闲块数量成正比,因而不能管理太多的空闲块。而其他空闲块管理方法都会占用磁盘空间记录空闲块的使用情况,分配回收空闲块效率不如位图法。位图法使用 1 位(bit)标示一个空闲块的使用状态,并建立位和磁盘块之间的一一映射。16 384 个磁盘块需要 $16\,384/(8\times1024)\mathrm{K}=2\mathrm{KB}$ 大小的内存,符合题中的内存限制。因此选用位图法。

关于第(2)问,磁盘的读写时间=寻道时间+旋转延迟时间+传输时间,下面将分别计算这三段时间。

题中"采用 CSCAN(循环扫描)磁盘调度策略"说明了磁头的移动目标。CSCAN 总是沿着当前的移动方向前进,直到遇到有读写请求的磁道或折返处,注意 CSCAN 策略在磁头的返回过程中不读写磁盘。目前磁头在 100 号磁道,"沿着磁道号增大的方向",到达 120 号磁道并读写一个扇区后折返到 30 号磁道,读取一个扇区后再沿磁道号增大的方向前进,依次访问 50 号、90 号磁道,总的移动距离是 20+90+20+40=170 个磁道。由于"相邻磁道间的平均移动时间为 1ms",所以总的寻道时间是 170ms。

由题中"磁盘旋转速度为每分钟 6000 转"可算出,旋转一圈的时间是 10ms。由于要读的扇区在磁道中随机分布,旋转延迟时间平均为磁盘旋转半圈的时间 $0.5\times10\mathrm{ms}=5\mathrm{ms}$。访问 4 个扇区总的旋转延迟时间为 $4\times5\mathrm{ms}=20\mathrm{ms}$。

因为题中"每个磁道有 100 个扇区",所以每个扇区的读写时间为 10ms/100=0.1ms。传输 4 个扇区的总时间为 $4\times0.1=0.4\mathrm{ms}$。

综上所述,读完这 4 个扇区总共需要的时间是 170+20+0.4=190.4ms。

读写磁盘扇区的时间依赖于扇区和磁头之间的相对空间位置,这是由于磁盘的结构特点决定的,而 Flash 半导体存储器读写时间和数据的空间位置无关。I/O 调度策略无须考虑数据所在的空间位置。可以考虑公平性、请求的紧急程度等需求。采用 FCFS(先来先服务)调度策略是一个合理的选项。

位图法适用于磁盘空闲块管理,但不适合磁带。CSCAN 方法适合用于磁盘调度,而不适合用于 Flash 存储器。同样,针对内存置换、CPU 调度等问题,也有很多管理方法。在掌握这些方法的基础上,还要注意它们应用的场景。

2. 请求分页管理系统中,假设页表内容如下表所示:

页号	页框(Page Frame)号	有效位(存在位)	磁盘地址
0	101H	1	33AH
1	—	0	326H
2	254H	1	776H
3	—	0	120H

页面大小为4KB,一次内存的访问时间是100ns,一次快表(TLB)的访问时间是10ns,换入一个页面的平均时间为10^8ns(已含更新TLB和页表的时间),进程的驻留集大小固定为2,采用最近最少使用置换算法(LRU)和局部淘汰策略(假设TLB初始为空,地址转换时先访问TLB,再访问页表;有效位为0表示页面不在内存)。

(1)依次访问虚地址:2362H、1565H、25A5H,各需要多少访问时间?给出计算过程。

(2)基于上述访问序列,计算1565H的物理地址,并说明理由。

【出处】 2009年第46题

【考点】 内存管理——虚拟内存管理

【答案】

(1)因为每页大小为4KB,逻辑地址2362H对应的页号为2,该页在内存,但TLB为空,所以,2362H的访问时间=10ns(访问TLB)+100ns(访问页表)+100ns(访问内存单元)=210ns。

因为逻辑地址1565H对应的页号为1,该页不在内存,出现缺页中断,缺页中断处理后,返回到产生缺页中断的指令处重新执行,需要再访问一次TLB。所以,1565H的访问时间=10ns(访问TLB)+100ns(访问页表)+100 000 000ns(调页)+10ns(访问TLB)+100ns(访问内存单元)=100 000 220ns。

因为逻辑地址25A5H对应的页号为2,该页在内存,TLB命中,所以,25A5H的访问时间=10ns(访问TLB)+100ns(访问内存单元)=110ns。

(2)1565H的物理地址是:101565H。

因为2号页面刚被访问,不会被置换,因此用101H页框。

【解析】

该题通过实例综合考查了页式虚拟存储器管理的关键问题:地址变换、缺页处理和页面置换。执行一条指令的时间包含了地址变换时间和操作执行时间。计算指令的执行时间可以反映考生对整个指令执行过程中虚拟内存管理各环节的掌握程度。

分页系统中地址变换的基本过程包含如下三个步骤。第一步,通过逻辑地址求出页号和页内偏移。题中页的大小为$4KB=2^{12}B$,所以逻辑地址的右12位为页内偏移,剩余的左侧部分为页号。这一步工作在CPU内的寄存器中通过位运算完成,所用时间同访存时间相比,可以忽略。第二步,由页号(通过TLB、页表)求出页框号,该步较为复杂,后面详细说明。第三步,通过页框号和页内偏移量求出物理地址。只要将页框号和页内偏移量合并在一起,就形成物理地址。这一步工作也是在CPU内的寄存器中通过逻辑运算完成,所用时间也可以忽略。

页号到页框号的映射可以通过两种方式实现:一是TLB,二是页表。通过TLB映射时,会有命中和缺失两种情况,所用时间相差很大;通过页表映射时,也会出现页面在内存和缺页两种情况,所用时间相差极大。这反映了操作系统虚拟存储管理的一个基本思路,即把存储器按照存取速度、容量等特性分级,以获取较大的容量和较快的访问速度。页表项的内容可以存放在TLB中,也可以存在内存的页表中;页面可以存放在内存中,也可以在磁盘上。它们的具体位置要依据进程的执行情况和系统所使用的页面置换算法(如LRU)而定。访存时遇到的最好情况是,所访页面的页表项在TLB中,且所访页面在内存中;最坏情况是,所访页面的页表项不在TLB中,所访页面也不在内存中。这两种情况分别对应对地址

1565H 和 25A5H。

题中已经给出了 TLB 和内存的访问操作的时间，以及缺页处理时间，要求考生针对题中给定的场景和给定的置换算法，判断指令执行过程中会发生哪些操作，从而计算出指令的执行时间。

第(1)问中依次访问的三个地址是 2362H、1565H、25A5H，由于页的大小是 4K，则页号分别是 2362H/4K＝2、1565H/4K＝1 和 25A5H/4K＝2。题中"假设 TLB 初始为空"，说明首次访问任何页面，都会导致 TLB 缺失，TLB 的页表项需花一次访存时间(100ns)从页表调入，一次 TLB 访问时间(10ns)修改 TLB。另外，依据题中页表给出的内容，第 1 页不在内存，还需要从磁盘调入，而第 2 页已在内存。因此，访问内存地址 2362H、1565H、25A5H 所用时间分别如下：

访问内存地址 2362H 所用时间 T_1 为：

T_1 ＝ 10ns(访问 TLB)

　　＋100ns(发现 TLB 缺失后，访问页表，得到页框号，完成地址映射)

　　＋100ns(执行访存指令花费的时间)

　　＝210ns

访问内存地址 1565H 所用时间 T_2 为：

T_2 ＝ 10ns(访问 TLB)

　　＋100ns(发现 TLB 缺失后，访问页表，产生缺页中断)

　　＋10^8ns(缺页中断处理时间，包括更新页表和 TLB 时间)

　　＋10ns(重新执行指令，再次访问 TLB 的时间，这次不会有 TLB 缺失)

　　＋100ns(执行访存指令花费的时间)

　　＝(10^8＋220)ns

访问内存地址 25A5H 所用时间 T_3 为：

T_3 ＝ 10ns(访问 TLB。第二次访问第 2 页，不再产生 TLB 缺失，完成地址映射)

　　＋100ns(执行访存指令花费的时间)

　　＝110ns(与第一次相比，省去了访问页表、更新 TLB 的时间)

第(2)问中，要求计算 1565H 的物理地址。1565H 在第 1 页，根据题中页表给出的内容，第 1 页不在内存，需装入，而进程的驻留集大小为 2，已被第 0 页和第 2 页占用。需要从 0 和 2 中淘汰一个。由于第 2 页的 2362H 地址刚被访问过，依据 LRU 算法，应置换第 0 页，即把第 1 页装入 101H 号页框。所以，1565H 的物理地址＝101H×4K＋565H＝101565H。

3. 某文件系统为一级目录结构，文件的数据一次性写入磁盘，已写入的文件不可修改，但可多次创建新文件。请回答如下问题。

(1) 在连续、链式、索引三种文件的数据块组织方式中，哪种更合适？要求说明理由。为定位文件数据块，需在 FCB 中设计哪些相关描述字段？

(2) 为快速找到文件，对于 FCB，是集中存储好，还是与对应的文件数据块连续存储好？要求说明理由。

【出处】　2011 年第 46 题

【考点】　文件管理——文件系统的实现

【答案】

(1) 在磁盘中连续存放(采取连续结构),磁盘寻道时间更短,文件随机访问效率更高;在 FCB 中加入的字段为:<起始块号,块数>或者<起始块号,结束块号>。

(2) 将所有 FCB 集中存放,文件数据集中存放。这样在随机查找文件名时,只需访问 FCB 对应的块,可减少磁头移动和磁盘 I/O 访问次数。

【解析】

该题考查考生对文件组织方式和磁盘结构的掌握程度以及应用这些知识解决实际问题的能力。

读写磁盘的时间由寻道、旋转延迟和传输三部分时间组成,其主要时间用于寻道。所以在确定文件在磁盘上的存放方式时,应该尽量把相关的数据放在物理位置相邻的地方,以减少存取过程中的磁头的移动。

连续组织方式要求依据物理位置上相邻的顺序存放文件数据,而按照这种顺序读写数据所花费的时间是最少的,同时连续组织方式支持随机读取,这些是连续组织方式的优势。然而按照这种固有的顺序进行存放文件,存储后的修改很可能会破坏文件的连续性,因而连续组织方式不支持对文件的多次写入和修改。相比之下,链式和索引方式组织的文件,其数据都不集中存放,因而存取文件要用更多的时间;另外,链式组织方式不支持随机存取,索引组织方式还有建索引表的额外开销。

题中"文件的数据一次性写入磁盘,已写入的文件不可修改",这一要求正是连续文件的特点,而连续文件所支持的随机存取和存取速度快的优点又是一般文件系统都追求的目标。这使连续组织文件的方式成为首选。

文件控制块 FCB 用于存放系统管理文件所需要的数据,其中最重要的是文件在磁盘的位置信息,这是实现文件按名存取的关键。由于连续文件按照磁盘固有的顺序存放,所以只要知道其开始位置和长度就可以唯一确定文件在磁盘上的位置,故需放在 FCB 中。

要找到文件,必须首先找到并读取 FCB。集中存放 FCB 可以使读取并查找 FCB 过程中尽可能少移动磁头,节省读磁盘时间。

解此题的关键是掌握磁盘的结构和存取特点,以及连续、链式、索引三种基本的文件存储结构,并进一步总结出它们各自所适应的存取方式、存取效率等特性,从而可以根据题目给定的具体要求,得出结论。

4. 某银行提供 1 个服务窗口和 10 个供顾客等待的座位。顾客到达银行时,若有空座位,则到取号机上领取一个号,等待叫号。取号机每次仅允许一位顾客使用。当营业员空闲时,通过叫号选取一位顾客,并为其服务。顾客和营业员的活动过程描述如下:

```
cobegin
{
    process 顾客 i
    {
        从取号机获得一个号码;
        等待叫号;
        获得服务;
    }
    process 营业员
```

```
        {
            while (TRUE)
            {
                叫号；
                为顾客服务；
            }
        }
} coend
```

请添加必要的信号量和 P、V(或 wait()、signal()) 操作，实现上述过程中的互斥与同步。要求写出完整的过程，说明信号量的含义并赋初值。

【出处】 2011 年第 45 题
【考点】 进程管理——进程同步
【答案】

(1) 互斥资源：取号机(一次只允许一位顾客领号)，因此设一个互斥信号量 mutex；

(2) 同步问题：顾客需要获得空座位等待叫号，当营业员空闲时，将选取一位顾客并为其服务。空座位的有、无影响等待顾客数量，顾客的有、无决定了营业员是否能开始服务，故分别设置信号量 empty 和 full 来实现这一同步关系。另外，顾客获得空座位后，需要等待叫号和被服务。这样，顾客与营业员就服务何时开始又构成了一个同步关系，定义信号量 service 来完成这一同步过程。

```
semaphore mutex=1;           //互斥使用取号机
semaphore empty=10;          //空座位的数量
semaphore full=0;            //已占座位的数量
semaphore service=0;         //等待叫号
cobegin
{
    process 顾客 i
    {
        P(empty);
        P(mutex);
        从取号机获得一个号；
        V(mutex);
        V(full);
        P(service);          //等待叫号
        获得服务；
    }
    process 营业员
    {
        while (TRUE)
        {
            P(full);
            V(empty);
            V(service);      //叫号
```

```
            为顾客服务;
        }
    }
} coend
```

【解析】

利用信号量实现应用中的进程同步问题,一般需要以下三个步骤:第一步将应用问题中的处理过程以进程的形式表示;第二步分析进程间的同步关系;第三步用信号量机制描述同步关系。题中已经将应用问题抽象为顾客进程和营业员进程的形式,说明题目考查点是分析顾客进程和营业员进程之间的同步关系并用信号量机制描述。

① 题中"取号机每次仅允许一位顾客使用"意味着顾客进程之间必须互斥使用取号机,为此需要设置一个互斥信号量 mutex,其互斥关系为:

顾客 i	顾客 j
P(mutex)	P(mutex)
… //使用取号机	… //使用取号机
V(mutex)	V(mutex)

② 顾客和营业员之间的同步关系体现在服务的等待队列上,即题中供顾客等待的座位上。顾客若发现有空座位时,取号,获得一个座位并通知营业员;营业员若发现有顾客等待(座位上有人),为顾客服务,同时空出一个顾客座位。这种同步关系通过对两个信号量 empty 和 full 进行 P、V 操作来描述,empty 的初值为 10,表示初始时有 10 个空座位;full 初值为 0,表示开始时没有顾客在座位上等待。下表中顾客和服务员执行的 P、V 操作,体现了顾客和营业员相互之间的等待与唤醒关系:

顾客	营业员
P(empty)	P(full)
… //等待	V(empty)
V(full)	… //服务

③ 顾客取号意味着顾客开始等待营业员叫号。这种关系用一个同步信号量 service 表示,其初值为 0,第一次进行 P 操作就阻塞,表示先取号、后叫号的操作顺序。需要注意的是顾客和营业员之间存在等待队列和取号叫号两种同步关系。

顾客	营业员
P(service)	V(service)

①、②和③分别描述了顾客与顾客之间的互斥关系、顾客和营业员之间关于等待队列的同步关系,以及顾客和营业员等待/叫号之间的同步关系。这三种不同的同步关系以 P、V 操作的形式体现在用户进程的执行过程中,使这些进程在并发执行过程中保持同步。表示以上同步关系的 P、V 操作的顺序有些是严格的;有些是无关紧要的。例如,取号之前必须判断有无空座位,P(empty)必须在 P(mutex)之前;顾客等待叫号之前必须通知营业员顾客

在等待，即 P(service) 必须在 V(full) 之后；而 V(empty) 和 V(service) 的顺序、V(full) 和 V(mutex) 的顺序对进程之间的同步关系不会产生本质影响。

5. 文件 F 由 200 条记录组成，记录从 1 开始编号。用户打开文件后，欲将内存中的一条记录插入到文件 F 中，作为其第 30 条记录。请回答下列问题，并说明理由。

(1) 若文件系统采用连续分配方式，每个磁盘块存放一条记录，文件 F 存储区域前后均有足够的空闲磁盘空间，则完成上述插入操作最少需要访问多少次磁盘块？F 的文件控制块内容会发生哪些改变？

(2) 若文件系统采用链接分配方式，每个磁盘块存放一条记录和一个链接指针，则完成上述插入操作需要访问多少次磁盘块？若每个磁盘块大小为 1KB，其中 4 个字节存放链接指针，则该文件系统支持的文件最大长度是多少？

【出处】 2014 年第 46 题
【考点】 文件系统——文件实现
【答案】

(1) 向前移动文件的前 29 条记录，每条记录读写各 1 次，腾出一个磁盘块空间，以将该记录插入到此磁盘块作为文件的第 30 条记录。故需要磁盘访问的次数为：$29 \times 2 + 1 = 59$ 次。

文件控制块中文件的起始地址和文件大小发生了变化。

(2) 采用链接分配方式存储文件 F，需要读文件的前 29 块的链接指针(共读 29 次)，在第 29 块内找到指向原第 30 块的链接指针。再为该记录分配一个空闲磁盘块，将该记录及第 29 块内保存的链接指针写入其中，将该块写到磁盘(写 1 次)。最后修改第 29 块的链接指针，指向新的插入块，并将第 29 块写回磁盘(写 1 次)。故需要磁盘访问的次数：$29 + 2 = 31$ 次。

该文件系统支持的文件最大长度是：$(1024 - 4) \times 2^{32} B = 4080 GB$。

【解析】

该题考查学生对文件的连续、链接结构的读写操作以及文件控制块等综合应用能力。难点在于理解文件插入操作的完整过程并且知道每个步骤是否需要访问磁盘。

第(1)问考查的原理是：连续文件要求文件占据连续的磁盘块，增删连续文件的记录需要保持文件的这种连续性。有三种插入记录的方法：向前移动部分记录，写入新记录；向后移动部分记录，写入新记录；另辟磁盘空间，复制文件记录的过程中，将新记录插入到第 30 块。向前移动：读块次数 29；写块次数 29+1，共 59 次；向后移动：读块次数 170；写块次数 170+1，共 141 次；另辟磁盘空间：读块次数 200；写块次数 200+1，共 401 次。所以应采用向前移动的方法，访问次数最少，为 59 次。记录插入后，文件的第一个磁盘块地址和文件长度发生改变，这两个数据都存储在 FCB 中。

第(2)问考查的原理是：链接文件不必要占用连续磁盘空间，但磁盘块链的顺序必须保持与文件内容一致。插入记录前找到插入位置，需要依次读文件的前 29 块的链接指针(29 次读入)，在第 29 块内取出第 30 块块号。再为该记录分配一个新的磁盘块。将该记录及第原第 30 块块号写入新块，将该块写到磁盘(写 1 次)。最后修改第 29 块的链接指针，指向新的插入块，并将第 29 块写回磁盘(写 1 次)。故需要磁盘访问的次数：$29 + 1 + 1 = 31$ 次。每个磁盘块容量为 1024B，去掉表示下一个块号的 4 个字节后，仅(1024−4)B，4 字

最多表示的块数为 2^{32}，故该文件系统支持的文件最大长度是：$(1024-4) \times 2^{32}\text{B} = 4080\text{GB}$。

6. 有 A、B 两人通过信箱进行辩论，每个人都从自己的信箱中取得对方的问题，将答案和向对方提出的新问题组成一个邮件放入对方的信箱中。假设 A 的信箱最多放 M 个邮件，B 的信箱最多放 N 个邮件。初始时 A 的信箱中有 x 个邮件($0<x<M$)，B 的信箱中有 y 个邮件($0<y<N$)。辩论者每取出一个邮件，邮件数减 1。A 和 B 两人的操作过程描述如下：

CoBegin

A {
  while(TRUE) {
    从 A 的信箱中取出一个邮件；
    回答问题并提出一个新问题；
    将新邮件放入 B 的信箱；
  }
}
	B {
	  while(TRUE) {
	    从 B 的信箱中取出一个邮件；
	    回答问题并提出一个新问题；
	    将新邮件放入 A 的信箱；
	  }
	}

CoEnd

当信箱不为空时，辩论者才能从信箱中取邮件，否则等待。当信箱不满时，辩论者才能将新邮件放入信箱，否则等待。请分别添加必要的信号量和 P、V(或 wait、signal)操作，实现上述过程的同步。要求写出完整的过程，并说明信号量的含义和初值。

【出处】 2015 年第 45 题
【考点】 进程管理——进程同步
【答案及解析】

题目给出一个应用场景，要求考生运用同步机制，分析解决实际问题，以考查考生的综合应用能力。

可以分两个阶段求解该题。首先分析应用中进程之间共享哪些资源，访问共享资源时是否需要互斥执行；进程之间是否存在依赖关系，建立进程同步的模型，然后设置信号量，描述进程间的互斥与同步，确定进程在何时执行同步操作。

分析题目中进程的执行过程，可以发现 A、B 两个进程各有一个信箱。进程 A 从信箱 A 中取邮件，进程 B 往信箱 A 中送邮件，所以信箱 A 是进程 A 和进程 B 共享的资源。信箱是否需要互斥依赖与其采用的数据结构。若信箱采用链表结构，那么进程 A 从链表首取邮件，进程 B 往链表尾添加邮件。看起来取、放邮件毫不相关，两个进程可以同时访问，但当链表中只有一个邮件时，执行链表中取、放邮件的两个操作都会涉及该邮件，同时执行会出现错误。所以链表，即邮箱是临界资源。若信箱采用数组结构，那么进程 A、B 沿环形缓冲区分别取、放邮件，由于它们永远不会对一个邮件同时操作，所以即使仅剩一个邮件，同时取、放邮件也不会出现错误。此时两个进程无须互斥。题目中未指明信箱的数据结构，故应从最坏情况出发，将信箱作为临界资源。同样信箱 B 也是进程 A、B 共享的临界资源。

分析题目中进程的执行过程，还可以发现 A、B 两个进程关于信箱 A 互相依赖，进程 A 需要进程 B 送来的邮件，B 也要等 A 取走邮件后才能继续执行。这说明进程 A、B 之间关于信箱 A 存在同步关系。同样进程 A、B 之间关于信箱 B 也存在同步关系。

综上所述，可以得出完整的同步过程如下：

```
semaphore Full_A=x;          //Full_A 表示 A 的信箱中的邮件数量
semaphore Empty_A=M-x;       //Empty_A 表示 A 的信箱中还可存放的邮件数量
semaphore Full_B=y;          //Full_B 表示 B 的信箱中的邮件数量
semaphore Empty_B=N-y;       //Empty_B 表示 B 的信箱中还可存放的邮件数量
semaphore mutex_A=1;         //mutex_A 用于 A 的信箱互斥
semaphore mutex_B=1;         //mutex_B 用于 B 的信箱互斥
```

CoBegin

```
PA {                                      PB {
    while (TRUE) {                            while (TRUE) {
        P(Full_A);                                P(Full_B);
        P(mutex_A);                               P(mutex_B);
        从 A 的信箱中取出一个邮件;                   从 B 的信箱中取出一个邮件;
        V(mutex_A);                               V(mutex_B);
        V(Empty_A);                               V(Empty_B);
        回答问题并提出一个新问题;                    回答问题并提出一个新问题;
        P(Empty_B);                               P(Empty_A);
        P(mutex_B);                               P(mutex_A);
        将新邮件放入 B 的信箱;                      将新邮件放入 A 的信箱;
        V(mutex_B);                               V(mutex_A);
        V(Full_B);                                V(Full_A);
    }                                         }
}                                         }
```

CoEnd

第 8 章 计算机网络

一、单项选择题

1. 在 OSI 参考模型中,自下而上第一个提供端到端服务的层次是(　　)。
    A. 数据链路层　　　　B. 传输层　　　　C. 会话层　　　　D. 应用层

【出处】　2009 年第 33 题
【答案】　B
【考点】　体系结构——OSI 参考模型
【解析】

该题考查考生对 OSI 参考模型、各层功能以及层间关系的理解。

OSI 参考模型分为 7 个层次,如下图所示。

7	应用层
6	表示层
5	会话层
4	传输层
3	网络层
2	数据链路层
1	物理层

物理层功能是在信道上传输原始比特流;数据链路层利用物理层提供的比特流传输服务实现相邻结点间可靠的数据帧传输;网络层解决源主机到目的主机的分组传输及路由选择;传输层实现端到端的主机进程间的通信服务;会话层提供不同主机上的用户进程间的会话管理;表示层实现信息表示方式的转换;应用层为用户提供各种网络应用服务。

在网络分层体系结构中,任一层的功能实现均需使用其相邻的下一层所提供的服务,并向其相邻的上一层提供服务。例如网络层协议的实现需使用数据链路层提供的服务,而传输层则需使用网络层提供的服务。服务类型可分为面向连接服务和无连接服务,对于面向连接服务,通信双方在数据传输前需建立连接,通信结束后释放连接,无连接服务在发送数据前无须建立连接,可以直接发送数据。服务类型还可按服务质量分为可靠传输服务和不可靠传输服务,可靠传输服务可以提供无差错、有序、无丢失、无重复的数据传输服务,不可靠传输服务则不能保证数据传输的可靠性。

典型网络设备实现的 OSI 参考模型功能层次以及网络示意图如下所示。

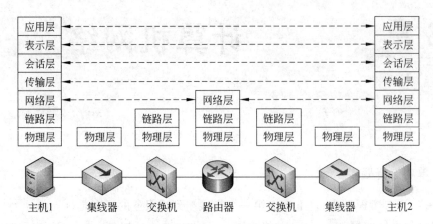

从图中可以看出，OSI 参考模型的传输层、会话层、表示层与应用层是在端系统的主机上实现的功能，这些层次都是从一个端系统对应另外一个端系统的相同层次，即端到端层。

题中所述的"自下而上第一个提供端到端服务的层次"显然是传输层。数据链路层提供的是相邻结点间的通信，会话层和应用层虽然也提供端到端服务，但不是题中所述的"自下而上第一个提供端到端服务的层次"。

故正确答案是 B。

2. TCP/IP 参考模型的网络层提供的是（　　）。

　　A. 无连接不可靠的数据报服务　　　　B. 无连接可靠的数据报服务
　　C. 有连接不可靠的虚电路服务　　　　D. 有连接可靠的虚电路服务

【出处】　2011 年第 33 题
【答案】　A
【考点】　体系结构——TCP/IP 参考模型
【解析】
该题考查考生对 TCP/IP 参考模型及各层功能的理解。
TCP/IP 参考模型分为 4 个层次，如下图所示。

4	应用层
3	传输层
2	网络层
1	网络接口层

应用层为用户提供各种网络应用服务，包括各种应用层协议，如 HTTP、FTP、POP3、SMTP 和 DNS 等。传输层实现端到端主机进程间的通信，包括 TCP 和 UDP 两个协议，其中 TCP 提供面向连接的、可靠的、字节流传输服务，UDP 提供无连接的、不可靠的、用户数据报传输服务。网络层提供网络互连以及分组传输与路由等功能，核心协议是 IP，IP 实现的是无连接的、不可靠的尽力而为（Best effort）数据报传输服务；网络层还包括实现差错报告的 ICMP 协议、地址解析的 ARP 协议以及路由选择的 RIP、OSPF、BGP 等路由协议；另外，网络层还可以实现地址转换（NAT）等功能。网络接口层面向特定物理网络实现 IP 数据报的封装/解封与传输，例如将 IP 分组封装到以太网帧中进行传输。

题中"TCP/IP 参考模型的网络层提供的服务"就是指 IP 协议向传输层提供的服务，即

"无连接不可靠的数据报服务"。

故正确答案是 A。

3. 在无噪声情况下,若某通信链路的带宽为 3kHz,采用 4 个相位、每个相位具有 4 种振幅的 QAM 调制技术,则该通信链路的最大数据传输速率是(　　)。

　　A. 12kbps　　　　B. 24kbps　　　　C. 48kbps　　　　D. 96kbps

【出处】　2009 年第 34 题

【答案】　B

【考点】　物理层——通信基础

【解析】

该题考查考生对物理层通信基础知识的理解与运用。

通信链路的最大数据传输速率的计算主要涉及两个定理：奈奎斯特定理与香农定理。

奈奎斯特定理给出的是无噪声情况下,信道的最大数据传输速率 $R=2H\log_2 V$,其中 H 为信道的带宽(单位：Hz),V 为信号状态数,例如传送二进制信号(两种信号状态)时,$V=2$。若采用相位数为 m、振幅数为 n 的 QAM 调制技术,则信号的组合数为 $m\times n$,即信号状态数为 $m\times n$。

香农定理给出的是有噪声情况下,信道的最大数据传输速率 $R=H\log_2(1+S/N)$,其中 H 为信道的带宽,S/N 为信道中信号与噪声功率的比值,即信噪比。信噪比是衡量信道质量的一个重要参数,通常使用数值 $10\log_{10}(S/N)$ 表示,单位为分贝(dB)。例如,信道带宽为 3000Hz,信噪比为 30dB,则 $S/N=1000$,$R=3000\log_2(1+1000)\approx 3000\log_2 1024=30$kbps。

题中的链路是无噪声理想链路,故可以运用奈奎斯特定理计算该链路的最大数据传输速率。信道带宽 $H=3$kHz,由于采用的是 QAM 调制技术且相位数和振幅数均为 4,所以 $V=4\times 4=16$。于是,可以计算出该链路的最大数据传输速率 $R=2\times 3k\log_2 16=24$kbps。如果计算时使用了错误的计算方法 $R=H\log_2 V$、$H\times V$ 或 $2H\times V$,则会得出错误结果 12kbps、48kbps 和 96kbps。

故正确答案是 B。

4. 在下图所示的采用"存储-转发"方式的分组交换网络中,所有链路的数据传输速率为 100Mbps,分组大小为 1000B,其中分组头大小为 20B。若主机 H1 向主机 H2 发送一个 980 000B 的文件,则在不考虑分组拆装时间和传播延迟的情况下,从 H1 发送开始到 H2 接收完为止,需要的时间至少是(　　)。

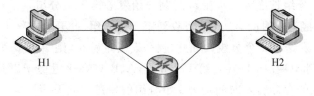

　　A. 80ms　　　　B. 80.08ms　　　　C. 80.16ms　　　　D. 80.24ms

【出处】　2010 年第 34 题

【答案】　C

【考点】　通信基础——电路交换、报文交换与分组交换

【解析】

该题考查考生对物理层通信基础知识中电路交换、报文交换和分组交换 3 种交换方式的工作原理及特点的理解与运用。

3 种交换方式的工作特点如下图所示。对于电路交换方式,通信双方在发送数据前需建立电路连接,电路连接建立完成后,双方即可独占该电路进行数据交换。在如下图所示的电路交换场景中,A 在 t_0 时刻开始建立电路连接,t_1 时刻电路连接建立完成,用时 T_c,t_1 时刻 A 开始发送数据报文,t_2 时刻报文发送完成。假设任意两个相邻结点间的传播延迟为 τ,则从 t_2 时刻起再经过 3τ 时间,结点 D 将完全收到该报文。因此,在图中的电路交换场景中,从 t_0 时刻起,D 收到完整报文共需时间为:$T_c + M/R + 3\tau$,其中 M 为报文长度,R 为链路数据传输速率。

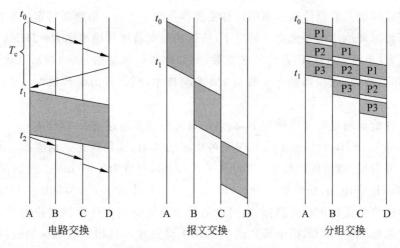

对于报文交换方式,通信双方在发送数据前不需建立连接。上图的报文交换场景中,A 在 t_0 时刻开始发送数据报文,t_1 时刻报文发送完成,则从 t_1 时刻起再经 τ 时间,结点 B 将完全收到该报文并开始向结点 C 转发,中间每个结点的存储转发时间均为报文的发送时间 M/R。因此,在上图的报文交换场景中,从 t_0 时刻起,D 收到完整报文共需时间为:$3M/R + 3\tau$。

对于分组交换方式,又区分为数据报网络和虚电路网络,其中数据报网络通信双方在发送数据前不需建立连接(如上图所示的分组交换场景),虚电路网络在通信前需要建立虚电路,通信结束后还需要拆除虚电路。以上图的数据报分组交换场景为例,结点 A 将报文 M 分为 3 个分组(每个分组长度为 L),在 t_0 时刻开始发送第 1 个分组,$(t_0 + L/R)$ 时刻完成第 1 个分组的发送,再经过 τ 时间,结点 B 将收到第 1 个分组,并开始向结点 C 转发该分组,此时 A 已经开始向 B 发送第 2 个分组。如此过程,若 τ 足够小,则 A 发送第 3 个分组时,B 在向 C 转发第 2 个分组,C 在向 D 转发第 1 个分组,A、B、C 几乎近似于以并行方式向 D 转发数据,中间每个结点的存储转发时间均为 1 个分组的发送时间 L/R。因此,在上图的分组交换场景中,从 t_0 时刻起,D 收到完整报文共需时间为:$M/R + 2L/R + 3\tau$。与报文交换方式相比,通常分组交换方式的存储转发时间少,报文传输时间短,代价是需对大的报文进行拆分和组装,并增加必要的分组头开销。

题中所述的数据传输采用分组交换方式,分组大小为 1000B,分组头为 20B,每个分组包含数据字节数为1000－20＝980B,对于大小为980 000B的文件,需将其拆分为1000个分组。由于要求计算的是最少("至少")时间,因此选择的数据传输路径为H1经两个路由器到达H2。于是,"在不考虑分组拆装时间和传播延迟的情况下,从H1发送开始到H2接收完为止,需要的时间至少是"

$$\frac{1000\times1000\times8}{100\times10^6}+\frac{2\times1000\times8}{100\times10^6}=0.08016(s)=80.16(ms)$$

其中H1发送文件时间为80ms,两个路由器的存储转发时间共0.16ms。选项A未考虑路由器的存储转发时间,选项B只考虑了一个路由器的存储转发时间,而选项D考虑的转发路径是经由3个路由器,不是最少时间。

故正确答案是C。

5. 若某通信链路的数据传输速率为2400bps,采用4相位调制,则该链路的波特率是(　　)。

　　A. 600波特　　　　B. 1200波特　　　　C. 4800波特　　　　D. 9600波特

【出处】　2011年第34题

【答案】　B

【考点】　物理层——通信基础

【解析】

该题考查考生对物理层通信基础知识中波特率与比特率概念及其关系的理解与运用。

波特率即码元速率,表示信道上每秒码元的传送数,记为B,单位baud(波特);比特率即数据传输速率,是指信道上每秒传送的比特数,记为R,单位bps。波特率B与比特率R的关系是:

$$R=B\log_2 V$$

其中,V为码元的状态数。例如,在链路上传送二进制信息时,码元状态数为2,此时比特率与波特率相等。另外,1比特信息可能使用多个码元表示,此时波特率大于比特率,例如,在传统的10Mbps以太网中,由于物理层采用曼彻斯特编码,1比特信息需使用2个码元,故波特率为20Mbaud。

题中链路的比特率为2400bps,采用4相位调制,即码元状态数为4,根据$R=B\log_2 V$,可得$B=2400/2=1200(baud)$。

故正确答案是B。

6. 下列因素中,不会影响信道数据传输速率的是(　　)。

　　A. 信噪比　　　　B. 频率带宽　　　　C. 调制速率　　　　D. 信号传播速度

【出处】　2014年第35题

【答案】　D

【考点】　物理层——信道传输速率

【解析】

在数据通信过程中,由于任何实际信道都不是理想的,因此在传输电磁波信号时会产生各种失真。如果失真超过一定程度,接收端就无法识别原始的码元。码元的传输速率越高就越有可能产生严重的波形失真。因此,信道上的传输速率受到一定的限制,不能无限的提高。

限制码元在信道上的传输速率的因素主要有两类：

第一，信道能够通过的频率范围。由奈氏准则可知：在任何信道中，码元传输的速率是有上限的，传输速率超过此上限，就会出现严重的码间串扰的问题，使接收端对码元的判决成为不可能。如果信道的频带越宽，也就能够通过更多的信号高频分量，从而可以用更高的速率传送码元而不出现码间串扰。

第二，信噪比。噪声存在于所有的电子设备和通信信道中，会使接收端对码元的判决产生错误。噪声的影响是相对的，如果信号相对较强，则噪声的影响就相对较小，所以用信号与噪声的平均功率之比作为衡量噪声对信号影响的参数，称为信噪比。信噪比越大，信道传输速率可以达到的极限就越高。

著名的香农公式给出了信道极限传输速率的表达式：

$$R = H\log_2(1+S/N)$$

其中，H 为信道的带宽（Hz），S/N 为信道中信号与噪声功率的比值。

在频带宽度和信噪比已经确定的信道，要想提高信息的传输速率，让其更加接近极限速率，可以采用编码的方法让每一个码元携带更多比特的信息量，具体的做法是在进行数字基带信号调制时采用更高的调制速率。

因此，会影响到信道数据传输速率的因素包括频率带宽、信噪比和调制速率，而信号传播速度与信道数据传输速率无关。

故正确答案为 D。

7. 数据链路层采用后退 N 帧（GBN）协议，发送方已经发送了编号为 0~7 的帧。当计时器超时时，若发送方只收到 0、2、3 号帧的确认，则发送方需要重发的帧数是（　　）。

　　A. 2　　　　　B. 3　　　　　C. 4　　　　　D. 5

【出处】　2009 年第 35 题

【答案】　C

【考点】　数据链路层——流量控制与可靠传输机制

【解析】

该题考查考生对数据链路层滑动窗口协议的理解与运用。

数据链路层功能包括组帧、差错控制、流量控制及可靠数据传输等。

数据链路层协议所基于的物理层可能产生比特差错而出现帧错误，并且发送方的发送速度超过接收方的处理速度时，会导致接收方缓存溢出而产生帧丢失，因此，数据链路层协议若需要提供可靠数据传输服务并确保接收端不产生缓存溢出，就需要引入流量控制与可靠数据传输机制。流量控制策略有两种：基于速率的流量控制和基于反馈信息的流量控制。基于速率的流量控制是在发送端限制发送数据的速率，这种机制主要解决流量控制问题，通常不保证数据传输的可靠性；基于反馈信息的流量控制是发送方根据接收方反馈信息，判断是否可以继续发送数据帧或者重发已发送的数据帧，从而解决流量控制问题并实现可靠数据传输。大部分数据链路层协议通常采用基于反馈信息的流量控制与可靠数据传输控制策略。

常见的数据链路层流量控制与可靠数据传输控制方法有：停止-等待协议（Stop and Wait）、后退 N 帧协议（GBN）和选择重传协议（SR）。停止-等待协议原理如下：发送方发完一个数据帧后，立即停止发送并等待接收方的确认信息，若收到接收方的肯定确认信息

(ACK)即可发送新的数据帧;若收到否定确认信息(NAK)或未收到确认信息而超时,发送方将会重发数据帧。事实上,无论是停止-等待协议、GBN 协议还是 SR 协议,均需要重发未被确认或收到否定确认的数据帧,从而保证数据传输的可靠性,因此发送方需要缓存所有未收到肯定确认的数据帧,直到被确认为止。由于收发双方之间有传播延迟,当该延迟与数据帧的发送时间相比不能忽略时,会影响信道的利用率。假设数据帧的发送时间(传输延迟)为 T_s(T_s=数据帧长度/信道带宽)、双方的传播延迟为 T_p。若不考虑确认帧的发送时间,则发送方从发送数据帧开始到确认接收方正确接收该数据帧为止,在信道没有误码的情况下,最少需要经过 T_s+2T_p 时间,因此,停止-等待协议的信道利用率为 $T_s/(T_s+2T_p)$。

通信双方传播延迟较大时(如卫星信道),若采用停止-等待协议,信道的利用率会很低。改进的方法是:发送方在等待第一帧确认期间,如果条件允许(例如发送方缓存限制等),可以继续发送若干个数据帧,从而提高信道利用率,这种改进的方法称作滑动窗口协议,上述的 GBN 和 SR 协议均为滑动窗口协议。滑动窗口协议的发送方,在未收到第一个帧的确认前最多可发送的数据帧数称作发送窗口 W_s,接收方最多可缓存的数据帧数称为接收窗口 W_r。GBN 协议的 $W_s>1,W_r=1$,并且采用累积确认机制;SR 协议的 $W_s>1,W_r>1$,采用独立确认或累积确认机制。

后退 N 帧协议(GBN)工作原理如下:发送方在未收到确认帧的情况下,可连续发送 W_s 个数据帧;若收到确认帧,发送方可继续发送数据,否则停止发送并等待确认(此时未被确认帧数为 W_s)。若在发送过程中出现错帧或丢失帧,发送方需重传该帧及其后已发送的所有数据帧。GBN 协议中,由于 $W_r=1$,所以接收方只能按序接收数据帧,确认帧中的确认序号表明该序号对应的帧及之前所有数据帧均已被接收方正确接收,即累积确认。

对于选择重传协议(SR),由于 $W_r>1$,所以接收方可以缓存失序的数据帧,发送端只需选择性重传未被确认的数据帧。

滑动窗口协议的信道利用率与发送窗口的大小有关,当 $W_s\times T_s\geqslant(T_s+2T_p)$ 时,信道利用率为 100%,否则信道利用率为 $W_s\times T_s/(T_s+2T_p)$。滑动窗口协议的发送窗口 W_s、接收窗口 W_r 以及帧序号的比特数 n 之间需满足约束关系:$W_s+W_r\leqslant 2^n$。

该题中数据链路层采用后退 N 帧(GBN)协议,发送方已经发送了编号为 0~7 的帧。发送方收到 0、2、3 号帧的确认,表明 3、2、1、0 号帧均已收到,但 4 号帧未被确认,根据 GBN 协议的原理,计时器超时时 4、5、6、7 号帧均需重发,重发帧数为 4。

故正确答案是 C。

8. 主机甲与主机乙之间使用后退 N 帧协议(GBN)传输数据,甲的发送窗口尺寸为 1000,数据帧长为 1000 字节,信道带宽为 100Mbps,乙每收到一个数据帧立即利用一个短帧(忽略其传输延迟)进行确认。若甲乙之间的单向传播延迟是 50ms,则甲可以达到的最大平均数据传输速率约为(   )。

  A. 10Mbps   B. 20Mbps   C. 80Mbps   D. 100Mbps

【出处】 2014 年第 36 题
【答案】 C
【考点】 数据链路层——滑动窗口协议
【解析】
GBN 协议是滑动窗口协议的一个特例,发送窗口大于 1,接收窗口等于 1,采用累积确认机制。发送端一旦出现某已发送数据帧超时,除了重发该帧外,在该帧之后发送的所有帧需要全部重发,这也是该协议名称 GBN 的含义。对于 GBN 协议,最大平均数据传输速率就是在不发生差错和数据丢失的理想情况下的平均数据传输速率。需要注意的是,如果 GBN 的发送窗口足够大,或者 RTT 足够小,理想情况下就可能出现发送端可以连续不间断发送数据,这时的最大平均数据传输速率就是链路带宽;否则,当发送端连续将发送窗口允许的所有数据帧发送完成后,还没有收到确认帧,此时必须停止发送,等到收到确认帧后才可以继续发送数据帧,此时的最大平均数据传输速率就会小于链路带宽。如下图所示。令每个数据帧长度为 L(bit),链路带宽为 R(bps),发送窗口大小为 n,信号传播往返时间为 RTT,一个周期 $T=\text{RTT}+\dfrac{L}{R}$,并假设忽略确认帧长度。

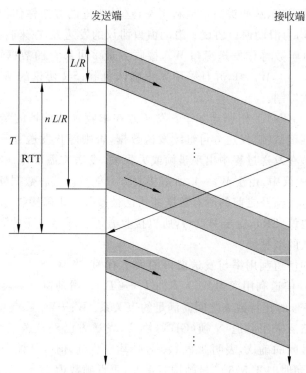

在这种情况下,可以得出如下结论:若 $\dfrac{(n-1)L}{R} \geqslant \text{RTT}$,则最大平均数据传输速率 $\tilde{R}=R$;若 $\dfrac{(n-1)L}{R} < \text{RTT}$,则最大平均数据传输速率 $\tilde{R}=\dfrac{nL}{T}=\dfrac{nL}{\text{RTT}+L/R}=\dfrac{nL \cdot R}{R \cdot \text{RTT}+L}$。

针对此题,连续发送 $n=1000$,$L=1000\text{B}$,$R=100\text{Mbps}$,$\text{RTT}=2\times 50\text{ms}=100\text{ms}$。于是,$\dfrac{(n-1)L}{R}=\dfrac{(1000-1)\times 1000\times 8}{100\times 10^6}=79.92\text{ms}<\text{RTT}$,因此,最大平均数据传输速率为

$$\tilde{R}=\dfrac{nL \cdot R}{R \cdot \text{RTT}+L}=\dfrac{1000\times 1000\times 8\times 100\times 10^6}{100\times 10^6 \times 100\times 10^{-3}+1000\times 8}\approx 80(\text{Mbps})$$

故正确答案为 C。

9. 主机甲通过 128kbps 卫星链路,采用滑动窗口协议向主机乙发送数据,链路单向传播延迟为 250ms,帧长为 1000 字节。不考虑确认帧的开销,为使链路利用率不小于 80%,

帧序号的比特数至少是(　　)。

　　A. 3　　　　　B. 4　　　　　C. 7　　　　　D. 8

【出处】　2015年第35题

【答案】　B

【考点】　数据链路层——滑动窗口协议

【解析】

这是一道有一定难度,并且容易出错的一道题。假设滑动窗口协议的发送窗口大小为W_S,接收窗口大小为W_R,每个数据帧长度为L(bit),链路带宽为R(bps),信号传播往返时间为RTT,一个周期$T=RTT+\dfrac{L}{R}$,在忽略确认帧长度的情况下,链路利用率为

$$U=\dfrac{W_SL/R}{T}=\dfrac{W_SL/R}{RTT+L/R}=\dfrac{W_SL}{R\cdot RTT+L}$$

另外,滑动窗口协议的窗口大小与数据帧的序列号空间要满足一定的约束条件。假设数据帧的序列号采用k比特二进制数进行编号,则其编号空间为$0\sim 2^k-1$,共2^k个编号。窗口大小与序列号空间需要满足的约束条件为

$$W_S+W_R\leqslant 2^k$$

特殊情况下,对于GBN协议$W_R=1$,则有

$$W_S\leqslant 2^k-1$$

对于典型的$W_S=W_R=W$滑动窗口协议(例如典型的选择重发协议),有

$$W_S\leqslant 2^{k-1}$$

对于停等协议,$W_S=W_R=1$,则有

$$k\geqslant 1$$

对于本题,$R=128$kbps,$RTT=250\times 2=500$ms,$L=1000$B,$U\geqslant 0.8$,于是有

$$U=\dfrac{W_SL}{R\cdot RTT+L}=\dfrac{1000\times 8\times W_S}{128\times 10^3\times 500\times 10^{-3}+1000\times 8}\geqslant 0.8$$

可得,

$$W_S\geqslant 7.2$$

由于W_S、W_R均为自然数,且$W_R\geqslant 1$,因此有

$$2^k\geqslant W_S+W_R\geqslant 8+1=9$$

又由于k为自然数,所以有

$$k\geqslant \log_2 9\geqslant 4$$

故正确答案为B。

10. 以太网交换机进行转发决策时使用的PDU地址是(　　)。

　　A. 目的物理地址　　B. 目的IP地址　　C. 源物理地址　　D. 源IP地址

【出处】　2009年第36题

【答案】　A

【考点】　数据链路层——局域网交换机及其工作原理

【解析】

该题考查考生对局域网交换机工作原理的理解。

以太网交换机是数据链路层设备，处理以太网数据帧，根据数据帧中的目的 MAC 地址与交换表对数据帧进行转发。交换表中包含到达目的站点的表项，表项中包括目的 MAC 地址和转发端口等信息。交换表是采用自学习（逆向学习）方法构造的，自学习方法如下：交换机收到数据帧时，若交换表中没有关于该帧的源 MAC 地址的表项，则在交换表中增加一个表项，其中目的 MAC 地址为帧中的源 MAC 地址，转发端口为该帧的到达端口。

交换机转发数据帧时，依据帧中的目的 MAC 地址检索交换表，若该 MAC 地址为广播或组播地址，采用泛洪法（Flooding）转发，即除输入端口外，向所有其他端口转发；若该 MAC 地址为单播地址，且检索交换表失败，则同样使用泛洪法转发；若检索到的转发端口与到达端口一致，则丢弃该帧；否则通过转发端口转发该帧。

因此，"以太网交换机进行转发决策时使用的 PDU 地址是"以太网数据帧的目的 MAC 地址。交换机在构造交换表时才使用源 MAC 地址，以太网交换机作为第二层设备，不会处理 IP 分组中的源或者目的 IP 地址。

故正确答案是 A。

11. 在一个采用 CSMA/CD 协议的网络中，传输介质是一根完整的电缆，传输速率为 1Gbps，电缆中的信号传播速度是 200 000km/s。若最小数据帧长度减少 800 比特，则最远的两个站点之间的距离至少需要（　　）。

　　A. 增加 160m　　B. 增加 80m　　C. 减少 160m　　D. 减少 80m

【出处】　2009 年第 37 题
【答案】　D
【考点】　数据链路层——CSMA/CD 协议
【解析】

该题考查考生对数据链路层中 CSMA/CD 协议的理解与运用。

CSMA/CD 协议是一种随机访问类的介质访问控制技术。该协议原理如下：共享信道上的工作站发送数据时，工作站首先监听信道状态，信道忙时可有多种策略选择（继续监听或等待一段随机时间后再监听等）；若信道空闲就开始发送数据帧，且边发送数据帧，边检测冲突，检测到冲突后立即停止当前的发送，等待一段随机时间后再次尝试。采用 CSMA/CD 协议对信道进行共享时，需要解决的一个重要问题就是如何可靠判断本次发送任务是否发生冲突。确保 CSMA/CD 协议能够可靠检测冲突并通过重发数据纠正冲突造成的数据发送失败，可显著提高系统效率。

CSMA/CD 协议一个显著特征是"边发边检，不发不检"，即发送数据的站点边发送数据帧边检测冲突，当数据帧发送结束，冲突检测也即刻停止，如题 11 图所示，t_0 时刻工作站 A 开始发送数据，τ 为工作站 A、B 间的传播延迟（$\tau = d/v$，其中 d 为 A、B 间的距离，v 为信号传播速度），在 $t_0 + \tau$ 时刻 A 发送的数据到达 B。若 $t_0 + \tau$ 时刻之前 B 检测信道，信道空闲，B 开始发送数据，则 B 刚开始发送数据即与 A 的数据冲突，B 马上检测到冲突，但 A 需在 $t_0 + 2\tau$ 时刻才能检测到冲突。因此，A 在 $t_0 + 2\tau$ 时刻前如果已完成数据帧的发送（如题 11 图(a)场景），A 将误认为此次发送未发生冲突。显然，为使 A 能够成功检测到这一冲突，要求 A 发送的数据帧长度不能过短，以便有足够的数据帧发送时间，即冲突检测时间。若数据帧发送时间 $L/R \geq 2\tau$（L：数据帧长度，R：数据传输速率），则冲突可被成功检测（如题 11 图(b)场景）。因此，为使 CSMA/CD 协议正常运行，数据帧的最小长度应该满足：$L_{\min}=$

$2\tau \times R$。可见，CSMA/CD 协议数据帧的最小长度与最远站点间的距离、数据传输速率等有关，若数据传输速率不变，增加站间距离，数据帧的最小长度可相应增加，反之亦然。

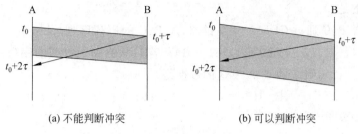

(a) 不能判断冲突　　　　　(b) 可以判断冲突

题 11 图　CSMA/CD 协议

题中 $R=1\text{Gbps}, v=200\ 000\text{km/s}$，为不变量，根据 $L_{min}/R=2d/v$，有 $d=(v/(2R))\times L_{min}$，于是 $\Delta d=(v/(2R))\times \Delta L_{min}$，令 $\Delta L_{min}=-800$，则可得 $\Delta d=-80\text{m}$，故"若最小数据帧长度减少 800 比特，则最远的两个站点之间的距离至少需要""减少 80m"。

故正确答案是 D。

12. 下列选项中，对正确接收到的数据帧进行确认的 MAC 协议是(　　)。
　　A. CSMA　　　　B. CDMA　　　　C. CSMA/CD　　　　D. CSMA/CA

【出处】　2011 年第 36 题
【答案】　D
【考点】　数据链路层——介质访问控制
【解析】

该题考查考生对数据链路层的介质访问控制协议的理解。

CSMA 协议与 CSMA/CD 协议均是随机访问 MAC 协议，工作机制相似，区别是 CSMA/CD 协议在传输数据帧的同时检测冲突，检测到冲突时放弃发送任务，而 CSMA 无论冲突与否都要将数据帧发完，但是这两个协议在数据帧发送结束后均没有确认过程。

CDMA 是一种信道划分 MAC 协议，即码分多址方式共享信道。站点可以在同一时间使用相同的频带进行通信而不互相干扰，措施是每个站选取不同的码片序列(chip sequence)，站点传送比特 1 时，发送其码片序列，传送比特 0 时，发送其码片序列的反码。多个站同时发送数据时，发出的信号在信道中线性叠加。接收数据方利用发送数据方的码片序列从叠加信号中提取发送方发送的数据，为此，要求所有发送数据站点所选用的码片序列相互正交。CDMA 采用扩频技术实现无冲突的信道共享，协议本身并不要求对数据帧进行确认。

CSMA/CA 协议也是一种随机访问 MAC 协议，是具有冲突避免功能的 CSMA 协议。站点发送数据前需对信道进行预约，预约时发送数据的站点侦听信道空闲达 DIFS 时间，开始发送一个短的 RTS 帧(发送数据请求帧)；若接收站点可以接收数据，则接收到 RTS 帧后等待 SIFS 时间，向发送站回送一个短的 CTS 帧(允许发送帧)。RTS 帧中包含待发送数据帧长等信息，相关站点依据此信息可估算发送站点预约信道的时间，在此时间段内不发送数据，另外，CTS 帧可以消除隐藏站问题。发送站点预约信道成功后(即收到 CTS 帧)，再等待一个 SIFS 时间，开始发送数据帧，接收站点收到数据帧后，等待一个 SIFS 时间，向发送站点发送确认帧进行确认。

显然,题中选项列出的 MAC 协议中,"对正确接收到的数据帧进行确认的 MAC 协议"是 CSMA/CA。

故正确答案是 D。

13. 站点 A、B、C 通过 CDMA 共享链路,A、B、C 的码片序列(chipping sequence)分别是(1,1,1,1)、(1,-1,1,-1)和(1,1,-1,-1)。若 C 从链路上收到的序列是(2,0,2,0,0,-2,0,-2,0,2,0,2),则 C 收到 A 发送的数据是(   )。

  A. 000   B. 101   C. 110   D. 111

【出处】 2014 年第 37 题

【答案】 B

【考点】 数据链路层——介质访问控制——CDMA 原理

【解析】

本题考查介质访问控制的信道划分技术的 CDMA(码分多址)技术工作原理。

在 CDMA 中,每个用户可以在同样的时间、使用同样的频带进行通信,各用户使用经过特殊挑选的不同码型编码原始数据,各用户的码型之间相互正交,因此各用户之间不会造成干扰。

码分多址的原理是将每一个比特时间划分为 m 个短的间隔(每间隔 1bit),称为码片(chip)。每个站被指派一个唯一的 m bit 码片序列,如发送原始信息比特 1,则发送自己的 m bit 码片序列,如发送原始信息比特 0,则发送该码片序列的二进制反码。为了方便,通常将码片序列中的 1 用 +1 表示,0 用 -1 表示。CDMA 的重要特点是每个站分配的码片序列不仅必须各不相同,并且还必须互相正交,在实用的系统中是使用伪随机码序列。

用数学公式可以很清楚地表示码片序列的正交关系。令向量 S 表示站 S 的码片向量,令 T 表示其他任何站的码片向量。两个不同站的码片序列正交,就是向量 S 和 T 的规格化内积都是 0,即

$$S \cdot T \equiv \frac{1}{m} \sum_{i=1}^{m} S_i T_i = 0$$

不仅如此,向量 S 和各站码片的反码向量的内积也是 0。另外,任何一个码片向量与该码片向量自己的规格化内积是 1,

$$S \cdot S = \frac{1}{m} \sum_{i=1}^{m} S_i S_i = \frac{1}{m} \sum_{i=1}^{m} S_i^2 = \frac{1}{m} \sum_{i=1}^{m} (\pm 1)^2 = 1$$

与自己的码片的反码序列的规格化内积是 -1,

$$S \cdot \bar{S} = \frac{1}{m} \sum_{i=1}^{m} S_i (-S_i) = -\frac{1}{m} \sum_{i=1}^{m} S_i^2 = -1$$

其中,$\bar{S}$ 为码片反码序列。

在 CDMA 系统中,一个站点要接收其他站点发送的数据,要知道其他站点所持有的码片序列,并用码片向量与接收到的未知信号进行求内积运算。收到的未知信号是各个站点发送的码片序列之和,由于各站码片序列的正交性,当接收某站信息时,其他站发送的信息不会对接收结果产生影响,因此,接收站只需利用发送站的码片序列与和向量进行规格化内积运算即可

$$\boldsymbol{S} \cdot \boldsymbol{P} = \frac{1}{m}\sum_{i=1}^{m} S_i P_i = \begin{cases} 1 & \boldsymbol{S} \in \boldsymbol{P} \\ -1 & \bar{\boldsymbol{S}} \in \boldsymbol{P} \\ 0 & \boldsymbol{S}, \bar{\boldsymbol{S}} \notin \boldsymbol{P} \end{cases}$$

在本题中,站点 C 收到的未知信号为站点 A 和 B 发送的码片序列之和:(2,0,2,0,0,-2,0,-2,0,2,0,2),又已知 A 的码片序列为(1,1,1,1),则要求从 A 接收的信号可以用 A 的码片序列与收到的和向量进行分段内积运算求得。即用(2,0,2,0),(0,-2,0,-2)和(0,2,0,2)分别和(1,1,1,1)进行求内积运算,依次得到(1,-1,1),即从站点 A 收到的数据为 101。

故正确答案为 B。

14. 对于 100Mbps 的以太网交换机,当输出端口无排队,以直通交换(cut-through switching)方式转发一个以太网帧(不包括前导码)时,引入的转发延迟至少是(　　)。

　　A. $0\mu s$　　　　B. $0.48\mu s$　　　　C. $5.12\mu s$　　　　D. $121.44\mu s$

【出处】　2013 年第 38 题
【答案】　B
【考点】　数据链路层——局域网交换机
【解析】

此题主要考查考生对交换机工作原理,尤其是直通交换工作原理的理解与运用。

交换机的基本工作方式是"存储-转发",即首先从一个端口完整接收一个数据帧,并依据链路层协议处理该数据帧,例如差错校验等;然后依据数据帧的目的 MAC 地址检索交换表,如果在交换表中检索到表项,进一步判断该表项对应的端口是否与收到该数据帧的端口是一个端口,如果是,则丢弃该帧,否则在对应端口转发该数据帧;如果在交换表中没有检索到表项,则将该数据帧泛洪到除收到该帧之外的所有端口。交换机的直通交换工作方式是指,不需要将完整数据帧全部接收,就进行数据帧的转发,即边接收边转发。但是,交换机以直通交换方式工作时,至少需要收到数据帧的目的 MAC 地址,才能明确如何转发该数据帧。

题中描述的 100Mbps 的以太网交换机,以直通交换方式工作,且不考虑前导码,那么当该交换机从一个端口接收数据帧时,至少要接收 6 个字节的目的 MAC 地址才可以进行数据帧的转发。因此,最少要产生 $6\times 8/(100\times 10^6) = 0.48\mu s$ 的时间延迟。选项 A 的 $0\mu s$ 显然是错误理解了"直通"不会产生任何延迟;其他两个选项的结果也是由于不理解或错误理解"直通交换"工作方式,并利用最短或最长以太网帧计算得到的结果。

故正确答案是 B。

15. 某以太网拓扑及交换机当前转发表如下图所示。主机 00-e1-d5-00-23-a1 向主机 00-e1-d5-00-23-c1 发送 1 个数据帧,主机 00-e1-d5-00-23-c1 收到该帧后,向主机 00-e1-d5-00-23-a1 发送 1 个确认帧,交换机对这两个帧的转发端口分别是(　　)。

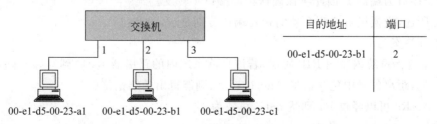

A. {3}和{1}　　B. {2,3}和{1}　　C. {2,3}和{1,2}　　D. {1,2,3}和{1}

【出处】　2014年第34题
【答案】　B
【考点】　数据链路层——以太网交换机工作原理
【解析】
以太网交换机是工作在数据链路层的网络互连设备,其实质是一种多端口网桥。以太网交换机根据以太网帧中的目的MAC地址对收到的帧进行转发和过滤。当收到一个帧时,需要依据该帧的目的MAC地址检索转发表,如果检索到转发表项,则进一步判断该表项对应的端口与收到该数据帧的端口是否一致,如果一致,则丢弃该帧,否则向转发表项对应的端口转发该帧;如果未成功检索到转发表项,则向除接收到该帧的端口外的所有端口泛洪该帧(每个端口都发送一份该帧的副本)。

交换机在转发和过滤数据帧的过程中,还完成自学习。转发表的信息就是通过自学习获得的。交换机自学习的基本原理是利用接收到的数据帧的源MAC地址完成学习,即学习到可以通过接收该帧的端口到达该帧的源MAC地址对应的主机。例如,若从某个主机A发出的帧通过端口x进入某交换机,就意味着从端口x出发沿相反方向一定可以把一个帧传送到A。所以,交换机每收到一个帧,先按其源MAC地址查看转发表的目的地址栏,如果没有,则将其源MAC地址和进入的端口标识记录在转发表中,完成一次学习;再按目的MAC地址查找转发表的目的地址栏,如果有记录,则向相应的端口转发;如果没有记录,则向除帧进入交换机对应的端口外的其他所有端口转发。

根据以太网交换机的工作原理,在本题中,主机00-e1-d5-00-23-a1向主机00-e1-d5-00-23-c1发送的帧通过端口1进入交换机,交换机按源地址00-e1-d5-00-23-a1查找转发表,发现没有相应记录,则将00-e1-d5-00-23-a1和端口1记录到转发表中,此时转发表更新为:

目的地址	端口
00-e1-d5-00-23-b1	2
00-e1-d5-00-23-a1	1

再按目的地址00-e1-d5-00-23-c1查找转发表,发现没有相应记录,则将该帧向除端口1外的其他所有端口转发,即端口2和端口3。

当主机00-e1-d5-00-23-c1收到该帧后,向主机00-e1-d5-00-23-a1发送确认帧,该帧的源地址和目的地址分别是00-e1-d5-00-23-c1和00-e1-d5-00-23-a1,通过端口3进入交换机,交换机同样先按源地址查找转发表,发现没有记录,则将00-e1-d5-00-23-c1和端口3写入转发表,然后按目的地址00-e1-d5-00-23-a1查找转发表,结果发现转发表中有该目的地址的记录,转发接口为端口1,因此将该确认帧向端口1转发。

综上所述,交换机对这两个帧的转发端口分别是{2,3}和{1}。

故正确答案为B。

16. 某自治系统内采用RIP协议,若该自治系统内的路由器R1收到其邻居路由器R2的距离矢量,距离矢量中包含信息<net1,16>,则能得出的结论是(　　)。

A. R2可以经过R1到达net1,跳数为17

B. R2 可以到达 net1，跳数为 16

C. R1 可以经过 R2 到达 net1，跳数为 17

D. R1 不能经过 R2 到达 net1

【出处】 2010 年第 35 题

【答案】 D

【考点】 网络层——路由协议——RIP

【解析】

此题考查考生对自治系统内路由协议 RIP 的理解。

RIP 协议是基于距离向量路由算法的内部网关协议（IGP），每个路由器利用邻居路由器通告的距离向量计算自己的距离向量，即计算其到达每个目的网络的最短距离，并定期（通常为 30 秒）向邻居路由器通告自己的距离向量，通过不断的迭代，最终每个路由器可以找到通过哪个邻居到达目的网络的距离最短。一个路由器若检测到某邻居路由器失效或连接该邻居路由器的链路已断开，须重新计算距离向量，并及时将发生变化的距离向量通告给所有邻居路由器。RIP 协议利用跳步数（hop）度量距离，并优选到达目的网络跳步数最小的邻居路由器作为到达目的网络的下一跳。由于距离向量路由算法在网络存在环路时，可能产生无穷计数问题（count to infinity），因此 RIP 协议采用毒性逆转和定义最大有效跳步数等策略来消解或抑制无穷计数问题。RIP 协议规定到达某个目的网络最大有效跳步数是 15 个跳步，16 跳步代表目的网络不能到达（相当于∞）。

因此，题中路由器 R1 收到邻居路由器 R2 的距离向量信息＜net1,16＞，则意味 R2 向 R1 通告其不能到达 net1 网络，R1 也就不可能通过 R2 到达目的网络 net1。事实上，如果此时只有 R2 向 R1 通告关于 net1 的距离向量信息，那么 R1 计算得到的到达 net1 的距离也是 16，不会是 17，也就是说，在 RIP 协议的距离向量中，不会出现比 16 大的跳步数。

故正确答案是 D。

17. 某路由器的路由表如下表所示：

目的网络	下一跳	接口
169.96.40.0/23	176.1.1.1	S1
169.96.40.0/25	176.2.2.2	S2
169.96.40.0/27	176.3.3.3	S3
0.0.0.0/0	176.4.4.4	S4

若路由器收到一个目的地址为 169.96.40.5 的 IP 分组，则转发该 IP 分组的接口是（　　）。

A. S1　　　　B. S2　　　　C. S3　　　　D. S4

【出处】 2015 年第 38 题

【答案】 C

【考点】 IPv4——IP 地址——无分类编址 CIDR——最长前缀匹配

【解析】

无分类域间路由 CIDR 是为了提高 IP 地址的利用率而提出的一种 IP 地址划分方法，即将 IP 地址划分为网络前缀和主机号两部分，并采用斜线记法，在 IP 地址后面加上斜线

"/",然后写上网络前缀所占的位数。网络前缀用来指明网络域,主机号用来指明主机域,网络前缀都相同的连续 IP 地址组成一个 CIDR 地址块,该地址块可以利用一个 CIDR 地址表示,通常称为一个子网。CIDR 地址的灵活性,使得可以方便地将多个连续的地址块(通常是 2 的幂次个)聚合在一起构成一个更大的地址块,用一个 CIDR 地址表示,相对于小的子网,这个大子网有时也称为超网,这个过程也称为路由聚集。同样,也可以反过来,将一个大的子网分割为多个小的子网,分别用相对更长前缀的 CIDR 地址表示各个小子网,这个过程称为子网划分。

在路由聚集过程中,可能存在将一个聚集在一起的大子网中的某个(或某几个)小子网单独分出去,例如分配给不同区域或组织,这样就会导致大子网不包含这些小子网的现象。为了充分利用路由聚集带来的高效路由的好处,又需要避免出现路由错误(或称路由黑洞现象),可以在同一个路由器中并列关于到达大子网和小子网的路由。显然,小子网的网络前缀比大子网的网络前缀长。在这种情况下,在使用 CIDR 进行路由查找时,有可能会得到不止一个的匹配结果,这时,应当从匹配结果中选择具有最长网络前缀的路由,称为最长前缀匹配。因为网络前缀越长,子网就越小,路由就越具体。

在本题中,路由器收到目的地址为 169.96.40.5 的 IP 分组,查找路由表时,发现目的地址与 169.96.40.0/23、169.96.40.0/25 和 169.96.40.0/27 三项均匹配成功,由于 169.96.40.0/27 可以匹配成功 27 位,根据最长匹配原则,路由器会通过该路由项对应的接口 S3 转发该 IP 分组。

故正确答案为 C。

18. 若路由器 R 因为拥塞丢弃 IP 分组,则 R 可向发出该 IP 分组的源主机发送的 ICMP 报文类型是(　　)。

　　　A. 路由重定向　　　　B. 目的不可达　　　C. 源抑制　　　D. 超时

【出处】　2010 年第 36 题
【答案】　C
【考点】　网络层——IPv4——ICMP
【解析】
此题考查考生对 ICMP 协议以及特定类型 ICMP 报文作用的理解。

理解 ICMP 协议的关键是要理解该协议的初衷,并将其与 IP 分组传输过程结合起来。ICMP 协议的作用主要包括,差错报告和网络探询。一方面,IP 分组在传输过程中,由于种种原因可能导致异常发生,此时需要将这些异常情况及时反馈给主机或路由器,而 IP 协议本身并没有这种功能,ICMP 协议设计的主要目的就是在这种情况下实现差错信息报告;另一方面,通过主动发送 ICMP 询问请求报文,并通过接收 ICMP 响应报文可以实现网络可达性(如 ping)或特定信息(如时间戳请求)的探询。ICMP 协议通过传输 ICMP 报文实现差错报告或网络探询功能,于是 ICMP 报文分为差错报告报文和询问报文两大类。每个 ICMP 报文通过类型(type)和代码(code)信息,定义一种具体的 ICMP 报文,对应一种具体功能。记住每种报文的类型和代码是不必要的,事实上,常见的 ICMP 报文都有一个能够比较准确反映其功能的"名字",如"目的不可达"报文等。因此,关键是应该理解在什么情况下会用哪种报文报告相应差错异常或进行网络探询。

题中路由器 R 由于拥塞导致丢弃了 IP 分组,此时路由器 R 需要将该异常情况反馈给被丢弃 IP 分组的源主机,告知其拥塞现象,并请求其放慢 IP 分组的发送速率,这种 ICMP 报文就是"源抑制"报文。题中的"路由重定向"报文是当默认网关路由器认为主机向某目的网络发送 IP 分组应该选择其他更好的路由时,向主机发送的 ICMP 报文,主机收到该报文后会将更好的路由信息更新到路由表中;"目的不可达"报文是当路由器或主机不能将 IP 分组成功交付到目的网络、主机、端口(应用)时,会丢弃该 IP 分组,并向源主机发送"目的不可达"ICMP 报文(当然,通过不同代码可以区分网络不可达、主机不可达或端口不可达等);"超时"报文是当路由器收到 IP 分组的 TTL 为 1,减 1 后变为 0,此时路由器不再继续转发该 IP 分组,将其丢弃,同时向该 IP 分组的源主机发送"超时"报文。

故正确答案是 C。

19. 下列网络设备中,能够抑制广播风暴的是( )。
    Ⅰ. 中继器   Ⅱ. 集线器   Ⅲ. 网桥   Ⅳ. 路由器
    Ⅴ. 三层交换机
    A. 仅Ⅰ和Ⅱ   B. 仅Ⅱ和Ⅲ   C. 仅Ⅲ和Ⅳ   D. 仅Ⅳ和Ⅴ

【出处】 2010 年第 38 题
【答案】 D
【考点】 物理层、数据链路层、网络层——物理层设备、数据链路层设备、网络链路层设备
【解析】
该题综合考查考生对常见网络互连设备功能特点的理解与运用。

对于网络互连设备,关键要清楚其工作在哪个层次,工作在不同层的设备具有本质上的功能差异。物理层设备(第一层设备)只能识别、处理或再生比特流,因此,利用物理层设备连接网段,这些网段同属于一个冲突域,即物理层设备不能分割冲突域,当然也无法分割广播域。数据链路层设备(第二层设备)可以识别、处理或转发数据帧,可以依据数据帧中的目的 MAC 地址有选择性进行数据帧的转发,因此数据链路层设备可以分割冲突域。数据链路层设备对于广播帧(如目的地址为 ff-ff-ff-ff-ff-ff 的以太网帧),会转发到除接收该帧端口之外的其他端口,因此数据链路层设备不能分割广播域。网络层设备(第三层设备)处理网络层的数据分组(如 IP 分组),依据网络层数据分组的目的地址信息(如目的 IP 地址)或路径 ID(如虚电路 ID)以及路由或路径信息(如路由表或虚电路表),进行转发处理。网络层设备不会转发数据链路层的广播帧,因此可以分割广播域,当然也可以分割冲突域(如一个广播域对应一个冲突域)。

题中给出的网络互连设备中,中继器和集线器均为物理层设备,网桥为数据链路层设备,路由器和三层交换机均属于网络层设备。因此,只有路由器和三层交换机可以分割广播域,并抑制广播帧从一个广播域传播到另一个广播域,即"能够抑制广播风暴"。

故正确答案是 D。

20. 主机甲与主机乙间已建立一个 TCP 连接,主机甲向主机乙发送了两个连续的 TCP 段,分别包含 300 字节和 500 字节的有效载荷,第一个段的序列号为 200,主机乙正确接收到两个段后,发送给主机甲的确认序列号是( )。
    A. 500   B. 700   C. 800   D. 1000

【出处】 2009 年第 38 题

【答案】 D
【考点】 传输层——TCP 协议
【解析】
此题考查考生对 TCP 协议通信过程、TCP 段的序列号以及确认序列号的理解。
TCP 协议是一个面向连接的传输层协议,提供可靠数据传输服务。TCP 协议是一个提供"全双工"服务的协议,即一个 TCP 连接建立成功后,任何一端都可以在发送数据的同时接收数据。TCP 协议为了向应用进程提供端到端的可靠、有序、字节流数据传输服务,采用了典型的实现可靠数据传输的机制,包括确认、序列号、计时器等。TCP 协议的序列号机制是对应用层数据进行编号,即依次对应用层数据的每个字节进行编号,一个 TCP 段的序列号就是该 TCP 段所封装的应用层数据中第一个字节的序列号。TCP 协议采用累积确认机制,确认序列号是期望从对方接收的字节序列号,即该序列号之前的字节已经全部正确接收,确认序列号对应的字节没有收到。

题中第一个 TCP 段的序列号为 200、封装了 300 字节的应用层数据,因此第二个 TCP 段的序列号就是 500。第二个 TCP 段封装了 500 字节的应用层数据,因此接收端接收到这两个段后就意味着第 999 号字节已经收到,进一步期望接收第 1000 号字节,按照 TCP 协议累积确认机制,此时接收端只需向发送数据方确认 1000(即确认序列号为 1000)即可。

故正确答案是 D。

21. 一个 TCP 连接的最大段长度是 1KB,发送方有足够多的数据要发送。当拥塞窗口为 16KB 时发生了超时,如果接下来的 4 个 RTT(往返时间)时间内的 TCP 段的传输都是成功的,那么当第 4 个 RTT 时间内发送的所有 TCP 段都得到肯定应答时,拥塞窗口大小是( )。

  A. 7KB   B. 8KB   C. 9KB   D. 16KB
【出处】 2009 年第 39 题
【答案】 C
【考点】 传输层——TCP 协议
【解析】
此题主要考查考生对 TCP 协议拥塞控制方法的理解。
网络拥塞控制是根据网络是否发生拥塞或拥塞严重程度等调整或限制发送数据的源主机向网络中发送数据的速率或数据量,以缓解或消除拥塞。TCP 协议的拥塞控制策略是,端系统依据是否发生数据段的超时(或三次重复确认)推断网络是否发生拥塞,如果发生拥塞,则通过调节拥塞窗口调节数据发送速率。拥塞窗口的调整分为两个阶段:慢启动阶段和拥塞避免阶段,分别对应两种窗口调节策略。在慢启动阶段,拥塞窗口从 1 个 MSS 开始,每收到一个确认段,窗口大小增加 1 个 MSS,直到窗口大小达到阈值,切换到拥塞避免阶段,或者发生超时,则回退;在拥塞避免阶段,拥塞窗口中的所有段已发送且均被成功确认,拥塞窗口大小才增加 1 个 MSS(实际上是一点点增长的),直至发生拥塞(即发生超时或三次重复确认),则回退。无论在哪个阶段,发生超时就意味着拥塞发生,就需要回退,也就是通过调小拥塞窗口降低数据发送速率。具体方法是:把超时发生时的拥塞窗口除以 2 作为新的阈值,拥塞窗口重新设为 1 个 MSS,再次从慢启动阶段开始。假设在 1 个 RTT 时间内拥塞窗口内的所有 TCP 段都可以被发送出去,则以 RTT 作为时间单位来看,在慢启动阶段,每经过 1 个 RTT 拥塞窗口翻 1 倍,即呈现指数增长,增长速度是比较快的。但是,拥塞窗口实质上是依次增长(每收到一个确认段增长 1 个 MSS)的,并不是"跳跃"式增长的。

题中 MSS=1KB,发生超时的时候,拥塞窗口为 16KB,回退后,新的阈值为 16KB/2=8KB,拥塞窗口设置为 1KB,重新从慢启动阶段开始。经过 1 个 RTT 后,拥塞窗口增长到 2KB,2 个 RTT 后,拥塞窗口增长到 4KB,3 个 RTT 后,拥塞窗口增长到 8KB。此时,拥塞窗口等于阈值,需要切换到拥塞避免阶段调整拥塞窗口,因此,再过 1 个 RTT,即 4 个 RTT 后,拥塞窗口增长到 9KB。

故正确答案是 C。

22. 主机甲和主机乙之间已建立了一个 TCP 连接,TCP 最大段长度为 1000 字节。若主机甲的当前拥塞窗口为 4000 字节,此时主机甲向主机乙连续发送两个最大段后,成功收到主机乙发送的对第一个段的确认,确认段中通告的接收窗口大小为 2000 字节,则随后主机甲还可以继续向主机乙发送的最大字节数是(　　)。

　　A. 1000　　　　B. 2000　　　　C. 3000　　　　D. 4000

【出处】 2010 年第 39 题
【答案】 A
【考点】 传输层——TCP 协议
【解析】
此题考查考生对 TCP 协议拥塞窗口、接收窗口、发送窗口及其相互关系的理解和运用。TCP 协议的拥塞窗口是根据网络拥塞程度,基于慢启动和拥塞避免算法进行动态调整的。TCP 协议的接收窗口是 TCP 协议为实现端到端的流量控制而确定的窗口。一个 TCP 连接建立时,每端都会分配一个缓存用于接收对端发过来的数据,这个缓存容量就是初始接收窗口大小。接收数据端(为了便于叙述,只考虑单向数据传输)收到数据后存放在缓存中,等待应用进程读取。当缓存中存放数据后,剩余缓存空间就成为当前最新的接收窗口,接收数据端在给发送数据端确认时就将最新的接收窗口发送给发送端。发送端为了避免接收端缓存溢出(流量控制的主要目的),发送端要确保已发出、未得到确认的数据总量不超过最近一次接收端通告的接收窗口大小。这样 TCP 协议的发送数据端,一方面要根据拥塞控制确定一个拥塞窗口,另一方面需要根据流量控制确定一个接收窗口,这两个窗口都需要满足。因此,TCP 协议的发送窗口最终要由拥塞窗口和接收窗口共同决定,即 $W_s=\min(W_c,W_r)$,W_s 为发送窗口,W_c 为拥塞窗口,W_r 为接收窗口。

题中 MSS=1000B,当前 $W_c=4000B$,当连续发送 2 个段,并成功收到第 1 个段的确认,此时无论是慢启动阶段还是拥塞避免阶段,W_c 都会增长到 W_c^*,显然,$W_c^* \geqslant 4000B$;而在对第 1 个段的确认中通告的 $W_r=2000B$,因此 $W_s=\min(W_c^*,W_r)=2000B$。另外,由于没有收到第 2 个段的确认,所以按照流量控制限制,发送端目前最多只能再发送一个 1000B 的段。

故正确答案是 A。

23. 主机甲向主机乙发送一个(SYN=1,seq=11220)的 TCP 段,期望与主机乙建立 TCP 连接,若主机乙接受该连接请求,则主机乙向主机甲发送的正确的 TCP 段可能是(　　)。

　　A. (SYN=0,ACK=0,seq=11221,ack=11221)
　　B. (SYN=1,ACK=1,seq=11220,ack=11220)

C. (SYN=1,ACK=1,seq=11221,ack=11221)
D. (SYN=0,ACK=0,seq=11220,ack=11220)

【出处】 2011年第39题
【答案】 C
【考点】 传输层——TCP协议
【解析】
此题主要考查考生对 TCP 协议连接建立过程的理解。

TCP 协议是一个面向连接的传输层协议,在数据传输之前需要建立 TCP 连接,然后才能传输数据。TCP 协议在连接建立过程中,双方需要初始化一些"参数"并将这些参数值交换给对方,保证双方均明确对方的状态,从而保证连接建立过程的可靠。比较重要的参数包括初始序列号和接收窗口。在建立新的 TCP 连接时,双方并不是使用确定的序号作为初始序列号,因此彼此必须清楚对方此次连接所选择的初始序列号,并且也要清楚对方为本次连接分配的接收缓存大小(即初始接收窗口)等信息。保证 TCP 连接可靠建立的过程是三次握手过程:发起连接方首先向对方发送 SYN=1 的控制段,请求建立 TCP 连接,并选择初始序列号以及初始接收窗口,这就是第一次握手;如果受邀连接的一方,同意建立连接,则向发起方发送第二次握手信息,即发送一个 SYN=1,ACK=1 的控制段,并且选择初始序列号与接收缓存;进一步地,发起方还需要向受邀方发送一个 ACK=1 的确认段作为第三次握手,最终完成连接建立。三次握手缺一不可,否则无法让双方均明确对方状态。三次握手过程中,第一、第二次握手的 SYN 段和 SYN+ACK 段不携带任何数据,而第三次握手的 ACK 段可以携带数据。另外,在连接建立过程中,SYN=1 的段(第一次握手的段和第二次握手的段)虽然不携带数据,但要消耗掉一个序列号,而单纯的 ACK=1(SYN=0,且不携带数据)的确认段,不消耗序列号。

题中主机甲发送的(SYN=1,seq=11220)段就是第一次握手,11220 是主机甲为本次连接选择的甲方的初始序列号。由于主机乙同意建立连接,因此题中强调的"正确的"TCP 段,就意味着主机乙会向主机甲发送一个正确的第二次握手控制段,即 SYN=1、ACK=1、确认序列号 ack=11221 的 TCP 段。至于主机乙的初列始序号,理论上任何在 $[0, 2^{32}-1]$ 范围内的数都是可能的,恰巧选择了 11221 也不足为奇,因此主机乙给主机甲发送的第二次握手的 TCP 段就可能是(SYN=1,ACK=1,seq=11221,ack=11221)。

故正确答案是 C。

24. 如果本地域名服务器无缓存,当采用递归方法解析另一网络某主机域名时,用户主机、本地域名服务器发送的域名请求消息数分别为(　　)。

　　A. 一条、一条　　B. 一条、多条　　C. 多条、一条　　D. 多条、多条

【出处】 2010年第40题
【答案】 A
【考点】 应用层——DNS系统
【解析】
此题主要考查考生对域名解析过程的理解。

域名系统提供两种查询方法:递归查询和迭代查询。提供递归查询服务的域名服务器收到域名查询请求时,如果没有用户查询的域名信息,则代理该查询,向其他域名服务器进

行查询,并最终将域名解析结果发送给查询用户;提供迭代查询服务的域名服务器收到域名查询请求时,如果没有用户查询的域名信息,却不会代理该查询,而是利用其他域名服务器进行响应,让查询用户进一步向其他域名服务器进行查询。域名系统为了提高域名解析效率,通常都会缓存查询到的域名解析结果。当域名服务器收到查询请求时,无论本身是被查询域名主机的授权域名服务器或者缓存了相关信息,均可以直接为查询用户响应。

每个主机在配置 IP 地址等信息时,都会配置一个默认(缺省)域名服务器,以明确该主机需要进行域名解析时,将域名查询请求发送给该域名服务器。在域名解析过程中,该域名服务器被称为本地域名服务器,而本地域名服务器一定为主机提供递归查询服务,这样,主机在域名查询过程中只需向本地域名服务器发送一条查询请求消息即可。

题中本地域名服务器"无缓存",意味着其他网络的主机域名信息在该域名服务器上没有保存,该域名服务器也不是"另一网络"主机的授权域名服务器,因此,本地域名服务器一定会代理此次域名解析,进一步查询其他域名服务器。由于整个域名解析过程采用"递归方法"解析,所以本地域名服务器也仅需要发送一次查询请求便可以得到查询结果,并将该结果发送给查询主机。因此,"用户主机、本地域名服务器发送的域名请求消息数分别为""一条、一条"。

故正确答案是 A。

25. FTP 客户和服务器间传递 FTP 命令时,使用的连接是( )。
    A. 建立在 TCP 之上的控制连接
    B. 建立在 TCP 之上的数据连接
    C. 建立在 UDP 之上的控制连接
    D. 建立在 UDP 之上的数据连接

【出处】 2009 年第 40 题
【答案】 A
【考点】 应用层——FTP
【解析】

此题主要考查考生对 FTP 应用层协议的命令传输和数据传输特性的理解。

FTP 作为文件传输应用的应用层协议使用 TCP 协议实现命令和文件传输。FTP 协议是一个带外控制协议,这是该协议的一个比较显著的特性,FTP 协议通过建立两个 TCP 连接,分别用于传输命令和数据。FTP 客户首先与服务器端的 21 号端口建立一个 TCP 连接,该连接就是控制连接,用于传输 FTP 命令,控制连接在整个会话期间一直保持连接。当 FTP 客户与服务器之间需要进行数据传输时(如上/下载文件),FTP 客户与服务器端的 20 号端口建立一个临时的 TCP 连接,即数据连接,用于数据传输,当数据传输结束后该连接即被拆除。

题中所述是在 FTP 客户与服务器之间传输 FTP 命令,自然是使用"建立在 TCP 之上的控制连接"。

故正确答案是 A。

26. 若用户 1 与用户 2 之间发送和接收电子邮件的过程如下图所示,则图中①、②、③阶段分别使用的应用层协议可以是( )。

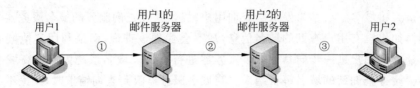

A. SMTP、SMTP、SMTP B. POP3、SMTP、POP3
C. POP3、SMTP、SMTP D. SMTP、SMTP、POP3

【出处】 2012 年第 40 题

【答案】 D

【考点】 应用层——电子邮件

【解析】

此题主要考查考生对电子邮件的收发过程以及电子邮件应用层协议的理解与运用。

Internet 中的电子邮件系统主要涉及两类应用层协议：邮件发送协议和邮件接收协议。最基本的邮件发送协议就是 SMTP 协议（很多现实系统会使用扩展的 SMTP 协议，即 ESMTP），该协议使用 TCP 协议进行邮件数据传输，以确保邮件传输的可靠性。SMTP 协议的一个特点就是"推送"，即发送邮件一方会以 SMTP 协议客户端的身份与 SMTP 的服务器端（25 号端口）建立 TCP 连接，然后将邮件发送（推送）到服务器上。也正是 SMTP 协议的这一特点，使得在整个邮件的发送和接收过程中不可能仅使用 SMTP 协议，还需要一类邮件接收协议，使得接收邮件的用户能够主动收取或处理其邮箱中的邮件，这类协议包括 POP（POP3 是目前应用比较广泛的第三版 POP 协议）、IMAP 等。随着 Web Mail 邮件系统的普及与应用，用户在向服务器发送邮件和接收邮件过程中，实际上使用了 HTTP 协议。

结合题中描述的邮件发送与接收过程以及选项限定的可选协议，在第①、第②阶段只能使用 SMTP 协议，在第③阶段只能使用 POP3 协议。故正确答案是 D。

27. 使用浏览器访问某大学 Web 网站主页时，不可能使用到的协议是（　　）。

A. PPP　　　　B. ARP　　　　C. UDP　　　　D. SMTP

【出处】 2014 年第 40 题

【答案】 D

【考点】 WWW

【解析】

本题看似简单，但实质有一定的综合性。客户端在访问 Web 页面时，可能会利用域名访问，因此需要进行域名解析，而域名解析过程中可能会用到 UDP 协议传输 DNS 报文，因此 C 选项不正确。客户端在通信时需要将 IP 分组封装到链路层数据帧中，这时可能会用到 ARP 协议进行地址解析，例如解析默认网关的 MAC 地址，因此，B 选项也不是正确选项。由于题目中没有明确客户端是采用什么方式接入互联网的，如果客户端采用拨号接入或宽带接入（如 ADSL），则在通信过程中就会用到 PPP 协议，因此，A 选项也不是正确选项。SMTP 协议是简单邮件传输协议，是电子邮件应用的应用层协议，用于客户端向邮件服务器传送邮件或者邮件服务器之间传送邮件时使用的协议，因此，在利用浏览器访问某大学 Web 网站时，不会用到 SMTP 协议。

故正确答案为 D。

28. 某浏览器发出的 HTTP 请求报文如下：

```
GET /index.html HTTP/1.1
Host：www.test.edu.cn
Connection：Close
Cookie：123456
```

下列叙述中,错误的是(　　)。

　　A. 该浏览器请求浏览 index.html

　　B. index.html 存放在 www.test.edu.cn 上

　　C. 该浏览器请求使用持续连接

　　D. 该浏览器曾经浏览过 www.test.edu.cn

【出处】 2015 年第 40 题

【答案】 C

【考点】 WWW

【解析】

本题考查的是对 HTTP 协议请求报文结构以及典型报文首部的理解。HTTP 请求报文的第一行为请求行,包括方法(或命令)、URL 和 HTTP 协议版本三部分,其中方法是用于请求服务器进行怎样的操作,GET 是最常用的方法,用于请求服务器将 URL 指定的 Web 页或对象发送给客户端进行浏览,因此,A 选项不是正确选项。Host 首部给出的是服务器的域名,因此,B 选项也是错误选项。Connection 首部给出的是如何使用 TCP 连接,因为题中给出的是"Close",即服务器发送响应报文后立即断开 TCP 连接,因此,不使用持续连接,故 C 选项是正确选项。另外,Cookie 首部的值是早前该网站为该用户分配的 cookie 值,因此可以断定该用户之前一定访问过该网站,因此,D 选项也是错误的。

二、综合应用题

1. 某网络拓扑如下图所示,路由器 R1 通过接口 E1、E2 分别连接局域网 1、局域网 2,通过接口 L0 连接路由器 R2,并通过路由器 R2 连接域名服务器与互联网。R1 的 L0 接口的 IP 地址是 202.118.2.1;R2 的 L0 接口的 IP 地址是 202.118.2.2,L1 接口的 IP 地址是 130.11.120.1,E0 接口的 IP 地址是 202.118.3.1;域名服务器的 IP 地址是 202.118.3.2。

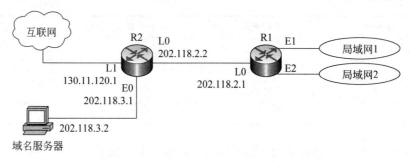

域名服务器 R1 和 R2 的路由表结构为:

目的网络	子网掩码	下一跳	接口

请回答下列问题,要求说明理由或给出计算过程。

(1)将 IP 地址空间 202.118.1.0/24 分配给局域网 1、局域网 2,每个局域网需分配的 IP 地址数不少于 120 个。请给出分配结果,并分别写出局域网 1、局域网 2 的可分配地址空间。

(2)请给出 R1 的路由表,使其明确包括到局域网 1 的路由、局域网 2 的路由、域名服务器的主机路由和互联网的路由。

(3)请采用路由聚合技术,给出 R2 到局域网 1、局域网 2 的路由。

【出处】 2009 年第 47 题

【考点】 网络层——子网划分与子网掩码、CIDR、路由表与路由转发

【答案】

(1)把 IP 地址空间 202.118.1.0/24 划分为 2 个等长的子网。划分结果为:

子网 1:子网地址为 202.118.1.0,子网掩码为 255.255.255.128(或子网 1:202.118.1.0/25)

子网 2:子网地址为 202.118.1.128,子网掩码为 255.255.255.128(或子网 2:202.118.1.128/25)

地址分配方案:子网 1 分配给局域网 1,子网 2 分配给局域网 2;或子网 1 分配给局域网 2,子网 2 分配给局域网 1。

(2)R1 的路由表如下:

参考答案一:

(若子网 1 分配给局域网 1,子网 2 分配给局域网 2)

目的网络 IP 地址	子网掩码	下一跳 IP 地址	接口
202.118.1.0	255.255.255.128	—	E1
202.118.1.128	255.255.255.128	—	E2
202.118.3.2	255.255.255.255	202.118.2.2	L0
0.0.0.0	0.0.0.0	202.118.2.2	L0

参考答案二:

(若子网 1 分配给局域网 2,子网 2 分配给局域网 1)

目的网络 IP 地址	子网掩码	下一跳 IP 地址	接口
202.118.1.128	255.255.255.128	—	E1
202.118.1.0	255.255.255.128	—	E2
202.118.3.2	255.255.255.255	202.118.2.2	L0
0.0.0.0	0.0.0.0	202.118.2.2	L0

(3)R2 的路由表中,到局域网 1 和局域网 2 的路由表项如下:

目的网络 IP 地址	子网掩码	下一跳 IP 地址	接口
202.118.1.0	255.255.255.0	202.118.2.1	L0

【解析】

此题综合考查考生对子网划分、路由聚集以及路由表的理解与综合运用。

对于一个给定的 IP 网络 $a.b.c.d/x$(IPv4 网络),如果需要将其划分为多个子网,可以利用其主机域的$(32-x)$个比特中的部分比特加以区分。如果利用 r 个比特区分子网($r\in[1,30-x]$),则可以将原网络 $a.b.c.d/x$ 划分为 2^r 个等长的子网,每个子网 IP 地址空间为 $2^{(32-x-r)}$,其中每个子网中除了 $a.b.c.d/x$ 的网络前缀的 x 个比特与区分子网的 r 个比特外,剩余比特全为 0 和全为 1 的地址,分别作为对应子网的子网地址和子网直接广播地址,因此,每个子网可分配 IP 地址空间为$(2^{(32-x-r)}-2)$。可见,r 越大,可区分的子网数越多,但每个子网可分配 IP 地址空间越小,即每个子网可分配给主机的地址数越少。因此,究竟应该选择多大的 r 划分子网,要根据实际网络的子网数以及子网规模来定。另外,具体从$(32-x)$个比特中选择哪几个比特区分子网,理论上来讲,任选 r 个比特均可以,但是如果这 r 个比特随便选择,就可能导致划分出来的子网地址不连续,给网络管理、地址分配等带来极大的不便。因此,在实际划分子网时,会从$(32-x)$个比特中的高比特位连续选择 r 个比特。

通常子网划分后,会利用路由器等第三层网络互连设备进行互联,通过路由器实现子网间的 IP 分组转发。为此,在路由器的路由表中需要明确到达这些子网的 IP 分组应该如何转发,其中关键一点就是要准确描述每个子网。准确描述一个子网可以通过两种形式:一种是 CIDR 形式,子网地址形如 $a'.b'.c'.d'/(x+r)$;另一种形式就是子网地址(每个子网的$(x+r)$个前缀是特定值,剩余$(32-x-r)$个比特全为 0 的地址)加子网掩码。子网掩码的取值是对应子网的$(x+r)$个高比特位全取 1,剩余$(32-x-r)$个比特全为 0 的地址。另外,如果在路由表中描述到达某个特定主机(该主机 IP 地址为 $a^*.b^*.c^*.d^*$)的路由,则利用 $a^*.b^*.c^*.d^*/32$ 或(目的网络:$a^*.b^*.c^*.d^*$,子网掩码:255.255.255.255)来表示该特定主机;利用 0.0.0.0/0 或(目的网络:0.0.0.0,子网掩码:0.0.0.0)来表示默认路由,通常表示去往其他网络(如 Internet)的路由。

为了提高路由效率,尽可能减少路由表项数,通常会尽可能将能够聚集在一起的子网聚集成一个大的子网。路由聚集可以视为是子网划分的逆过程,通常 2^n 个前缀长度为 x 的子网,如果这些子网具有$(x-n)$个比特长度的共同网络前缀,则这些子网可以聚集为一个网络前缀长度为$(x-n)$的大子网(也称为超网)。在路由表中,满足这个基本条件的子网是否要聚集(或能聚集)为一个大子网,还要看它们是否有相同的路由"路径",即"下一跳"和"接口"是否相同,相同才能聚集,否则不能聚集。

对于题中的问题(1):由于每个局域网需分配的 IP 地址数不少于 120 个,因此可以将 IP 地址空间 202.118.1.0/24 划分为 2 个等长的子网,分配给局域网 1 和局域网 2,这样每个子网可分配 IP 地址空间是 $2^7-2=126$,满足题中要求。划分后得到 2 个子网:202.118.1.0/25(或子网地址:202.118.1.0,子网掩码:255.255.255.128);202.118.1.128/25(或子网地址:202.118.1.128,子网掩码:255.255.255.128)。将子网 202.118.1.0/25 分配给局域网 1,子网 202.118.1.128/25 分配给局域网 2,则局域网 1 的可分配地址空间是:202.118.1.1~202.118.1.126;局域网 2 的可分配地址空间是:202.118.1.129~202.118.1.254。

对于题中的问题(2):若将子网 202.118.1.0/25 分配给局域网 1,子网 202.118.1.128/25 分配给局域网 2,则 R1 的路由表包括到达子网 202.118.1.0/25 和子网 202.118.1.128/25

两个直连网络的路由,一个到达 202.118.3.2/32 的特定主机路由以及一个到达 Internet 的默认路由 0.0.0.0/0。于是,R1 的路由表如下:

目的网络	子网掩码	下一跳	接口
202.118.1.0	255.255.255.128	—	E1
202.118.1.128	255.255.255.128	—	E2
202.118.3.2	255.255.255.255	202.118.2.2	L0
0.0.0.0	0.0.0.0	202.118.2.2	L0

对于题中的问题(3):局域网 1 对应的子网 202.118.1.0/25 和局域网 2 对应的子网 202.118.1.128/25,具有相同的 24 个比特网络前缀 202.118.1,且在 R2 的路由表中具有相同的"下一跳"(202.118.2.1)和"接口"(L0),因此可以聚集为一个子网 202.118.1.0/24。于是,R2 路由表中关于到达局域网 1 和局域网 2 的路由信息如下:

目的网络	子网掩码	下一跳	接口
202.118.1.0	255.255.255.0	202.118.2.1	L0

2. 某主机的 MAC 地址为 00-15-C5-C1-5E-28,IP 地址为 10.2.128.100(私有地址)。题 2-a 图是网络拓扑,题 2-b 图是该主机进行 Web 请求的 1 个以太网数据帧前 80 个字节的十六进制及 ASCII 码内容。

题 2-a 图　网络拓扑

```
0000  00 21 27 21 51 ee 00 15 c5 c1 5e 28 08 00 45 00   .!'!Q.....^(..E.
0010  01 ef 11 3b 40 00 80 06 ba 9d 0a 02 80 64 40 aa   ...;@........d@.
0020  62 20 04 ff 00 50 e0 e2 00 fa 7b f9 f8 05 50 18   b ...P....{...P.
0030  fa f0 1a c4 00 00 47 45 54 20 2f 72 66 63 2e 68   ......GE T /rfc.h
0040  74 6d 6c 20 48 54 54 50 2f 31 2e 31 0d 0a 41 63   tml HTTP /1.1..Ac
```

题 2-b 图　以太网数据帧(前 80 字节)

请参考图中的数据回答以下问题。

(1) Web 服务器的 IP 地址是什么?该主机的默认网关的 MAC 地址是什么?

(2) 该主机在构造题 2-b 图的数据帧时,使用什么协议确定目的 MAC 地址?封装该协议请求报文的以太网帧的目的 MAC 地址是什么?

(3) 假设 HTTP/1.1 协议以持续的非流水线方式工作,一次请求-响应时间为 RTT,rfc.html 页面引用了 5 个 JPEG 小图像,则从发出题 2-b 图中的 Web 请求开始到浏览器收到全部内容为止,需要多少个 RTT?

(4) 该帧所封装的 IP 分组经过路由器 R 转发时,需修改 IP 分组头中的哪些字段?

注:以太网数据帧结构和 IP 分组头结构分别如题 2-c 图、题 2-d 图所示。

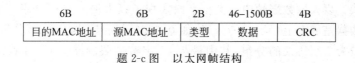

题 2-c 图　以太网帧结构

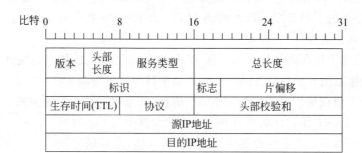

题 2-d 图　IP 分组头结构

【出处】　2011 年第 47 题

【考点】　计算机网络——数据链路层、网络层、应用层——以太网、ARP 协议、IPv4、WWW 应用

【答案】

（1）从题 2-b 图可知，该数据帧所封装的 IP 分组的目的地址就是 Web 服务器的 IP 地址，即 64.170.98.32（40 aa 62 20H）；该数据帧的目的 MAC 地址就是该主机的默认网关 MAC 地址，即 00-21-27-21-51-ee。

（2）该主机在构造题 2-b 图的数据帧时，使用 ARP 协议确定目的 MAC 地址；因为 ARP 协议请求报文需要进行广播，所以封装 ARP 协议请求报文的以太网帧的目的 MAC 地址是 ff-ff-ff-ff-ff-ff。

（3）根据持续的非流水线方式 HTTP/1.1 协议的工作原理，每个 RTT 传输一个对象，共需要传输 6 个对象（1 个 html 页面和 5 个 JPEG 小图像），所以共需要 6 个 RTT。

（4）该帧所封装的 IP 分组经过路由器 R 转发时，需要修改 IP 分组头中的字段有源 IP 地址、TTL 和头部校验和。

【解析】

该题考查考生综合运用以太网、ARP、IPv4、NAT、HTTP 等相关知识解决实际问题的能力以及对网络协议数据包的理解与解析能力。

通过以太网发送 IP 分组时，需将其封装到以太网数据帧中，以太网帧结构如题 2-c 图所示。目的 MAC 地址和源 MAC 地址字段分别标识数据帧的接收站点和数据帧的发送站点。MAC 地址有三种类型，分别为单播地址、多播地址（组播地址）和广播地址，以太网数据帧中的目的 MAC 地址字段可以是单播地址、多播地址和广播地址，而源 MAC 地址字段只能是单播地址。单播地址是分配给每个站点的唯一地址，若以太网数据帧中的目的 MAC 地址字段是单播地址，则只有对应的站点才会接收该数据帧；一个多播地址用于标识一个多播组的所有站点，若以太网数据帧中的目的 MAC 地址字段是多播地址，则属于该多播组的所有站点成员均接收该数据帧；MAC 地址的广播地址是 ff-ff-ff-ff-ff-ff，标识局域网中的所有站点，若以太网数据帧中的目的 MAC 地址字段是广播地址，则局域网中所有站点都接收该数据帧。以太网数据帧中的类型字段实现了以太网的复用分用功能,用于区分数据帧所封装的数据是哪个上层协议的分组,如 0x0800 表示封装的是 IP 分组。以太网数据帧中的数据字段为上层协议的分组,其中最少 46 字节的限制是由 CSMA/CD 协议冲突检测原理与网络规模约束的,当上层协议的分组长度不足 46 字节时,需通过填充使其达到 46 字节;而 1500 字节的上限确定了以太网的 MTU 为 1500 字节。实现以太网数据帧差错检测的 CRC 字段则是由硬件完成的。

以太网中的源主机在向目的主机发送 IP 分组时,需要将 IP 分组封装到以太网数据帧中,为此需要确定数据帧的目的 MAC 地址。如果目的主机与源主机位于同一局域网内,则源主机使用 ARP 协议解析目的主机的 MAC 地址;如果目的主机与源主机不在同一局域网内,则源主机使用 ARP 协议解析默认网关(通常为路由器)的 MAC 地址。ARP 协议解析 MAC 地址的过程如下:源主机构造一个 ARP 请求帧,该帧的目的 MAC 地址为广播地址(即 ff-ff-ff-ff-ff-ff),帧中包含源主机的 IP 地址和待解析 IP 地址,网络中所有站点均接收并处理该请求帧,IP 地址为待解析 IP 地址的主机或默认网关回送一个 ARP 响应帧,该响应帧包含待解析 IP 地址主机或默认网关的 MAC 地址,源主机接收该响应帧后便获得目的主机或默认网关的 MAC 地址,同时将 IP 地址和 MAC 地址的对应关系存放于 ARP 缓存(即 ARP 表)中,后续 IP 分组的发送则直接通过 ARP 缓存查找 MAC 地址。

路由器转发 IP 分组时,根据 IP 分组的目的 IP 地址查找路由表,得到下一跳路由器的 IP 地址和转发接口,便可将 IP 分组发到对应的网络接口层进行封装发送。IP 分组在发到特定的网络接口层之前,路由器通常还需完成:

(1) 若主机使用私有地址且路由器具备 NAT 功能,则转发 IP 分组前需对其进行修改,包括 IP 地址替换(去往外网的 IP 分组替换源 IP 地址,进入内网的 IP 分组替换目的 IP 地址)与端口号替换(去往外网的 TCP 或 UDP 段替换源端口号,进入内网的 TCP 或 UDP 段替换目的端口号)等。

(2) 为防止 IP 分组在环状路径(路由协议未收敛等原因造成)中不断转发,路由器转发 IP 分组时,对 IP 分组中的 TTL 字段做减 1 操作,TTL 减为 0 时,路由器将丢弃该 IP 分组并向源主机发送"超时"ICMP 报文。另外,由于 TTL 字段的改变等原因,IP 分组的头部校验和字段需要重新计算。

(3) 若在转发过程中涉及 IP 分组分片操作,则 IP 分组的标志字段、片偏移字段和总长度字段也需进行修改。

HTTP 是 Web 应用的应用层协议,该协议定义浏览器如何向 Web 服务器请求对象以及 Web 服务器如何向浏览器进行响应。HTTP 协议使用传输层的 TCP 协议,保证数据的可靠传输。HTTP 协议目前主要有 HTTP/1.0 和 HTTP/1.1 两个版本。HTTP/1.0 请求一个对象需建立 TCP 连接、完成对象请求与响应后释放 TCP 连接,若不考虑对象的传输时间,每请求一个对象需要的时间为 2 个 RTT(往返时间)。HTTP/1.1 可以使用持续连接的工作方式,请求多个对象时,只需使用一个 TCP 连接。HTTP/1.1 支持两种持续连接工作方式,即流水线方式和非流水线方式,非流水线方式是通过同一个 TCP 连接,在收到一个对象响应之后再发送下一个对象的请求;采用流水线方式工作时,也是通过同一个 TCP 连接,但多个对象请求可连续发出,这种方式可以进一步减少请求对象所需的时间。

对于题中的问题(1):Web 服务器的 IP 地址是 IP 分组中的目的 IP 地址,主机的默认网关的 MAC 地址是所发送以太网帧的目的 MAC 地址。依据题 2-c 图和题 2-d 图给出的以太网帧与 IP 分组头结构，对题 2-b 图给出的数据帧解析得到部分信息如下表所示：

目的 MAC 地址	源 MAC 地址	类型	源 IP 地址	目的 IP 地址
00 21 27 21 51 ee	00 15 c5 c1 5e 28	0800	0a 02 80 64	40 aa 62 20

根据上表信息可知 Web 服务器的 IP 地址为 64.170.98.32(40 aa 62 20H)；该主机的默认网关 MAC 地址是 00-21-27-21-51-ee。

对于题中的问题(2)：该主机在构造题 2-b 图的数据帧时，需使用 ARP 协议确定目的 MAC 地址。封装 ARP 协议请求报文的以太网帧的目的 MAC 地址是广播地址 ff-ff-ff-ff-ff-ff。

对于题中的问题(3)：由于 rfc.html 页面引用了 5 个 JPEG 小图像，请求的对象总数为 6 个，工作方式是 HTTP/1.1 协议的持续的非流水线方式，故使用同一个 TCP 连接依次完成 6 个对象的请求与响应，获取 1 个对象需要 1 个 RTT 时间。于是，从发出题 2-b 图中的 Web 请求开始到浏览器收到全部内容为止，共需要 6 个 RTT。

对于题中的问题(4)：由于源主机的 IP 地址为 10.2.128.100(0a 02 80 64H)，是私有地址，因此路由器需要完成 NAT 功能。故路由器转发 IP 分组时需要修改 IP 分组头中的字段有：源 IP 地址、TTL 和头部校验和。

3. 某网络中的路由器运行 OSPF 路由协议，题 3 表是路由器 R1 维护的主要链路状态信息(LSI)，题 3 图是根据题 3 表及 R1 的接口名构造出来的网络拓扑。

题 3 表　R1 所维护的 LSI

		R1 的 LSI	R2 的 LSI	R3 的 LSI	R4 的 LSI	备　注
Router ID		10.1.1.1	10.1.1.2	10.1.1.5	10.1.1.6	标识路由器的 IP 地址
Link1	ID	10.1.1.2	10.1.1.1	10.1.1.6	10.1.1.5	所连路由器的 Router ID
	IP	10.1.1.1	10.1.1.2	10.1.1.5	10.1.1.6	Link1 的本地 IP 地址
	Metric	3	3	6	6	Link1 的费用
Link2	ID	10.1.1.5	10.1.1.6	10.1.1.1	10.1.1.2	所连路由器的 Router ID
	IP	10.1.1.9	10.1.1.13	10.1.1.10	10.1.1.14	Link2 的本地 IP 地址
	Metric	2	4	2	4	Link2 的费用
Net1	Prefix	192.1.1.0/24	192.1.6.0/24	192.1.5.0/24	192.1.7.0/24	直连网络 Net1 的网络前缀
	Metric	1	1	1	1	到达直连网络 Net1 的费用

请回答下列问题。

(1) 假设路由表结构如下表所示，请给出题 3 图中 R1 的路由表，要求包括到达题 3 图

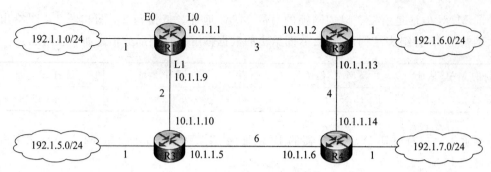

题 3 图 R1 构造的网络拓扑

中子网 192.1.x.x 的路由,且路由表中的路由项尽可能少。

| 目的网络 | 下一跳 | 接口 |

(2) 当主机 192.1.1.130 向主机 192.1.7.211 发送一个 TTL=64 的 IP 分组时,R1 通过哪个接口转发该 IP 分组?主机 192.1.7.211 收到的 IP 分组的 TTL 是多少?

(3) 若 R1 增加一条 Metric 为 10 的链路连接 Internet,则题 3 表中 R1 的 LSI 需要增加哪些信息?

【出处】 2014 年第 3 题

【考点】 OSPF 协议、路由表、路由聚集、TTL、默认路由

【答案】

(1) 子网 192.1.6.0/24 和 192.1.7.0/24 在 R1 的路由表中可聚合为一个子网 192.1.6.0/23。于是得到 R1 的路由表如下:

目的网络	下一跳	接口
192.1.1.0/24	—	E0
192.1.6.0/23	10.1.1.2	L0
192.1.5.0/24	10.1.1.10	L1

(2) R1 通过 L0 接口转发该 IP 分组。主机 192.1.7.211 收到的 IP 分组的 TTL 是 61。

(3) R1 的 LSI 需要增加一条特殊的直连网络,网络前缀 Prefix 为"0.0.0.0/0",Metric 为 10。

【解析】

本题与 2014 年的 42 题构成一道综合"数据结构"与"计算机网络"两门课程的综合题,题型新颖,代表一种命题新趋势。这类综合题,打破了课程界限,可以有效考查考生灵活运用所掌握的知识、理论与方法,解决实际问题的能力。

本题是以 OSPF 路由协议为背景,考查了 OSPF 协议的链路状态数据库、Dijkstra 最短路径求解算法、路由表、路由聚集、TTL 以及默认路由等网络知识的运用。OSPF 路由协议是一个内部网关协议(即自治系统内路由协议),该协议基于链路状态路由算法计算路由。为此,每个路由器都会收集与其相连的邻居路由器标识以及彼此链路代价等信息,构造链路状态分组,在自治系统内扩散(OSPF 可以将自治系统分区,如果分区,则只在所在区内扩

散)。这样,每个路由器都会收集到其他路由器的链路状态分组,将其中的链路状态信息存储到链路状态数据库中,每个路由器都要维护并定期更新该数据库。显然,该数据库维护的信息,就是路由器所在自治系统(或区)的网络拓扑信息。题 3 表就是简化的 R1 的链路状态数据库,题 3 图就是与该表等价的网络拓扑图。事实上,路由器并不需要真正构造网络拓扑图,利用最短路径路由算法计算路由时都是利用链路状态数据库信息即可,当然,算法比较复杂。

本题考查的另一个重点是路由表与路由聚集。需要注意的是,在本题中只有目的网络一列,并没有子网掩码,这样在这一列中必须利用 CIDR 地址形式给出一个目的网络地址,否则就不能准确描述一个子网。再者,在填写路由表时,应尽可能将可聚集的网络路由进行聚集,从而减少路由项,提高路由效率。这就需要准确判断哪些网络可以聚集,哪些不能聚集了。

对于题中的问题(1):由于子网 192.1.6.0/24 和 192.1.7.0/24 在 R1 的路由表具有相同的下一跳和接口,并且具有共同的 23 位网络前缀,于是可以将这两个子网聚集为一个子网 192.1.6.0/23。这样,根据题意,R1 的路由表只有关于子网 192.1.1.0/24、192.1.6.0/23 和 192.1.5.0/24 三个子网的路由项,于是可得上述答案。

对于题中的问题(2):TTL 是 IP 分组首部的一个字段,在源主机构造 IP 分组时设定一个初值,例如 128、64 等。当 IP 分组经过路由器转发时,路由器要将 TTL 值减 1,如果 TTL=0,则丢弃该 IP 分组,并向源主机发送一个 type=11、code=0 的 ICMP 报文。对于题中的 IP 分组,根据(1)中得出的路由表,R1 会通过 L0 接口转发该分组;该 IP 分组从源主机到目的主机过程中,分别被 R1、R2、R4 进行转发(题 3 求得最短路径),每个路由器分别对 TTL 减 1,因此目的主机收到的 IP 分组的 TTL=64-3=61。

对于题中的问题(3):在 R1 路由器增加一条链路连接 Internet,描述到达 Internet 路由的应该是默认路由,即到达"0.0.0.0/0",因此,根据题 3 表,R1 的 LSI 需要增加一条特殊的直连网络,网络前缀 Prefix 为"0.0.0.0/0",Metric 为 10。

4. 某网络拓扑如题 4 图所示,其中路由器内网接口、DHCP 服务器、WWW 服务器与主机 1 均采用静态 IP 地址配置,相关地址信息见图中标注;主机 2~主机 N 通过 DHCP 服务器动态获取 IP 地址等配置信息。

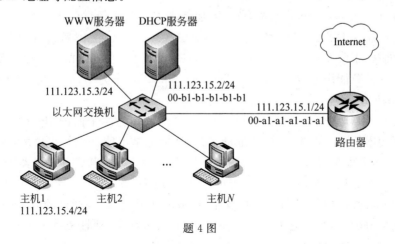

题 4 图

请回答下列问题。

(1) DHCP服务器可为主机2～主机N动态分配IP地址的最大范围是什么？主机2使用DHCP协议获取IP地址的过程中，发送的封装DHCP Discover报文的IP分组的源IP地址和目的IP地址分别是什么？

(2) 若主机2的ARP表为空，则该主机访问Internet时，发出的第一个以太网帧的目的MAC地址是什么？封装主机2发往Internet的IP分组的以太网帧的目的MAC地址是什么？

(3) 若主机1的子网掩码和默认网关分别配置为255.255.255.0和111.123.15.2，则该主机是否能访问WWW服务器？是否能访问Internet？请说明理由。

【出处】 2015年第47题

【考点】 DHCP协议、IP地址、ARP协议、默认网关、子网掩码

【答案】

(1) DHCP服务器可为主机2～主机N动态分配IP地址的最大范围是：111.123.15.5～111.123.15.254；主机2发送的封装DHCP Discover报文的IP分组的源IP地址和目的IP地址分别是0.0.0.0和255.255.255.255。

(2) 主机2发出的第一个以太网帧的目的MAC地址是ff-ff-ff-ff-ff-ff；封装主机2发往Internet的IP分组的以太网帧的目的MAC地址是00-a1-a1-a1-a1-a1。

(3) 主机1能访问WWW服务器，但不能访问Internet。由于主机1的子网掩码配置正确而默认网关IP地址被错误地配置为111.123.15.2（正确IP地址是111.123.15.1），所以主机1可以访问在同一个子网内的WWW服务器，但当主机1访问Internet时，主机1发出的IP分组会被路由到错误的默认网关(111.123.15.2)，从而无法到达目的主机。

【解析】

本题综合考查DHCP协议、IP地址的分配、ARP协议、默认网关、子网掩码以及子网内通信与网间通信过程等内容。

DHCP协议是动态主机配置协议，是目前主机自动配置IP地址等信息最常用的协议。该协议支持主机动态获取（租用）IP地址、子网掩码等IP地址相关配置信息。为此，在各主机所在网络中需要部署DHCP服务器，每个主机在启动时，自动运行DHCP协议的客户端，发送DHCP发现(Discover)报文，DHCP服务器发送服务提供(offer)报文，主机发送地址租赁请求(request)报文，DHCP协议发送确认(ACK)报文，主机完成IP地址的租赁，并且完成默认网关、子网掩码以及DNS等配置。在这个通信过程中，由于主机还没有明确IP地址等信息，因此只能用受限广播地址255.255.255.255作为IP分组的目的IP地址，用0.0.0.0作为源IP地址。

每个子网的IP地址空间中，主机域全0的IP地址作为本子网的IP地址，主机域全1的IP地址作为本子网的直接广播IP地址，这两个地址是不能分配给主机的，剩余IP地址称为本子网的可分配IP地址。在实际网络分配时，需要注意连接该在网的路由器接口属于该子网，因此需要分配一个该子网的一个可分配IP地址。

对于题中的问题(1)：根据图中IP地址的CIDR形式可知，该子网的网络前缀为24位，因此，该子网可分配IP地址数为$2^{(32-24)}-2=254$，可分配IP地址范围为111.123.15.1～111.123.15.254，子网地址为111.123.15.0，直接广播地址为111.123.15.255。又由于题

中已为连接子网的路由器接口、DHCP 服务器、WWW 服务器和主机 1 分配了 IP 地址（静态分配），因此，DHCP 服务器可以为主机 2～主机 N 动态分配 IP 地址的最大范围是 111.123.15.5～111.123.15.254。

当主机在发送 IP 分组时需要将 IP 分组封装到数据链路层数据帧中（题中为以太网帧），因此需要确定该以太网帧的目的 MAC 地址。如果目的主机与源主机在同一子网内，则该帧的目的 MAC 地址就是目的主机的 MAC 地址；如果目的主机与源主机不在同一个子网内，则该帧的目的 MAC 地址是默认网关的 MAC 地址。不管哪种情况，源主机都是首先检索 ARP 表，如果有与目的主机 IP 地址（源、目的主机同在一个子网时）匹配的入口（entry）或者与默认网关 IP 地址（源、目的主机不在同一个子网时）匹配的入口时，则直接使用对应的 MAC 地址作为封装 IP 分组的数据帧的目的 MAC 地址；如果在 ARP 表中检索不到对应的 MAC 地址，则利用 ARP 协议进行地址解析（或者是解析目的主机的 MAC 地址，或者是解析默认网关的 MAC 地址）。在地址解析时，主机需要广播 ARP 查询报文，即 ARP 查询报文封装到目的 MAC 地址为 ff-ff-ff-ff-ff-ff 的数据帧中。

对于题中的问题（2）：由于 ARP 表为空，所以当主机 2 访问 Internet 时，首先需要通过 ARP 协议解析默认网关的 MAC 地址。因此，主机 2 发出的第一个以太网帧的目的 MAC 地址是 ff-ff-ff-ff-ff-ff；封装主机 2 发往 Internet 的 IP 分组的以太网帧的目的 MAC 地址就是默认网关的 MAC 地址，即路由器接口的 MAC 地址 00-a1-a1-a1-a1-a1。

对于题中的问题（3）：对于该子网中每个主机的正确的子网掩码是 255.255.255.0，默认网关是 111.123.15.1（路由器接口的 IP 地址）。当主机 1 的默认网关被错误地配置为 111.123.15.2 时，可以与同一子网内的 WWW 服务器成功通信，但是当访问 Internet 时，主机 1 发出的 IP 分组会被路由到错误的默认网关（111.123.15.2），无法被正确转发到 Internet（111.123.15.2 不是路由器，不会提供分组转发功能），从而无法到达目的主机，即不能访问 Internet。

参 考 文 献

[1] 教育部考试中心.全国硕士研究生入学统一考试计算机科学与技术学科联考计算机学科专业基础综合考试大纲(2009—2015).北京:高等教育出版社.

[2] 严蔚敏,吴伟民.数据结构(C语言版).北京:清华大学出版社,2013.

[3] 唐朔飞.计算机组成原理(第二版).北京:高等教育出版社,2008.

[4] 汤小丹,等.计算机操作系统(第四版).西安:西安电子科技大学出版社,2014.

[5] 谢希仁.计算机网络(第6版).北京:电子工业出版社,2014.

[6] (美)布莱恩特,奥哈拉伦,著.深入理解计算机系统.龚奕利,雷迎春,译.北京:机械工业出版社,2011.

[7] (美)Stallings W 著.操作系统:精髓与设计原理(第6版).陈向群,陈渝,译.北京:机械工业出版社,2010.